재활·피부미용·비만 의료기기

Medical Devices for Rehabilitation Medicine & Obesity Skin Care

공학박사 나 승 권 저

감 수

• 윤 형 로 •

공학박사/연세대학교 의공학부 교수

• 황 락 훈 •

공학박사/세명대학교 전기공학과 교수

• 김 종 탁 •

이학박사/상지영서대학교 의료시스템정보과 교수

• 남 삼 극 •

의학박사/삼육의료원 서울병원 의무원장

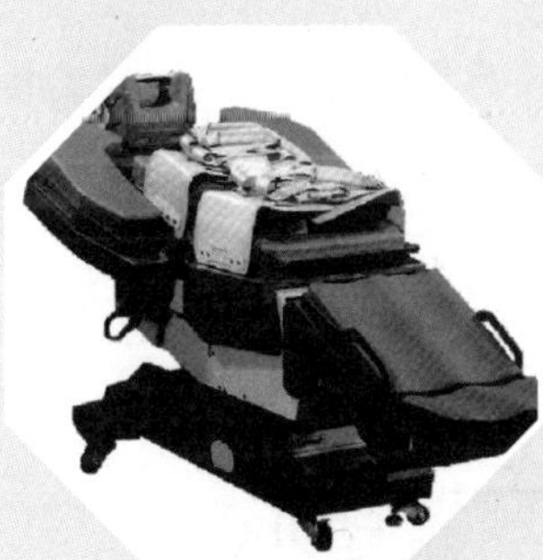

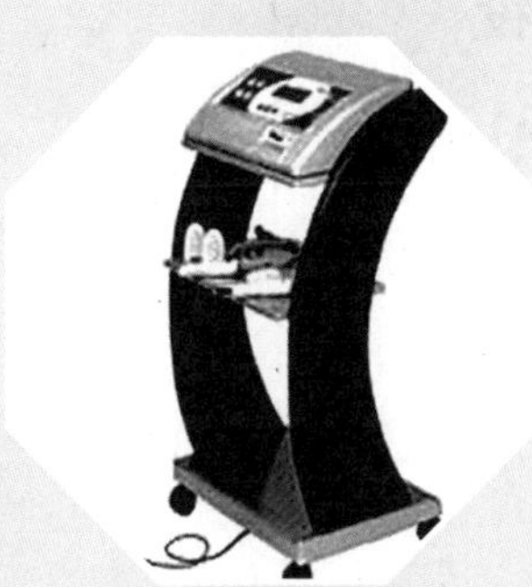

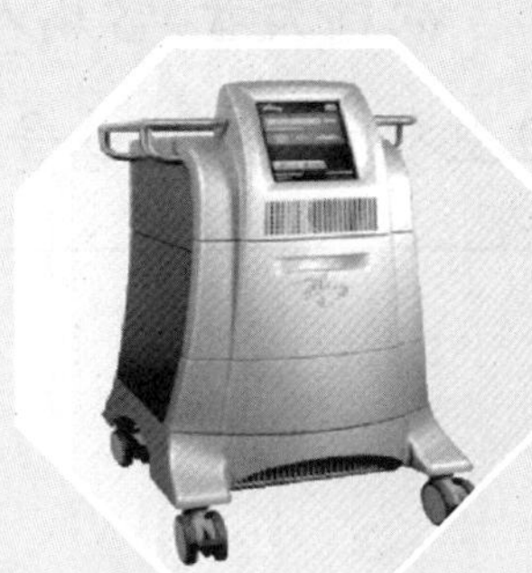

도서출판 상 학 당

欲爲大者 當爲人役

크고자 하거든 남을 섬기라

머 리 말

재활의학은 장애를 가진 사람을 주어진 조건하에서 신체적, 정신적, 사회적 능력뿐 아니라 취미, 직업, 교육 등 잠재적 능력을 최대한 발달시켜줌으로써 정상에 가까운 생활을 영위할 수 있게 해주는 의학의 한 분야이다. 재활의학의 아버지라 하는 미국의 하워드 A. 러스크는 재활의학을 치료의학, 예방의학에 이은 '제3의 의학'이라고 하였다. 그는 제2차 세계대전으로 인해 장애군인들의 재활에 대한 관심이 높아지자, 장애군인들을 위한 회복기 병원을 설립하였다.

1948년 뉴욕의 한 병원에 재활프로그램을 마련하였는데, 이것이 재활의학의 기원이다. 한국은 1983년부터 재활의학 전문의를 배출하기 시작하였으며 중국에서는 건강을 회복시켜 준다고 강복의학(康復醫學)이라고 한다.

재활의학의 1차 목표는 환자가 최적의 기능수준을 회복하여 최상의 건강상태를 성취할 수 있도록 하는 것이다. 장애의 예방, 손상된 신체부분의 기능향상, 심리적 적응 등이 여기에 속한다. 재활치료는 초기에 합병증을 예방하고 질병 때문에 발생한 장애에 대한 기능적 재활을 실시해주는 것이다.

그 대상은 척수손상과 척수질병, 뇌성마비, 중추신경계와 근육질병, 중추 및 말초신경손상, 결합조직 질병, 골절 · 탈구 · 염좌, 지체절단, 화상과 동상, 호흡기 및 순환기 장애를 가진 환자들이며 치료분야는 물리치료, 작업치료, 언어치료, 보조기 장착 등이 있다.

재활의학은 환자에 대한 포괄적 치료를 목표로 하기 때문에 여러 분야의 전문인이 팀을 이룬다. 핵심요원은 재활의학 전문의, 간호사, 물리치료사, 작업치료사, 임상심리사, 사회복지사, 언어치료사, 의지보조기 제작자, 특수교사, 직업보도사(vocational counselor) 등이다. 그 평가는 다른 의학 분야와 달리 질병이 아닌 기능을 기준으로 삼고, 환자의 질병뿐 아니라 가족과 사회환경 등에 대해서도 포괄적으로 알아야 한다.

또한 재활공학은 재활과정에 사용되는 공학, 복지사회의 실현을 목표로 한 공학, 장애인의 사회적 장애를 개선하기 위해 과학과 기술을 응용하는 것, 장애인의 행복을 목적으로 하는 재활의료에 필요한 과학의 응용 등의 여러 가지 정의를 내리고 있다.

글자 그대로의 의미로서 재활공학은 재활과 공학의 접목으로 이루어진 합성어로 재활이라는 목적을 위해 공학이라는 수단을 활용하는 이론과 방법을 연구하고 응용하는 분야이다. 일반적으로 공학은 과학적 지식을 현실적 문제의 해결에 효율적으로 활용하는 방법을 다룬다.

즉, 공학은 실제적 과제해결을 위하여 과학적인 또는 조직적인 지식을 체계적으로 적용함을 뜻한다. 재활공학의 정의는 "인간의 재활문제 해결을 위하여 과학적인 또는 지식을 체계적으로 적용하는 것"이라고 할 수 있다. 재활의학사전의 정의를 따르면 "재활공학은 장애를 가진 개인을 위해 그들의 재활에 필요한 것을 제공하는 기술이나 공학 분야"로 설명하고 있다.

1986년 개정된 미국의 재활법에는 재활공학을 "교육, 재활, 취업, 교통, 독립적인 생활 및 여가활동을 포함한 분야에서 장애인들의 욕구를 충족시키며 장애인들에게 직면한 문제들을 해결하기 위한 기술공학, 공학방법론이나 과학적 원리들의 체계적인 응용"이라 명시되어 있다.

대한재활공학회(2001년)에서는 재활공학을 "장애인의 이동과 신체의 교정 등을 위하여 사용되는 보장구(보조기, 의지, 휠체어, 보청기 등)와 장애인의 학습 · 일상생활 · 사회생활 편의를 증진시키기 위하여 사용되는 저급공학(low-technology)이나 고급공학(high-technology) 기기 및 소프트웨어 등 재활을 지원하는 기술공학 전반"을 포괄하는 용어로 사용하고 있다.

재활보조공학(assistive technology) 용어는 1980년대 후반부터 미국에서 사용되었으며, 그 전에는 특수교육공학(special education technology), 재활공학(rehabilitation technology), 재활 엔지니어링(rehabilitation engineering) 용어와 혼용되어 왔으며, "장애인들이 직면한 문제들을 다양한 기구, 서비스, 보상방법, 그리고 실습을 통해 착상 및 응용(concerned and applied)을 하여 개선시키는 기술"을 의미하는 것이다.

오늘날 의료보건 산업 및 의료기술 등이 다양하게 발달해 감에 따라 재활의학분야에 집중되어가고 있다. 이와 같은 추세에 따라 근래에는 의료분야의 전문인력을 양성하고 있으며, 여러 대학에서 관련 학과의 신설, 증대를 계획하고 있다. 이 교재는 **재활의학 · 피부미용 · 비만 의료기기**의 내용을 담아 의공학을 전공하는 이들에게 진정으로 학습에 도움이 되길 바란다.

제1장에서는 재활 · 물리치료 관련 의료기기에 대한 내용이고, 제2장에서는 재활 · 물리치료 관련 해외의료기기에 대한 내용이다.

제3장에서는 재활 · 물리치료 관련 해외의료기기 기술에 대한 내용이고, 제4장에서는 감압기, 비만관리기, 광선조사기 등 피부미용 · 비만 관련 의료기기에 대한 내용이다.

제5장에서는 광역학 피부치료장비, 피부진단 촬영기 등 피부미용·비만 관련 해외의료기기에 대한 내용이고, 제6장에서는 피부미용·비만 관련 해외의료기기 기술에 대한 내용이다.

제7장은 개인건강 관련 의료기기에 대한 내용이며, 제8장에서는 개인건강 관련 해외의료기기에 대한 내용이다. 제9장은 개인건강 관련 해외의료기기 기술에 대하여 자세히 설명하는 등 보는 이들에게 추가적인 학습정보를 전달하고자 한다.

마지막으로 부록은 Ⅰ. 임상과별 분류와 특징, Ⅱ. 의학용어를 수록했다.

교재 편찬을 위하여 원고정리와 해외의료기기 자료 및 기술을 제공하여 주신 메디저널 최병철 사장님께 진심으로 감사드리며, 또 이 교재를 위해 늦은 밤까지 고생하고 주말을 할애하여 자료의 수집과 정리 및 그래픽 작업을 도와준 의용공학과 재학생 및 졸업생들에게 고마운 마음을 전한다.

끝으로 의료기기를 전공하는 이들에게 진정으로 학습에 도움이 되길 바라며, 집필 중 많은 고심에도 불구하고 손길이 미치지 못한 부분은 계속적으로 보완할 것이며, 출판과정에 도움을 주신 도서출판 상학당의 남승우 사장님과 이 책에 관심과 애정을 주신 모든 분들께 감사의 말씀을 전한다.

공학박사 나승권 씀

차 례

제 1 장

재활 · 물리치료 관련 의료기기

01 간섭파 치료기
02 고압산소 챔버
03 고주파 자극기
04 고주파 치료기
05 공기압 치료기
06 근전도
07 냉동 치료기
08 레이저 치료기
09 마사지기
10 무릎보조기
11 보조기
12 상지보조기
13 하지보조기
14 슬관절보조기
15 발보조기
16 체간보조기
17 경추보조기
18 요천추 보조기
19 흉요천추 보조기
20 보행보조기기
21 보행훈련기
22 수압 마사지 치료기
23 신경 · 근 요법기
24 신경 · 근 치료기
25 온열 치료기
26 와류욕 치료기
27 요추신전 재활훈련기
28 운동부하검사기
29 의 지
30 상지의지
31 하지의지
32 보행분석
33 자동운동기
34 저주파 치료기
35 저주파 물리치료기
36 전기자극기
37 전기자극 치료기
38 전동상지 재활치료기
39 전동하지 재활훈련기
40 정형용 견인장치
41 종합 전기치료기
42 척추교정기
43 초욕 치료기
44 초음파 자극기
45 음파 진동운동기
46 초음파 치료기

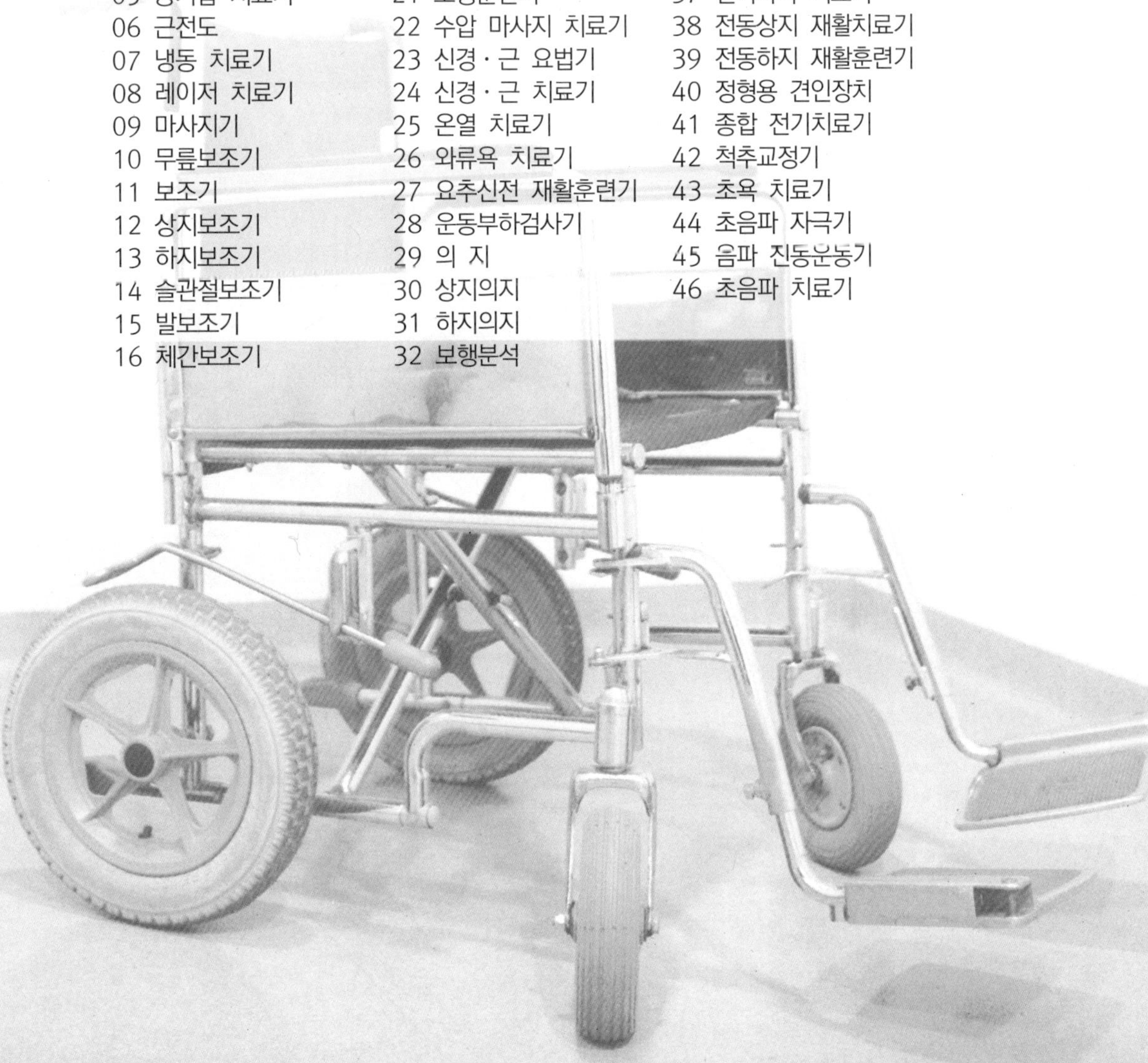

01 간섭파 치료기

간섭파 치료기(Interferent Current Therapy : ICT)는 중주파를 사용하여 전류의 특성에 따라 생리학적 효과가 다르게 나타나는 방법을 이용한다(그림 1-1).

간섭파 치료기의 치료방법에는 직류(평류)를 이용한 평류 통전치료가 있으며 이온도입법 등의 치료방법은 화학적 효과와 약간의 열적 효과를 이용하는 치료이다. 또한 전류를 이용한 전기자극치료(EST), 경피신경자극(TENS), 고전압 평류자극(HVGS) 등의 치료방법이 있는데, 이는 역학적 효과를 이용한 치료법이며, 정전기를 이용한 정신적 이상(batraw)식 자극도 이러한 역학적 효과를 이용한 치료법이다.

또한 중주파 전류를 이용한 간섭전류치료 방법이 있는데 이는 역학적 효과 및 동통완화의 효과, 신경 밸런스 효과, 혈류증가 효과를 이용한 치료법이다. 또한 고주파 전류를 이용하여 심부조직에 열을 발생시키는 투열요법(diathermy)* 치료가 있는데 이는 고주파 전류를 전기에너지로 전환시키는 전환열을 이용한 치료법이다.

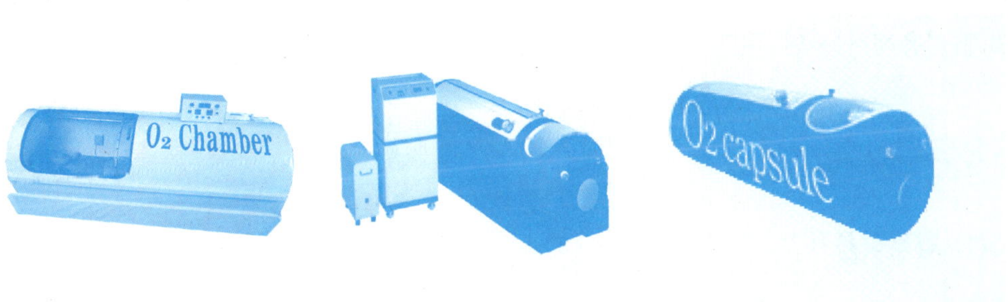

그림 1-1 • 간섭파 치료기

* 투열요법(透熱療法 : diathermy) : 물리요법의 하나로서 고주파 전류를 사용하여 심부조직에 열을 가하는 것. 병원에서는 물리치료실에서 단파 · 초음파 · 극초단파의 3가지 형태로 사용되고 있다.

㉠ 단파 투열요법 : 치료받을 부분을 2개의 콘덴서판 사이에 놓고 피부밑조직에 높은 열이 발생하도록 한다. 단파는 심부근육과 관절을 치료하고, 심한 염증을 국소화하는 데 이용된다.

㉡ 초음파 투열요법 : 고주파 가청진동(可聽振動)을 이용하여 가열함으로써 혈액순환과 대사를 촉진시켜서 세포막을 통한 이온 확산의 속도를 높인다. 치료방법은 치료할 부위의 피부 위에 기구를 놓고 천천히 이동하면 된다. 효과가 작은 깊은 부위의 특정 근육을 가열하는 데 사용된다.

㉢ 극초단파 투열요법 : 전자렌지에 쓰이는 높은 주파수와 짧은 파장을 가진 방사선을 사용하며 모든 생리적인 반응은 가열효과로 인한 것이다. 발생된 열의 양에 따라 조직을 따뜻하게 하거나 파괴하기 위해 사용된다. 따뜻하게 하는 것은 근육통과 삔 데 특히 효과가 있고, 조직을 파괴하는 것은 수술의 보조요법으로 지나친 출혈을 예방하기 위해 혈액을 응고시키거나 외상을 입은 근육을 봉쇄하는 데 사용된다. 특히 눈과 신경수술에 효과적이며 요통과 사마귀 · 기태를 제거하거나 세균성 감염을 국소화하거나 없애는 데도 효과적이다.

02 고압산소 챔버

대기압보다 높은 기압의 환경을 인공적으로 만들어 고농도의 산소를 흡입하는 방법으로 한국에서는 연탄가스로 일산화탄소의 급성중독 치료에 많이 이용되었다. 보통 3[atm](절대기압) 정도로 가압된 고압산소 챔버(hyberbaric oxygen chamber) 속에 환자를 넣고 전신에 산소를 투입시킨다. 1662년 헨쇼가 설계하였으며 미국과 유럽 각국에서 꾸준히 연구되어 왔다.

고압산소 챔버의 구조는 1실식, 2실식, 다실식으로 챔버내부로 넣어주는 가스의 종류에는 산소, 공기, 혼합가스 등이 있고, 2~3[atm] 또는 그 이상의 고압 환경을 만든다. 산소운반효과에 의해서 일산화탄소, 심근경색, 뇌전색, 출혈성 쇼크에 의한 조직의 급성 산소결핍의 개선에 유효하다.

임상적으로 응용범위가 넓어서 기계적 효과에 의하여 잠수병이나 장관마비에 의한 장폐색 치료 등에 유효하다. 또 암의 방사선요법에 병용하면 암세포의 분열이 왕성해져 세포분열 중인 세포에 방사선을 조사함으로써 분열능력을 없애는데 유효하며, 이를 고압산소 흡입조사법이라고 한다. 고압실 사고 중에서 가장 주의할 것은 화재이므로 방전의 위험이 있는 전기장치는 일체 사용해서는 안 된다.

1. 고압산소 챔버의 기본원리

(1) 약리작용

생체가 지닌 기능에 양적 변화를 주는 것으로서 질적 변화를 초래하거나 무에서 유를 만드는 것과 같은 것은 아니다. 즉, 약물이 병적 상태를 치료하는 작용을 하는 것이 아니라, 생체기능에 영향을 주어 생체자신의 치유경향을 조장하는 데 불과하다. 주요한 약리작용(pharmacological action)에는 흥분 · 억제 · 자극 외에, 대상이나 항감염작용 등이 있다. 또한 약물은 그 효력을 확립하기 위하여 보통 몇 종을 혼합한다.

① 호기성 대사를 촉진함으로써 세포재생의 치유효과를 가져온다.

② 육아조직이 증진된다.

③ 신생혈관형성이 증진된다.

④ 다핵백혈구 대식능력증가와 창상 치유효과가 있다.

(2) 산소분압 상승효과

환경 내의 산소분압이 상승하면 '헨리의 법칙'에 의해 혈장 속의 물리적으로 용해되는 산소의 양은 증가한다. 신체장기 중에서 산소소비량이 가장 큰 대뇌의 동정맥 산소분압차이가 5~6[cc]이므로, 산소분압(100[%] O_2) 3기압 하에서는 물리적으로 용해된 O_2만으로도 조직세포의 산소 수요를 충족시킬 수 있어 즉각적으로 조직의 저산소증이 해소될 수 있다. 산소분압과 혈장 산소량의 관계는 표 1-1과 같다.

표 1-1 • 산소분압과 혈장 산소량의 관계

산소분압(100[%] O_2)	혈장 산소량[cc]
1[atm]	2.1
2[atm]	4.4
3[atm]	6.8

(3) 압력효과

고압에서는 혈액이나 체액 내에 발생된 기포의 크기가 줄어 병변의 진행이 중단되어 치료효과가 있다. 또한 가스 축적으로 인한 위장팽만도 교정, 수복시킨다.

(4) 고압산소치료의 생리적 효과

① 산소공급 증가 : 2.5기압에서 혈중 산소의 운반을 10~15배 증가시켜 미소 순환장애가 있는 조직에 산소공급을 증가시킨다.
② 혈관수축 : 2.5기압에서 동맥혈류량이 20[%] 감소되어 부종 감소 및 림프 배출을 쉽게 만들어준다.
③ 혐기성 세균억제 및 호기성 세균을 억제한다.
④ 조직의 저산소증 치료로 콜라겐 합성을 증가시킨다.

(5) 결합형 산소

건강의 기본이 되는 혈액순환에 문제가 생기면 우리 몸은 산소결핍상태가 되기 쉽다. 통상의 폐호흡으로 우리 몸에 공급되는 산소는 결합형 산소인데, 이 결합형 산소는 헤모글로빈에 결합되어 있고 분자가 커서 모세혈관을 통과하기 어렵다. 모세혈관의 총 면적은 몸 전체 표면적을 상회한다.

① 체내산소 99[%]가 결합형 산소이다.
② 분자가 커져 몸 전제의 90[%]인 모세혈관을 통과하기 어렵다.

③ 헤모글로빈 양보다 많이 운반할 수 없다.
④ 혈액 중의 헤모글로빈에 결합되어 있다.

(6) 용해형 산소

결합형 산소보다 작은 입자의 산소이며, 피부에 직접 고농도의 산소를 공급하는 것이다.
① 헤모글로빈의 양에 의존하지 않는다.
② 산소흡입만으로는 증가하지 않는다.
③ 분자가 작기 때문에 혈액 액체에 직접 녹아 있어 모세혈관을 통과하기 쉽다.

(7) 체내에서의 용해형 산소

산소기압과 농도를 올리면 적혈구의 헤모글로빈과 산소가 결합할 뿐만 아니라 용해형 산소를 증가시키고 모세혈관의 선단까지 산소가 운반되며 세포활성화를 활발하게 한다(그림 1-2).

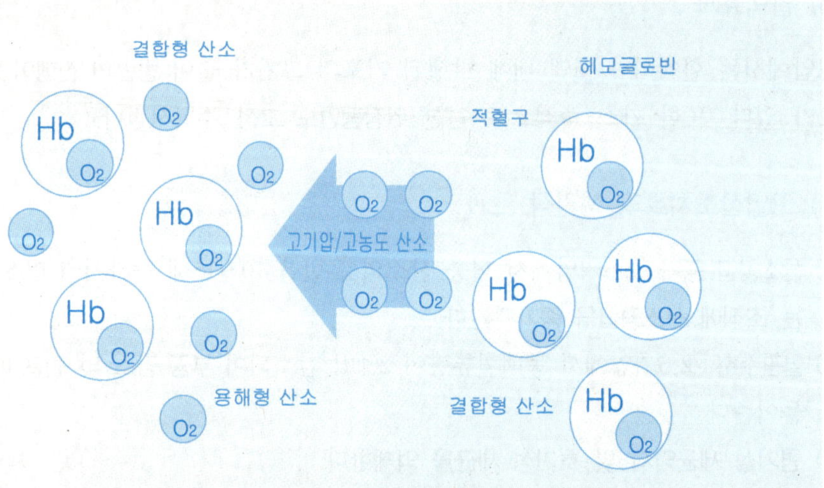

그림 1-2 • 산소기압과 농도를 증가시킬 시 세포활성화 정도의 차이

2. 고압산소 챔버의 대표적인 효과

신진대사기능을 높여주며, 해독능력을 높여 노폐물, 체내독소, 피로물질 등을 제거한다. 또한 면역력과 항산화력을 높여준다. 다른 효과로는 혈액순환장애에 효과적이고, 뇌기능을 향상시켜주며, 상처치료에서 조직의 회복속도를 높이고, 노화방지 효과가 있다.

3. 고압산소 챔버 사용 시 부작용

산소독성은 직접적으로 세포효소, 막, 핵의 변화에 의해 혹은 간접적으로 허혈, 기질률 감소, 저산소성, 산증, 빈혈과 과빌리루빈혈증을 유발한다. 중추신경계에 대한 독성은 경련, 시력장애와 후각, 미각의 이상을 초래한다. 폐의 산소독성은 드물고 지속적으로 정상 기압 산소노출 후 더 자주 나타난다.

4. 국내 고압산소 챔버

고압산소치료는 일반적인 1기압 상태에서의 공기 중 산소가 21[%] 내외인데 혈액과 결합해 모세혈관을 통해 신체 곳곳에 공급된다. 여러 질병의 원인으로 모세혈관이 축소되어 신체 각 부분에 공급되지 못하는 경우 기압을 2기압 정도 높이면 혈액 속에 산소가 녹아 모세혈관을 쉽게 통과해 신체 각 부분에 산소가 공급되므로 숙취해소, 만성피로, 중풍 및 치매치료 예방, 피부노화방지, 버거씨병 등 혈전성 질환치료, 암수술 후의 보존적 치료, 당뇨 합병증치료, 고지혈증치료 등에 활용된다.

(1) 국내 하드타입 O_2 챔버의 특징

하드타입 O_2 챔버(chamber)는 국내외 어느 제품보다 편의성 및 기능성, 안전성이 높은 고급형이며, 특징은 7가지가 있다.

① 입구가 슬라이드 도어를 편리함을 제공한다.
② 투명유리창이 크고 환자의 상태파악이 편리하다.
③ 챔버안의 인터폰을 통해 챔버밖의 조작자와 통화가 가능하다.
④ 압력조절이 원하는 대로 조절 가능하다.
⑤ 에어컨 설치로 내부 온도조절 기능 및 디스플레이가 가능하다.
⑥ 자동제어 시스템으로 치료시간 설정이 자유롭다.
⑦ 응급상황 시 응급 버튼(압력이 바로 빠짐)을 적용한다.
⑧ 하드타입 고압산소 챔버는 그림 1-3과 같다.

그림 1-3 • 하드타입 고압산소 챔버

⑨ 하드타입 챔버 세부내용은 표 1-2와 같다.

표 1-2 • 하드타입 챔버(O_2 Plus/O_2)의 세부내용

Model		O_2 Chamber Plus	O_2 Chamber
챔버	수용인원	1인	1인
	재질	알루미늄	스틸
	사이즈/중량	220×[cm] / 75[kg] 220×[cm] / 70[kg]	220×82[cm] / 95[kg]
	압력	1~7[Psi]	1~7[Psi]
산소 발생기	유량	5[Liters/min]	
	산소농도	90±5[%]	
	전력	220[VAC]±10[%], 60[Hz], 400[VA]	
	사이즈/중량	W550×D240×H500/30[kg]	
시스템	유량	85[Liter/min]	
	사양	Dual HeadOil-Less	
	에어필터	Dual	
	전력	220[VAC]±10[%], 60[Hz], 660[VA]	
	사이즈/중량	W530×D455×H178/110[kg]	
리모컨		있음	
설치공간		1.5×2.5[m]	

(2) 국내 소프트타입 Oxysys 4000/4500의 특징

① 2가지 압력조절가능 : 2[psi]/4[psi]

② Emergerncy에 있는 Realease 압력에 안전 손잡이가 있다.

③ 한국과 일본에 있는 가장 넓게 설치된 모형이 있다.

④ 약실 안쪽에 온도를 통제하는 에어컨디셔너가 있다.

⑤ 넓고 편리하며 투명한 투시창이 있다.

⑥ 치료를 위한 조정이 가능한 타이머가 있다.

⑦ 비상사태 시 부르는 종이 있다.

⑧ 국내 소프트타입 챔버 세부내용은 표 1-3과 같다.

표 1-3 • 소프트타입 챔버(Oxysys 4000/4500)의 세부내용

Model		Oxysys 4000	Oxysys 4500
챔버	수용인원	1인	1인
	재질	Air-wall type, PU	Air-wall type, PU
	사이즈/중량	200×70[cm]/22[kg]	220×90[cm]/25[kg]
	압력	2~4[Psi]	2~4[Psi]
산소 발생기	유량	5[Liters/min]	
	산소농도	90±5[%]	
	전력	220[VAC]±10[%], 60[Hz], 400[VA]	
	사이즈/중량	W550×D240×H500 / 30[kg]	
시스템	유량	85[Liter/min]	
	사양	Dual Head Oil-Less	
	에어필터	Dual	
	전력	220[VAC]±10[%], 60[Hz], 660[VA]	
	사이즈/중량	W530×D455×H178/110[kg]	
설치공간		1.5×2.5[m]	2×2.5[m]

⑨ 소프트타입 고압산소 챔버는 그림 1-4와 같다.

그림 1-4 • 소프트타입 고압산소 챔버

(3) 국내 동물용 고압산소 챔버의 특징

동물용 고압산소 챔버는 5가지의 특징이 있다.

① 애완견의 스트레스를 해소해준다.

② 애완견의 피로를 회복해준다.

③ 애완견의 재활치료에 효과적이다.

④ 애완견의 상처를 회복해준다.

⑤ 애완견의 미용 후 털의 개선과 피부미용을 도와준다.

⑥ 동물용 챔버의 세부내용은 표 1-4와 같다.

표 1-4 • 동물용 챔버의 세부내용

Model		Hard Type Pet Chamber	Soft Type Pet Chamber
챔버	수용인원	1인	1인
	재질	카보아니트	Air-wall type, PU
	사이즈/중량	90×60[cm]/60[kg]	130×70[cm]/18[kg]
	압력	3[Psi]	3[Psi]
시스템	유량	85[Liter/min]	
	사양	Dual Head Oil-Less	
	에어필터	Dual	
	전력	220[VAC]±10[%], 60[Hz], 660[VA]	
	사이즈/중량	W550×D320×H740/32[kg]	
설치공간		1.5×2.5[m]	2×1.5[m]

⑦ 동물용 타입(soft / hard type) 고압산소 챔버는 그림 1-5와 같다.

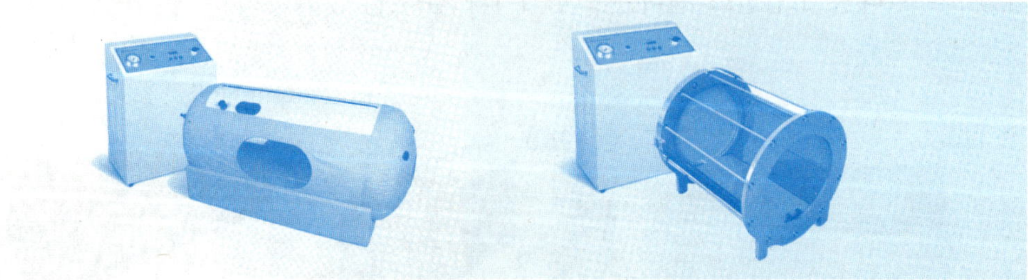

그림 1-5 • 동물용 고압산소 챔버

5. 국내 소프트타입 고압산소 챔버의 각 부 명칭

(1) 전면부

국내 소프트타입 고압산소 챔버의 전면부는 그림 1-6과 같다.

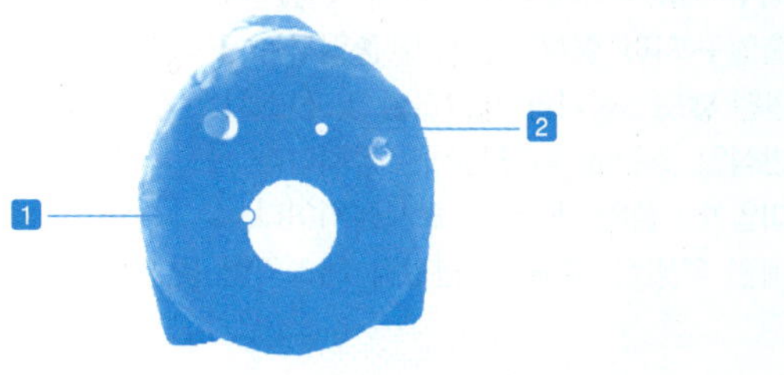

그림 1-6 • 국내 소프트타입 고압산소 챔버의 전면부

1 전면 투명창 : 환자의 치료과정을 점검 및 확인할 수 있다.
2 고압 공기주입구 : 챔버 내의 고농도 산소와 고압 공기주입구이다.

(2) 후면부

국내 소프트타입 고압산소 챔버의 후면부는 그림 1-7과 같다.

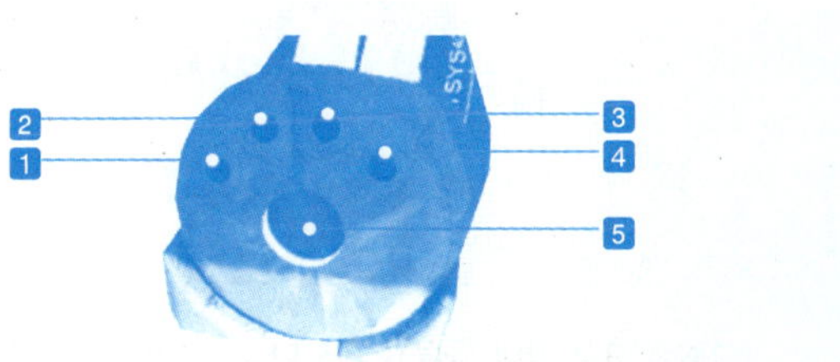

그림 1-7 • 국내 소프트타입 고압산소 챔버의 후면부

1, 4 : 4[PSI]용 안전 체크밸브이다.
2, 3 : 2[PSI]용 안전 체크밸브이다.
5 후면 투명창 : 전면 투명창과 같이 환자의 치료과정을 점검 및 확인할 수 있다.

(3) 측면부

국내 소프트타입 고압산소 챔버의 측면부는 그림 1-8과 같다.

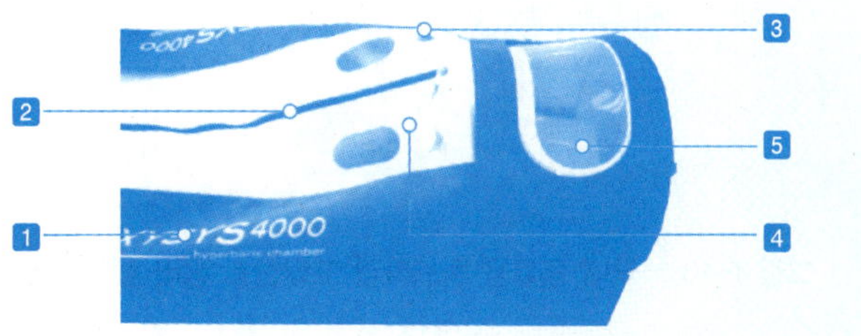

그림 1-8 • 국내 소프트타입 고압산소 챔버의 측면부

1 외부 커버 : 외래용으로 먼지, 이물질로부터 보호해주는 커버이다.
2 출입구(지퍼 형식) : 환자가 출입하는 곳이다.
3 안전 밸브 : 공기압 팽창조절 및 산소치료 후 서서히 고압의 산소를 배출시키며 환자를 일반적인 조건에 적응시키는 장치이다.
4 미압계 : 챔버 내 압력 표시장치이다.
5 메인 투명창 : 환자의 불안감 해소역할 및 환자상태를 파악할 수 있다.

6. 국내 동물용 하드타입 고압산소 챔버 각 부 명칭

(1) 전면부

국내 동물용 하드타입 고압산소 챔버의 전면부는 그림 1-9와 같다.

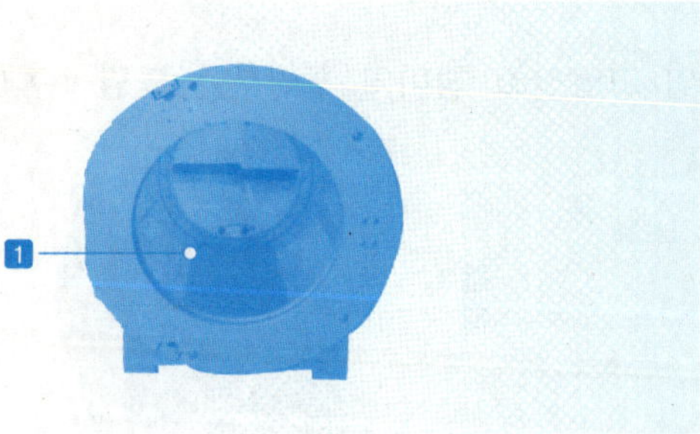

그림 1-9 • 국내 동물용 하드타입 고압산소 챔버 전면부

(2) 전면 투명창

애완견의 치료과정을 점검 및 확인할 수 있다. 국내 동물용 하드타입 고압산소 챔버 전면 투명창은 그림 1-10과 같다.

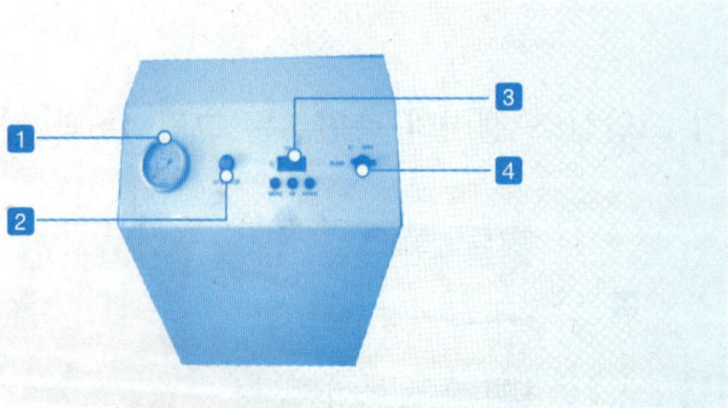

그림 1-10 • 국내 동물용 하드타입 고압산소 챔버 전면 투명창

1 압력 게이지 : 챔버 내 압력 표시장치이다.
2 메인 On/Off 스위치 : 전원장치이다.

3 LCD 디스플레이 : 치료과정을 LCD 디스플레이에 나타낸다.
4 압력조절 밸브 : 압력을 자유롭게 조절 가능하다.

(3) 후면부

국내 동물용 하드타입 고압산소 챔버 후면부는 그림 1-11과 같다.

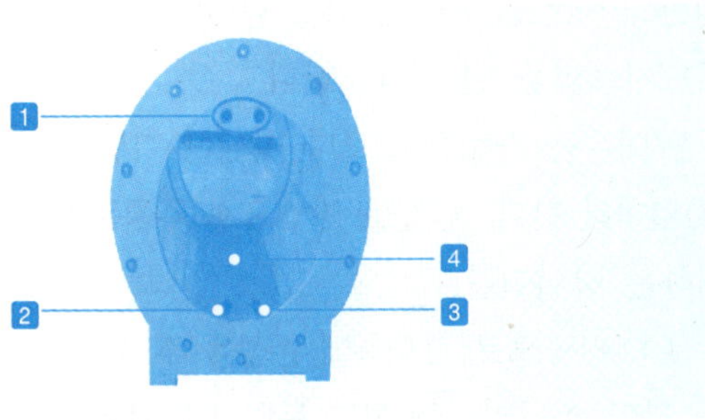

그림 1-11 • 국내 동물용 하드타입 고압산소 챔버 후면부

1 안전 체크밸브 : 공기압을 항상 일정하게 하는 장치로 3[PSI] 사용가능하다.
2 챔버 산소 연결주입구 : 시스템의 산소 연결 호스를 연결하여 산소를 공급하는 장치이다.
3 챔버 압력계 연결주입구 : 시스템의 압력 호스를 연결하여 시스템 압력계의 압력을 표시해 주는 장치이다.
4 오물용 철판 : 오물을 처리할 수 있는 장치이다.

(4) 측면부

국내 동물용 하드타입 고압산소 챔버 측면부는 그림 1-12와 같다.

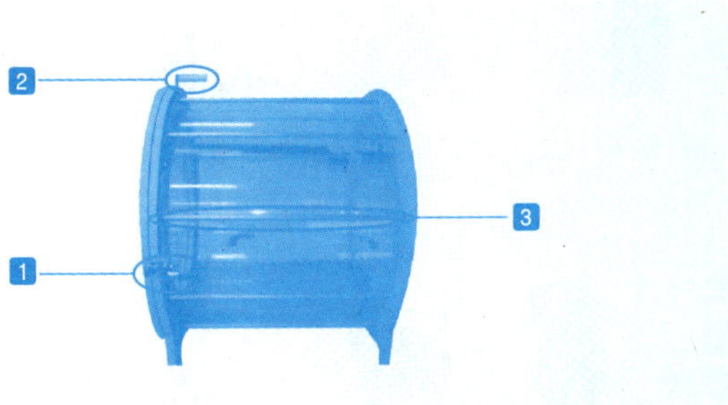

그림 1-12 • 국내 동물용 하드타입 고압산소 챔버 측면부

1 도어락 : 챔버를 여닫을 때 사용하는 장치이다.
2 안전 도어락 : 도어락을 잠근 후 최종적으로 다시 한 번 잠그는 안전장치이다.
3 지지대 : 챔버 내의 내구성을 높이기 위한 안전장치이다.

03 고주파 자극기

RF(Radio Frequency) 전기를 생체조직에 가하면 생체를 구성하는 분자들의 이온은 RF 교류전류에 의해 양전하(+)는 음극(-)쪽으로, 음전하(-)는 양극(+)쪽으로 끌려가는 분극운동을 하게 된다. 이러한 치료법을 열치료라 한다.

① 열치료의 근간 이론을 바탕으로 보다 미세한 기법을 도입한 것이 RF System이다. 이것을 심부(深部)열이라 한다. 안전한 방법으로 주름관리를 비롯하여 피부탄력 증대에 탁월한 효과를 발휘하는 장비이다.

② 무선 주파수 (+)진공으로 표피층에 손상을 주지 않고 피부층을 가열시키므로 환자들의 고통도 없을 뿐만 아니라 균일하고 동일하게 가열을 시킬 수 있다.

③ 인체에 안전한 전기에너지가 생체에너지로 변화되어 분자들이 이온화, 즉 양극, 음극으로 분극된다.

④ 교류를 사용하여 혈관, 신경을 자극하고 내적 온도상승으로 인한 심부열이 미세혈관 확장 및 세포조직 활성화와 림프관의 순환증진, 호르몬 밸런스를 정상화시키는 것이 고주파 자극기(Radio Frequency Stimulator)이다(그림 1-13).

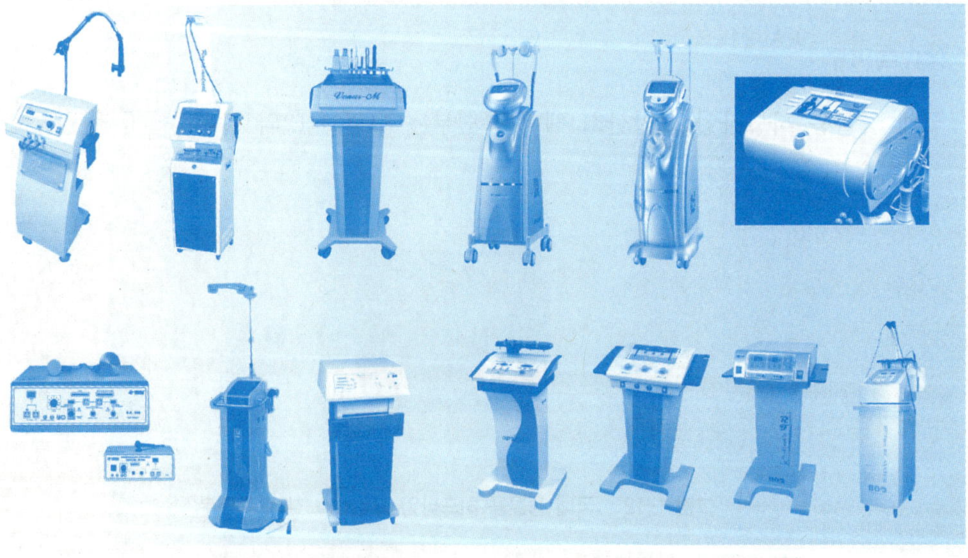

그림 1-13 • 고주파 자극기

04 고주파 치료기

RF(Radio Frequency)는 사전적 의미로 **라디오 송신 주파수**(300~1,200[kHz])이다. 그러나 **치료용 RF는 고주파 전류**를 뜻한다. 일반 교류전기는 (+), (−)로 교대로 바뀌는 횟수가 1초당 60회(60[Hz])이나 **치료용으로 쓰기 위해서는** 0.3~0.8[MHz]의 **교류전류**가 필요하다. 즉 고주파 전기를 생체조직에 가하면 세포 내의 이온이 음극에서 양극으로 교차하여 자체적으로 엄청난 **마찰열을 일으켜 치료**하는 방법이다.

고주파(RF : 0.3~0.6[MHz])를 피하 깊은 조직까지 투입하면 생체 열에너지로 변환되어 무리 없이 조직의 온도를 상승시켜 혈관을 확장하여 변형된 세포의 기능을 정상으로 회복하고, **혈액순환촉진, 지방분해, 호르몬 밸런스를 정상화**시킨다. 또 한 **콜라겐층**을 자극하여 **콜라겐 수축과 재생성을 촉진**시키는 효과로 **얼굴과 몸**의 무너진 균형을 회복시키는 기기이다(그림 1-14).

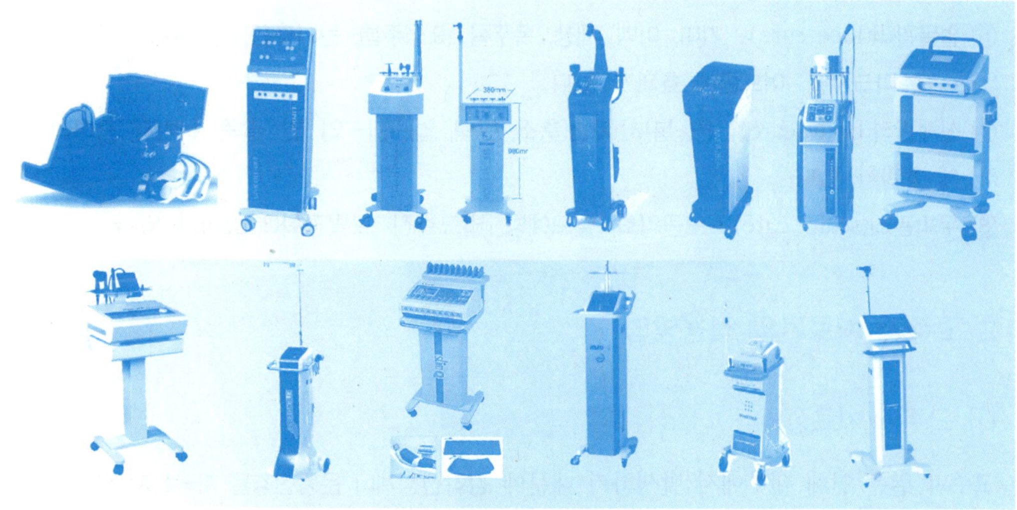

그림 1-14 • 고주파 치료기

1. 고주파 치료기의 효과

고주파 치료기의 효과로는 조직대사와 혈관에 미치는 효과, 근육, 결합조직에 미치는 효과, 지방분해 효과, 살균효과, 관리기능 및 효과, 얼굴관리(face care), 신체관리(body care), 두피관리(scalp care) 등 여러 가지가 있다.

① 조직대사와 혈관에 미치는 효과 : 조직을 구성하는 분자들이 고주파에 의해 회전운동, 뒤틀림 운동, 충돌운동을 하면서 생체 열에너지로 변화되어 조직의 온도상승으로 변형된 세포기능을 정상회복(세포 신진대사 활성화), 혈관이 확장되어 혈액순환촉진(산소, 영양소 공급), 림프 순환촉진(독소, 노폐물 배출)을 하며 호르몬 밸런스를 정상화시켜 노화지연, 세포조직 활성화, 재생, 지방분해 관리효과가 있다.

② 근육, 결합조직에 미치는 효과 : 생체 열에너지로 인해 근수축이나 신경수축을 일으키지 않고 자연스럽게 이완되고(5~10배), 탄력성에 영향을 미쳐 고통 없이 편안하게 빨리 풀리는 관리효과가 있다.

③ 지방분해 효과 : 지방층까지 무리 없는 온도상승으로 체지방 분해가 쉽게 되며, 지방축적을 최소화하여 녹아내린 지방을 피부표면(땀샘), 소변으로 배출하는 관리효과가 있다.

④ 살균효과 : 세균의 성장속도를 저하시키고 피부세포 내 세균을 살균하는 효과가 있다.

⑤ 관리기능 및 효과 : 동맥 및 모세혈관 확장, 혈액순환, 신진대사촉진, 신체방어기전 향상, 림프순환촉진, 지방분해, 근육 릴렉스, 심부통증완화, 호르몬 밸런스 정상화, 세포조직 활성화, 재생, 피부탄력, 리프팅, 탄력효과 등이 있다.

⑥ 얼굴관리(face care) : 기미, 미백, 재생, 목주름, 표정주름, 눈가주름, 얼굴축소, 리프팅, 아이-팩, 다크서클, 여드름에 효과가 있다.

⑦ 신체관리(body care) : 등, 복부, 가슴(축소, 탄력, 업), 힙-업, 발, 팔뚝, 허벅지, 종아리 관리에 효과가 있다.

⑧ 두피관리(scalp care) : 모근강화, 탈모예방, 발모촉진, 모발강화에 효과가 있다.

2. 고주파 치료기의 적용방법

(1) 고주파 치료정의

고주파 열은 인체 내부에서 발생하기 때문에 감각신경계나 운동신경을 자극하지 않아 불쾌감이나 근육수축을 일으키지 않고 신체조직의 특정부위를 가열할 수 있다.

Radio Frequency(RF)는 'Radio waves of high Frequency'로 일반적으로 고주파를 의미한다. 이러한 고주파의 전자파를 피부치료에 이용하는 것을 고주파 치료법이라 한다.

(2) 고주파 치료기의 사용방법

플레이트 또는 전극을 몸에 밀착시켜 핸드피스의 원활한 움직임을 위해 아로마 오일을 발라준다. 그 후 제품을 도포한 후 전원을 서서히 켜 마사지를 실시한다.

(3) 적용 금지대상

고주파 치료의 금지대상은 임산부, 맥박이상, 인공심장기 부착자, 전기에 민감한 자, 저혈압, 고혈압 환자, 혈전증, 정맥류, 수술 후, 치아 내 보철을 한 자 등이 있다.

(4) 효 과

각질, 모공속의 노폐물, 피지 등을 제거하고, 콜라겐과 엘라스틴 생성을 촉진시켜 잔주름 제거 및 탄력회복, 기미/잡티제거, 미백효과, 모공수축 효과, 여드름 개선 등에 효과가 있다.

05 공기압 치료기

신체 내의 모든 기능은 혈액과 임파액의 원활한 순환작용을 하는 공기압 치료기(external compression therapy system)는 6단계의 순차적인 공기압으로 팽창과 수축을 반복하여 장애부분의 팔, 다리 임파액의 순환을 촉진시키거나 근조직의 압력을 증가시켜 환자의 팔, 다리의 부종, 통증 및 질병으로 인한 기능을 회복시키는 데 효과를 준다(그림 1-15).

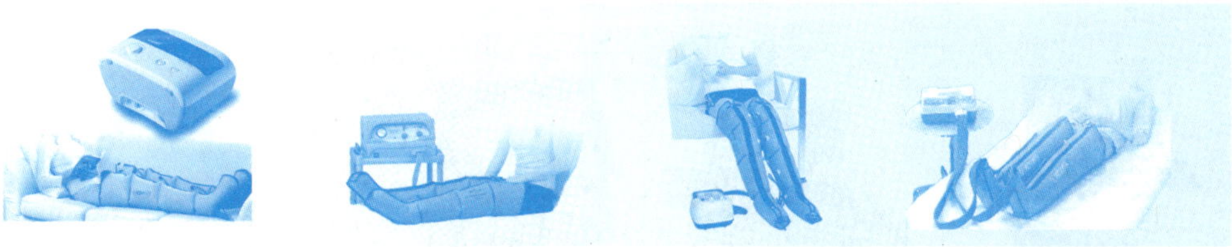

그림 1-15 • 공기압 치료기

공기압의 반복적인 팽창과 수축작용에 의하여 정맥에 압력을 가하여 압축하고 혈액과 체액의 흐름을 촉진시키며, 장화 커프(cuff)를 신고 기기를 동작을 시키면 공기압의 팽창작용으로 발-종아리-무릎-허벅지를 자동으로 주물러 정맥에 압력을 가해 혈액과 체액의 순환촉진을 가져온다.

다리는 제2의 심장이라 하며 종아리의 근육은 발끝에서 심장으로 혈액을 보내는 역할도 하고 있다. 걷는 운동은 종아리의 근육운동으로 하반신에 몰려있는 정맥혈을 심장으로 밀어 올리는 작용을 하며 다리의 혈액순환을 촉진하고 몸 전체를 활발하게 움직이게 한다.

06 근전도

신경과 근섬유를 따라 자극이 전달되면 근육 내 이온변화가 발생하게 된다. 근의 안정 시 섬유막의 외부는 (+)이온, 내부는 (−)이온상태를 나타나게 된다. 이때 근이 수축을 하게 되면 자극이 전달되면서 섬유막 외부와 내부의 이온이 상호 전달되는 탈분극 현상이 발생되며, 전달 후에 다시 분극상태로 돌아가게 된다. 이때 전달경로의 다른 두 지점 간에 전극을 부착하고 전압계를 통해 두 지점 간의 전위차를 얻을 수 있으며, 이를 증폭하여 그래프 상태로 나타낸 것이 근전도(Electromyogram : EMG)이다.

1. 근전도 정의 및 특성

근육이 흥분하여 수축작용을 할 때 발생하는 미세한 안정막전위(약 80[mV] 내외)의 골격근이 수축(약 10[μV]~10[mV])할 때에 생기는 활동전위로 전극을 이용한 적당한 방법으로 유도하여 증폭시켜 그래프로 나타낸 것이다. 주파수 대역은 5~10[kHz]의 넓은 범위를 갖는다. 평활근* 역시 활동전위가 기록될 수 있지만 평활근의 경우는 보통 평활근전도라 하여 따로 구분된다(그림 1-16).

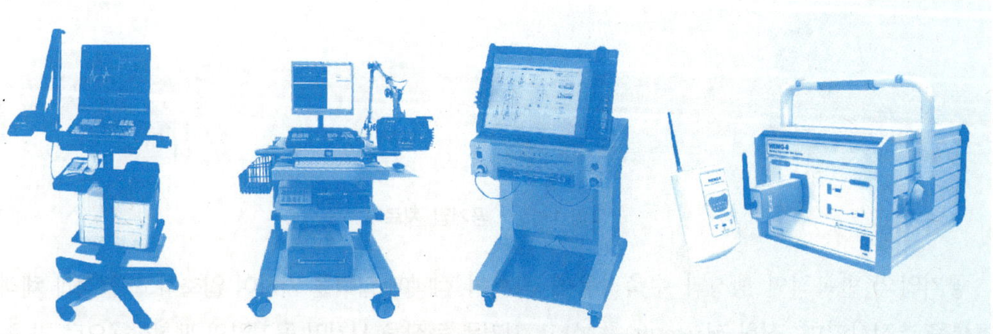

그림 1-16 • 근전도 측정기

① 운동을 위한 말초신경계의 기본적 활동단위인 신경 · 근단위(운동단위)는 신경의 전각세포, 축색과 수초를 포함한 신경섬유, 신경과 근육의 접합부(신경 · 근연접)와 이 접합부에 연결된 모든 근섬유를 포함하는 생리적 단위이다.

* 평활근 : 현미경 관찰로 가로무늬가 나타나지 않는 근섬유로 이루어지는 근육, 동의어는 민무늬근이다.

② 근전도의 가장 큰 목적은 어떤 병변이 이 운동단위 신체부위 중 어느 곳을 침범하고 있는 것인가를 판별하는 것이며 그 병변이 국소적인 침범인가 또는 전신적인 침범인가로 그 침범의 정도가 얼마나 심한 상태인가를 진단하는 것이다.

③ 근전도 검사는 크게 두 가지로 나눌 수 있는데 피검자를 검사하고자 하는 근육을 이완 및 수축시켜 근육표면, 또는 근육안에 삽입된 침전극을 통해 근활동전위를 측정하는 것(보통 환자의 고통 때문에 주로 표면전극이 주로 쓰인다)과 검사하고자 하는 근육을 지배하는 신경을 자극하여 이로 인해 유발된 근활동전위를 측정하는 것이 있다.

2. 근전도의 활용

근활동상태나 근활동의 근간이 되는 중추신경의 지배상황을 파악할 수 있으며, 또한 근활동을 통해 신경질환이나 예후의 진단 등 임상적인 측면에서와 생체역학, 운동생리학 분야에서 신체활동을 해석하는 수단으로 활용된다.

근육의 움직임은 신경계 없이 이루어질 수 없다. 신경계의 활성과 근육의 적절한 조절이 이루어짐으로써 수의적, 불수의적인 근육의 움직임을 수행하게 된다. 따라서 근육과 신경의 흥분성 막전위, 화학적 신경전달물질들은 인체활동에 필요한 운동단위와 근섬유의 동원 등을 통합적으로 조절하게 된다.

3. 흥분성 세포의 내부와 외부의 전기적 상태변화

흥분성 시냅스 후 전위(Excitatory Post-Synaptic Potential : EPSP)로 흥분성 시냅스의 활동에 의해 시냅스 후 뉴런에 일어나는 탈분극성 막전위의 변화이다. 이 탈분극이 역치를 넘으면 시냅스 후 뉴런의 흥분, 즉 활동전위의 발생이 일어난다(그림 1-17).

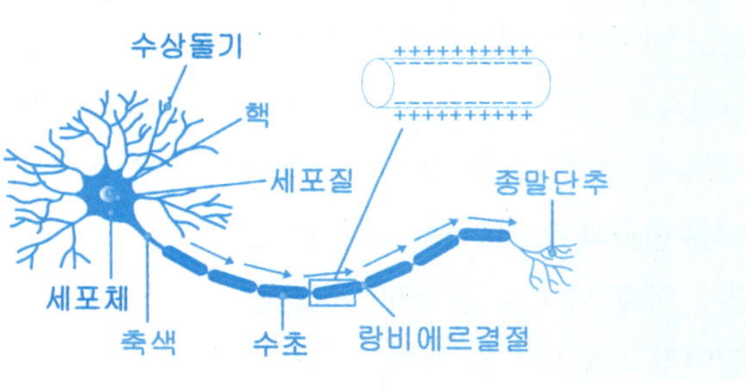

그림 1-17 • 신경의 기본단위인 뉴런(신경원)과 뉴런 세포막 내외의 막전위

고양이 척수운동 뉴런의 경우, Ia군 구심섬유를 자극하여 발생하는 EPSP는 1~1.5[msec]에서 정점에 달하고, 거기에서 거의 지수함수적으로 감소하여 10~20[msec]에서 휴지전위의 수준으로 되돌아간다. 이 때 신경전달물질이 시냅스 후 섬유막에 작용하여 Na^+과 K^+에 대한 투과성이 증가하고 이들 이온의 이동이 일어난다. 이 전류를 시냅스후 전류라 하고 그 결과 막전위 변화인 EPSP가 발생한다.

전달물질의 작용에 의한 이온투과성의 증가는 거의 1[msec]에서 끝나고 그 후에는 EPSP가 막의 전기적 시상수에 따라 사라진다. 이 화학적 전달에 의한 EPSP에 비해 갑각류나 어류에서 나타나는 전기적 전달에 의한 것은 시냅스 전 섬유의 활동전류가 직접 전기긴장성 전달에 의해 시냅스 후 뉴런에 흘러들어가 발생하는 것으로 그 시간경과도 활동전위의 것에 거의 대응한다.

(1) 뉴런의 정의

뉴런은 신경계를 이루는 구조적, 기능적인 기본 단위이며 전기적, 화학적 신호가 서로 연결된 신경세포를 통해 전달되며 이러한 연결의 집합적인 활동을 통해 사고, 운동, 감각 등의 복잡한 생명활동이 이루어진다.

(2) 축색돌기

일반적으로 뉴런에서 뻗어 있는 돌기 가운데 가장 길며 하나의 뉴런에 한 개만이 존재한다. 다른 짧은 돌기는 신호를 받는 역할을 하는 돌기를 수상돌기라고 한다. 축색돌기는 신호를 보내는 역할을 맡고 있으며, 끝부분은 많은 가지로 갈라져 있고 다른 뉴런의 수상돌기에 접근하여 시냅스 구조를 이룬다. 사람의 축색돌기는 1[mm] 정도 되는 길이에서부터 시작해서 척수에 존재하는 축색돌기는 수십[cm] 단위의 길이가 되는 것도 있다(그림 1-18).

① 축색돌기는 섬유와 같이 가는 구조를 유지하기 위해서 긴 세포골격을 가진다. 이 세포골격은 미세소관으로 이루어져 있으며 신경세포체에서 만들어진 단백질을 축색돌기 끝까지 운반하는 기능도 가지고 있다. 또한 축색돌기는 전류와 비슷한 형태로 신호를 전달하는데, 이는 (+)전하를 가지고 있는 이온을 세포막 안팎으로 이동시키는 것으로 이루어진다. 이러한 기능을 위해 축색돌기의 세포막에는 많은 이온 채널이 존재한다.
인간과 같은 척추동물의 축색돌기는 미엘린수초(myelin sheath)로 주위가 둘러싸인 것도 있는데, 이렇게 미엘린수초로 둘러싸인 신경을 유수신경이라고 하며 미엘린수초가 없는 신경을 무수신경이라고 한다.

② 신경이나 근육조직 같은 흥분성 조직 세포에 외부에 자극이 전달되면 안정 시의 세포막 내외의 전기적 상태에 변화가 일어난다. 즉, 자극을 받은 부분의 막전위의 크기가 점차 증가하여 결국에는 세포 내부가 오히려 세포 외부보다 양성(+)을 띤 후(약 40[mV])

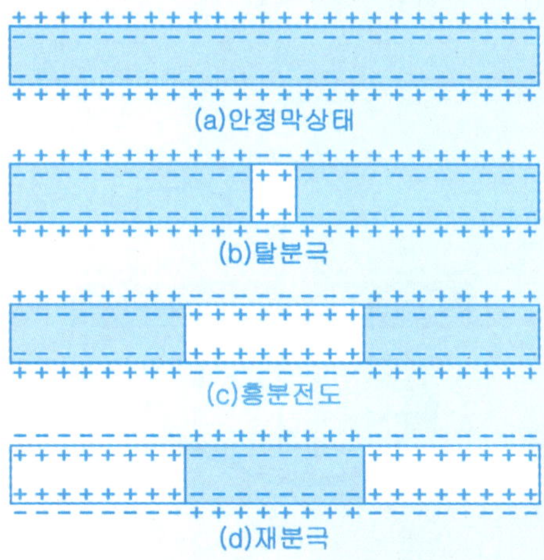

그림 1-18 • 축색돌기의 신경전도 과정

원래의 막전위(−90[mV])로 되돌아온다.

이때 세포 내부가 세포 외부에 비해 양성을 띠는 상태를 탈분극(depolarization)이라 하고, 탈분극상태에서 원래의 막전위로 돌아오는 상태를 재분극(repolarization)이라 한다.

③ 탈분극 초기에는 Na^+(나트륨)이온이 세포막 안쪽으로 확산되어 탈분극이 이루어지고, 탈분극상태에서 세포막 내부에 있던 K^+(칼륨)이온이 세포 외부로 빠져나가면서 다시 안정 막전위로 돌아오는 재분극이 이루어진다(그림 1-19).

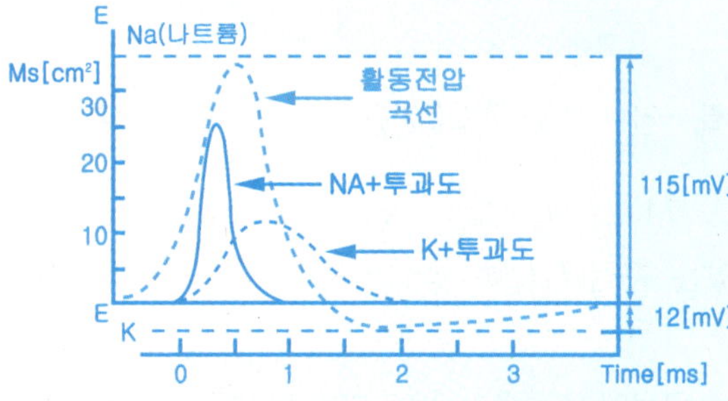

그림 1-19 • 신경세포에서의 활동전압

④ 자극 초기에는 Na^+이온이 세포 내부로 급격하게 확산되어 들어오므로 막전위가 급속히 상승한다. 막전위가 최대가 되면 세포 내부에 있던 K^+이온이 세포 외부로 빠져나가며, Na^+이온 역시 펌프 작용에 의해 다시 외부로 빠져나가기 때문에 세포는 원래의 안정막전위* 상태로 돌아가게 된다. 이러한 활동성 세포에 전극을 부착하고 전위측정이 가능한

기기를 연결한 후, 한쪽에 자극을 인가하면 자극에 의해 유발되는 활동전위를 측정할 수 있다(그림 1-20).

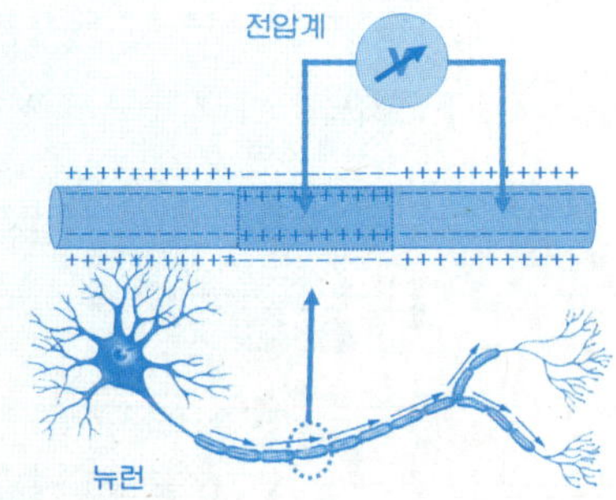

그림 1-20 • 신경의 활동전위 측정

4. 신경 · 근단위

임상적으로 근전도는 신경 · 근단위의 활동을 기록하는 데 목적을 두고 있다(그림 1-21).

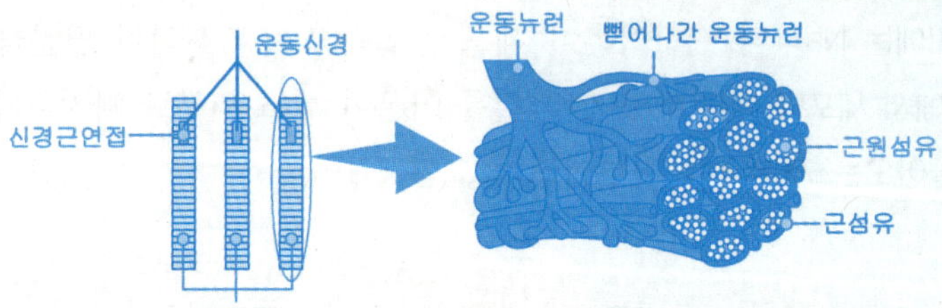

그림 1-21 • 신경 · 근(운동단위)을 구성하는 신경원과 근섬유

① 신경 · 근단위(Neuro Muscular Unit : NMU)는 척수의 전근에서 나오는 운동신경세포와 그 지배 아래에 있는 근섬유를 하나의 기능적 최소 단위로 운동단위(motor unit)라고도 한다.

② 운동뉴런은 지배하는 근육에 연접하기 전에 또는 연접된 직후에 수많은 가지를 내어 평균 100개 이상의 근섬유와 연결된다. 이와 같은 운동단위가 합해져서 구성되고, 정상에서는 각 운동단위의 흥분은 비동기적이다.

③ 근육의 수축이 일어날 때에는 모든 운동단위의 활동전위가 나타난다. 이 운동뉴런 하

* 안정막전위(resting potential) : 안정상태에 있는 신경세포막 안팎의 전압차를 안정막전위라 한다. 휴지막전위라고도 한다.

나가 연결시키는(지배하는) 근섬유 수의 비율을 지배비율이라 한다.

④ 하나의 운동단위가 그림 1-22와 같이 흥분하면, 그 지배하의 근섬유군은 동시에 동기적으로 수축을 일으킨다. 근육은 운동단위가 많이 모여 구성된 것이며 근육의 수축이 일어날 때에는 모든 운동단위에서 활동전위가 발생한다.

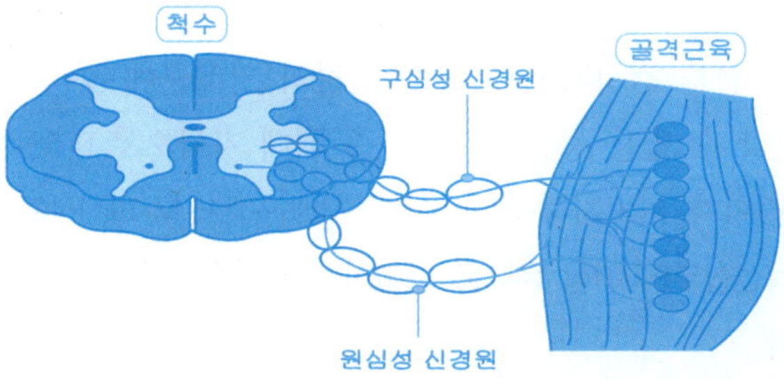

그림 1-22 • 척수로부터 뻗어 나온 신경운동단위

⑤ 인체에는 약 600개 이상의 골격근이 있으며 하나의 골격근은 수천 개의 근섬유(근세포)로 이루어져 있다. 개개의 근섬유는 근장 속에 평행하게 배열된 많은 근원섬유를 가지고 있으며 근원섬유는 많은 근 필라멘트*로 이루어져 있다.

⑥ 근 필라멘트에는 무거운 분자량의 단백질로 이루어진 미오신 필라멘트와 가벼운 분자량의 단백질로 이루어진 액틴 필라멘트 등이 있는데, 그림 1-23과 같이 근육수축은 액틴 필라멘트가 미오신 필라멘트 중앙으로 미끄러져 들어가면서 이루어진다. 골격근 세포막은 신경세포막과 같이 활동전압을 발생시키고 전도하는 특성을 가지고 있다.

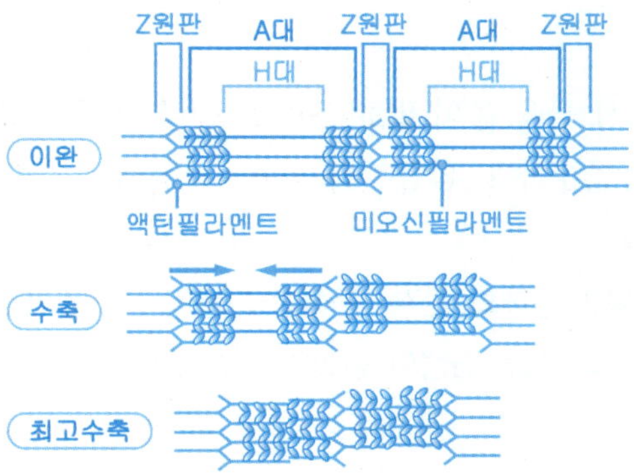

그림 1-23 • 근육세포의 수축원리

* 근 필라멘트 : 근원섬유를 이루는 낱개이다.

5. 유발근전도

말초신경에 강제적으로 전기적 자극을 주었을 때 근육에서 유발되는 근활동전위를 측정하는 방식이며, 말초신경전도속도, 반복유발 근전도, 반사기능검사 등을 할 수 있어 임의로 움직일 수 없는 근육의 상태, 말초신경장해, 특히 중증근무력증에 대한 객관적인 검사방법으로 이용되고 있다.

유도전극(표면자극전극)을 검사하고자 하는 신경의 지배근에 부착해 유도하며 자극은 신경섬유 다발을 총동원할 수 있는 충분한 강도, 즉 최대 자극으로 0.5~1[msec]의 지속시간을 갖는 방형파 형태의 전기자극을 가해준다. 이때 지배근에서 M-파, F-파, H-파 등이 유발되는데 이 파형들은 신경 · 근육접합부의 이상 유무를 판별하는 데 중요한 근거가 된다. M-파와 H-파의 특성은 표 1-5와 같다.

표 1-5 • M-파와 H-파의 특성

명 칭	자극하는 신경	역치	잠복시간	특 징
M-파	운동신경의 α 섬유	높다	수[m/sec]	강한 자극을 주면 진폭이 커지고 말초신경 및 근의 상태를 잘 반영한다.
H-파	감각신경섬유(GIa)	낮다	20~30[m/sec]	자극이 강해질수록 진폭이 감소하고 상위 중추의 영향이나 척수 내의 질환에 반영된다.

(1) 파형의 종류

파형의 종류에는 M-파, F-파, T-파, H-반사가 있다.

1) M-파

중추신경(뇌 및 척수)에서 근육 등의 말초기관으로 신경충격을 전달하는 원심성의 운동신경의 α 섬유가 자극에 의해 직접 흥분하고, 활동전위가 원심방향으로 전도되어 지배근에서 유발되는 근전도파형을 M-파라 한다.

M-파는 말초신경 및 근육의 상태와 신경 · 근접합부 등의 상태를 반영하며 M-파의 역치에 변동이 발생하거나 잠복시간의 연장, 파형의 변화와 소실 등을 검사하여 손상정도를 파악한다.

2) F-파

신경충격을 받은 운동신경섬유의 자극이 근육이 아닌 척수로 역행하여 척수전각세포를 흥분시켜 다시 운동섬유를 하행하여 근육에서 일으키는 파형이다.

3) T-파

건반사(슬개건, 아킬레스건)를 통한 근육의 움직임을 반영한다. 말초신경장애에서 감쇠 소실되며 중추신경장애에서 항진된다.

4) H-반사

구심성 신경섬유가 감각신경인 Iα신경섬유를 거쳐 척수의 후각으로 들어가 척수 내에서 단일 연접반사궁(2개의 신경원과 1개의 연접)을 거쳐 운동신경인 A-α신경섬유를 타고 돌아오는 반사파이다.

(2) M-파와 H-파의 진폭과 자극 전압과의 관계

경골신경을 최대 자극보다 약하게 자극하면 M-파라 하고 장딴지 근육에 초기 활동전위와 후기 활동전위가 보이는데 H-파라고 한다. H-파는 M-파보다 훨씬 역치가 낮기 때문에 약한 자극상태에서는 M-파보다 H-파가 더 빨리 나타난다. 자극의 강도가 증가되면 H-파는 서서히 사라지며 M-파가 커지게 되고 F-파가 출현한다.

6. 신경전도검사

전기자극에 의해 유발되는 말초신경의 자극전도를 관찰하고 말초신경계의 손상을 진단하기 위한 방법이다. 주로 축색변성과 분절성 탈수초가 대표적인 말초신경계 손상의 원인이다(그림 1-24).

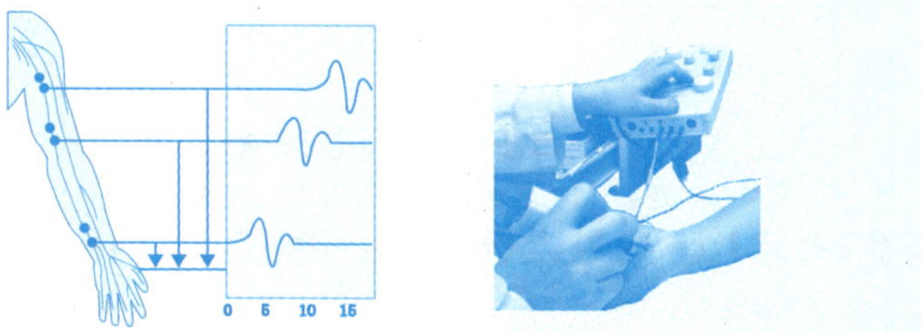

(a) 근전도검사 (b) 신경전도검사

그림 1-24 • 근전도 · 신경전도검사

① 축색변성은 외상 등으로 축색이 절단된 후 신경말단에서 축색이 변성을 일으켜 신경의 전도성을 잃어버리는 원인이 된다.

② 분절성탈수는 축색이 남아 있는 수초의 붕괴상태로 역시 신경의 전도성을 잃어버린다.

③ 신경전도검사는 신경의 전도성을 측정하여 말초신경계의 손상을 진단하는 검사법이다(그림 1-25).

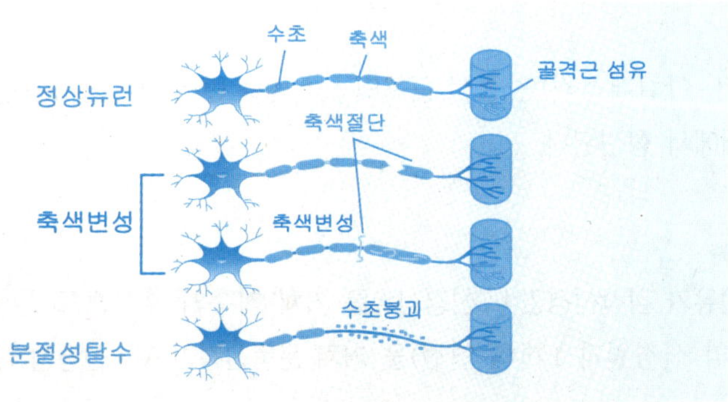

그림 1-25 • 말초신경계의 손상

(1) 운동신경의 전도속도 검사법

운동신경을 전기자극했을 때 전기적 흥분이 신경원의 축색말단을 지나 신경 · 근에 전달되고 이로 인해 수축된 근육에서 유발되는 근육의 운동량, 즉 복합근육 활동전위를 기록하는 방법이다. 신경전도속도를 구하는 원리를 그림 1-26에 나타내었다.

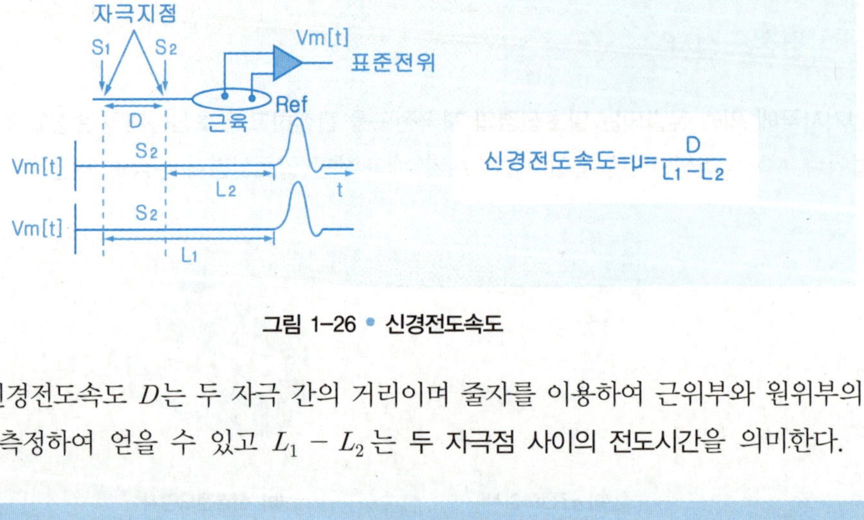

그림 1-26 • 신경전도속도

① 운동신경전도속도 D는 두 자극 간의 거리이며 줄자를 이용하여 근위부와 원위부의 거리를 측정하여 얻을 수 있고 $L_1 - L_2$는 두 자극점 사이의 전도시간을 의미한다.

$$\mathrm{NCV} = \frac{D}{L_1 - L_2}[\mathrm{msec}]$$

② 신경의 전도속도와 자극의 전달시간이 말초신경의 기능을 진단하는 데 중요한 요소가 되지만 자극받은 신경에 의하여 근육에 유발되는 전위의 특성도 매우 중요한 요소가 된다.

예 어떠한 운동신경에서 전도속도가 느리면 그 부위 세포에서의 전기적 활성화가 느림을 의미하며, 신경섬유의 느린 자극전도는 시간에 따라 분산을 겪게 되기 때문에 유발전위의 파형크기는 상당히 작아진다. 손목부위에서 자극을 가한 후 엄지손가락부위에서 기록전극과 이들 중앙에 활성전극을 부착하여 정중신경부위에서 유발된 활동전위를 측정한다.

③ 운동신경전도검사에 의해 측정되는 활동전위의 요소는 잠복기와 지속시간 그리고 진폭으로 이루어지며 이 요소에 대한 해석은 그림 1-27과 같다.

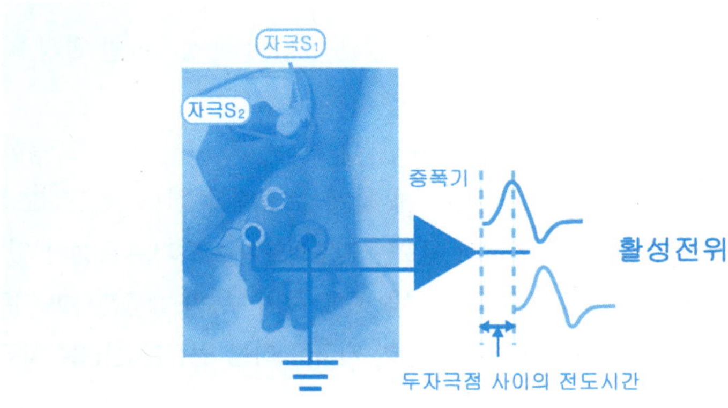

그림 1-27 • 운동신경전도검사

㉠ 잠복기 : 신경을 자극하는 시각에서부터 반응이 나타나는 시각까지 걸린 시간, 즉 최초 자극이 주어진 시점부터 복합근육 활동전위가 측정되기 바로 전까지의 걸린 시간이며 가장 빠른 신경섬유를 통해 도달한 시간이다.

㉡ 진폭 : 신경원 자극선도로 인한 복합근육 활동전위의 크기이다. 이 진폭의 크기가 정상보다 작으면 신경의 전도장애를 나타낸다(그림 1-28).

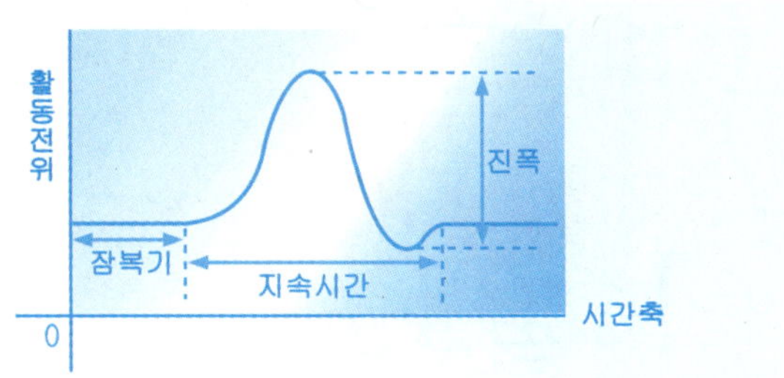

그림 1-28 • 운동신경전도의 파형

㉢ 지속시간 : 복합근육 활동전위의 시작에서 끝까지의 시간, 즉 복합근육의 활동전위 출현에서 사라지는 지점까지 걸리는 시간이다.

④ 복합근육 활동전위의 발생은 수많은 신경섬유의 활동에 의해 이루어지고 각 신경섬유는

그 굵기와 수초화의 정도가 서로 달라 전도속도의 차이가 생긴다. 따라서 이들이 동시에 일을 했을 때의 활동전위의 파형은 뾰족한 파형이 아닌 잘 분포된 파형을 가지게 된다.

⑤ 활동전위의 진폭은 신경자극에 반응하는 근원섬유의 수에 대략적으로 비례하며 활동전위의 모양이 변형되어 나타나면 신경이 눌려 있거나 심한 손상을 받은 것이다.

⑥ 운동신경자극검사에서의 유의점 : 운동신경에서 최상의 반응을 얻기 위해서는 해당 근위부의 여러 위치에서 자극해야 한다.

㉠ 적당한 자극강도로 자극했음에도 좋지 않은 응답이 측정된다면 활성 자극전극의 위치를 약간씩 움직이며 자극해야 한다.

㉡ 정확한 신경전도속도 결과를 얻기 위해선 각 검사실의 표준 온도를 정한 후 환자 피부의 온도를 측정, 정해진 표준온도에 맞게 보정해야 한다. 신경전도속도는 체온이 높으면 전도속도가 빨라지고 체온이 낮으면 전도속도가 느려지는 특성이 있기 때문이다.

㉢ 활동전극의 위치는 정확하게 근육에 부착해야 하며, 특히 활동전극과 기준전극의 위치가 뒤바뀌는 일이 없어야 하며 너무 강한 자극은 다른 인접한 신경을 자극할 수 있다.

(2) 감각신경전도검사

운동신경전도가 신경을 자극하여 신경이 말단부의 근육에서 근활동전위와 신경전도속도를 측정하는 방법이며, 감각신경전도검사(Sensory NCV(Nerve Conduction Velocity))는 그림 1-29와 같이 신체 감각의 전도방향과 동일한 방향, 즉 구심방향(생리적 전도방향인 척추쪽)으로의 신경의 자극전도를 측정하는 정향적 방법과 생리적 전도의 반대방향으로 신경의 자극전도를 측정하는 역향적 방법이 있다.

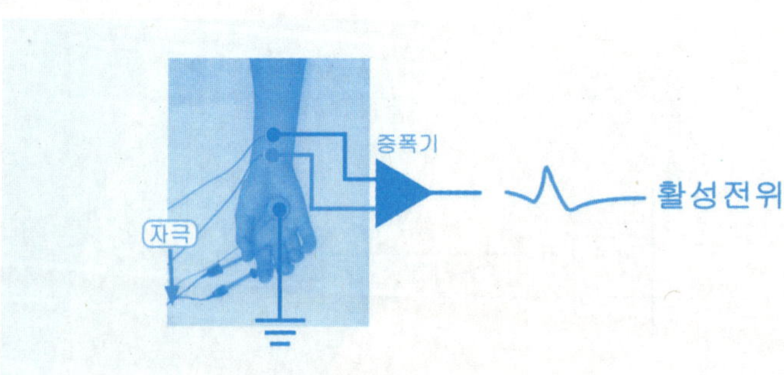

그림 1-29 • 감각신경전도검사

1) 정향적 방법

손가락부위를 자극하여 척수를 타고 올라가는 구심성 자극전도를 손목부위에서 측정하는 방법이다. 감각신경전도검사에서의 신경전도속도는 정향적 방법에서의 식은 다음과 같다.

$$\mathrm{NCV[m/sec]} = \frac{\text{자극점과 활성전극 사이의 거리[mm]}}{\text{잠복기[msec]}}$$

자극점과 활성전극 사이의 거리는 줄자 등을 이용하여 거리를 측정하며 잠복기는 자극시점으로부터 유발전위가 측정되기 전까지의 시간을 의미한다.

2) 역향적 방법

손바닥과 손목에서 자극하고 제3수지에 3~4[cm] 간격으로 활성기록전극과 기준기록전극을 부착하여 기록한다.

활성기록전극과 손바닥 자극지점 사이의 거리, 손바닥 자극지점과 손목 자극지점 사이의 거리를 각각 7[cm]씩으로 두 구간의 간격이 같은 지점에서 자극한다.

(3) F-파 검사

전기적 자극으로 운동신경을 자극했을 때 이 신경의 말단 부분에서 측정되는 근육의 근활동전위는 신경전도의 원심방향에 대한 유발전위이다. 하지만 신경이 전기적 자극을 받으면 척수방향, 즉 구심방향으로의 흥분전도가 이루어지며, 이 흥분을 받은 척수는 다시 원심방향으로 운동신경을 타고 흥분을 전도시키는 데 이때 신경의 말단 근육에서 또다시 측정되는 유발전위를 F-파라고 한다.

발목부위에서 전기적 자극을 주었을 때 신경의 전도가 원심방향(발)으로 이루어져 M 파가 측정되는 것 이외 후경골신경을 타고 구심방향(척수)으로 자극이 전도되고, 척수전각세포에서 원심성 방향으로 자극이 전도되는 것은 그림 1-30과 같다.

F-파는 M-파의 출현 후 약 20~30[msec] 후에 출현하며 자극시점으로부터 잠복기는 상지에서는 5~35[msec], 하지에서는 50~60[msec]의 잠복기를 갖는다. F-파는 최소 10회 이상을 연속적으로 기록해야 한다.

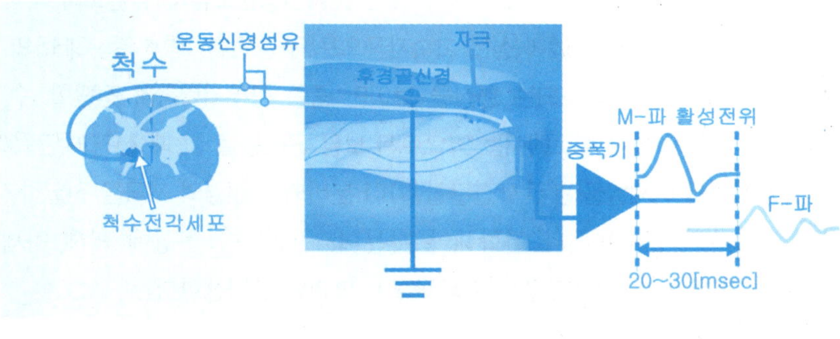

그림 1-30 • F-파 검사

(4) H-파 검사

신경에 전기적 자극을 주었을 때 자극의 전도가 원심방향 이외에 구심성 방향의 감각신경인 Iα신경섬유를 타고 척수의 후각으로 전달되고 다시 척수내 단일연접반사궁*에서 반사된 자극이 A-α신경섬유를 타고 되돌아 활성전극에서 다시 측정되는 파이다.

경골신경을 최대자극보다 약하게 자극하면 장딴지 근육에서 M-파와 H-반사가 나타난다.

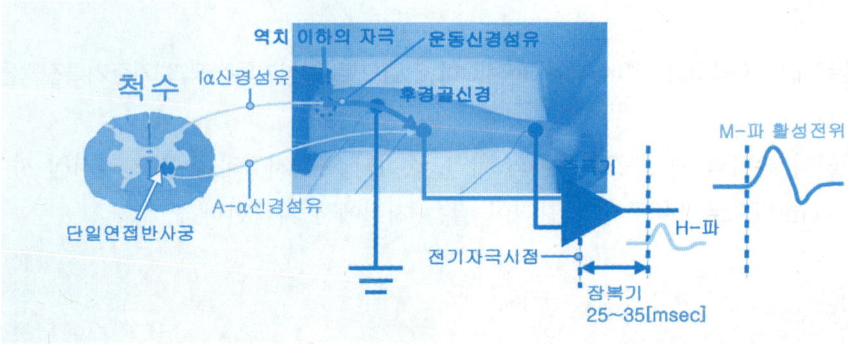

그림 1-31 • H-파 검사

H-파는 M-파보다 훨씬 낮은 역치의 자극에 반응하기 때문에 약한 자극상태에서는 H-파 반사가 더 빨리 측정된다. 하지만 자극의 강도가 증가되면 역치 이하의 자극에서만 반응하는 H-파 반사는 점차 사라지며 대신 M-파는 점점 커지고 F-파가 출현하게 된다.

H-파 반사의 잠복기는 정상인에게는 약 25~35[msec]로 나타나며, H-파 반사의 잠복기가 정상인에 비해 현저히 길어지면 당뇨병성 신경병증과 같은 다양한 다발성 신경병증 등을 진단한다.

(5) 반복자극법

신경 · 근 접합부의 이상검사를 하기 위한 방법이며 단지 저속, 고속의 빈도로 자극을 주어 유발되는 M-파를 연속적으로 측정하는 것이다. 측정방식은 운동신경전도검사와 같으며 자극빈도에 따라 5[Hz] 이하인 자극은 저속자극, 5[Hz] 이상은 고속자극으로 구분된다. 특히 2~3[Hz]의 저속자극에 대한 유발전위가 점차적으로 감소되는 현상을 보이면 중증 근무기력증을 진단할 수 있다.

중증 근무기력증은 근육이 쉽게 피로해지는 병으로서 보통 근운동을 할 때 신경과 근육이 만나는 신경 · 근접합부 지점에서 아세틸콜린(신경전달물질)이 분비되고 신경의 자극을 전달하기 위해서 아세틸콜린은 근육부위의 수용체와 결합해야 하는데, 원인모를 현상에 의해 아세틸콜린 수용체에 대한 항체가 형성된 후 아세틸콜린 수용체들이 파괴되어 발생한다.

* 단일연접반사: 구심신경과 원심신경의 사이에 시냅스가 1개밖에 존재하지 않는 반사. 근방추의 신장에 의하여 근의 반사성 수축이 일어나는 신장반사가 이것이다.

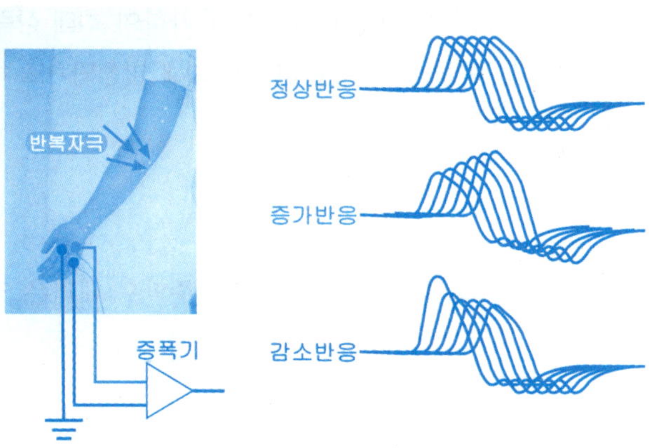

그림 1-32 • 반복자극법

30~50[Hz]의 고속반복자극 시에는 Ca^{2+}(칼슘)이 축색종말에 축적되어 아세틸콜린의 방출이 촉진되기 때문에 200~300[%]의 진폭증가 현상이 일어나며 근무력증후근을 진단할 때 사용된다.

(6) 신경 · 근 연접

하나의 운동뉴런이 근섬유에 연결되기 위해서는 여러 개의 분지로 나뉜다. 나눠진 분지의 끝인 종말과 하나의 근섬유의 근초가 연결된 구조를 신경 · 근 연접이라고 하며, 신경의 활동전압이 종말 축색*에 도달하게 되면 종말 축색에 존재하는 신경전달물질이 유리된다.

(7) 근수축 형태 및 특성

근수축은 액틴(actin)**과 미오신(myosin)***이 결합하여 파워를 생성하는 능력과 4단계의 근수축 과정의 평균활성도이다. 수축은 근육이 짧아진다는 의미로 근육은 수축하여 짧아지면서 힘을 발생하기도 하며, 반대로 근육의 길이가 유지되거나 그 길이가 늘어나면서 힘이 발생되기도 한다.

(8) 연축 · 가중 · 강축

근육이 흥분이나 수축 정도에 따라 1회 수축 · 이완하는 것을 연축이라고 하고, 근육이 수축상태에서 완전히 이완되지 않은 상태에서 다음 자극이 주어지게 되면 앞의 장력에 추가되어 증

---

* 축색(axon) : 뉴런에서 활동전위를 신경 종말까지 전도하는 액체로 채워진 관. 신경섬유라고도 한다.

** 액틴(actin) : 얇은 필라멘트를 이루고 있는 이중 나선의 선형 단백질이다.

*** 미오신(myosin) : 굵은 필라멘트를 이루고 있는 근수축의 원동력이 되는 단백질이다.

가하는데 이를 가중이라 한다. 그리고 자극의 빈도가 증가하여 최대 장력을 지속적으로 발생시키게 되는 것을 강축이라 한다. 이들 강축은 근피로에 의해 발생되기도 하며 자극이 멈춰질 때 종료된다.

(9) 근활동전위의 특성

전위는 약 10[μV]~10[mV], 지속시간은 30[ms] 정도, 주파수 대역은 5~1000[Hz] 정도이다.

(10) 근전도의 종류

근전도의 종류에 일반근전도, 표면근전도, 유발근전도 등이 있다. 세부적인 내용은 그림 1-33과 같다.

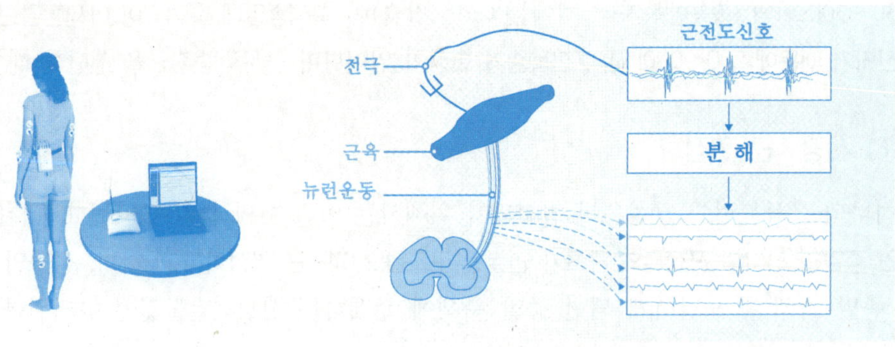

(a) 표면근전도 (b) 근전도 운동단위

그림 1-33 • 표면근전도, 표면근전도로 관찰한 운동단위

① 일반근전도 : 근육 내에 침전극을 삽입하여 안정 시, 수의운동 시의 근육활동 전압이다.
② 표면근전도 : 피부표면에 전극을 부착하여 무통증, 비침습적인 방법으로 측정된 근육활동 전압(표면근전도 신호파형)이다.
③ 유발근전도 : 말초신경에 직접 전기자극을 가하게 되면 그 신경의 지배 하에 있는 근육이 수축하게 되면서 활동전위를 발생시키는데 이를 유발근전도라 하며, M-파, H-파, F-파, T-파로 분류한다.

(11) 근전도 유도법

생체에 한 쌍의 전극을 부착하여 생체신호를 유도선에 의해 증폭기로 유도하는 것을 의미한다. 근전도 유도법에는 활동부위나 비활동부위에서의 측정이 가능한 단극 유도법과 활동부위에서만 유도가 가능한 쌍극 유도법이 있다.

(12) 정상근전도 신호의 특성

신체의 움직임에 따라 근육표면으로부터 근섬유를 따라 일어나는 전기적 신호, **근전도 신호의 크기는 대부분 10[mV] 이하이며, 주파수 범위는** 500[Hz] 미만으로 바늘을 근육에 직접 꽂아 측정하거나, 근육 근처의 피부표면에 전극을 붙여 측정할 수도 있다. 컴퓨터 또는 이동기기의 제어를 목적으로 근전도를 사용할 때는 실용성을 고려하여 **표면근전도 측정법**을 이용한다. 표면근전도 측정법은 **피부표면에서 근전도 신호를 측정하는** 방법이다.

① **피부표면전극에 의한 신호파형** : 근수축의 강약 정도는 **근전도의 진폭의 차이**로 나타난다.

② 침전극에 의한 파형상태는 표 1-6과 같다.

표 1-6 • 침전극에 의한 파형상태

안정시	완전히 이완상태에서는 근방전이 나타나지 않으며 전기적으로 안정된 상태이다. 조금이라도 근의 수축이 있으면 스파이크 방전현상이 반복된다.	
	자입전위	침전극 삽입 시 나타나는 돌발전위이다. 진폭 1~3[mV], 지속시간 100~300[ms]이다.
	신경전위	운동신경분지 부근이 침전극으로 자극 시 자발전위, 통증을 동반한다. 진폭 50~200[μV], 50~100[Hz], 2~3[ms]이다.
	종판전위	침전극이 신경·근육접합부 자극 시 발생한다. 진폭 20~100[μV], 지속시간 1~2[ms]이다.
수축시	약한 근의 수축 시 주기적으로 반복되는 신경·근단위(NMU)의 전위가 발생한다. 근수축이 강할 경우 활동성 근섬유의 증가로 근방전의 수가 증가, 이때 진폭은 불변이다. 최대 수축 시 간섭파형이 발생한다.	

③ **근전계의 구성** : 근전계는 전극, 증폭기, 기록기 등으로 구성되며 전극에는 **근섬유의 활동전위가 합성된** 것을 근육 위에 있는 피부로부터 유도하는 **표면전극과 침전극** 두 가지가 있다.

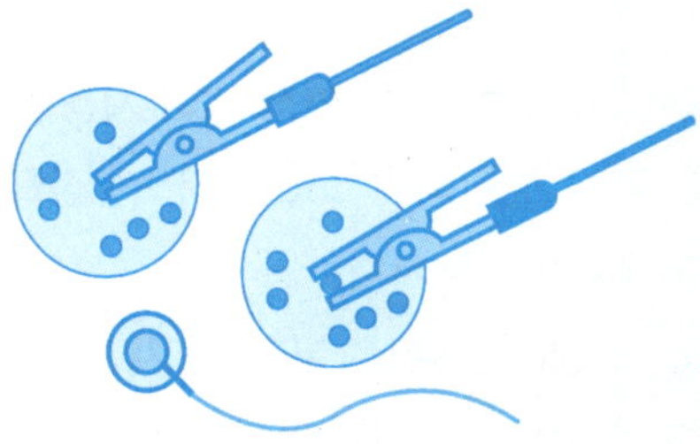

그림 1-34 • 표면전극

그림 1-35 • 일반적인 침전극

㉠ 유도용 전극 : 유도법에 사용하는 전극은 크게 생체를 손상시키지 않기 위한 피부표면전극의 그림 1-34와 직접 생체 내로 전극을 찔러 넣는 침전극(그림 1-35)으로 분류할 수 있는데 보통 환자의 고통을 덜어주기 위해 표면전극을 주로 사용한다.

㉡ 피부표면전극 : 모양에 따라 원판전극, 막대전극, 링전극 등으로 다양하며 전극의 지름은 약 0.5~2.5[cm] 정도이다. 피부표면전극은 근육전체의 수축상태나 신체의 자세, 동작, 반사활동조사, 그리고 유발근전도 측정 시 적합하나, 개개의 신경·근단위 활동전위를 분리하여 기록할 수 없는 단점이 있다. 피부표면전극의 특징은 다음과 같다.

ⓐ 신체의 표면에 부착한다.

ⓑ 간섭파형으로 인해 개개의 신경·근단위(Neuro Muscular Unit : NMU)를 분리하여 측정할 수 없다.

ⓒ 근육전체에 대한 활동전위의 측정이나 반사활동의 검사에 유효하다.

ⓓ 표면전극 조건으로는 장시간 안정적으로 접촉유지가 가능해야 하며 접촉저항과 분극전압이 적고 잡음이 잘 발생하지 않아야 한다.

㉢ 침전극 : 피부를 뚫고 바늘을 삽입하는 전극으로 신체 내부의 미세한 전위신호를 표면에서의 간접측정이 아닌 직접측정을 할 때 사용하며 근육 개개의 신경·근단위의 활동전위를 분리하여 유도하는데, 표면전극은 침전극에 비해 신체피부에 대한 접촉이 떨어지기 때문에 환자가 불안감과 아픈 것만 참을 수 있다면 표면전극보다 정밀한 생체 내 개개의 신경·근단위 활동전위를 분리 유도하여 측정할 수 있으며, 침전극의 종류는 다음과 같다.

ⓐ 동심형 일심 침전극 : EMG 측정 시 가장 많이 사용하며, 봉입선이 50~100[μm]의 에나멜구리선으로 끝이 절단되어 노출된다. 장점으로 개개의 신경·근단위(NMU)의 활동전위를 분리유도가 가능하다.

ⓑ 동심형 이심 침전극 : 신경·근단위로 분리유도가 가능하며, 일심 침전극보다 국한된 부위 전위기록. 봉입선의 두께 및 거리에 따라 진폭이 변화하는 단점이 있다.

ⓒ 단극 침전극 : 가는 은선을 절연하여 끝 부분만 노출시켜 사용하며 2개의 전극을 사용한다.

ⓓ 다극 침전극 : 외경 1[mm] 정도의 외장침 내에 5~6줄의 가는 도선을 삽입하여 사용한다. 같은 근육 내에 몇 개의 활동전위를 동시에 기록 가능하다.

ⓔ 미소 침전극 : 직경 20~25[μm] 정도의 아주 가는 백금선을 봉입한 것으로 백금선 노출수에 따라 일심, 이심, 다심 전극으로 분류한다. 아주 가늘기 때문에 신경 · 근단위 내의 단일 근섬유 세포의 활동전위를 유도한다.

전극의 부착은 통증 또는 마비부위, 수술 관련 부위 등 근육에 있는 모든 부위에 부착이 가능하며, 재활치료의 경우 치료하고자 하는 근육부위에 전극을 부착하여 사용한다. 스트레스 등의 감정이나 정서와 관련된 근전신호를 얻고자 할 경우는 보통 얼굴 근육부위에 부착한다.

- 입력부 : 전극 접속기와 교정장치로 구성되며 감도조절 기능이 있다.
- 증폭부 : 전치증폭기와 주 증폭기로 이루어져 있으며, 기록측정을 위해 120[dB] (100만배) 정도의 증폭도를 갖추어야 한다.
- 영상표시부 : 근전도 신호의 파형관찰을 위한 브라운관은 오실로스코프이다.
- 기록부 : 근전도의 신호파형 출력을 위한 표준이동속도(line-monitor)는 20[cm/sec]이다.

07 냉동 치료기

통증과 염증을 치료하고 순환과 행동의 범위를 향상시키고 부종이 퍼지는 것을 지연해준다. 통증과 염증치료 시 무열초크를 동반한 혈관수축이 일어나며 근육이완 시 더 낳은 혈액순환을 위해 혈관확장이 일어난다. 온열요법(heat therapy)으로 치료되지 않던 만성질환이 냉동요법(cryotherapy)으로 치료된다. 이는 냉동요법의 촉진효과(booster effect : 부스터 효과) 때문이다(그림 1-36).

한냉치료를 실시하고 시간이 지나면 해당 부위의 혈액순환이 증가하여 기존의 조직온도보다 상승하게 된다. 이때 해당 부위에 산소량과 영양공급이 증가하게 되어 조직손상을 치료하게 된다. 과사용증후군 등 만성손상의 경우 조직의 파괴 정도가 조직의 회복 정도를 앞지르게 되어 각종 증상을 일으키게 되는데 냉각요법을 촉진하여 만성손상을 치료하게 된다.

냉공기가 치료호스를 통하여 치료될 위치에 정확히 분사하여 흐름을 조절할 수 있다. 최대의 효과를 얻기 위해서 피부와 치료호스 분사부분과는 5~20[cm]을 유지해야 한다. 다양한 치료

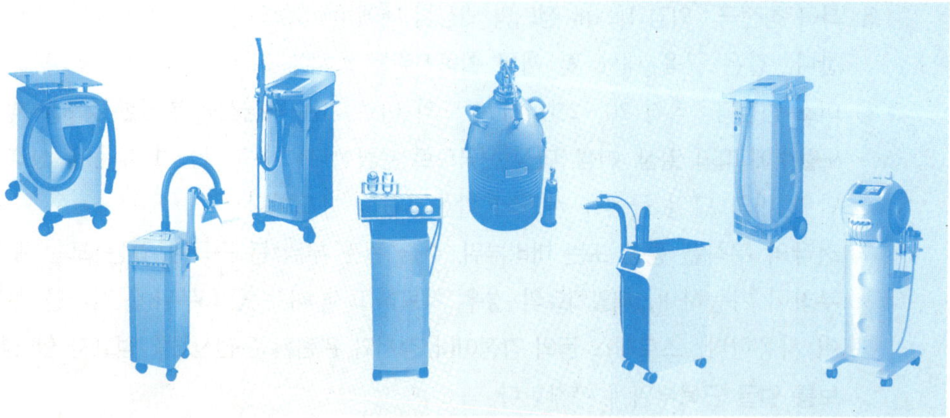

그림 1-36 • 냉동 치료기

호스 크기(직경 5, 10, 15, 20[cm])로 일반적인 치료와 특별한 통증부위 치료 모두 특성에 따라 개별적으로 사용할 수 있다.

통증완화 및 염증치료는 환자의 상태와 치료에 따라서 30초부터 10분 사이를 선택하고 지속적인 치료를 해야 할 경우 1시간 반에서 3시간 정도면 충분하다. 자연발생물인 공기를 사용하기 때문에 어떠한 소모품도 필요 없다. 적절한 치료온도와 증상치료를 위한 정확한 사용으로 냉공기 치료법의 새로운 차원을 열었다.

08 레이저 치료기

1. 레이저 치료기

다양한 파장의 레이저 광선을 피부조직의 손상 없이 조직에 침투시킬 수 있으며 마이크로프로세스에 의해 조절 가능하다. 다양한 형태의 조사기능이 있어 치료에 효과적이며, 스캐닝 크기 및 속도, 치료위치를 조작할 수 있는 특징이 있어 스캐닝 레이저, 포인터 프로브, 멀티다이오드 프로브의 레이저 치료(laser treatment machine) 방식이 가능하여 한 사람에게 3가지 방식의 레이저 치료 및 3인 동시 치료로 사용되고 있다(그림 1-37).

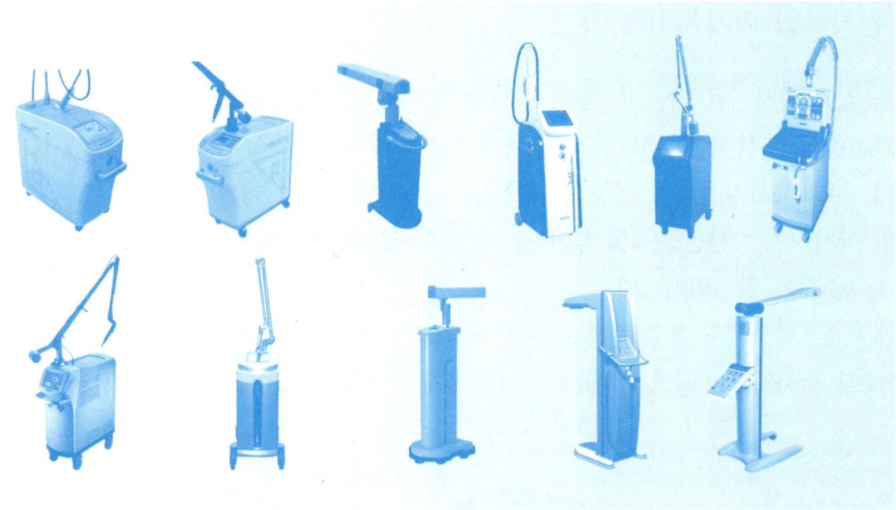

그림 1-37 • 레이저 치료기

2. He-Ne 레이저

중성원자인 헬륨 가스와 네온 가스의 혼합기체를 매질로 구성된 방전 여기방식을 사용하는 중성원자 기체 레이저이다. He-Ne(헬륨−네온) 레이저는 3,381[nm], 1,154[nm], 1,804[nm]의 적외선과 633[nm], 612[nm], 594[nm], 544[nm]의 가시광선을 낼 수 있으며, 633[nm]에서 수십[mW]의 안정된 연속출력을 얻을 수 있다. He-Ne 레이저는 단색성이 매우 높아 단색만을 사용하는데, 의료용으로는 붉은색인 633[nm]가 주로 사용되고 있다.

09 마사지기

뭉친 근육을 풀어주고 신진대사를 활성화시키고 긴장을 풀어주며 혈관을 팽창시켜 혈액순환을 활성화시키며 모공을 이완시켜 피지와 땀의 분비, 림프순환을 촉진시켜 피부의 저항력을 높여주며, 얼굴 마사지기, 어깨 마사지기, 초음파 마사지기, 셀룰라이트 마사지기, 진동 마사지기, 다리 마사지기, 피부 마사지기, 안마기, 마사지기계, 마사지기구, 고주파 마사지기, 휴테크, 종아리 마사지기, 두피 마사지기, 발마사지기, 공기압 마사지기, 목마사지기, 눈마사지기, 김수자 마사지기, 에어 마사지기 등의 종류가 있다.

1. 건식타입 마사지기의 개요

옷을 입고 마사지를 받을 수 있는 마사지기로서 온열된 물로 전신을 마사지하며 노즐분사 방식과 6종의 분사패턴, 부드럽고 강력한 5단계 수압, 무독성 실리콘 매트 등을 사용하여 기존의 수압 마사지기보다 성능을 대폭 끌어올렸다(그림 1-38).

수압 마사지기는 뭉친 근육을 풀어주고 신진대사를 활성화시키고 긴장을 풀어주며 혈관을 팽창시켜 혈액순환을 활성화시킨다.

대체치료요법으로서 통증을 줄여 주기 때문에 신경자극, 관절통증환자들의 고통을 덜어주며, 정기적으로 마사지를 이용할 시에는 환자들에게 안정된 건강을 가져다준다.

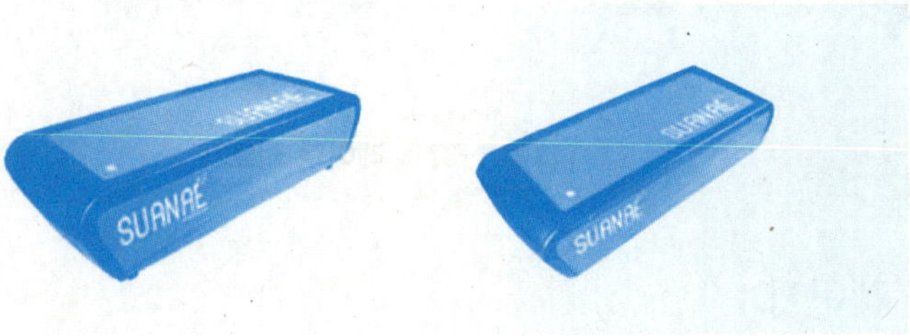

그림 1-38 • 건식타입 마사지기

2. 마사지 효과

피부의 혈액순환을 촉진시켜 신진대사를 원활하게 한다. 또한 모공을 이완시켜 피지와 땀의 분비, 림프순환을 촉진시켜 피부의 저항력을 높여주며, 긴장된 근육을 풀어주고 피부조직을 유연하게 한다.

(1) 피 부

피부 감각기관에 있는 혈관을 반사적으로 촉압자극*을 줌으로써 피하정맥혈을 심장으로 보내게 된다. 마사지로 혈액의 흐름을 촉진시켜 혈액량이 증가되어 산소공급이 원활해지고 신진대사가 활발하게 되어 마사지 마찰로 피부가 따뜻해지고, 혈액과 림프액의 순환이 좋아지며 산소공급이 원활해져 신진대사가 활발하게 되어 피부가 부드럽고 매끄럽게 된다.

* 촉압자극 : 신경을 자극하여 진통작용을 하며, 마비된 신경의 회복을 촉진하고 내장기능의 변조를 바로 잡는 효과가 있는 방법으로 전신에 퍼진 혈액을 효율적으로 심장에 되돌려 보내는 구심성 치료법의 일종이다.

(2) 신경계

마사지는 신경계를 진정하는 작용을 하며 혈액 내에서 통증과 관련이 있는 여러 가지 신경화학물과 호르몬의 비율을 변화시킨다. 스포츠 마사지는 신경도의 활발한 자극으로 전신운동능력을 향상시킨다. 또한 흥분 및 진정, 통증완화, 신경조직에 대한 혈액을 공급하여 교감신경계를 활발하게 한다. 또한 호르몬의 일종인 도파민, 엔돌핀, 세로토닌을 증가시켜서 통증을 경감시킨다.

(3) 관 절

관절 속의 혈액순환을 좋게 하고 관절 내의 신진대사를 활발하게 하여 관절액의 분비를 촉진시켜 준다. 이로 인해 윤활막이 매끄럽게 되고 관절운동의 유연성을 높여 준다.

(4) 근 육

주로 적용하는 부위로서 근육조직에 영향소의 공급을 증가시키고 혈액순환의 증가로 혈액을 통하여 산소공급이 증가하여 세포의 노폐물이나 유해물질을 없애고, 산소가 많은 혈액을 공급해 신진대사를 활발하게 하여 수축력과 지속력이 증진된다.

(5) 순환계

혈관과 림프관에 압이 가해지면서 순환이 증가되는 효과가 있다. 모세혈관벽의 투과도를 증가시켜 산소와 영양소의 전달을 원활하게 하여 신진대사를 촉진한다.

3. 활용범위

마사지기기의 활용은 병(의)원 물리치료실, 매장, 기관이나 기업, 일반가정, 주민자치센터, 실버센터에서 활용하고 있다.

(1) 병(의)원 물리치료실

치료 후 환자에게 사용함으로써 빠른 재활에 도움을 준다(병(의)원 물리치료실, 응접실 및 휴게실).

(2) 매 장

고객들에게 서비스를 제공하기 위해 응접실이나 고객휴게실 등에 설치한다(백화점, 호텔, 리조트, 골프장, 스키장, 전시장 및 A/S센터 등).

(3) 기관이나 기업

기업 휴게실에 설치 운영함으로써 사원들의 피곤함과 스트레스 완화, 업무의 효율성을 높이고 기업의 복리후생으로 사용한다(기업 휴게실, 관공서 휴게실).

(4) 일반가정

가족의 스트레스를 해소 / 완화시켜 건강증진에 기여한다(가정 내 휴게실).

(5) 주민자치센터 / 실버센터

주민자치센터 및 실버센터에 설치하여 주민들의 복지를 위해서 사용하며 몸이 약한 노약자들에게는 운동기구로 사용된다(주민센터, 실버센터, 요양원 등).

10 무릎보조기

퇴행성 무릎관절염은 노인성 질환으로 무릎 위 / 아래 뼈의 마찰을 줄이는 연골이 마모되어 생기는 병으로, 무릎의 통증을 물리적인 방법으로 해결하고 무릎 위 / 아래 뼈 사이를 벌려 줌으로써 통증의 발생요인을 근본적으로 제거한다.

무릎관절은 많은 압박과 힘을 받기 쉽다. 스포츠 활동에서 손상을 입은 후에 일시적인 사용을 위해서 또는 관절증과 같이 영구적인 치료를 위해 많이 쓰인다. 무릎 보호기구(knee protecting device)의 역할은 운동 시 무릎에 장치하는 보호기구는 크게 보조기(brace)와 보호대(protector) 두 가지로 나눌 수 있다(그림 1-39).

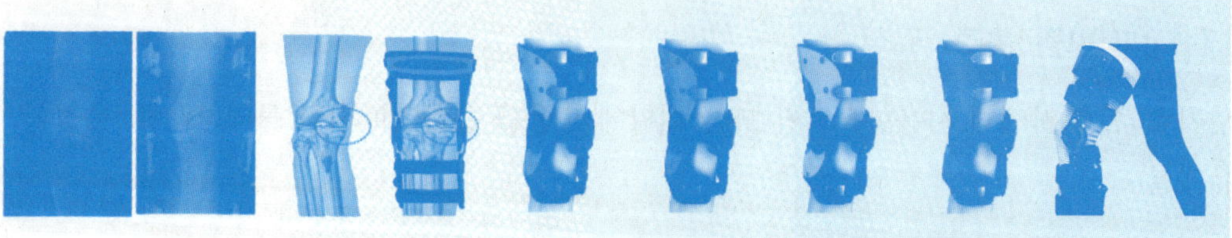

그림 1-39 • 무릎관절 보조기

1. 보조기

일반적인 형태는 육중하고, 튼튼한 외형을 가진 보조기이다. 현재 나와 있는 무릎보조기는 예방보조기(prophylactic brace)로 축구, 스키 등 무릎 손상이 잦은 운동선수들의 부상 예방을 목적으로 개발된 보조기이다.

2. 기능적 보조기

기능적 보조기(functional brace)는 전방십자인대 손상으로 인해 불안정한 무릎을 잡아주는 목적, 혹은 재건수술을 한 경우 이식한 인대를 보호할 목적으로 착용하는 보조기이며 자인대를 겨냥한 기구들이다. Lenox-Hill brace, Don Joy brace, CTi 2 brace 등 여러 가지 상품명으로 나와 있다.

3. 재활용 보조기

재활용 보조기(rehabilitational brace)는 무릎 인대 손상 시 초기 치유 과정에서 무릎 동작을 부분적으로 제한함으로써 인대를 보호하는 목적으로 사용되는 보조기이다. 운동제한 보조기(Limitation of Motion Brace : LMB)가 있다.

보조기를 착용함으로써 발생하는 장점은 인대에 가해지는 스트레스를 물리적으로 감소시켜 준다. 인대 및 주변 근육의 위치감각을 증진시킨다. 단점은 인대 및 주변 근육의 자연적인 회복 및 적응을 방해하거나 안전하다는 생각에 부주의한 행동을 유발할 수 있다.

한편, 무릎을 전체적으로 죄어 주는 형태의 무릎 슬리브(knee sleeve)는 무릎을 지지하는데 여러 가지 도움을 준다. 할머니들이 일어날 때 무릎 위쪽을 잡아주면 조금 수월해지는 것처럼 대퇴사두근(허벅지 앞 쪽의 큰 근육들)의 작용거리를 줄여 작용하는 힘의 효율을 좋게 해준다. 무릎관절을 죄어 관절 내 압력을 증가시키는 것도 힘을 쓰는데 도움을 주며, 무거운 물건을 들 때 배에다 힘을 주는 것과 비슷한 원리이다. 또, 잘 맞는 슬리브는 운동 손상 방지에 중요한 역할을 하는 고유수용기능(proprioception : 위험한 상황에서 반사적으로 방어하는 기능)으로 알려져 있다.

11 보조기

체간, 사지에 장착하여 질환치료 또는 기능장애의 대치 목적으로 사용되는 기구이며 체간에 사용되는 콜셋과 같은 고정을 목적으로 하는 것, 재활에 사용하는 단하지장구, 장하지장구, 하지의 골절, 펠테스병에 사용되는 보행장구, 척추측만증의 밀워키브레이즈(Milwaukee brace), 내반족의 데니스-브라운 부목(Denis-Brown splint), 손, 손가락의 구축의 예방, 치료에 사용되는 용수철붙이의 다이내믹 부목(dynamic splint) 등 변형의 교정, 예방을 목적으로 사용되는 것이 있다.

1. 보조기의 장 · 단점

보조기(orthosis)는 인체의 구조적 결함이나 기능이 상실 및 저하된 곳을 인위적인 기구나 장치를 통하여 보조해줌으로써 기능의 회복과 근본적, 간접적인 치유와 결함의 악화를 예방해주는 장치이며, 장기간 사용한 경우 근육이 약해지거나 위축되어 이로 인해 2차 통증이 발생하는 여러 가지 부작용으로 인해 증상이 더욱 악화되는 경우도 있다.

(1) 보조기의 장점

보조기는 대부분 다음의 네 가지 목적으로 사용된다.

① 체중의 의지 : 체중을 지탱시켜 주는 역할을 한다.

② 변형의 예방 및 고정 : 변형과 동통 손상을 일으키는 힘과 치유를 방해하는 힘에 대항하는 방어력을 가진다.

③ 병변 조직의 보호 : 염증과 장애가 있는 조직을 안정, 고정시키고 질병의 진행을 막으며 치유를 촉진한다.

④ 불수의 운동, 상실된 기능의 대상 또는 보조 : 근력저하나 마비, 경직과 같이 근력과 불안정한 관절에 대해 그 기능을 보상 또는 보조해준다.

(2) 보조기의 단점

보조기는 급성손상, 만성외상, 질병, 수술, 선천성 기형, 그리고 변성질환 등과 같은 많은 장애 및 질환에 좋은 영향을 주도록 만들어졌다. 보조기는 단점 및 해로운 점이 있으니 주의해야 한다.

① 너무 오래 사용하는 경우 스스로 근육의 힘을 쓰지 않아도 보조기로 몸통을 지지하게 되므

로 근육이 약해지고 위축되는 단점이 있다.

② 보조기를 사용하여 관절의 운동을 제한한 상태로 너무 오래 생활하는 경우 근육, 인대, 근막 등의 길이가 짧아져서 이로 인한 2차적인 통증이 발생할 수 있으므로 보조기 사용과 재활 물리치료를 병행해야 한다.

③ 심리적으로 의존하는 마음이 생겨 통증 발생에 대한 두려움으로 보조기 사용을 중단하지 못하는 경우가 생길 수 있으므로 가장 적절한 시기에 보조기 착용을 중지해야 한다.

④ 증상이 더 심해지는 경우도 있을 수 있으므로 보조기의 착용 전후에 재활의학 전문의와 상담을 해야 한다.

2. 보조기의 종류

보조기는 다양한 종류가 있으며 관절가동성, 착용부위, 사용목적 등에 따라 분류된다.

(1) 관절가동성에 의한 분류

분류하는 방법도 여러 가지가 있는데 가장 크게는 정적 보조기와 동적 보조기로 구분할 수 있다.

① 정적 보조기(static splint) : 보조기를 착용한 인체의 부분이 움직이지 않도록 고정하는 것으로 외상이나 수술 후 급성 염증이 있는 경우 착용하게 되며, 대부분 2~3주 이상 착용해야 하므로 인체의 적합성이 가장 중요하지만 구축된 관절을 신장시키는 경우에는 주기적으로 각도를 변화시켜야 하므로 보조기를 갈아 주어야 한다.

② 동적 보조기(dynamic splint) : 인체의 부분적인 움직임이 가능한 것으로 대부분 근육의 약화가 있거나 인대의 수술 후나 구축된 관절의 신장에 사용한다.
관절의 위치에 따라 관절 모양을 비슷하게 제작하여 사용하는 경우가 많지만 고무 밴드나 스프링을 사용하여 약화된 근육기능을 대신하거나 운동을 하는 목적으로 착용하기도 한다. 또한 서서히 회복되는 경우나 만성질환의 경우에 착용한다.

(2) 착용부위에 의한 분류

보조기는 안정성 또는 고정, 변형의 예방과 교정, 손상부위 보호, 치유촉진, 그리고 기능보조 등을 목적으로 신체에 사용되는 장치이므로 손, 팔꿈치, 어깨, 머리, 목, 등, 엉덩이, 허리, 무릎, 발목 그리고 발 등 신체 어느 부위든지 적용할 수 있지만 크게 3부분으로 나눈다.

1) 상지보조기

① 팔에 적용하는 상지보조기(견관절 및 견갑대 보조기, 주관절보조기, 완관절 및 손보조기)는 상실된 근력기능을 대신하고 약한 근력기능을 보조하며, 관절의 움직이는 각도를 일정하게 유지하거나 고정하기 위하여 사용하며, 기형을 예방 · 교정하기 위하여 사용한다. 상지보조기는 체중부하에 대해 크게 고려할 필요가 없기 때문에 보조기의 정밀성과 세부적인 사항에 중요하다.

② 고려사항으로 상지의 기능을 수행하는데 있어 가장 중요한 것은 손과 손목이다. 손과 손목은 손가락의 기능적 특성에 따라 보조기를 제작하며 기능적인 위치에서 착용하여야 한다. 또한 장애를 극소화하기 위하여 손상의 정도, 손상된 부위에 따라 보조기를 제공해야 한다.

2) 하지보조기

① 다리에 적용하는 하지보조기(장하지보조기, 슬관절보조기, 단하지보조기, 발보조기)는 정상적인 보행을 할 수 있도록 도와주거나 장애요인 기능을 감소시키거나 잔여 기능을 극대화하여 정상적인 보행에 가깝도록 보조하는 역할을 수행한다. 하지보조기는 장애요인, 운동범위, 보행의지 등을 고려하여 제작해야 한다.

② 하지보조기의 중요한 고려사항은 3점 고정, 견인, 액압지지이다. 3점 고정은 1점의 힘을 고정하는 부위에 대한 힘과 2점의 고정부위의 좌 · 우나 상 · 하 이상이 반대방향에서의 2점 고정에 의해 지지력 및 제한력을 얻는 방법이다. 액압지지는 액압으로, 연부조직을 전체적으로 덮음으로써 액압에 의해 지지력을 얻는 방법이다.

3) 체간보조기

① 몸통에 적용하는 체간보조기(경추보조기, 요천추 보조기, 흉요천추 보조기, 경흉요천추 보조기)는 체중의 의지, 척추의 운동범위 제한, 척추의 정렬유지 및 기형교정, 통증감소, 손상된 근육이나 척추관절 등을 보호한다. 체간보조기는 뼈, 관절, 근육 등에 고정성과 안정성을 고려하여 일상생활에 있어서 활동의 개선을 하는 목적이 있다.

② 체간보조기의 고려사항은 척추의 해부생리학과 운동학을 고려해야 한다. 척추는 체간의 배측에 있는 다수의 척추뼈로 이루어진 일종의 지지구조로서 두부, 체간의 지지와 운동 및 척수를 보호한다. 척추는 7개의 경추, 12개의 흉추, 5개의 요추, 5개의 천추, 3~6개의 미추로 이루어져 있으며, 성인의 경우에는 5개의 천추가 유합되어 1개의 천골형태가 된다. 척추의 근육은 굴근군, 심전근군, 회전근군으로 나누어지며, 척추의 운동학을 이해하기 위해서는 각 추골별 운동범위를 고려해야 한다.

(3) 관절가동성의 관계여부에 따른 분류

보조기는 통증, 손상, 변형을 만드는 힘과 치유를 방해하는 응력을 보호해야 하므로 팔과 다리의 사용기능을 높이기 위해 근력저하, 마비, 그리고 경직이 있는 근육을 보조하며 변형을 교정한다. 이때, 대부분의 보조기는 관절가동성에 영향을 주게 되는데 이러한 관절가동성과의 관계에 따라 나눌 수 있다.

1) 보호용 보조기

작용을 억제하여 관절을 고정하고, 불완전한 관절 및 힘줄 골절이 있는 뼈를 안정화시킨다. 관절운동을 유지하여 변형을 방지하거나 손상연골이 있는 관절에 견인력을 작용시켜 관절을 지속적으로 움직이는 역할을 한다.

2) 교정용 보조기

관절 구축을 교정하거나 관절과 힘줄의 잘못된 부분을 교정한다.

3) 보조용 보조기

관절의 운동능력 향상을 위해 근육의 긴장을 완화시키며 근력저하나 마비가 있을 시 힘줄의 활동을 도와 관절운동을 할 수 있게 한다.

(4) 사용목적에 의한 분류

보조기는 의학적인 치료수단으로 사용하는 목적에 따라 의료용 보조기, 의료용 임시 보조기, 갱생용 보조기, 고정용 보조기, 지지용 보조기, 부하분산용 보조기, 보행용 보조기, 기립유지용 보조기, 야간보조기, 견인보조기, 기능적 골절치료용 보조기 등으로 나눌 수 있다.

3. 보조기의 디자인 및 제작

보조기는 급성손상, 누적외상, 질병, 수술, 선천성 기형, 그리고 퇴행성 변화에 대해 기능향상을 꾀하도록 디자인해야 한다. 또한, 하나의 보조기만을 착용하는 경우도 있지만 여러 개의 보조기가 필요한 경우, 수술 후의 착용처럼 단시간의 경우, 재활을 위한 장시간의 치료에 필요한 경우도 있으므로 상황과 목적에 맞추어야 하며, 착용 시 환자에게 안정감을 주도록 디자인 및 제작되어야 한다.

또한 요즘에 들어서는 보조기의 기능뿐 아니라 미관상의 가치를 크게 두고 있기 때문에 외관에도 많은 신경을 써야 한다(그림 1-40). 이러한 부분들을 고려하여 만들어진 보조기는

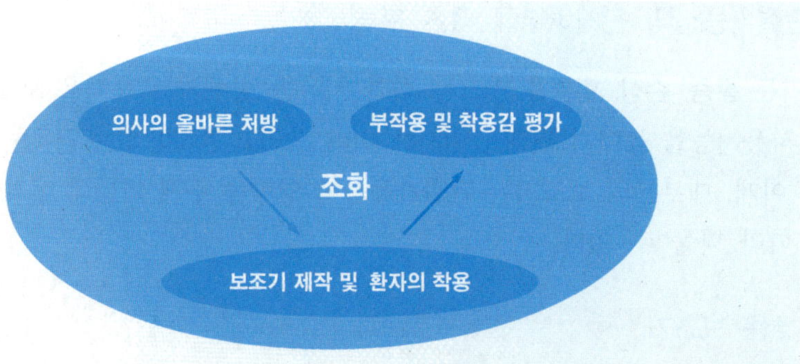

그림 1-40 • 보조기의 제작과정

3가지 항목들로 평가한다.

(1) 처방에 맞게 제작

처방에 맞게 제작함에 있어 제일 중요한 점은 정확히 부품들이 맞게 조립되어 있으며, 또한 처방한 대로 잘 제작되었는가를 확인하는 것이 필요하다. 신체부위에 직접 본을 떠서 만드는 경우를 맞춤식 보조기라 하며, 보조기를 착용할 때 조절이나 수정할 수 있게 하여 판매되는 보조기를 성형된 보조기라 하며, 크기와 좌 · 우에 맞게 완전히 만들어져 판매되는 보조기를 기성품 보조기라 한다.

(2) 디자인과 내구성

아무리 좋은 보조기라고 하여도 모양이 볼품없어 환자가 착용하지 않는다면 쓸모가 없으며, 내구성이 없어 쉽게 파손된다면 환자에게 더 큰 위험을 가져다 줄 수 있기 때문에 튼튼해야 한다.

(3) 보조기에 대한 부작용 여부

부작용은 잘못 착용하게 되어 오히려 해가 되는 것으로 위험할 수도 있기 때문에 의사의 전문적인 견해를 받아 수정할 곳이 있으면 수정하고 새로 처방하여야 하는 부분이 있으면 새로 처방을 받아 부작용이 없게 해야 한다.

12 상지보조기

뇌성마비인 아이들은 ROM의 감소나 비정상적인 정렬 또는 팔의 많은 관절 때문에 그들의 손사용이 힘들다. 상지의 대부분의 몸 쪽 관절에 기능적인 관절범위는 효과적인 작업을 위해 필요한 손운동의 다양성을 제공하기 위해 필수적이다.

팔꿈치에 구축은 장난감에 팔을 뻗기 위해 관절가동 범위가 제한적일 수 있다. 더구나 전완회전 능력 문제는 장난감을 집는 공간에서 장난감을 손안에 집는데 제한을 가져올 수 있다. 손목의 부정렬 또는 불안정은 장난감을 가지고 놀기 위해 함께 작업하는 손가락과 엄지의 능력에 영향을 줄 수 있다.

반면에 팔꿈치, 전완 그리고 손목은 제대로 일하기 위해 손과 손가락의 협응이 잘 이루어져야 한다. 근육들이 더 능률적으로 일하기 위해서 상지보조기는 정확한 정렬로 그 관절들을 적당한 장소에 위치할 수 있다. 보조기는 단단하거나 단축된 근육들이 느리고 점차적인 펴기를 제공하고, 정확한 정렬을 유지하는 동안 움직임의 범위를 향상시킨다. 이는 더욱 능동적인 펴기를 위한 아동의 능력에 용이함을 줄 수 있고, 또한 만지기가 요구되는 기능적 활동을 위해 필요한 안정성을 제공할 수 있다.

1. 상지보조기의 기능 및 사용목적

상지는 하지처럼 몸을 이동시키는 역할을 하는 것은 아니지만 일상생활의 모든 동작에 관여한다. 즉, 먹고 입는 것은 물론이고, 작업이나 측정과도 같은 섬세한 일들도 하게 된다. 또한 외부의 자극을 감지하여 뇌로 전달하는 감각기관으로 '제2의 뇌'라고 한다.

상지 자체의 손상이나 병변으로 인하여 관절운동의 제한, 근력의 마비 또는 쇠약 등으로 기능장애를 받게 되는데, 이러한 기능장애는 크든 작든 일상생활을 하는 데 큰 불편을 느끼게 된다. 이러한 경우 사용되는 상지보조기는 상실된 근력을 대신하고, 약한 근력을 보조하며, 관절의 각도를 일정하게 유지하거나 고정하기 위하여 사용한다.

또한 관절을 견인하거나, 부속장치를 부착하기 위하여 사용하며, 동통부위를 보호하거나 기형을 예방 및 교정하기 위하여 사용한다. 하지만 상지보조기는 하지보조기와는 달리 체중부하에 대해 크게 고려할 필요가 없기 때문에 견고성보다는 정밀성 및 세부적인 사항이 중요하게 여겨진다. 그래서 제일 중요한 것은 착용 시 편안하여야 하며 미관상 보기 좋아야 하고 사용하기 편해야 실제 환자가 착용할 수 있다.

2. 상지보조기의 구조와 명칭

상지보조기의 구조는 상지보조기의 목적에 따라 구분하여 보조기들의 특징을 알고 그 세부적인 사항에 필요한 구조를 알아야 한다. 보조기의 특징에 따라 구조를 달리하기 때문이다.

① 상지보조기는 역학적 원리에 따라 정적(static), 동적(dynamic) 보조기로 구분하고 동력전달, 외양에 따라 구분할 수도 있으며, 착용위치에 따라 구분할 수 있다. 하지만 착용위치에 따른 분류는 보조기의 종류에서 알아보도록 하고 역학적 원리에 따른 상지보조기의 분류를 통해 구조를 알아본다. 가장 단순한 보조기의 구조는 하나 또는 2개 이상의 관절에 정적 지지를 주도록 신체를 본뜬 수지 쉘로 이루어졌다.

② 쉘식 보조기는 비관절형으로 관절을 지나는 일 없이 상완골 등을 안정화하는 목적으로 사용된다. 그 밖에 복잡한 보조기의 구조도 쉘에서부터 시작되며, 현외장치나 모터와 같은 기저부를 부착하는 방식이다.

③ 현외장치는 관절에 대하여 보통 굴곡과 신전의 어느 쪽이든 잡아당기는 한 방향의 힘을 가하는 것으로 현외장치에 고무줄, 스프링, 스프링 강선과 같은 에너지 저장형 부품을 사용하면, 그 힘의 역방향으로 보조적인 능동운동을 하게 하는 동적인 힘이 작용하게 되는데, 이러한 형태의 현외장치를 사용하는 보조기를 동적 보조기라고 한다.

④ 상황의 변화에 맞게 조절 가능한 정적 교정력을 주기 위해 나사, 벨크로, 나일론 줄 또는 경첩이라고 하는 수동적 부품을 사용할 수도 있으며, 동적 보조기와 달리 수동적 현외장치를 사용하는 보조기를 정적 보조기라고 한다. 관절의 운동을 허용하지 않으며 단지 관절을 받쳐 주는 역할을 한다.

예 요골신경마비로 손목을 위로 올릴 수 없을 때 손목을 기능적 자세로 받쳐 주기 위하여 부목을 사용한다든지 수근관절 신전근의 건초염을 치유할 목적으로 손목을 일정한 각도로 받쳐 주는 경우이다. 정적 보조기(static orthosis)는 받쳐 주는 역할을 하는 것이므로 받침대와 그것을 지탱해 주는 끈으로 이루어져 있다.

⑤ 동적 보조기는 정적 보조기와는 달리 고무줄이나 스프링을 사용하여 관절을 어느 정도 움직일 수 있도록 하는 것이다.

㉠ 보조기는 고무줄이나 스프링을 이용하여 약한 근육을 보조하기 위한 스플린트를 예로 들 수 있다. 그러나 경우에 따라서는 정적과 동적인 역할을 함께 할 수 있다.

예 손가락에 루프를 끼워 고무줄로 연결한 심근신축기구(extensor elastic attachment)가 달린 기본적 상대 보조기(basic opponent orthosis)는 손목에서는 정적 보조기로 작용하지만 손가락에서는 동적 보조기의 역할을 하게 된다.

㉡ 동적 보조기에 사용되는 힘은 소실된 근력을 도와주거나 대신해 줄 때 사용되는 고무밴드, 스프링, 탄성 플라스틱, 또는 압축공기나 유압이 사용되기도 한다. 내적인 힘은 전기자극에 의해서 또는 스스로의 힘에 의해서 움직이게 되는 근력을 의미한다.

여기에서 중요한 점은 외적인 힘과 내적인 힘의 조절은 남아 있는 환자의 근력상태에 따라 설정해야 한다.

예 자의적으로는 주먹을 쥘 수 있으나 펼 수 없을 경우 쥐는 힘은 내적인 힘으로 환자에게 잔존해 있는 것이고 펴는 힘은 고무줄이나 스프링 등의 외적인 힘에 의해서 보조해 주어야 한다. 또한 내적인 힘은 경우에 따라 근육에 전기자극을 가하여 움직이게 할 수도 있으며, 손목 신전의 힘에 의하여 손가락 굴곡을 유도하여 손바닥으로 물건을 집게 할 수도 있다.

㉢ 동적 보조기에서 중요하게 생각해야 할 부분이 중력에 대한 고려이다.

예 테이블에서 손을 입으로 가져갈 때 주관절 굴곡근은 중력에 의해 저항을 받게 되므로 근육이 중력을 이겨내지 못할 정도로 근력이 약할 때에는 고무줄과 같은 외력을 이용해야 할 것이다. 만일 주관절 굴곡근이 완전마비가 되었다면 탄산가스를 이용한 외력을 사용하거나 강력한 고무밴드를 사용하여 주관절 신전을 하였다가 반발력을 이용하여 굴곡해야 한다.

3. 상지보조기의 원리

인체의 변형을 바로잡기 위해서는 두 점의 압력과 그와 반대되는 한 점의 압력이 필요하게 된다. 이를 3점압의 원리라 한다.

(1) 관절가동성

상지의 기능을 수행하는 데 있어 가장 중요한 것은 손과 손목이다. 손목은 크게 위, 아래, 좌·우로 굴곡시키는 주된 역할을 하며, 손과 손가락의 운동은 주로 물건을 쥐거나 아주 섬세한 운동을 할 때 꼭 필요한 것으로 주로 잡는 역할을 한다. 이와 같이 손목과 손, 손가락의 기능적 특성에 따라 보조기를 제작하여야 하며 가장 기능적인 위치에서 착용하여야 한다. 또한, 장애를 극소화하기 위하여 손상의 정도, 손상된 부위에 따라 그 목적에 알맞는 보조기를 제공해야 한다. 즉 관절의 잔존 여부를 고려하여 착용해야 하는 것이다.

예 수부 및 완관절부 보조기의 경우를 살펴보면 3가지로 세분화할 수 있다.

(2) 근력 대치를 위한 보조기

엄지의 대칭운동을 도와주는 대립 보조기와 같은 보조기와 손목을 한 위치로 고정하여 주는 손목받침 보조기 등이 있으며 여러 부속품을 추가하여 사용하기도 한다.

예 중수지절 관절의 신전을 억제하는 기능을 하는 충양근대 등 기타 고무줄이나 스프링을 이용한 신전 보조장치를 사용하기도 한다. 또한 척수마비 환자에게 손목사용파악 보조기나 손가락파악 보조기가 있으며 수저를 끼워 사용할 수 있는 보편적 부목 등이 있다.

1) 보호용 보조기

손목을 휴식시키는 목적으로 뇌졸중 환자 중 편마비 환자에게 수장부 안정 부목 등을 사용하는 보조기이다. 또한 배측부 안정 부목이나 엄지 안정화를 위한 모지대 등이 있고, 중수지절 관절의 굴곡위치를 유지하기 위한 충양근대 등이 있으며 관절염 환자에게 많이 사용된다.

2) 변형교정 보조기

주로 류마티스* 관절염 환자에게 손변형을 방지하기 위해 사용하는 것으로 중수지 관절 굴곡 보조기나 중수지 관절 신전 보조기 등이 있다.

3) 주관절 및 견관절 보조기

팔걸이 등과 같이 마비된 팔의 견관절 탈구를 방지하는 기능을 하는 보조기로 전박부 평형 부목 등을 사용한다. 또한 화상 환자에게 사용하는 비행기 부목 등도 있다.

(3) 관절의 위치

보조기를 부착할 경우 한 개 이상의 관절에 위치시킬 때는 다음과 같은 사항들을 고려하여 착용하여야 한다.

1) 병리학

병리학적으로 다음과 같은 사항들을 고려해 관절의 위치에 적합성을 고려해야 한다.

① **수근관 증후군(carpal tunnel syndrome)** : 손목의 수근인대 사이를 주행하는 신경에 너무 많은 압박이 가해질 때 일어나는 것으로 손목은 중립 또는 몇 도[°]의 굴곡을 갖게 하여 수근관의 압력을 최소화한다.

② **류머티스성 관절염** : 염증을 일으킨 관절들은 관절 캡슐과 인대에 걸리는 인장력을 줄이기 위하여 느슨하게 싸여진 위치에 두어야 한다.

③ **플렉서 건 열상** : 손목과 손, 허리뼈들은 인장력에 의해 봉합한 것이 상처나지 않도록 위치하여야 한다.

④ **손가락 배부의 화상** : 지절 간 관절(interphalangeal joint)들은 신근기구들을 파열시킬 수 있는 굴곡을 방지하도록 완전히 신전되도록 한다.

⑤ **연부조직의 구축** : 관절들은 조직이 자라도록 가볍게 오랫동안 당겨주도록 위치한다. 또한 어떤 특정한 관절위치는 병리를 실제로 촉진시킬 수 있는 가능성이 있다는 것이 고려되어야 한다.

---

* 류마티스 : 관절이나 근육 등 운동기의 다발성 동통과 운동장애를 나타내는 원인불명의 전신성 만성의 염증성 질환군이다.

2) 관절 생체역학과 조직 인장

만일 병리학적 고려로 관절위치를 정하지 못할 경우 고려할 사항은 **관절 생체역학과 연부조직에 대한 고려**이다.

예 성인을 위한 전박에 근거한 손목–손 보조기는 손 허리뼈들을 평행인대들이 길이를 유지하도록 팽팽하게 해주기 위하여 완전히 굴곡상태에 두어야 한다. 위치는 긴 손가락 굴곡근이 늘어져서 긴 손가락 굴곡근들을 인장상태가 되게 한다. 따라서 굴곡근과 신전근들이 균형있게 하기 위하여 손목을 손 허리뼈 굴곡에 대항하도록 신전상태가 되게 한다.

3) 관절의 기능

관절가동성과 같이 상지의 기능을 수행함에 있어 가장 중요한 부위는 **손목과 손 그리고 손가락**이다. 그러므로 **손목과 손, 손가락의 기능적 모양**에 따라 보조기를 제작하여야 하며 가장 기능적인 위치에서 착용하여야 한다.

예–1 환자가 보조기를 착용한 채 글을 써야 한다면 치료사는 환자가 펜을 정확히 잡을 수 있도록 손과 엄지손가락의 위치를 잡아야 한다. 만일 보조기가 엄지의 저항을 제한한다면 기능은 불필요하게 한정되고 유연성이 떨어질 것이다.

예–2 기능을 부여하도록 설계된 보조기에서 손목의 위치를 보면 그 보조기를 착용하고 환자가 수행할 활동의 형태를 결정할 때 그들이 일차적으로 큰 힘으로 물건을 그냥 잡을 것인가 아니면 세밀하게 잡을 것인가를 판단한다.

예–1은 손목을 신전상태에 둠으로써 보다 **기능적으로 수행**할 수 있다.

예–2의 경우는 중립 또는 약간의 굴곡상테에 **손목을 두었을 때 수행**할 수 있다.

이와 같이 개인의 위생과 정밀한 활동들은 손목을 신전상태에 두는 보조기에 의해서 제한된다. 따라서 조정 가능한 손목위치 기구를 가진 보조기나 혹은 손목이 신전된 보조기와 손목이 중립위치이거나 약간 굴곡된 두 개의 보조기를 제공하는 것이 적절할 것이다.

병리학이나 관절 생체역학이 관절위치에 영향을 주는 일차적 사항이라 할지라도 기능을 최적화하는 데 소홀함이 있어서는 곤란하다. **류머티스성 관절염**으로 장애를 가진 경우 **굴곡상태에 장착하여 유연성을 고려하여 병리학이나 관절의 생체학적 사항을 타협적인 위치**에 두는 것이 효과적이다. 보조기의 최대의 목적은 환자에게 도움을 주는 것이므로 착용하지 않는다면 아무 소용이 없기 때문에 환자에게 필요한 기능에 맞게 보조기를 설계 및 제작하는 것이 중요하다.

4. 상지보조기의 종류

상지보조기는 상지의 각 관절을 둘러싸고 있는 보조기의 형태와 착용목적에 따라 분류된다.

(1) 견관절 및 견갑대 보조기

견관절을 포함한 견갑부는 상지, 즉 팔의 지저부 역할을 하며 모든 팔의 움직임에 기본이 되는 안정성을 제공한다.

1) 견관절 외전 보조기

근육의 파열이나 신경마비, 소아마비, 상완신경통마비, 분만마비, 견관절 수술 후 고정 등에 사용한다. 굴곡상태유지 및 견관절 외전각도 변경이 가능하여 외전상태유지의 목적으로 사용한다(그림 1-41).

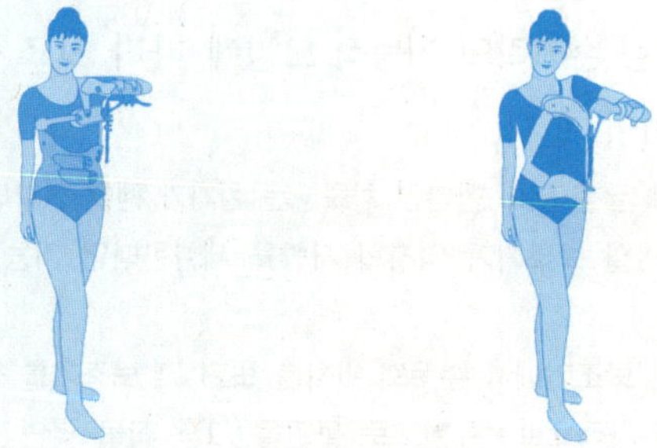

그림 1-41 • 견관절 외전 보조기

2) 견관절 탈구방지 보조기

뇌졸중, 즉 뇌혈관질환으로 인한 편마비 환자나 어깨부위가 마비된 사람에게 견관절을 안정시키고 보호하며 탈구나 이탈구되는 것을 예방한다. 견관절의 주위 근육들이 손상되었을 때 팔의 무게와 중력의 잡아당기는 힘에 의해 손상부위에 상해를 가중시키게 되므로, 이때 팔을 견관절 방향으로 끌어당겨 통증을 경감시키고 손상부위를 보호하고자 견관절의 이탈구가 발생할 우려가 있을 때 사용한다(그림 1-42).

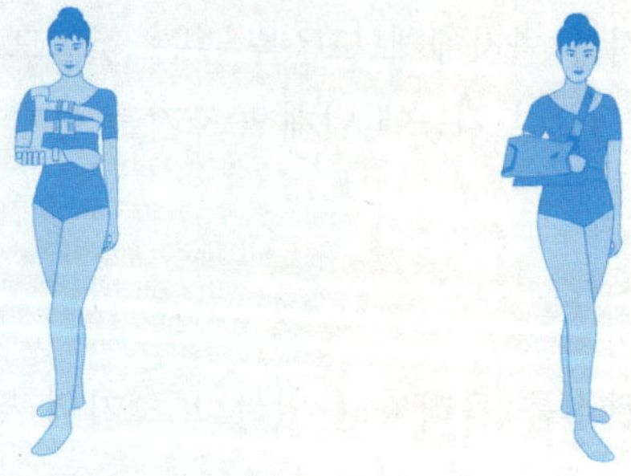

그림 1-42 • 견관절 탈구방지 보조기

(2) 주관절보조기

주관절, 즉 팔꿈치관절은 손이 섬세하고 강력한 동작이 가능할 수 있도록 안정성을 주는 신체부위이다.

1) 주관절 조정 보조기

주관절을 구부릴 때와 펼 때에 치료 시 적절한 각도를 유지할 수 있다는 특징이 있다. 가운데 있는 관절가동범위 조절장치를 이용하여 구부릴 때와 펼 때의 각도범위를 조절한다. 주관절의 운동이나 회전에 대한 안정성을 유지시키며, 굴곡 또는 운동범위의 제한을 목적으로 사용한다(그림 1-43).

그림 1-43 • 주관절 조정 보조기

2) 주관절 고정 보조기

주관절을 필요한 각도로 구부려 조정하여 움직이지 못하도록 고정시키기 위해 사용한다(그림 1-44).

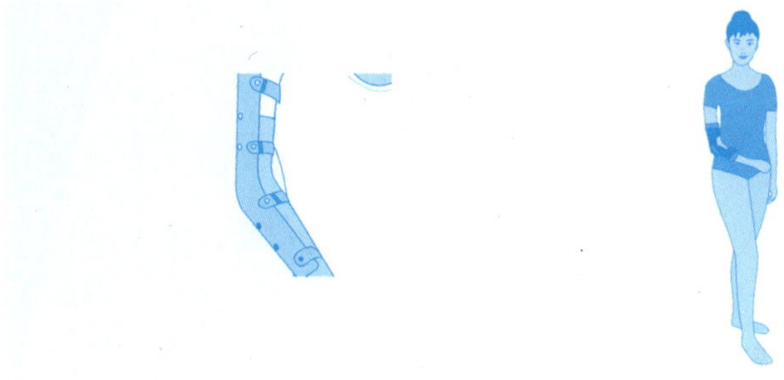

그림 1-44 • 주관절 고정 보조기

3) 완관절 및 손보조기

완관절, 즉 손목관절은 상지에서 기능적인 자세를 유지하기 위해 재활 분야에서 매우 중요한 관절이다. 손보조기는 기형이 있는 경우 주로 사용되는 보조기로서 기형의 반대로 손가락 관절을 유지하도록 한다.

(3) 수근관절(손목관절) 조정 대립 보조기

수근관절 조정 대립 보조기에서 가장 많이 사용되는 것으로 콕업(Cock-up) 보조기라는 명칭으로 유명하다. 손바닥쪽으로 적용되며 완전절을 기능적인 자세에 가깝게 유지해 주며, 신경마비로 인해 손목이 떨어지는 현상에 주로 적용된다. 수근관절의 좌우측 굴곡운동이나 신전운동을 방지하기 위해 사용하며, 수근관절과 지절관절의 구축을 방지하거나 손을 기능적 자세로 유지하기 위해 사용하기도 한다(그림 1-45).

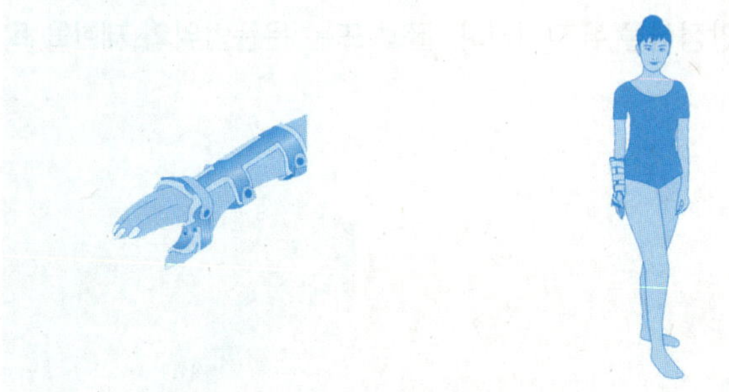

그림 1-45 • 수근관절(손목관절) 조정 대립 보조기

(4) 수근관절(손목관절) 신전 조정 보조기

수근관절의 굴곡구축 방지 및 신전근육의 늘어남 방지에 사용한다. 수근관절을 신전시켜 손가락이 자연히 굴곡되므로 붙잡는 기능을 필요로 할 때 사용한다(그림 1-46).

그림 1-46 • 수근관절 신전 조정 보조기

(5) 기능적 보조기(쥐는 기능을 도와주는 보조기)

손의 중수지절관절은 주먹을 쥘 때 돌출된 부위의 관절이다. 신경의 손상으로 인해 중수지절관절의 과신전, 즉 너무 펴진 상태로 구축되어 있을 때 이와 반대인 굴곡이 되도록 중수지관절의 자세를 유지하도록 한다. 상지의 심한 마비로 인해 일상생활에 필요한 동작을 할 수 없을 경우 보조하기 위해서 사용한다(그림 1-47).

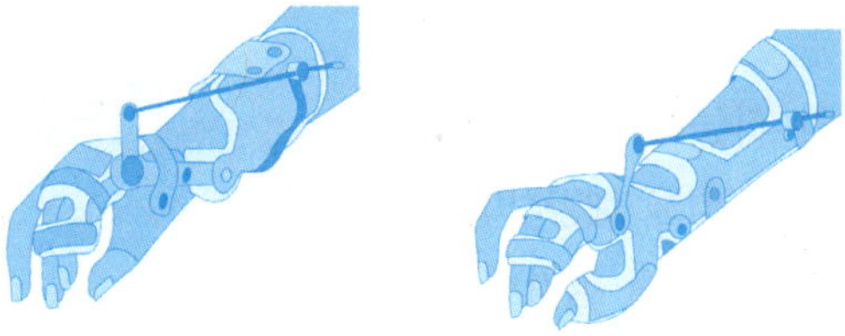

그림 1-47 • 기능적 보조기

(6) 손보조기

국내에서는 손보조기에 대한 적용을 거의 하지 않는다. 물론 다른 큰 관절이 있는 신체 부위 보다 적용해 효과를 보는 것이 힘들고 작은 관절이니 기성품보다는 제작하여 만들기 까다롭다. 그에 비해 작기 때문에 소비자는 비싸다는 인식을 갖는다. 해외에서는 손보조기 개발이 많이 되어 있으나, 전반적인 보조기나 의족 역시 국내에서 조금 답습하고 있으나 손 보조기에서 만큼은 그 차이가 있다(그림 1-48).

① 지관절을 굴곡시키거나 신전시킬 목적으로 사용한다.
② 지관절을 굴곡시킬 수는 있으나 신전시키지 못할 경우 또는 그 반대인 경우 이를 보조할 목적으로 사용한다.
③ 손의 굴곡과 신전을 보조해 주는 역할을 한다.

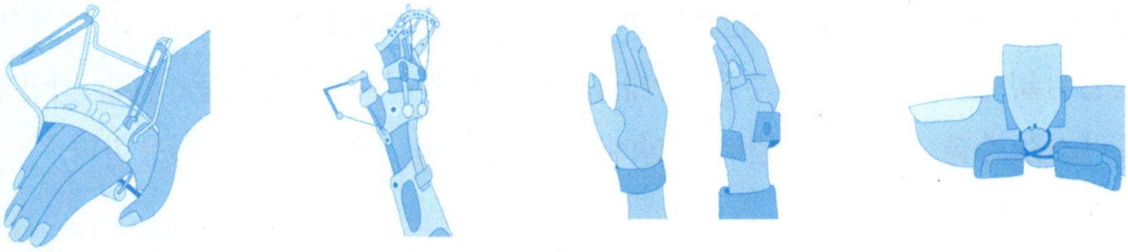

그림 1-48 • 손보조기

13 하지보조기

장애요인을 최소화시켜 정상적인 보행을 할 수 있도록 도와주거나 불구의 기능을 감소시키거나 잔여 기능을 극대화하여 정상적인 보행에 가깝도록 도와준다.

1. 하지보조기의 기능 및 사용목적

하지보조기의 대표적인 기능은 다음과 같다.

① 관절을 바르게 유지, 기형을 예방하며 교정한다.
② 체중을 받쳐 주며 체중부하를 경감시킨다.
③ 불수의적인 운동을 조절 및 억제하여야 한다.
④ 치유촉진을 위한 국소의 보호 및 고정과 부하를 제거한다.
⑤ 약해진 근육 및 상실한 기능의 보상 내지는 보조하여야 한다.

2. 하지보조기의 착용목적

환자를 조기에 기동할 수 있도록 하는 것이며, 장애요인에 맞추어 제작함은 물론 제작하기 전에 근력, 운동범위, 신경학적 검사 및 보행의지를 정확히 판별하여 기능에 맞게 제작하여 환자의 생활에 편리함을 주어야 한다.

① 척수장애에 의한 양하지마비와 사지마비인 경우 착용한다.
② 뇌졸중 등에 의한 편마비가 있을 경우 착용한다.
③ 뇌성마비에 의한 하지마비가 있을 경우 착용한다.
④ 근신경질환에 의한 하지 근력저하가 있을 경우 착용한다.
⑤ 선천성 및 후천성 하지의 변형이 일어날 경우 착용한다.
⑥ 이분 척추, 다발성 경화증, 고관절이탈에 의한 보행상의 문제가 생길 경우 착용한다.
⑦ 슬관절수술, 슬개골손상 및 수종, 슬개골골절에 따른 무릎의 안정을 위해 착용한다.
⑧ 아킬레스건 수술, 족관절의 연부 손상에 따른 발목을 교정할 경우 착용한다.

3. 하지보조기의 구성

하지보조기는 기본적인 구조에 따라 금속지주 보조기, 경성보조기, 연성보조기로 분류될 수 있으며, 착용부위에 따라서는 장하지보조기, 단하지보조기, 고관절보조기, 슬관절보조기, 족관절보조기, 발보조기 등이 있다. 최근에 고분자 재료공학의 발전으로 인해 거의 모든 보조기가 플라스틱으로 제작되는 추세이다.

특히 체간보조기나 상지보조기는 플라스틱 재료가 많이 사용되고 있지만 아직까지 하지보조기는 금속성 재료가 많이 쓰이고 있으므로 금속성 하지보조기의 구성요소에 대한 설명으로 그림 1-49와 같이 골반대, 고관절장치, 대퇴상위 커프, 대퇴하위 커프, 슬관절장치, 슬관절 패드, 하퇴 커프, 지주, 족관절장치, 족부 그리고 T 또는 Y스트랩으로 구성되어 있다.

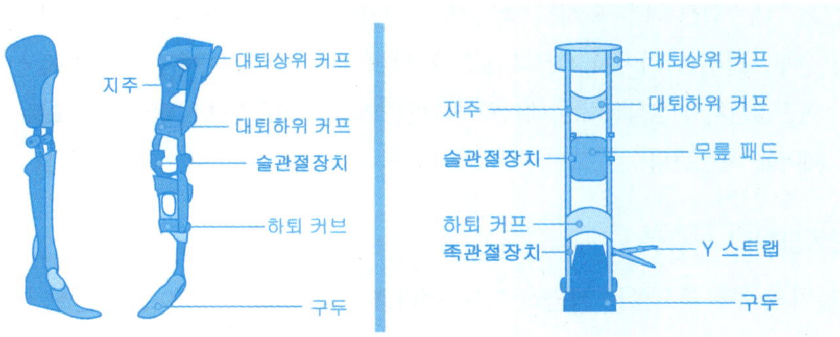

그림 1-49 • 하지보조기의 구성

(1) 골반 밴드

고관절운동을 제한하는 것을 주목적으로 하고 골반 밴드의 가장 아래쪽 높이는 측면에서는 전상장골극과 대전자 사이를 지나게 되며, 후면에서는 둔부의 가장 돌출된 부위의 약간 위를 지나가게 된다. 만약 이 위치에서 위쪽으로 벗어나게 되면 고정이 불충분하게 되며, 아래쪽으로 처지면 고관절운동을 방해하게 되므로 주의하여야 한다.

(2) 관절장치

적합성과 정렬과 함께 하지보조기의 매우 중요한 요소이다. 인체의 관절운동을 정확하게 재현할 뿐더러 목적한 운동만을 제한하는 것이 가장 이상적이다. 그러나 현재 가장 많이 쓰이고 있는 일축성 관절장치로는 복잡한 기능을 지닌 인체의 관절운동을 제대로 재현하기에는 곤란하다.

1) 관절장치의 종류

착용부위, 제한의 정도, 보조의 유무, 구조, 관절장치의 운동축의 수에 따라 분류할 수 있다.

① 착용부위에 의한 분류 : 고관절, 슬관절 및 족관절장치가 있다.

② 제한의 정도에 의한 분류 : 자유관절, 제동관절, 고정관절이 있다.

㉠ 자유관절장치 : 회전할 수 있는 각도에 제한이 없는 관절로서 주로 내·외전, 내·외회전 등을 제어할 목적으로 사용된다.

㉡ 제동관절장치 : 회전할 수 있는 각도에 제한이 있는 관절로서 각도를 제한하는 스토퍼(stopper)가 달려 있다. 관절운동의 부분적인 제어장치로 보조장치가 쓰이는데 제어를 위한 스프링, 탄성고무, 유체의 점성 등을 이용한다.

2) 관절장치의 기능과 정렬

고관절장치의 장착위치는 대전자의 2.5[cm] 상방 및 전방으로 하며 기능으로는 고관절의 굴곡 · 신정, 내 · 외전, 내 · 외회전 제어에 사용된다. 슬관절장치의 장착위치는 관절에서 2.5[cm] 상부, 전후계 뒤에서 1/3 지점으로 하며 기능으로는 무릎관절의 굴곡 신전 제어에 사용된다. 족관절장치의 장착위치는 내과의 최하단, 외과의 최돌출부로 하며 기능으로는 족관절의 저굴/배굴 제어에 사용된다.

3) 관절장치의 부속품

관절장치의 부속품으로는 잠금쇠 기구, 턴버클(tunbuckle)과 다이얼 잠금쇠가 있다. 잠금쇠 기구는 주로 고관절 · 슬관절장치에 사용되는 고리잠금쇠와 척수손상 환자용으로 신전 시 자동잠김되는 반자동 그리고 고리잠금쇠에 스프링이 부착되어 유연성이 있는 측방이동식 잠금쇠 등이 있다.

① 턴버클 : 장시간 동안 관절교정을 할 수 있는 장치로서 강한 교정작용을 한다.

② 다이얼 잠금쇠 : 무릎관절을 서서히 신장시켜 주어 요즘 많이 사용되고 있다.

(3) 커 프

대퇴상위 커프(cuff)와 대퇴하위 커프로 나눌 수 있으며 보조기와 인체의 접촉면에서 직접 힘을 전달하며 하지를 지지하는 역할을 한다.

(4) 무릎 패드

무릎의 신전상태를 유지해 주며 3점 지지 중의 한 점으로서의 슬관절의 보조 및 압박을 한다.

(5) 지 주

양측지주, 장하지보조기, 편측지주, 후방지주, S자형 지주가 있다.

① 양측지주의 위치 : 족관절장치에서부터 시작하여 단하지보조기의 경우 하퇴 커프까지이다.

② 장하지보조기 : 대퇴상위 커프까지가 되게 하며 옆에서 보아 다리의 중앙에 위치하게 하면 된다.

③ 편측지주 : 양측지주에 비해 약 25[%] 경량화되고, 보행 시 피로가 감소되는 장점이 있지만 강도가 떨어져 쉽게 파손될 수 있다.

④ 후방지주 : 판스프링으로 만들어지며 족관절의 저 · 배굴을 조정하는 이점이 있지만 내구성이 약해 변형될 우려가 있다.

⑤ S자형 지주 : 나선형으로 하퇴를 감싸며 족관절의 저 · 배굴과 내 · 외반 동작을 조절할 수 있는 특징이 있어 유용하나 심한 첨족과 경련형 환자에게는 교정력이 부족한 단점이 있어 많이 사용되지는 않는다.

(6) 족 부

구두, 족부덮개, 족판으로 이루어진다. 족부와 지주의 연결은 스트랩(strap)이나 캘러퍼(caliper)로 할 수 있지만 캘러퍼는 구두와 교환이 가능하지만 족관절의 축이 생리학적 축과 다르고 내구성이 떨어지는 단점이 있어 오늘날에는 스트랩이 많이 사용된다.

(7) Y 또는 T 스트랩

족관절의 내반, 외반을 제어하는 것을 목적으로 하고 있다. 내반을 조절하기 위해서는 족부 외측에 스트랩을 부착하고, 외반의 조절에는 내측에 스트랩을 부착한다.

4. 하지보조기의 원리

보조기를 고정시키는 원리에는 3점 고정, 견인, 액압지지의 세 가지가 사용되고 있지만 하지보조기는 대부분 3점 고정과 액압지지를 사용한다.

(1) 3점 고정의 원칙

3점 고정은 1점(흔히 고정하는 부위)에 대한 힘과 적어도 2점(고정부위의 좌우나 상하) 이상의 반대방향에서의 2점 고정에 의해 지지력 및 제한력을 얻는 방법으로 실제 일상생활의 사용에 있어서는 피부에 가해지는 1점에 힘의 집중을 피하고 가급적 넓은 면적으로 분산시켜 사용하고 있다.

1) 무릎관절(슬관절)의 3점 고정

하지보조기의 3점 고정은 다음과 같이 구성되어 있다.

① 대퇴상부 커프에 의한 전방으로의 힘 : F1

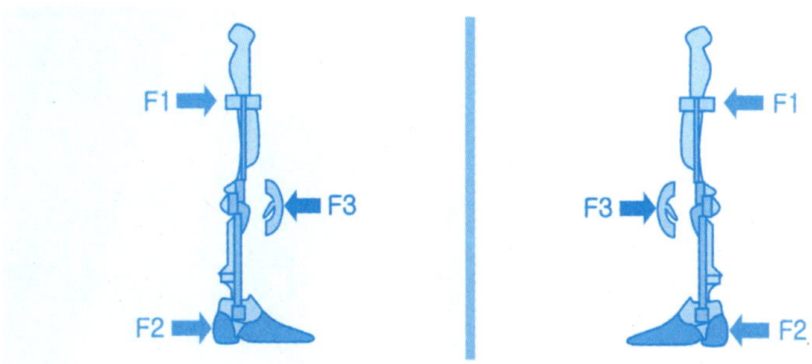

그림 1-50 • 무릎관절의 3점 고정

② 구두 또는 족부에 의한 하퇴 전방으로의 힘 : F2

③ 무릎 패드에 의한 후방으로의 힘 : F3

그림 1-50과 같은 모양으로 3점의 고정으로 무릎관절의 굴곡은 방지할 수 있다.

2) 발목관절(족관절)의 3점 고정

단하지보조기의 3점 고정은 주로 발목관절의 배굴을 목적으로 사용되며 다음과 같이 구성되어 있다.

① 하퇴 커프에 의해 후방에서 전항으로 향하는 힘 : F1

② 구두 또는 발에 의해 발바닥에서 발등으로 미는 힘 : F2

③ 발목관절 족부 스트랩에 의해 비스듬히 후하방을 향하는 힘 : F3

그림 1-51과 같은 모양으로 나타낼 수 있으며 이러한 3점의 고정으로 족관절을 배굴시킬 수 있다.

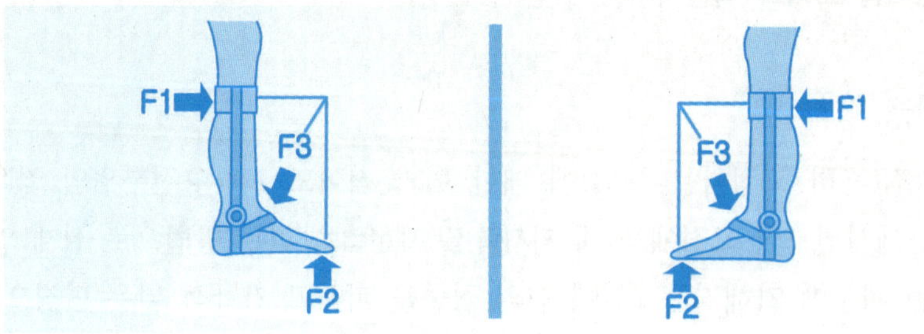

그림 1-51 • 발목관절의 3점 고정

(2) 액압지지

액압으로 연부조직을 전체적으로 덮음으로써 액압에 의해 지지력을 얻는 방법으로 그림 1-52와 같은 모양이다. 기능적 골절 보조기와 PTP 보조기는 대부분 액압지지 원리를 활용하고 있다.

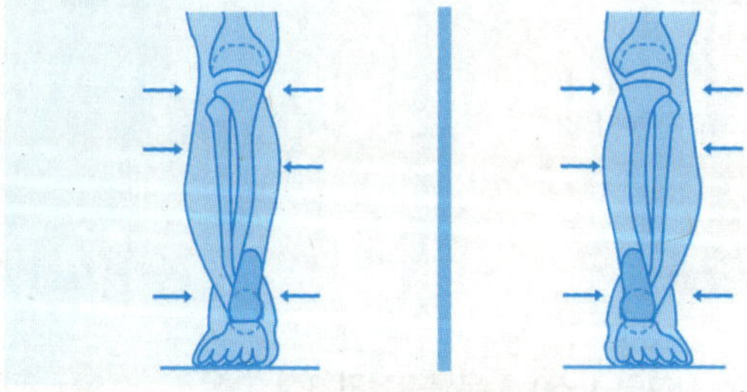

그림 1-52 • 액압지지

5. 하지보조기의 종류

보조기가 감싸고 있는 관절부위에 따라 하지보조기는 다음과 같이 분류된다.

(1) 장하지보조기

① **다리관절과 무릎관절의 정상적이지 않은 동작과 기형을 예방하고 교정**하며, 대퇴부 골절로 인한 환자의 경우에는 장하지보조기를 착용함으로써 **보행 시 체중부하를 감소시키며 약해진 골절부위를 보호**한다. 또한 골반부위를 받쳐 주는 기능을 수행하며 장하지보조기의 유형에 따른 용도는 표 1-7과 같다.

표 1-7 • 장하지보조기의 종류

유 형	용 도
골반보조기	골반운동 특히 엉덩뼈·엉치뼈의 관절운동을 제한 또는 고정하는 경우 사용한다.
긴 다리 보조기 : 골반보조기 부착	골반보조기를 부착한 긴 다리 보조기로서 엉덩이관절을 포함하여 무릎 및 발목의 관절운동을 제한 또는 고정하는 경우 사용한다.
긴 다리 보조기 : 골반보조기 미부착	골반보조기를 부착하지 않은 긴 다리 보조기로서 엉덩이관절을 제외한 무릎 및 발목의 관절운동을 제한 또는 고정하는 경우 사용한다.
양쪽 긴 다리 보조기	팔·다리마비일 때 양측 긴 다리 보조기로서 골반보조기가 부착되며 다리의 엉덩이관절·무릎관절 및 발목관절의 운동을 제한 또는 고정하는 경우 사용한다.

② **장하지보조기**(Knee Ankle Foot Orthosis : KAFO)의 특징은 고관절에서 원위부인 **대퇴부, 슬관절, 하퇴부, 족부**를 포함한 보조기 구조를 갖고 있다. 또한 대상이 되는 장애로는 **무릎꺾임, 반장슬, 내반슬, 외반슬, 하지하중장애** 등이 주요 대상이다. 장하지보조기도 그림 1-53과 같이 3점 고정원리에 따라 변형을 고정시킨다.

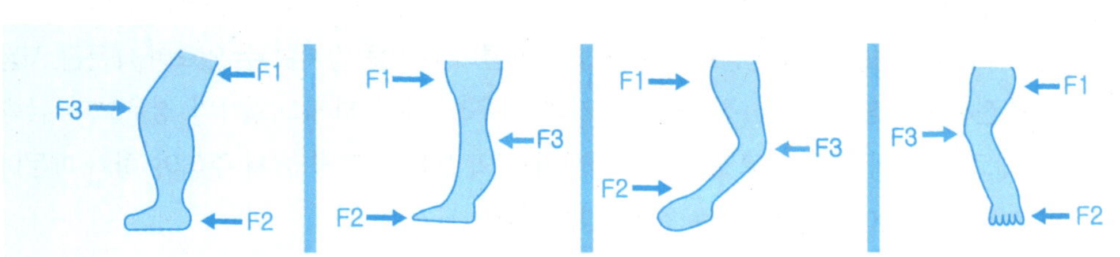

그림 1-53 • 장하지보조기의 3점 고정

③ 우리가 대부분 사용하고 있는 장하지보조기의 실제 모습은 그림 1-54와 같다. 하지만 모든 환자가 같은 부위와 같은 증상을 가지고 있지 않기 때문에 환자의 증상에 맞게 보조기의 특성을 달리할 필요가 있으므로 장하지보조기들이 있다.

④ 슬관절과 족관절의 정상적이지 않은 동작상태나 기형방지 및 교정, 체중을 받쳐 주는 목적으로 사용된다. 슬관절장치로는 다축형, 단축형, 반자동형, 수동잠금형, 옵셋 등 기능이나 장애의 정도에 따라 분류할 수 있다.

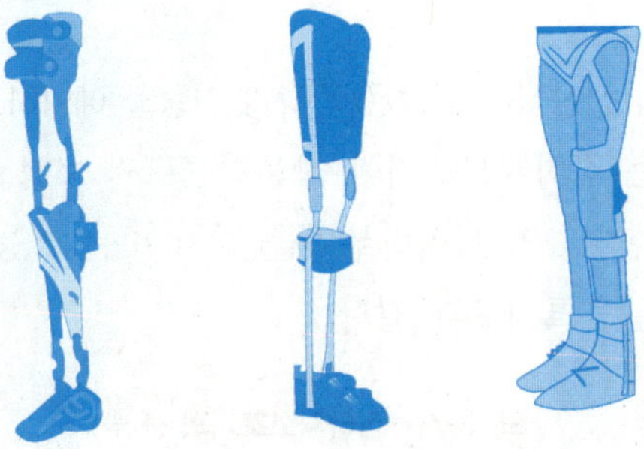

그림 1-54 • 장하지보조기

㉠ UCLA 기능적 장하지보조기 : 이완성 마비에 의한 하지의 지지성이 마비된 장애자에게 사용한다. 족관절장치가 유압식으로 이루어져 있어 배측굴곡 방향에 대해 저항을 가하는 구조로 되어 있으나, 한국인에게는 너무 크기 때문에 역크렌작 관절장치와 용수철로 배굴 방향에만 저항을 준다.

㉡ 용수철 장착식 장하지보조기 : 근이 영양증과 같은 증상을 통해 하지 신전근의 약화에 대하여 신전력을 보강시킬 때 사용한다. 무릎관절장치는 25[°]굴곡 안정화를 유지시키며 족관절은 90[°]후방제동식으로 안정화를 한다.

㉢ 면하용 좌골지지 장하지보조기 : 대퇴의족의 사변형 소켓 원리를 응용하여 좌골지지에 대한 면하를 목적으로 사용한다. 무릎관절은 링 록식으로 고정상태에서 보행하게 된다.

㉣ 편마비용 장하지보조기 : 편마비 환자의 무릎 불안정이 현저한 관계로 장하지보조기를 사용 시 무릎관절을 20~30[°] 굴곡상태로 설정시킨다. 이는 중심선을 낮추고 신전상태로의 고정보다 더 정상보행에 가깝고, 무릎의 로킹을 방지할 수 있으며 대둔근 사용을 촉진하는 장점이 있다. 장하지보조기의 경우도 다른 하지보조기의 경우보다 금속성 재료가 많이 사용되고 있는데, 하지의 거의 모든 부분을 받쳐 주어야 하기 때문에 많은 압력에도 대처할 수 있는 힘이 있어야 한다.

⑤ 장하지보조기는 금속성 재료를 사용하며 그 재료들은 다음과 같다.

㉠ 지주 : 대부분은 양측 지주가 사용된다. 어린이의 경우에는 성장에 대응하기 위하여 연장이 가능한 구조로 제작되며, 외측 업라이트 상단은 대전자 밑에, 내측 업라이트 상단은 회음부에서 13[mm]에 두며 업라이트와 피부 사이는 3~9[mm] 간격을 유지하게 한다.

ⓛ 커프 : 하퇴 커프와 대퇴 커프가 있다. 대퇴 커프는 위와 하위 2개의 커프로 되어 있으며 보조기 고정용으로 통상 25~40[mm]를 사용한다. 상위대퇴 커프 후면은 좌골조면 하방 10~20[mm]에 위치하며 내측면은 회음부에서 40[mm] 위치에 두고, 하위대퇴 커프는 무릎에서 100[mm] 이내에 위치시키며 비골 골두에서 10~20[mm] 위치에 오게 한다. 어린이의 경우 보통 대퇴, 하퇴 각 한 개의 커프를 사용한다.

ⓒ 슬관절장치 : 슬관절축은 경골상단 10~20[mm] 상방에 있고 슬개골을 뺀 전후 직경의 중간위치로 가정하여 축을 만든다.

ⓐ 슬관절의 종류는 가동 슬관절과 슬관절 자물쇠가 있다. 가동 슬관절은 굴곡과 신전운동이 자유로우며 슬관절 내·외측 불안정, 전반슬 교정 시 사용한다. 슬관절 자물쇠는 굴곡과 신전운동을 제한하며 슬관절 근육마비, 동통이 심한 병변 시 사용한다.

ⓑ 슬관절의 고정방식의 종류에는 링 록과 플런저 록, 캠 록, 팬 록, 다이얼 록이 있다.

- 링 록(ring lock)은 반지 모양의 고리를 대부분 사용하여 작동하며, 링 록에 스프링 장치를 달아 자동으로 잠기는 스프링식은 링 고정 시 몸의 균형을 잡기 힘든 환자에게 주로 사용한다.
- 플런저 록(plunger lock)은 플런저와 코일 스프링을 케이블로 연결, 손잡이에 의한 홈과 플런저의 감김을 통해 사용하며 기계적 복잡성과 외관돌출 문제, 자물쇠가 풀릴 수 있는 단점이 있다.
- 캠 록(cam lock)은 후반부에 C형 바를 연결하여 사용하며 의자 모서리나 단단한 부분에 걸리면 고정이 해체된다.
- 팬 록(fan lock)은 환자가 서 있을 때 슬관절 위치에 따라 핀으로 고정한다.
- 다이얼 록(dial lock)은 슬관절의 특정 방향 운동을 제한하며, 관절상태가 호전되거나 오그라든 관절을 서서히 펼 때 사용한다.

ⓔ 무릎 패드 : 무릎꺾임에 대해 3점 고정의 원리에 따라 힘을 가하여 주는 것으로 4스트랩, 2벨트식이 있으나 4스트랩 방식은 굴곡 시 무릎압박으로 벨트를 풀어 주어야 하는 단점을 가지고 있어 현재는 주로 슬개골 상하를 고정시키는 2벨트식이 사용된다.

(2) 단하지보조기

① 슬하보조기라고도 하며 족관절이나 발의 기형을 교정하거나 예방할 때, 하퇴골절로 인한 족관절에 받는 체중부하를 감소하고자 할 때, 족관절의 불수의 운동을 조절하고자 할 때 주로 사용된다.

② 단하지보조기(Ankle Foot Orthsis : AFO)는 무릎관절로부터 원위부에서 하퇴, 족관절, 족

부를 포함한 구조를 가지고 있으며 단하지보조기의 적용 대상 장애에는 첨족, 중족, 내반족, 내반첨족, 외반족, 하수족, 신전슬, 전반슬, 무릎꺾임 등이 있다.

③ 장애를 교정하기 위해서는 장하지보조기와 마찬가지로 그림 1-55와 같이 3점 고정의 원리를 적용하여 변형이 일어나기 쉬운 방향에 대해 양 방면에서의 힘과 그에 대항하는 한 방향의 힘으로 고정한다.

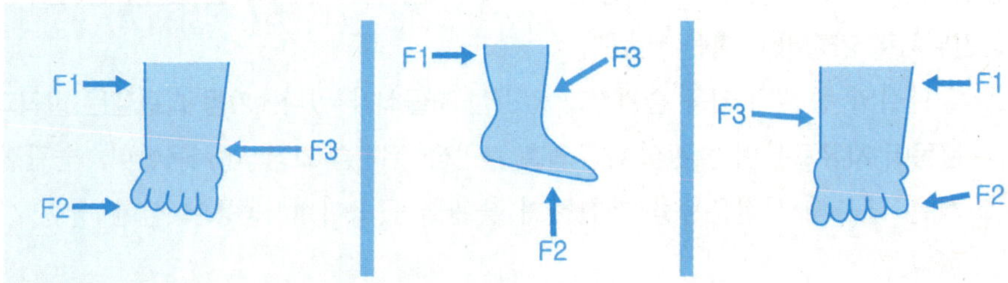

그림 1-55 • 단하지보조기의 3점 고정

④ 일반적으로 단하지보조기의 모습은 장하지보조기에서 무릎 위쪽을 떼어놓은 것과 같다. 하지만 단하지보조기만의 특징을 가지고 있으므로 단하지보조기의 구조와 모습을 알아두어야 하며 그림 1-56은 단하지보조기의 실제 모습으로 자주 볼 수 있다.

그림 1-56 • 단하지보조기

㉠ 발이나 발목관절의 기형을 예방하거나 교정이 필요할 때 사용한다.

㉡ 족관절에 쏠리는 체중부하를 감소시키거나 불수의 운동을 조절할 때 사용한다.

㉢ 미관상 신발 안에 착용할 수 있는 플라스틱 보조기를 선호하는 경우가 많지만, 장애의 정도나 치료의 목적에 맞는 보조기를 선택하는 것이 중요하다.

⑤ 금속지주를 장착한 단하지보조기의 구성

㉠ 지주 : 금속제 양측 또는 편측 지주가 있다.

㉡ 하퇴 커프 : 하퇴와 지주를 반월형으로 연결하고 3점 고정의 한쪽 힘을 제공한다. 커프의 폭은 4[cm] 정도가 적당하다.

㉢ 스트랩 : 족부와 지주를 연결하며 십자형 철판에 맞춰 사용한다. 주로 고정형이 많이 쓰이며 사용의 편리함을 위해 지주와 분리되는 분리형을 사용하기도 한다. 스트랩은 인솔형태의 플라스틱에 연결하여 보조기로 제작한 슈 인서트형 보조기도 적용된다. 이 보조기는 신발을 벗고 실내에 들어가도 보조기의 기능이 그대로 보존되기 때문에 생리적인 족관절축에 접근하기가 용이하여 보조기에서는 대부분 사용하고 있다.

㉣ 족판 : 스트랩이나 캘러퍼에 장착하는 밑바닥을 지지하는 판이다.

㉤ 구두덮개 : 가죽 또는 플라스틱으로 만들며 실내에서 사용하는 보조기의 족부에 많이 사용한다.

㉥ 족관절장치 : 제동식, 고정식, 가동식, 제한조절식 및 족관절 보조장치가 있다. 방식에는 제동식과 고정식, 가동식, 제한조절식, 족관절 보조장치가 있다.

ⓐ 제동식 중 전방제동식은 족관절의 배측굴곡을 제한시키는 관절로서 족궁과 무릎꺾임 교정에 사용하고 후방제동식은 하수족, 첨족, 슬반장 교정에 사용한다.

ⓑ 고정식 : 족관절장치를 움직일 필요가 없을 때 사용한다.

ⓒ 가동식 : 면하용 보조기의 족관절장치 등 움직임을 제한시킬 필요가 없을 경우에 사용한다.

ⓓ 제한조절식 : 크렌작의 용수철 대신 철봉을 넣고 나사조절로 제한각도를 설정할 수 있는 관절이다. 2중 크렌작을 사용하면 저굴, 배굴의 양방향 조절이 가능하다.

ⓔ 족관절 보조장치 : 크렌작(1방향 스프링 장치)과 2중 크렌작(2방향 스프링 장치)이 있어 스프링의 힘으로 저·배굴을 보조시킨 형태이다. 나사조절에 의해 근력과 마비의 정도에 따라 보조력을 조절시킬 수 있다.

⑥ 슬관절보조기 : 대퇴부와 하퇴부의 중앙부에 위치하여 인체의 슬관절 움직임을 보조한다.

㉠ 링 록 슬관절보조기 : 링 록 슬관절은 관절축 위에 사각형 모양의 고리가 있어 이것이 하방에 위치하면 잠금상태를 유지하고 잠금상태를 풀기 위해서는 사각형의 고리를 위로 올려준다.

㉡ 캠 록 슬관절보조기 : 캠 록은 보조기의 후면에 서로 연결된 베일(bail)을 이용하여 잠금과 풀림을 적용하므로 베일 록이라고 한다.

㉢ 다이얼 록 슬관절보조기 : 다이얼 록은 사용자의 무릎관절 움직임을 각도에 따라 허용하거나 제한할 때 적용된다.

⑦ 단하지보조기의 정렬 : 족관절축은 전액면과 수평면으로 나뉜다.

㉠ 전액면 : 슬관절축과 평행, 내과 하단과 외과 돌출부와 일치시킨다.

㉡ 수평면

ⓐ AAOS법은 슬관절축과 평행하도록 한다.

ⓑ Lehnis법은 지주를 비틀어 내 · 외과에 일치시킨다(성장기 어린이용). 족부는 기본적으로 진행방향에 대해 12~13[°] 발가락을 밖으로(toe out) 이동시킨다. 대부분 보행분석 후 설정하게 된다.

ⓒ 지주는 시상면을 하퇴의 중심선과 일치시킨다.

ⓓ 커프는 높이를 비골두에서 2.5[cm] 정도 원위부에 둔다.

14 슬관절보조기

① 슬관절보조기는 주로 무릎관절의 기형과 변형이 있거나 손상 예방을 목적으로 많이 착용하며 특수한 목적으로 전반슬이 있는 경우 특수 교정보조기인 스웨덴식 슬관절보조기는 무릎이 뒤로 돌출된 기형에 효과적으로 적용되도록 3점압을 이용하며 가볍게 적용되는 보조기이다.

② 슬리브형 슬관절보조기는 무릎관절뿐만 아니라 슬개골과 대퇴골 사이의 움직임을 조절할 때 사용되는 슬관절보조기이다. 슬관절보조기는 측방 안정, 전후방 안정, 회전 안정 등 목적에 따라 다양하게 제작하기도 하며 주로 운동선수에게 많이 사용되고 있다.

③ 슬관절보조기의 기능 및 사용목적은 다음과 같다(그림 1-57).

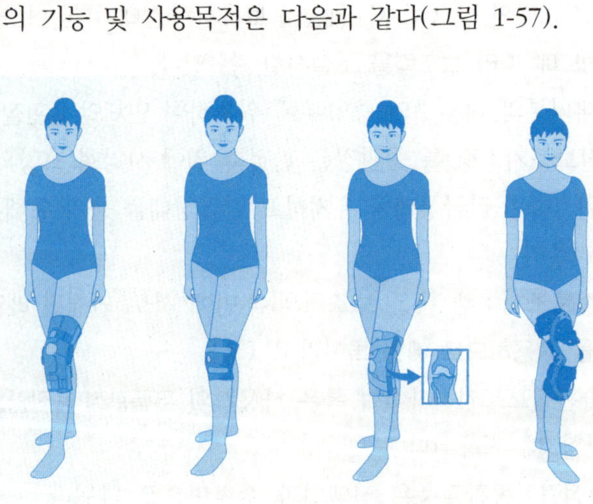

그림 1-57 • 슬(무릎)관절보조기

㉠ 슬관절보조기는 발과 발목관절과는 관계없이 무릎장애가 있을 때 사용한다.

㉡ 슬관절을 받쳐주어 보호되며, 슬관절의 운동을 조절할 필요가 있을 때 사용한다.

㉢ 슬관절의 기형을 예방하고 교정할 때 사용한다.

㉣ 교통사고나 심한 운동으로 인하여 무릎의 인대나 관절의 손상이 있을 시 사용한다.

④ 슬관절보조기의 종류는 표 1-8과 같다.

표 1-8 • 슬관절보조기의 종류

유 형	용 도
관절운동 제한장치 부착	무릎관절 또는 넓적다리 무릎뼈 관절의 운동을 견고하게 제한 또는 고정하는 경우 사용한다.
레녹스힐	무릎인대 손상 시 무릎관절축 회전운동을 방지하기 위해 사용한다.
무릎 안쪽 및 바깥쪽 곁인대손상 및 앞 십자인대 손상용	무릎 안쪽 및 바깥쪽 곁인대 손상 및 앞 십자인대 손상 시 무릎관절축의 회전운동을 방지하기 위하여 경증환자에게 사용하는 보조기이다.

15 발보조기

발의 질환이나 기형이 있을 경우 발을 고정 및 최적의 자세로 유지하고 기능을 증진시키며, 통증이 발생하는 경우 동작을 제한하고 체중부하를 감소시켜 발과 발가락을 보호하고 발구조를 정렬하기 위한 보조기기이다. 보행 시나 운동 시 체중부하를 흡수하는 목적으로 발바닥에 주로 사용한다(그림 1-58).

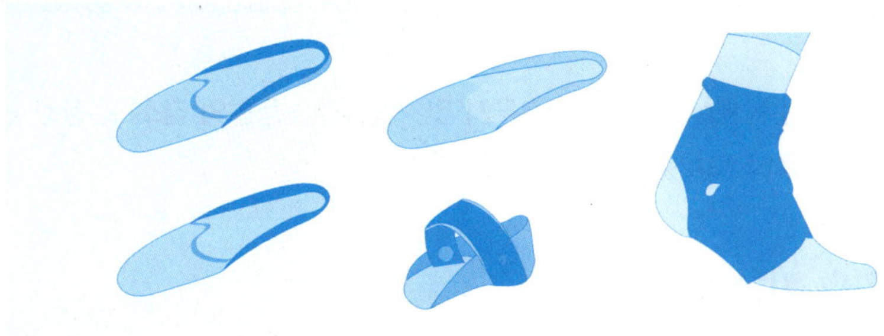

그림 1-58 • 발보조기

① 발의 기형을 교정하거나 예방할 때 사용한다.

② 발바닥에 받는 압력을 감소시키거나 발목의 뒤틀림을 바로잡아 주는 목적으로 사용한다.

③ **특수신발** : 우리가 흔히 시장에서 살 수 있는 신발이 아니라 그림 1-59와 같이 환자의 특수한 발 또는 하지의 여건에 맞게 제작하여 치료목적으로 사용하는 신발이다.

그림 1-59 • 특수보조화

④ **보조화의 치료목적** : 발과 발목관절의 기형을 예방하거나 교정을 목적으로 하며, 족관절에 쏠리는 체중부하를 감소시키거나 불수의 운동을 조절할 때 사용한다.

⑤ **보조화의 종류** : 목이 낮은 구두, 목이 높은 구두, 정형화가 있다.

㉠ **목이 낮은 구두** : 목이 낮은 구두로 옥스퍼드 타입이라고 하며 목이 복숭아뼈 바로 아래까지 오며 미관상 보기가 좋다.

㉡ **목이 높은 구두** : 목 높이가 복숭아뼈를 덮어 주며 발목을 고정시켜 준다.

㉢ **정형화** : 외과용 구두라고도 하며 목 높이는 복숭아뼈를 덮어 주며 끝 매는 부분이 발가락 앞까지 연결이 되어 변형된 발이나 마비된 발이 신고 벗기가 편하며 발을 잘 고정시켜 준다.

16 체간보조기

체중의 의지, 척추의 운동제한, 척추의 정렬유지 및 기형교정, 동통의 감소, 손상된 근육이나 척추관절보호 및 약한 근육의 보호를 목적으로 한다.

1. 체간보조기의 기능 및 사용목적

체간보조기의 기능은 다음과 같은 체간보조기의 사용목적에 따라 구분된다. 체간보조기의 사용목적은 손상된 척추부위 근육과 관절을 보호하고 통증을 완화하기 위해서 몸통을 지지하고 움직임을 조절하여 척추를 교정하기 위해서이다. 그리고 기형이나 외상이 반복되어 누적되는 것을 예방하기 위함이다.

체간보조기는 체간을 구성하는 뼈, 관절, 근육 등에 고정성과 안정성을 주고, 일상생활에서 동작을 개선시키는 대상기능을 가지고 있다. 체간보조기를 잘못 장착하게 되면 장기간 장착의 경우 근력이 저하되며, 고정용 보조기의 경우 관절을 구속하여 척추의 운동성을 저해하고 환자의 보조기에 대한 심리적 의존성을 높이는 부작용이 있다.

예 추골골절 척추 간 관절의 장애로 척추의 지지기능이 상실되었다면 국소적 고정과 하중부감소로 안정성을 부여하고, 체간전체의 지지기능을 높여 일상생활 동작을 조기에 달성시키는 역할과 신경과 근육의 이상으로 측만증 내지 전후만증이 일어났을 경우 체간의 정렬을 유지, 고정시키는 기능을 가지고 있다.

(1) 체중의 지지

체강내압의 상승과 3점 압박의 원리에 의하여 사용된다. 흉복내압이 증가하면 유체역학의 힘으로 척추 신진근의 부담을 덜어 주어 척추의 수직하중을 덜어 준다. 이때 보조기는 복부근육의 역할을 하며 내압을 상승시킨다.

(2) 척추의 운동제한

기계적으로 운동제한을 주게 되는 원리는 3점 압박의 원리를 쓴다. 그러나 보조기를 착용한 위·아래의 경계부분에서는 오히려 척추의 운동량이 증가한다. 그러므로 요천추부위의 운동제한을 위해서는 긴 보조기가 필요하나 실생활에서는 매우 어렵다. 하지만 척추보조기를 착용하면 기계적 이유 외에 심리적으로 운동에 대한 억제효과가 있어 매우 유용하게 사용할 수 있다.

(3) 척추의 정렬유지 및 교정

3점 압박의 원리로 우리 몸의 중력의 중심을 정상부위로 이동하게 하며, 압박지점으로부터 멀리하려는 패턴 자극을 하여 척추를 교정한다.

2. 체간보조기의 구성요소

틀형 보조기를 중심으로 할 때 골반 밴드, 흉추 밴드, 견갑 간 밴드, 후방지주, 외측지주, 경사외측지주, 앞가리개 및 각종 스트랩으로 되어 있다. 하지만 구조에 따라 보조기의 특징이 서로 다르기 때문에 보조기의 종류에는 경추보조기, 요천추 보조기, 흉요천추 보조기가 있다.

3. 체간보조기의 원리

체간보조기를 습득하는 데 있어서 척추의 해부생리학과 운동학을 이해하는 것이 중요하다. 그 이유는 척추의 기본적인 원리를 이해하고 나서 보조기의 기능을 파악할 수 있기 때문이다.

(1) 척추의 해부학

척추는 체간의 배측에 있는 다수의 척추 뼈로 이루어진 일종의 지주구조이다. 이러한 척추의 역할은 두부, 체간의 지지와 운동 및 척수의 보호이다. 이 지지와 운동이라는 상반된 기능은 사람이 서 있을 때, 앉아 있을 때, 누워 있을 때 등 다양한 위치와 동작을 취하는 데 따라 변화하게 되므로 그만큼 척추는 복잡한 기능을 가지고 있다(그림 1-60).

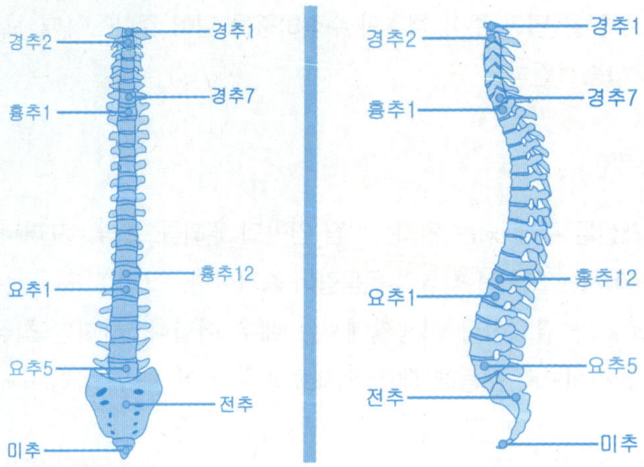

(a) 척추를 앞에서 본 모습 (b) 척추를 옆에서 본 모습

그림 1-60 • 척추의 구조

척추는 그림 1-60과 같이 7개의 경추, 12개의 흉추, 5개의 요추, 5개의 천추, 3~6개의 미추, 모두 32~35개의 척추 뼈로 형성되어 있다. 성인의 경우에는 5개의 천추가 유합되어 1개의 천골형태가 된다. 각 추골은 그보다 상부의 체간을 지지하기 때문에 아래쪽 추골일수록 형상과 용적이 크고 안정된 형태로 되어 있다.

정상적인 척추는 4개소에 가벼운 만곡을 가지고 S자 모양의 곡선을 그리고 있다. 이러한 곡선들은 척추 전체의 지지보호 기능으로서 걷기, 달리기 및 점프 등에 의해 일어난 충격을 스프링 작용으로 흡수하여 장기를 보호하는 역할을 한다.

(2) 척추의 운동학

척추의 운동학을 이해하기 위해서는 각 **추골별 운동범위**를 알아야 한다. 그림 1-61은 각 추골의 운동범위를 나타낸 것으로 각 추골은 서로 간의 긴밀한 상호작용을 하고 있다.

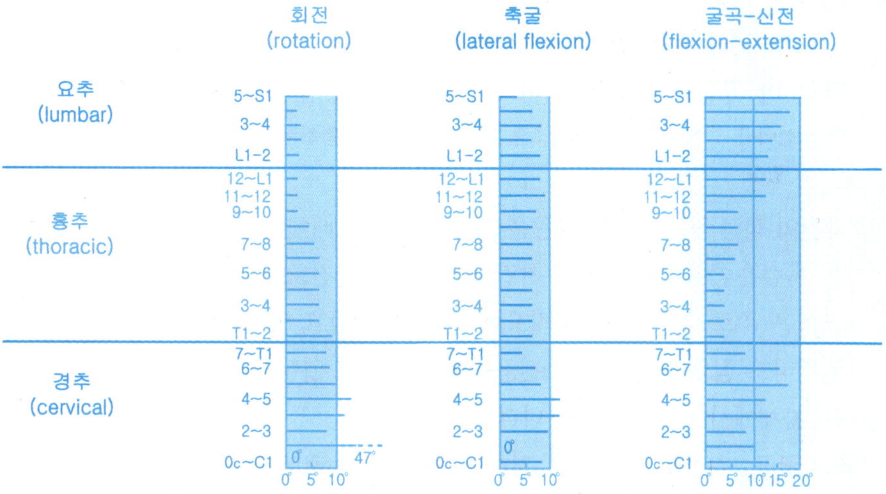

그림 1-61 • 각 추골의 운동범위

척추의 근육은 **굴근군, 측굴근군, 심전근군, 회전근군**으로 나눌 수 있으며, 이러한 군들은 다시 작용 여부에 따라 그림 1-62와 같이 근육조직으로 나눌 수 있다. 이러한 근육들은 다음과 같은 특징이 있으며 서로 밀접한 관계를 가지고 있다.

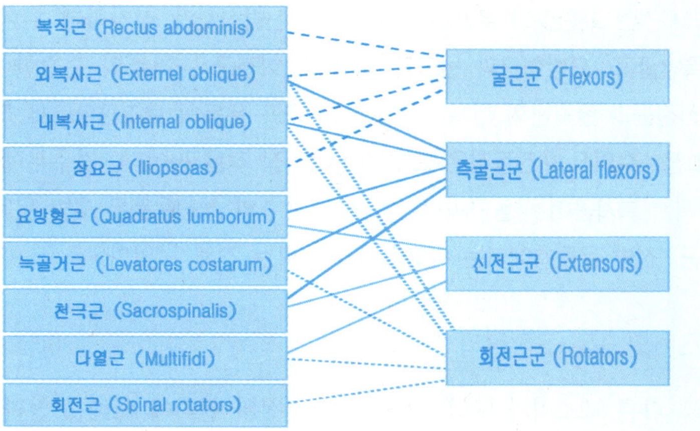

그림 1-62 • 척추운동과 주작용 근육

① 척추의 신전 : 경부에서는 승모근, 두반극근 및 두반상근, 체간부에서는 척추기립근, 요장륵근, 흉췌장근, 흉극근이 있다. 척추기립근군은 중력에 의해 굴곡된 척추를 기립자세로 회복시키는 기능을 지니고 있으며, 척추신경 후지와 외측지의 신경지배를 받고 있다.

㉠ 일반적 안정성 : 척추는 척추인대가 있더라도 근육이 존재하지 않으면 불안정해진다. 척추의 안정성은 척추근의 정상적 활동에 의해 얻어진다. 특히 척추의 측방안정성은 척추기립근이 펴져 있는 그물형태의 조절작용으로 이상적인 안정성을 유지하게 된다. 만일 이 작용이 불충분하다면 척추에서의 변형이 일어난다.

예 뇌성마비, 진행성 척수성 근위축증, 소아마비 및 택클링하우젠병(신경섬유종증) 등으로 측만증에서 볼 수 있다.

㉡ 체간의 정적 균형 : 척추기립근은 정적인 기립상태에서의 균형유지 기능이 없다. 이러한 사실은 척추기립근군이 기립상태에서는 근전도에서 활동하지 않고 있다. 정적인 균형은 주로 척추 인대의 작용에 의해 유지되고 있다. 그러나 근소한 척추의 운동일지라도 장요근, 광배근, 회전군근에서 활동이 일어난다. 이것은 서 있을 때보다 낮은 자세에서 더 뚜렷하게 나타난다.

② 척추의 굴곡 : 척추의 굴곡근은 경추와 요추부에서 주로 이루어지고 있다. 경추는 장격근, 사각근 및 흉쇄유돌근이 주동근이며, 요추부의 굴곡근은 주로 복직근과 내외복사근에 의해 이루어진다. 대요근은 하지를 고정하였을 때, 체간을 전방 굴곡시키지만 개개의 요추부를 굴곡시키는 효과는 적다.

요추전만 곡선의 변화는 기립자세에서는 체간의 굴곡-신전운동으로 약간 변화하지만 체간의 전방 굴곡운동에 있어서 최초의 70[°] 변화는 주로 요추부의 굴곡에 의해 이루어진다. 이때 골반은 대둔근, 중둔근 및 슬와근의 강한 수축에 의해 고정되나 체간을 70[°] 이상 굴곡시키면 고관절의 굴곡과 골반에서의 전방성사가 첨가하게 된다.

③ 척추의 측방굴곡 : 요방형근과 반극근, 다열근, 회전근은 척추의 순수한 측방굴곡근이다. 척추의 신전근과 굴곡근의 한쪽 수축은 측방굴곡 운동의 보조근으로서 작용하게 된다.

④ 척추의 회전 : 수의적 회전동작은 요추부에서 가장 적은 편이다. 경추부에서는 흉쇄유돌근, 체간부에서는 복사근이 주동근이다. 그러나 척추의 회전운동은 후방 운동근측에서는 기립근, 회전근, 전방 운동측에서는 다열근이라고 보는 견해가 있다.

(3) 체간보조기의 3점 고정원리

체간보조기도 다른 보조기와 마찬가지로 3점 고정의 원리에 의해 고정과 운동 제한을 수행하고 있다. 체간보조기의 종류는 수없이 많지만 그 중에서 3점 고정원리를 가장 대표할 수 있는 요천추 보조기인 체어백식을 예로 들면 이 보조기에서의 3점 고정은 요추의 굴곡제한의 경우 골반 스트랩과 흉추 스트랩에 의한 전방에서 후방향으로의 힘과 후방지주에 의한 후방에서 전방향으로의 힘으로 제한시킨다.

그리고 요추의 신전제한은 복부 앞가리개가 전방에서 후방으로의 힘과 골반 밴드와 흉추 밴드의 후방에서 전방으로의 힘으로 제한하고 있다. 또한 앞가리개는 복압을 상승시킴으로써 척추의 지지 기능을 향상시키고 있다.

예 모리스(Morris)에 의하면 200파운드의 물체를 들어 올릴 때 만약 복부 주위근의 수축이 없다면 제5요추와 제1천추 사이에는 약 2,000파운드의 힘이 걸리게 되어 이 부위에서의 압박골절과 추간판 장애를 일으키기 쉬우나, 실제에는 체간의 근육을 수축시켜 흉강과 복강의 압을 상승시킴으로써 이들이 공기베개처럼 되어 척추에 걸리는 힘을 2/3로 감소시켜 1,480파운드로 낮추기 때문에 척추의 장애는 쉽게 발생하지 않는다고 한다. 역도선수가 역기를 들어 올릴 때, 그림 1-63과 같이 흡기 시 숨을 일시 멈추고 흉강내압과 복부내압을 최대한으로 높인다는 사실로도 이해할 수 있다.

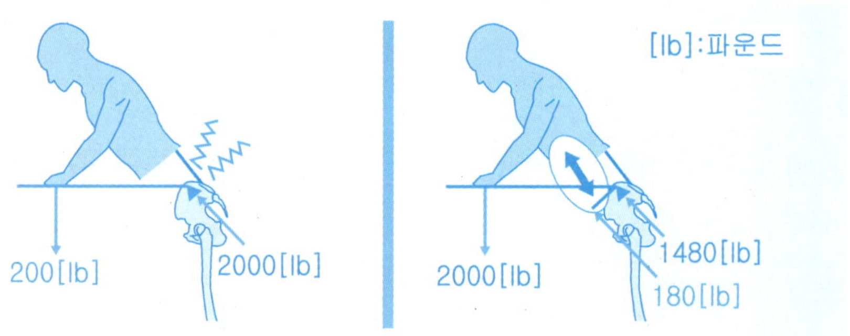

그림 1-63 • 복압의 작용

체간보조기는 척추의 운동제한범위에 의해 주로 명칭이 붙여진다. 즉 척추의 굴곡신전을 제한하는 후방지주의 높이에 의해 보조기의 명칭을 알 수 있다. 체간보조기는 척추의 운동제한범위에 의해 다음과 같이 분류한다. 체간, 사지에 장착하여 질환치료 또는 기능장애의 대치 목적으로 사용되는 기구를 총칭한다.

체간에 사용되는 콜셋과 같은 고정을 목적으로 하는 것, 재활에 사용하는 단하지장구, 장하지장구, 하지의 골절, 펠테스병에 사용되는 보행장구, 척추측만증의 밀워키브레이즈(Milwaukee brace), 내반족의 데니스-브라운 부목(Denis-Brown splint), 손, 손가락의 구축의 예방, 치료에 사용되는 용수철붙이의 다이내믹 부목(dynamic splint) 등, 변형의 교정, 예방을 목적으로 하여 사용되는 것이 있다.

17 경추보조기

1. 특 징

대부분 착용자로 하여금 머리나 목의 운동을 의식적으로 제한하도록 만들어졌으며 경추보조기의 특징은 다음과 같고, 제한하는 정도는 각 보조기별로 약간씩 차이가 난다.

① 경추의 자세를 바르게 하며, 근육을 이완시켜 동통을 경감시키며 기형을 방지한다.
② 목의 운동을 보조 및 억제시키므로 연부조직의 치유를 돕는다.
③ 경추를 견인하여 신경 · 근의 압박을 감소시키며 경추에 받는 머리의 하중을 경감시켜 준다.

2. 종 류

① 일반형(소프트칼라) : 같은 연부조직의 손상이 있을 경우 근육의 염좌에 사용한다(그림 1-64).

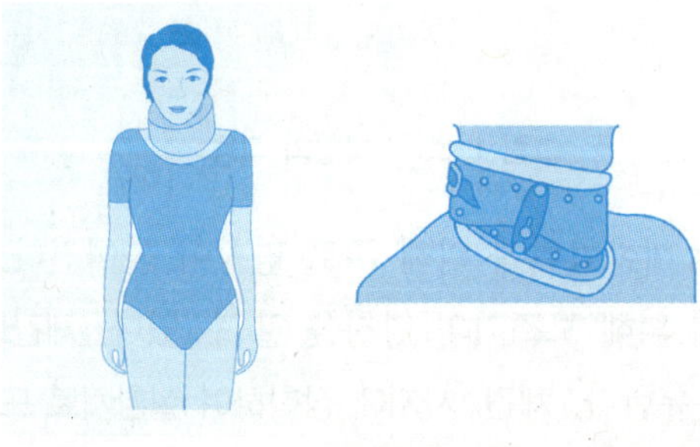

그림 1-64 • 경추보조기의 일반형(소프트칼라)

② 재킷형(소프트칼라) : 경추의 인대나 뼈의 손상 및 심한 좌상에 사용한다(그림 1-65). 칼라에는 부드러운 재질로 감싸준 소프트칼라와 플라스틱을 중앙으로 둘레에 부드럽게 마무리한 하드칼라, 그리고 부드러운 재질로 턱과 후두부를 감싸주는 필라델피아 칼라 등이 있다. 소프트칼라라고 하며 안정을 목적으로 하는 경우에 많이 사용한다.

필라델피아 칼라는 그림 1-66의 소프트칼라 다음으로 많이 사용되는데 폴리에틸렌 수지로 만들어져 있으며 소프트칼라보다 경추의 운동제한이 크며 상당수의 경추수술 후에 착용하고 외상에 착용하는 경우도 있다.

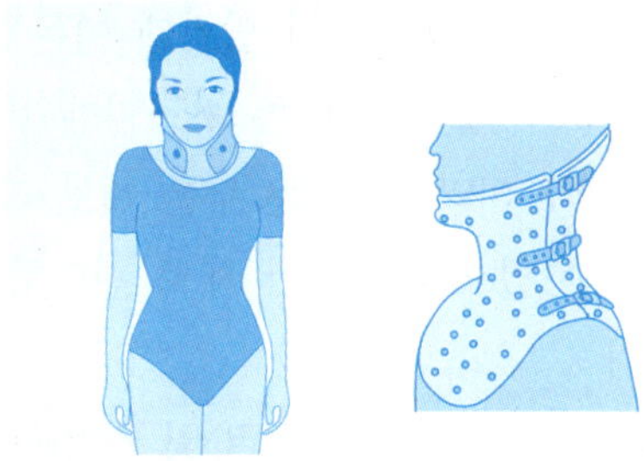

그림 1-65 • 경추보조기의 재킷형(소프트칼라)

③ 필라델피아 : 안정된 뼈나 인대의 손상이나 염좌 좌상과 같은 경우에 사용한다(그림 1-66).

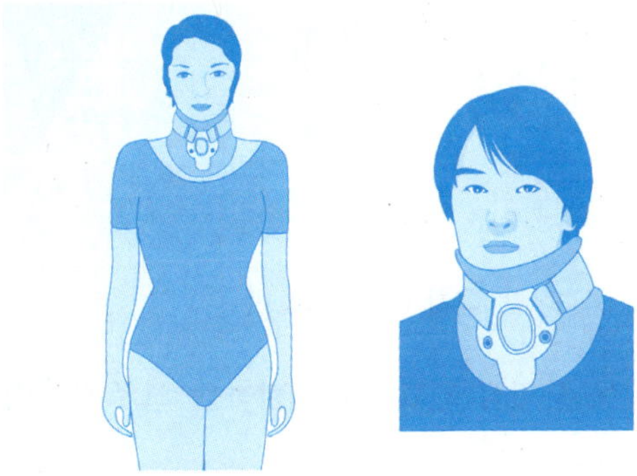

그림 1-66 • 경추보조기의 필라델피아

④ 2-포스터 또는 4-포스터 : 경추의 중간부나 하부의 관절염이나 안정골절 등이다(그림 1-67).

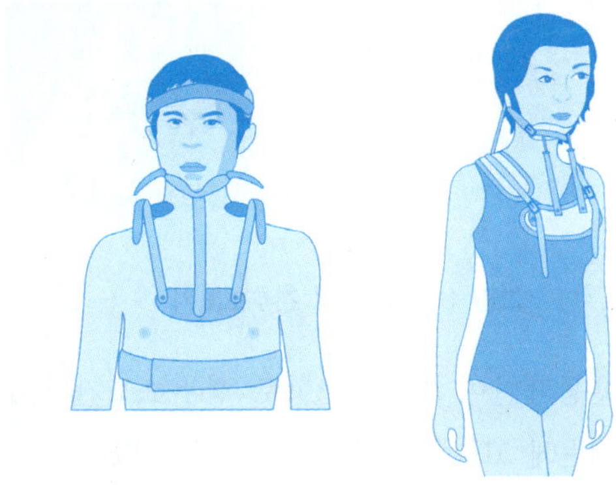

그림 1-67 • 경추보조기의 2-포스터 또는 4-포스터

경추보조기에는 지주장치라고 하여 **포스트**가 있는데 이는 2개와 4개로 구분되어 각각 2-포스터, 4-포스터로 구분할 수 있으며 다른 보조기에 비해 **경추의 굴곡, 신전, 회전, 측굴 등의 제한이 크다. 흉골 후두 하악 고정대는** 누운 채로 착용할 수 있고 착용 후 세수와 같이 간단한 동작도 할 수 있으며 착용한 채로 편안하게 누울 수도 있고, 경추의 운동제한도 큰 특징이 있다.

⑤ **소미**(SOMI) : **수술을 받은 경우나 경추의 관절염 및 안정골절 시 사용한다**(그림 1-18).

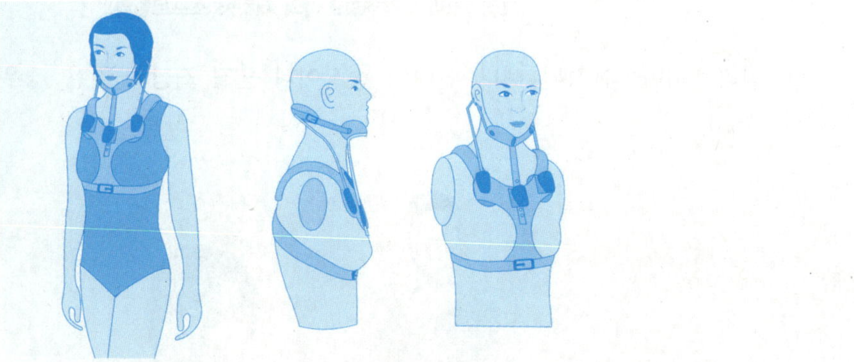

그림 1-68 • 소 미

⑥ **할로 경추보조기** : **경추운동을 가장 견고하게 제한하는** 보조기이며 **경추손상, 경추수술 후** 사용한다(그림 1-69).

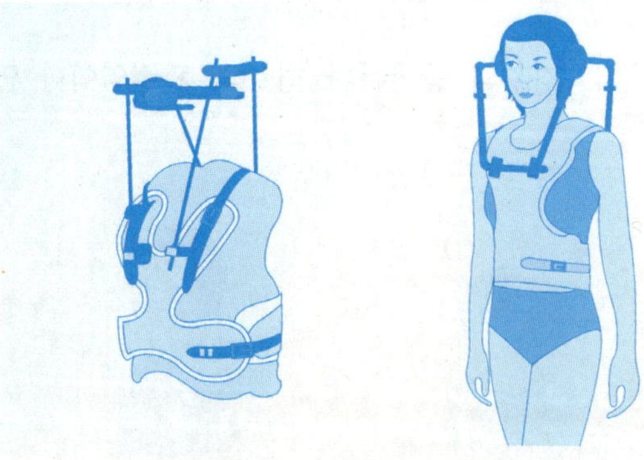

그림 1-69 • 할로 경추보조기

또 다른 형태로 척추 운동제한이 가장 큰 할로 경추보조기가 있는데 이 **보조기는 두개골에 핀으로 고정하기 때문에 고정력이** 매우 큰 **특징이** 있다.

18 요천추 보조기

요천추 보조기에서 가장 많이 사용되는 것은 요천추 코르셋(corset)과 천장 벨트로서 이들 보조기의 특징은 다음과 같다.

1. 요천추 코르셋

가장 흔하게 사용되는 보조기로서 그림 1-70과 같이 몸통과 골반을 천으로 감싸고 있으며 앞뒤와 옆에 달린 끈과 후크로 둘레를 조여서 몸에 맞추어 사용한다. 요추의 통증 및 근육염좌일 경우 복압을 상승시켜 요추에 가해지는 부하를 감소시킬 목적으로 사용하며, 요추운동의 부분적인 제한을 목적으로 사용한다.

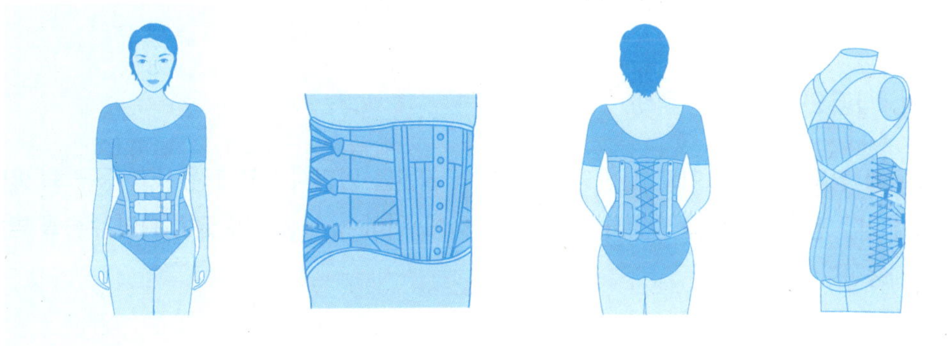

그림 1-70 • 요천추 코르셋

(1) 요천추 코르셋의 기능

앞뒤와 옆에서 몸통을 조여 주게 되므로 몸 안의 압력을 높여 주어 척추와 디스크에 걸리는 부담을 감소시켜 줄 수 있으며, 코르셋 안에 딱딱한 지지대를 넣어 더 강하게 몸통을 잡아줄 수도 있다.

(2) 요천추 코르셋을 착용할 때 중요한 점

앞부분이 가슴뼈 제일 아래 부위(명치 끝)에서 치모가 나 있는 부위까지 충분히 길고 뒷부분의 위 끝은 견갑골(날개죽지뼈) 바로 아래에 위치하고, 아래 끝은 남자의 경우 엉덩이에서 가장 튀어나온 부위까지, 여자의 경우는 엉덩이 가장 아래 다리와 이어지면서 주름이 잡히는 곳까지 내려오게 위치시켜야 한다. 코르셋은 몸 전체의 외형에 알맞게 편안해야 하며, 주름이 잡히거나 자세를 유지할 수 없거나 불편하게 느끼면 수정하여 잘 맞도록 하여야 하며, 만일 기성복처럼 이미 만들어져 판매되는 제품이 잘 맞지 않는다면 맞춤제작을 하여야 한다.

요천추 보조기의 나이트형은 요추의 굴곡, 신전, 외측굴곡 운동을 제한하거나, 요통 및 디스크의 치료에 사용한다(그림 1-71).

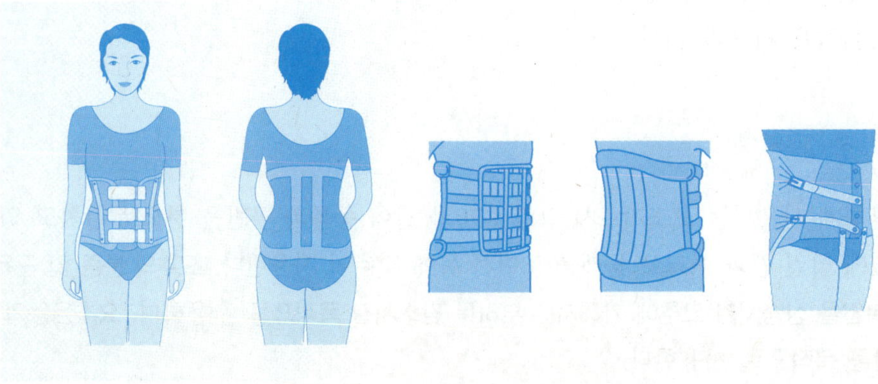

그림 1-71 • 요천추 보조기의 나이트형

2. 천장 벨트와 천장 코르셋

골반 부위를 감싸주는 보조기로 분만 후의 산모의 골반을 안정시키고 교통사고 등으로 골반 뼈의 손상을 입은 경우에 골반을 안정화시키고 보호하기 위하여 사용하며 골반 뼈의 수술을 받은 경우에도 사용한다.

19 흉요천추 보조기

흉요천추 보조기의 종류에 따른 특징은 다음과 같다.

1. 흉요천추 코르셋

앞부분은 요천추 코르셋과 같지만 뒷부분의 높이가 견갑골(어깨죽지뼈)의 중간 정도까지 올라오고 어깨끈이 달려 있어 양쪽 어깨를 조여 줄 수 있다. 기능은 요천추 코르셋의 기능에 흉추(등뼈)의 관절운동을 제한할 수 있는 점이 추가된 것이다.

2. 바디 재킷

사고나 질병, 수술 등으로 척추 뼈의 손상이 발생된 경우 가장 많이 사용하는 보조기로 그림 1-72와 같이 플라스틱 재질로 몸통을 갑옷처럼 감싸서 몸통이 앞, 뒤, 옆으로 굽어지거나 몸통이 좌우로 돌아가는 것을 방지하는 보조기이다.

디스크 수술이나 척추 융합수술 후 추간판 탈출증의 경우 교정 및 보호를 위해 사용하며, 외상성 골절 및 골절수술 후 흉추와 요추의 운동을 최대한 굴곡시킬 목적으로 사용한다. 이 보조기의 제작을 위해서는 환자의 몸통을 석고로 모형을 떠서 제작하여야 하는데, 최근에는 이러한 불편을 없애기 위한 새로운 소재(네오플라크트 등)를 사용하여 제작하는 경우도 있다.

또한 앞판과 뒤판의 두 조각으로 만들어 착용하는 경우가 많고 필요에 따라 일부분을 잘라내어 창을 만들기도 하는데, 이것을 착용하는 경우에는 뼈의 돌출부위가 눌려서 자극이 되거나 욕창 등의 피부문제가 일어나지 않는지 잘 살펴야 하며, 피부문제가 있는 경우 수리를 하거나 패드 등을 덧대어 주는 것이 필수적이다. 그러므로 제작 및 착용 전후에 재활의학 전문의와 상의하는 것이 좋으며 특히 척수마비 등 피부에 감각이 없거나 감소되어 있는 경우에는 더욱 주의하여야 한다.

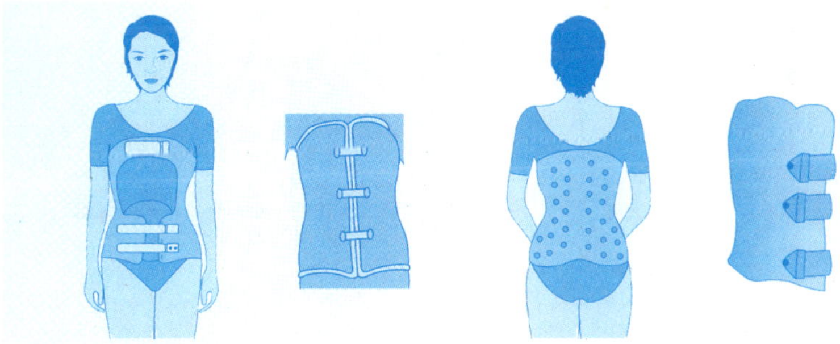

그림 1-72 • 흉요천추 보조기의 바디 재킷

3. 나이트 테일러 보조기

흔히 쓰이는 보조기 중 하나로 등뼈나 허리뼈의 손상이 있는 경우 그림 1-73과 같은 것이 사용되며 흉추(등뼈), 요추(허리뼈), 천추(꼬리뼈) 부위의 몸통의 앞으로 굽히거나 뒤로 펴는 것은 물론 옆으로 굽히는 것을 방지하는 보조기로 어깨끈이 붙어 있어 사용하기 편리하다. 흉추와 요추의 굴곡, 신전, 외측굴곡을 제한하며, 흉추와 요추의 안정성 골절, 심한 근육의 염좌 시 사용한다. 또한 불안정한 골절에는 적용할 수 없다.

그림 1-73 • 흉요천추 보조기의 나이트 테일러형

4. 쥬엣 굴곡제한 보조기

심하게 엉덩방아를 찧거나 높은 곳에서 떨어져 그림 1-74와 같이 척추 뼈의 앞부분이 찌그러지면서 골절이 일어나는 압박골절을 당한 경우 몸이 앞으로 굽어져서 뼈가 부서진 부위가 자극이 되는 것을 방지하려는 목적으로 많이 사용한다. 특히 골다공증으로 뼈가 약해져서 생긴 압박골절의 경우에도 사용되지만 나이가 아주 많은 경우 사용할 수 없는 단점이 있다. 굴곡조절 보조기(쥬엣)는 흉추와 요추의 외상성 골절이나 굴곡운동을 제한할 목적으로 사용한다.

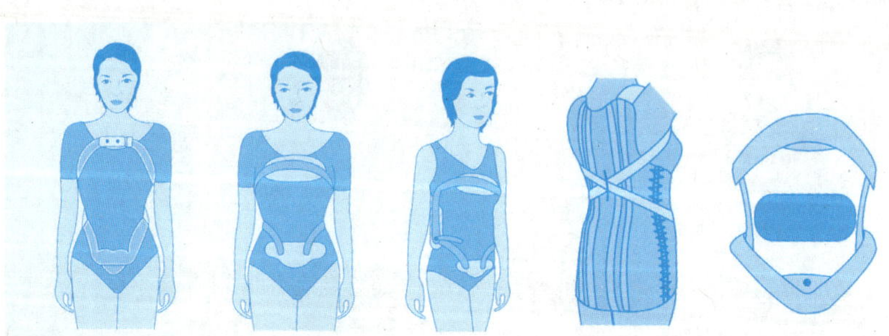

그림 1-74 • 굴곡 보조기(쥬엣)

5. 경흉요천추 보조기

경흉요천추 보조기의 대표적인 보조기로 밀워키 보조기를 들 수 있는데 이 보조기는 40~50년 전부터 시술되었으며, 철재구조의 딱딱함과 많은 고정끈과 단추, 핀 등이 단점을 가지고 있으나 성장에 따라 길이를 조절할 수 있으며, 가동성 보조기로의 전환을 용이하게 할 수 있는 장점을 가지고 있어 널리 사용되고 있다(그림 1-75).

① 측만의 각도가 25~40[°] 사이의 만곡돌출부가 제 8흉추 이상에서 진행의 증후를 보일 경우에 사용한다.

② 선천성 측만증이나 특발성 척추측만증 시 교정 및 보호를 위해 사용한다.

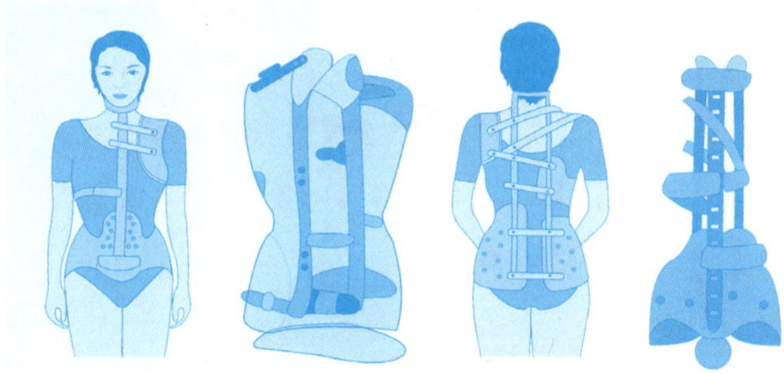

그림 1-75 • 밀워키 보조기

20 보행보조기기

보행(gait)은 다리를 이용하여 움직이는 것이며 이동은 걷거나 자동차를 타거나 목적지까지 이동하는 것이다.

1. 보행보조기기의 착용목적 및 종류

(1) 보행보조기기의 착용목적

더 넓은 기저면(base of support)을 제공하기 위해서 균형과 환자의 안정성을 개선하고 보행하는 동안 추진력과 직립자세의 생리학적 장점을 제공하는가 하면 휠체어가 접근하기 어려운 장소에 접근을 용이하게 해주기도 한다.

(2) 보행보조기기의 종류

보행보조기기의 종류에는 보행기, 크러치, 표준형 크러치, 전완 크러치, 상완 크러치, 플랫폼 크러치 등이 있다.

1) 보행기

균형이 잘 유지되지 않는 환자에게 안정성을 제공하며 크러치를 사용하기에 적정하지 않은 사람에게 적용된다. 표준형 보행기(walker)는 가장 안정성이 높은 것이며 디자인에 따라 바닥지점이 바퀴로 이용되는 것도 있다.

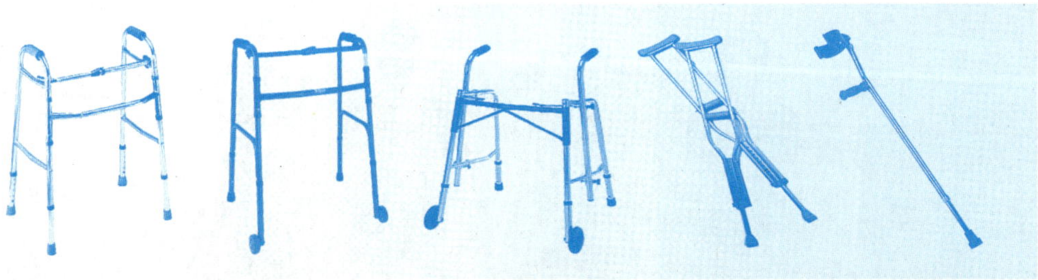

(a) 표준형 보행기 (b) 표준형 크러치 (c) 전완 크러치

그림 1-76 • 보행보조기기의 종류

2) 크러치(Crutch)

우리가 흔히 사용하는 목발이다. 크러치는 보행보조기기 중에서 가장 흔히 사용된다.

3) 표준형 크러치(Standard or axillary crutch)

크러치 중에서 가장 많이 사용되는 것이며 액와형 크러치로 잘 알려져 있다. 주로 알루미늄으로 만들어지며 겨드랑이 받침대, 두 개의 지주, 손잡이, 길이 조절대로 구성되어 있다(그림 1-76(b)).

4) 전완 크러치(Forearm or lofstrand crutch)

전완부로 지지하여 이용하는 크러치이며, 로프스트랜드 크러치로 잘 알려져 있다(그림 1-76(c)).

5) 상완 크러치(Upper arm or crutch)

팔꿈치를 펴는 상완 심두근이 약할 때 주로 적용되며, 상완부를 지지하는 패드가 작용된다. 그래서 상완 삼두근 크러치 또는 카나디안(canadian) 크러치로도 잘 알려져 있다.

6) 플랫폼 크러치(Platform or forearm support crutch)

손과 완관절에서 체중을 지지할 수 없는 환자에 적용되며, 체중을 전완부에서 견딜 수 있도록 전완부 지지대를 부착하였다.

(3) 지팡이

보행보조기기 중에서 가장 단순한 형태이며 가장 작은 안정성을 제공한다. 지팡이(cane)는 신체와 접촉되는 부분이 손잡이뿐이므로, 사용자가 어느 정도 균형을 잡을 수 있으며 걸을 수 있을 때 적용된다.

지팡이는 가장 많이 사용되는 **표준형**, **바닥점이 4개인 사점 지팡이**(quad cane), 보행기와 모양이 유사한 **보행기형 지팡이**(walkane), 지주가 곡선형인 **곡선형 지팡이**(curved) 등이 있다(그림 1-77).

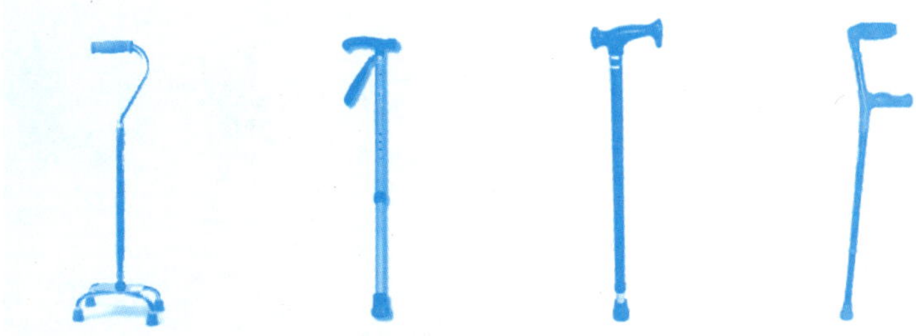

그림 1-77 • 지팡이의 종류

2. 이동보조기기의 착용목적 및 종류

(1) 이동보조기기의 착용목적

건강하고 활력적인 신체 이미지의 형성을 돕기 위해 사용자의 독립적인 기능을 최대화하기에는 효과적이며 독립적인 이동을 최대화할 수 있다. 또한 **신체의 변형이나 손상을 예방하고 최소화하기 위함**이다.

(2) 이동보조기기의 종류

이동보조기기에서 가장 많이 사용되는 것은 **의자차**이며 이 밖에도 **스쿠터**나 **스트레처**가 사용된다.

(3) 의자차

21세기를 맞아 의자차(wheel chair)는 새로운 도약의 단계로 접어들고 있다. 특색 없는 기존의 형태에서 가볍고 패션 감각이 뛰어난 모습으로 변화하고 있으며, 단순한 이동수단에서 벗어나 **해변용 휠체어**, **비포장도로용 휠체어**, **산악용 휠체어**, **스키용 휠체어**, **로봇 휠체어**까지 개발되고 있다.

1) 의자차의 구성요소

의자차는 디자인이나 목적에 따라 구성요소에 차이가 있으며 가장 일반적인 표준형을 기준으로 그림 1-78과 같다.

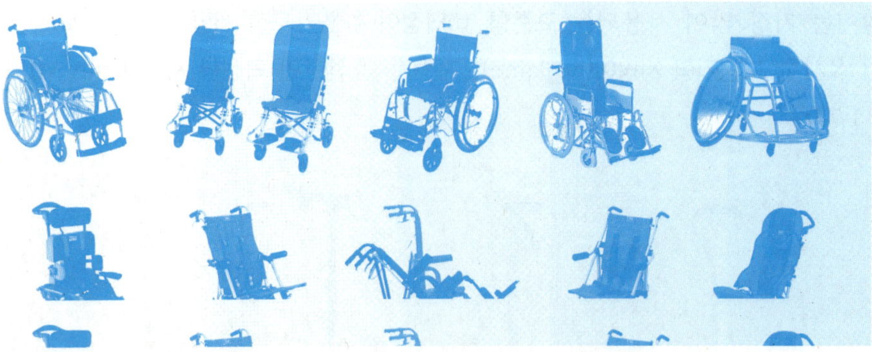

그림 1-78 • 의자차의 종류

2) 의자차의 분류

의자차는 재질과 무게 또는 사용자의 체중이나 사용목적에 따라서도 **표준형**, **중량형**, **경량** 그리고 **초경량** 의자차로 분류된다. 또한 구동방식에 의해 **수동**과 **전동** 의자차로 구분된다. 이 밖에 기립형이나 침대형 등 특별한 목적을 위한 특수형도 있다.

(4) 수동 의자차의 구성요소

프레임, 좌석, 등 받침대, 팔 받침대, 다리 받침대, 바퀴 휠 및 타이어, 핸드림 등이 있다.

1) 프레임

의자차 프레임은 **접이식**(folding)과 **일체형**(rigid) 프레임이 있다. 접이식 프레임 중 가장 많이 사용되는 표준형 의자차에서 가장 많이 사용되며 접을 수 있도록 **십자형 구조**로 되어 있다. 반면 **일체형 프레임**은 **스포츠 휠체어**에 주로 이용된다.

2) 좌 석

의자차의 **좌석**(seat)은 접이식 프레임에 적용되는 **일반형이 가장 많이 이용되며**, 그 밖에도 편의성을 위한 **변기형 좌석**도 있다. 좌석을 선택할 때에는 사용자의 신체에 맞는 너비와 깊이, 그리고 높이를 선택 및 고려해야 한다.

3) 등 받침대

일반적으로 **견갑골보다 낮게 위치**하며, 사용자의 상태에 따라 그 높이가 달라진다. **등 받침대**(backrest)**에서는 뒤로 젖혀지는 등 받침대**가 있는데 이는 **완전히 젖혀지는 형**(fully reclining type)과 **반만 젖혀지는 형**(semi-reclining type)이 있다.

4) 팔 받침대

표준형 팔 받침대(armrest)는 팔을 지지하고 자세를 바꾸거나 이동할 때 상지를 지지해주고, 그 하부에는 옷의 엉킴을 막아주는 측면 보호대가 포함되어 있다. 또한 사용자의 용도에 따라 **분리형**(detachable)과 테이블 등에 밀착되어 사용할 수 있는 **책상형**(desk length)이 있다. 그 밖에도 좌우나 상하로 움직일 수 있는 **이동형**(swing away 및 flip up), 높이를 조절할 수 있는 **높이조절형, 등 받침대가 뒤로 젖혀져도 그대로 같이 이동하는 슬라이드형** 등이 있어 사용자의 편의에 따라 선택하여 사용한다.

5) 다리 받침대

하지를 지지하는 역할을 하는 **다리 받침대**(leg rest)는 의자차의 전면에 위치하고 있기 때문에 몸이 불편한 사람은 앉기가 힘들다. 이러한 문제점을 해결하고 기능을 증가시키기 위해 **옆으로 이동이 가능한 형**(removable and swing away)과 **다리를 올려서 유지해주는 거상형**(elevating) 등이 있다.

6) 바퀴 휠 및 타이어

바퀴의 휠은 **바퀴살**(spoke)이 있는 형이 가장 많이 사용되며, **타이어는 공기주입식과 타이어 자국이 있는 것이** 사용된다. 실내에서 사용하는 경우에는 **타이어 자국이 없는 것을 사용한**다.

7) 핸드림

수동 의자차의 추진장치이다. 뒷바퀴에 부착되어 있으며, 사용자의 손상태에 따라 **막대나 원형의 손잡이를 추가**하여 추진을 용이하게 해준다. 또한 한쪽 팔만을 사용할 수밖에 없는 경우에는 **한쪽 바퀴에 두 개의 핸드림**(handrim)**을 모두 부착한 편수형**이 사용된다.

(5) 전동 의자차의 구성요소 및 고려사항

전동 의자차는 사용자의 수동 의자차를 사용할 수 없으며 **상지 근력이 약하고 협응작용이나 관절가동범위가 감소된** 경우, 그리고 수동 의자차의 사용을 과하게 하여 **어깨관절에 퇴행성 손상이 있는** 경우에 적용된다. 전동 의자차의 종류는 그림 1-79와 같다.

그림 1-79 • 전동 의자차의 종류

1) 전동 의자차의 분류

전동 의자차는 모터와 기어박스가 구동바퀴에 직접 연결되어 움직이는 **직접 구동식**(direct drive type), 구동바퀴와 모터가 벨트로 연결된 **벨트 구동식**(belt drive type), 그리고 수동 의자차에 배터리와 전동 의자차 부품을 연결하여 두 가지 방식으로 모두 사용이 가능한 **결합형**(power add-on unit type)으로 크게 분류된다.

2) 구동 조절방식

가장 많이 사용되는 것은 **조이스틱 조절**(joystick control)**방식**으로서 약간의 상지근육 조절력을 가진 사람이면 사용할 수 있는 가장 일반적인 조절방식이다. 사용자가 활용할 신체 조건에 따라 조이스틱 조절 박스를 손 이외에도 구강부분의 입, 턱, 그리고 발에도 위치시킬 수 있다. 이 밖에도 사용자의 입으로 공기를 불고 빨아들이는 것으로 조절하는 **공기조절식**(pneumatic control), **턱으로 조절하는 방식**(chin control), **머리를 조절하는 방식**(head control), **입안의 혀로 조절하는 방식** 등이 적용된다.

(6) 부가장치

의자차를 사용하는데 있어서 사용자의 편의와 자세유지를 위해 여러 가지 **부가장치**(appendices)가 사용된다.

1) 랩 보드(Lap board)

팔 받침대 위에 걸쳐 올려놓은 테이블이며 사용자의 식사나 작업 등 재활활동에 필요한 공간을 제공한다.

2) 좌석 삽입장치(Seat insert)

좌석 위에 사용되며 사용자의 편의는 물론 골반, 고관절, 대퇴부의 압력을 재분배하여 욕창을 방지하고 자세를 유지하는 데 도움이 된다. 공기주입식, 젤 방식, 맞춤식 재질 폼 등 다양한 종류가 사용된다.

3) 등받이 삽입장치(Back insert)

사용자의 등과 등받이 사이에 적용되어 자세유지 및 기형예방을 위해 사용된다. 또한 사용자 등에 적절한 압박을 유지해야 한다.

4) 체간 지지장치(Trunk support)

사용자의 몸통이 의자차 내에서 중앙부에 위치하도록 유지해 준다. 특히 사용자의 몸통이 앞이나 옆으로 구부러지는 것을 막아주며 스트랩이나 벨트를 적용한다.

(7) 스쿠터

전동 의자차의 조이스틱을 사용하지 않아도 될 정도의 사이조절 및 균형조절이 가능한 사람에게 적용되는 이동보조기기이다. 주로 노인이나 절단장애인, 근력이 약한 사람에게 적용된다. 스쿠터(scooter)는 전륜 및 후륜방식, 4바퀴 디자인이 있다. 스쿠터의 종류는 그림 1-80과 같다.

그림 1-80 • 스쿠터의 종류

(8) 환자이동침대

사용자가 엎드려 누운 채로 이동할 수 있게 해주는 이동보조기기로써 외국의 경우 환자이동침대(stretcher)를 사용하여 밴 등의 차량에 직접 탑승하여 운전하는 경우도 있다. 자신이 직접 구동하는 경우 앞비퀴는 의자차의 구동바퀴와 같이 핸드림을 사용하여 추진하며, 브레이크를 사용하여 고정시킨다. 환자이동침대의 종류는 그림 1-81과 같다.

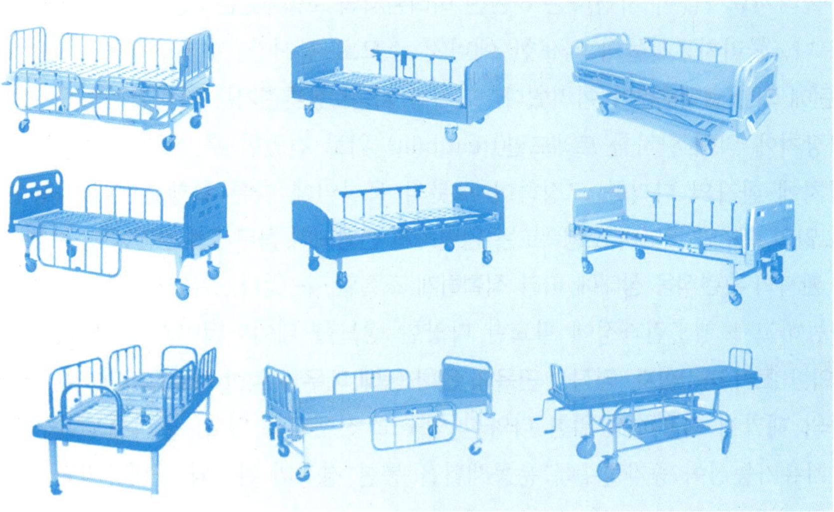

그림 1-81 • 환자이동침대의 종류

21 보행훈련기

보행훈련기로는 트랜스워커(trance-walker)로 부분 체중부하 보행훈련장치로 뇌병변환자 및 척추손상 그리고 관절질환 및 근육장애, 노인질환 등 보행훈련이 필요한 환자가 넘어지지 않고 안전하게 독립보행훈련을 할 수 있다. 그리고 환자의 재활의지가 증진될 수 있게 만들어졌으며, 중증환자들을 비롯해 원터치(one touch)방식의 자동보행훈련 시스템도 가미되어 있고 환자 스스로 편리하게 운동시간제어 및 운동강도 조절기능이 있다.

또한 뇌손상이나 척수손상으로 인한 하반신 마비환자의 재활치료를 위한 보행연습과 경직성 근육의 완화 등에 사용되는 재활치료용 로봇이 있다. 보행훈련기의 종류에는 그림 1-82와 같다.

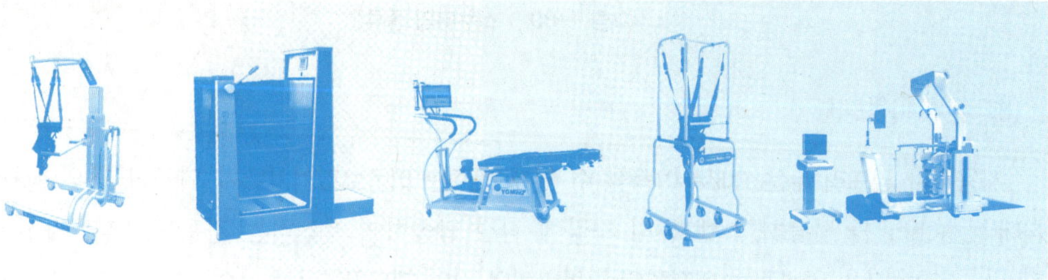

그림 1-82 • 보행훈련기

기존 물리치료사들이 시행하는 하반신 마비환자의 보행훈련은 2명 이상의 물리치료사들로 시행되었으나, 물리치료사들의 과도한 에너지 소모로 장시간 시행이 불가능하였고 규칙적인 보행 패턴에 의한 보행훈련이 어려웠다. 그러나 자동보행훈련기는 마비환자의 몸무게를 지지하는 견인장치에 의해 환자를 트레드밀(treadmill) 위로 견인한 후 신체와 유사한 형태의 보행 로봇 장치에 환자의 다리를 고정하여 로봇의 움직임에 따른 보행훈련이 가능한 장치이다.

트레드밀의 속도와 로봇의 보행속도는 완벽하게 연동되며 몸무게의 견인정도, 보행속도, 보행 패턴 등을 환자의 훈련적응 상태에 따라 적절하게 조절할 수 있다. 이 시스템은 장시간의 보행훈련이 가능하고 보행훈련과정에 필요한 다양한 정보를 데이터베이스로 구축할 수 있으며 뇌손상에 의한 초기 마비환자, 경직성 근육의 완화 등에 매우 유익한 치료효과가 있다. 또한 척수손상 환자의 재활에 적용하기 위한 다양한 연구도 진행되고 있다. 줄기세포연구로 신경 손상 환자의 치유가능성이 증가할수록 운동재활을 통한 경직의 완화와 근력유지의 중요성도 더욱 증가할 것이다.

22 수압 마사지 치료기

매트 형태의 치료기이다. 일반적으로 속에 차있는 물을 노즐로 분사하여 마사지 효과를 주는 기기로 최근에는 여러 종류의 분사 패턴과 수압의 조절이 가능하고 온열치료와 지압기능까지 포함되어 복합적인 치료기기로 변모했다. 수압 마사지 치료기 종류에는 그림 1-83과 같다.

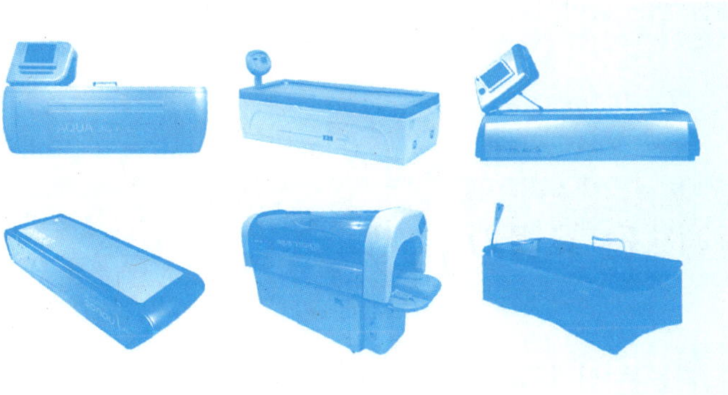

그림 1-83 • 수압 마사지 치료기

1. 수압 마사지 치료기의 사용

재활이나 물리치료를 요하는 환자, 각종 디스크, 요통, 관절통 환자, 무리한 운동에 의한 근육 및 관절경직 환자, 전신피로 및 스트레스성 환자, 무기력증, 운동부족의 성인병 환자, 노이로제 및 불면증 환자, 성인병 예방을 요하는 환자, 두통, 변비, 비만증, 혈압강하를 요하는 환자, 혈액 순환 및 신진대사 촉진이 필요한 환자, 중풍, 편마비증세나 장무력증 환자들에게 유용하게 사용할 수 있다.

2. 신 경

신경계를 진정시키는 작용을 하고 혈액 내에서 통증과 관련이 있는 여러 가지 신경화학물과 호르몬의 비율을 변화시킨다. 그리고 흥분 및 진정, 통증완화 신경조직에 대한 혈액을 공급하여 교감신경계를 활발하게 하며 통증을 경감시키는 도파민, 엔돌핀, 세로토닌을 증가시킨다.

3. 관 절

관절 내의 신진대사를 활발하게 하여 관절액의 분비를 촉진시키고, 관절 속의 혈액순환을 원활하게 한다. 이 때문에 윤활막이 매끄럽게 되고 관절운동 시 유연성을 높여 준다.

4. 근 육

근육조직에 영양소의 공급을 증가시킨다. 혈액순환의 증가로 산소공급이 증가하고 세포의 노폐물이나 유해물질을 분비시키고 수축력과 지속력이 증진된다.

23 신경 · 근 요법기

요추골의 주요 기능은 신경 · 근의 보호이다. 신경 · 근이란 척수에서 많은 신경가지들이 다발을 형성하며 나오는데 이들의 집합을 신경 · 근이라 한다. 이러한 신경다발들은 생긴 것이 마치 말꼬리와 같다 하여 마미신경이라고 한다. 이들 신경 · 근들은 척추골 사이에 있는 추간공으로 나와 주로 허리, 하지, 생식기 및 항문들의 운동기능과 감각을 지배하는 기능을 한다.

신경 · 근이 압박되면 통증 및 다리가 땡기는 듯한 증상을 느끼게 되며, 압박된 신경의 지배하에 있는 부위에 감각이상이나 근력약화와 같은 증상이 일어나게 되는데 이러한 증상을 전기적 자극을 주어 치료를 하는 기계를 신경 · 근 요법기라 한다(그림 1-84).

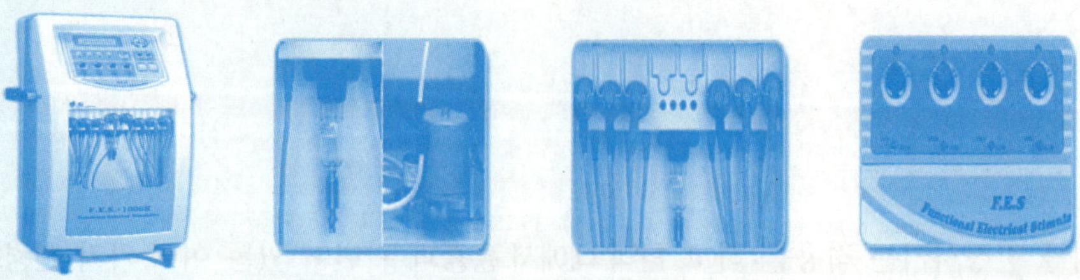

그림 1-84 • 신경 · 근 요법기

24 신경 · 근 치료기

신경 · 근 치료기(neuromuscular therapy)는 인체에 정상적으로 흐르는 미세전류(한의학에서는 기(氣)라고 한다)를 자극하여 질병을 유발하는 손상전류를 정상전류로 바꾸어 줌으로써 세포의 회복을 촉진시키고, 스트레스와 관련된 호르몬의 이상을 바로잡아 주는데 탁월한 효과를 발휘하는 치료기이다(그림 1-85).

또한 중풍이나 사고 등으로 인한 상 · 하지마비 치료에 최고의 효과를 가지고 있으며, 임상에서 요통 및 좌골신경통 등의 제통증에 탁월한 효과를 증명하고 있는 기기로 척추손상으로 인한 사지마비 또는 양하지마비의 기립 및 보행훈련과 뇌졸중으로 인한 편마비, 외상성 뇌손상, 뇌성마비 환자에게 족하수의 방지, 수근관절이나 완관절 등의 근력개선에 사용되고 있다.

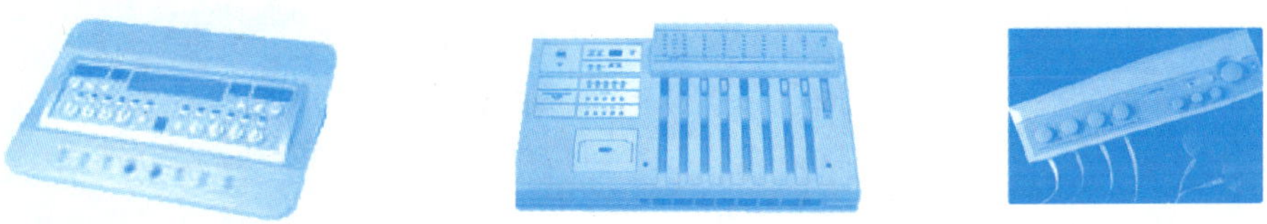

그림 1-85 • 신경 · 근 치료기

25 온열 치료기

열을 발생하여 질병을 치료하는 의료기기이다. 열의 온도와 방식에 따라 수술용, 물리치료용, 암치료용으로 구분이 되고, 모두 전기를 이용한다는 공통점이 있다.

1. 수술용 열발생장치

외과적 수술을 시행할 경우에는 수술용 메스로 피부층을 절개하고 더 깊숙이 들어가면 출혈이 있기 때문에 통상적으로 보비(Bovie)를 사용한다. 보비는 수술장치를 생산하는 회사의 이름으로 일반적으로 보비라고 하지만 실제 표기는 전기소작기(Electric Surgical Unit : ESU)이다.

① 초기의 수술용 열발생장치도 전기적 열을 이용해서 피부나 조직을 응고시키거나 지혈을 하

는데 사용되었으며 요즘은 고주파를 이용한 제품이 주류를 이루고 있다. 수술 중 출혈이 있는 부위를 열로써 태워 지혈시키는 기능을 하고, 용종이나 종양같은 병소부위를 쉽게 태워서 없앨 수 있기 때문에 다양한 용도로 사용할 수 있다.

② 한정적인 병소에 한해서 특정 암조직을 태우는 기능도 가능하다. 그리고 갑상선암의 경우 고주파 온열치료를 통하여 간단히 병소부위의 제거가 가능하여 쉽게 접근할 수 있다(그림 1-86).

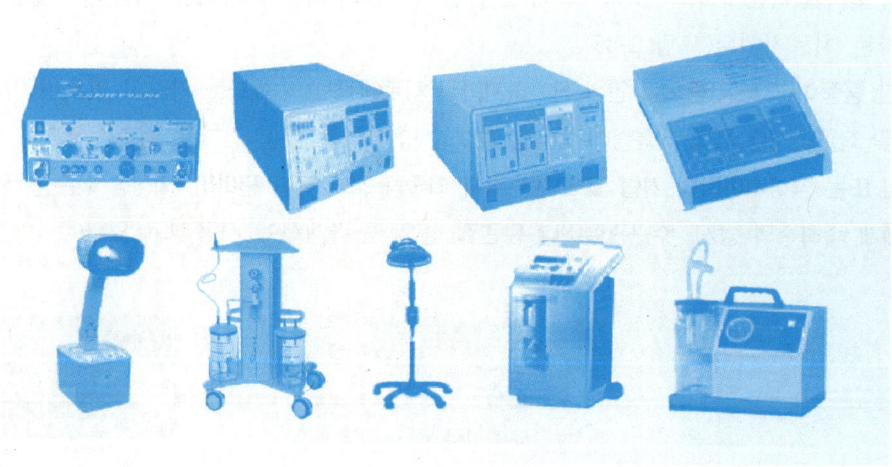

그림 1-86 • 온열 치료기

2. 일반 치료용 열발생장치

고주파와 원적외선 방식이 있다. 고주파를 이용한 심부온열 치료기는 스페인에서 세계 최초로 개발이 되었지만 과학의 발달로 인하여 한국산 고주파 심부온열기가 세계 최고로 인정받고 있다.

① 고주파 심부온열기는 피부나 조직을 태우는 것이 목적이 아니라 환자가 견딜 수 있는 온도 대역에 맞추어 통증치료, 근육치료, 피부관리, 혈액순환 개선 등의 효과를 얻을 수 있으며 비교적 가격대가 저렴하여 보급률이 높다.

② 근육과 관련된 질병치료에 효과가 매우 좋으며 주파수 대역에 따라서 기능과 효과의 차이가 난다. 0.3[MHz]의 용량성 통전법(Capacity Electric Transfer : CET)방식은 피부관리와 물리치료에 많이 사용되며 0.5[MHz]의 저항성 통전법(Resistive Electric Transfer : RET)방식은 비만관리, 근육치료에 사용된다.

③ 외국의 경우 0.5[MHz] 저항성 통전법 방식을 이용하여 암치료 용도로 사용하고 있지만 국내의 경우에는 아직 많이 사용되지 않는다. 암치료의 보조적 요법으로도 도움이 될 수

있는데 국내 보급률이 낮다는 문제가 있다.

④ 원적외선 열치료기는 램프 형식이나 돔 형식으로 제조되어 물리치료에 사용되고 있으며 열 자체가 피부층으로 2.5[cm]까지만 투열이 되어 근육치료에는 효과를 볼 수 있지만 그 외의 치료에는 한계가 있다. 그리고 원적외선 파장의 한계로 조직이나 장기까지 열이 도달하기 불가능하고 미국 FDA(Food and Drug Administration)에 마사지 제품으로 등록되어 있다.

26 와류욕 치료기

욕조의 물을 전기터빈에 의해 운동시키고 신체의 일부를 침수시켜서 상처부위에 물을 직접적으로 마찰시키는 방식으로 급속히 회전하는 물속에 사지를 담가서 치료하는 국소욕도 가능하고 전신욕도 실시할 수 있다(그림 1-87).

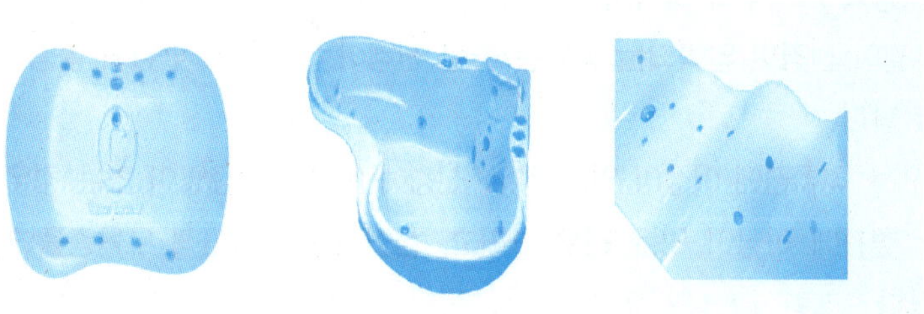

그림 1-87 • 와류욕 치료기

(1) 와류욕 치료기 효과

와류욕 치료기(whirlpool bath)는 기계적 자극에 의해서 괴사조직과 화농을 제거해주는 효과가 있다.

① 상처부위를 청결하게 해주고 상처치유를 촉진시킨다.

② 전도열과 가벼운 마사지 효과로 인해서 혈액순환을 증진시킨다.

③ 통증을 이완시키고 근경직을 경감시킨다.

④ 골절이나 염좌로 인한 오래된 유착증을 분해한다.

(2) 와류욕 치료기 적용방법

치료온도는 105~110[°F](40~43[℃]) 혹은 93[°F](34[℃]) 정도로 하며 치료시간은 10~25분

정도로 한다.

① 염좌나 타박상, 외과적 수술 후 말초신경의 손상과 장애, 관절염, 동상이나 만성부종, 건초염이나 신경염, 유착증 등을 치료한다.

② 당뇨병이나 동정맥경화증, 말초혈관증, 말초신경 손상으로 화상의 우려가 있는 자, 정맥류 등의 질환자는 증세 악화의 우려가 있다.

27 요추신전 재활훈련기

허리통증은 감기 다음으로 인류에게 흔한 병이다. 인류의 약 80[%] 정도가 평생 동안 한 번 이상 요통을 경험하게 될 정도이다. 원인은 여러 가지가 있는데, 가장 흔한 것이 허리주위의 근육, 인대 이상으로 나타나는 단순 요통이고, 이러한 근 · 골격계의 이상으로 인해 요통이 생기는 경우 허리의 통증과 허리부터 허벅지까지 내려가는 연관통이 나타난다. 하지만 추간판탈출증, 척추관협착증과 같이 신경이 압박되는 경우는 눌린 신경이 분포하는 부위의 통증 및 감각 이상과 근력약화가 나타난다.

기타 원인으로 척추골에 이상이 있는 경우, 신경에 이상이나 종양이 있는 경우, 내부장기에 이상이 있는 경우, 혈관에 이상이 있는 경우 그리고, 심인성으로 정신적 우울증들에 의해서도 통증이 발생할 수 있다. 그림 1-88은 요추의 신근근력 측정 및 강화훈련 시스템이다.

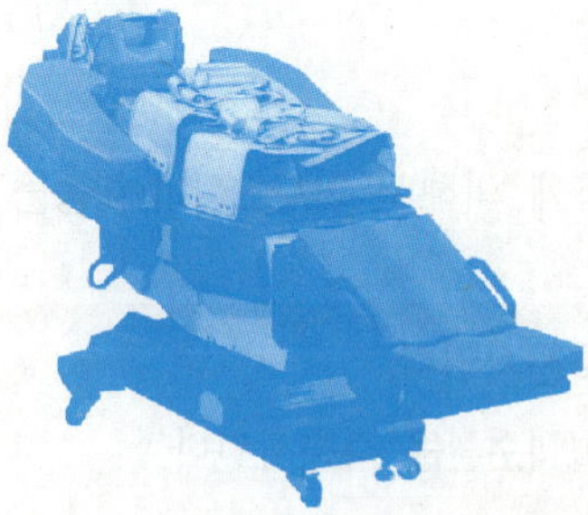

그림 1-88 • 요추신전 재활훈련기

1. 요추신전 재활훈련기의 용도

요추의 신근근력 측정 및 재활 강화훈련을 위한 장비로서 Cam 구조설계 방식이다(그림 1-89).

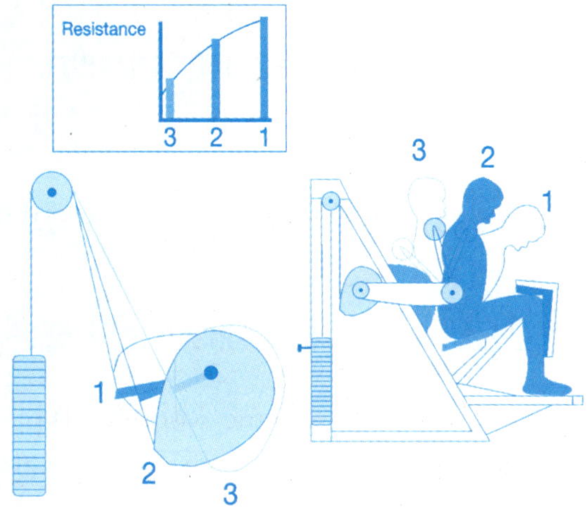

그림 1-89 • 요추의 신근근력 측정장비

① 실생활에 맞는 동적 근육기능(dynamic muscle function) 적용으로 비선형 누적피로, 가로탄성, 변동 수축속도 등이 있다.
② 힘, 지구력, 속도, 탄력, 운동성(strength, endurance, speed, elasticity, mobility) 등의 최상의 결과를 얻을 수 있다. 운동이 150[%] 능률적으로 가능하며 최소시간으로 최상의 능률을 보인다.
③ 컴퓨터와 직접 연결되어 실시간 측정·평가 및 진단이 가능하다.
④ MC-M인 디지털 테스트 모듈을 테스트 시스템을 옵션으로 할 수 있다.
⑤ 모든 시스템에 대한 디지털 테스트 모듈로서 16채널 EMG가 장착 가능(option)하다.
⑥ 힘과 지구력를 정밀하게 측정한다.
⑦ 격리된 관절의 운동성 테스트(mobility tests)가 가능하며 사용이 간단하다.
⑧ 표준 데이터가 제공되며 재활이나 치료에 대해 최적이다.
⑨ DMS Cassette가 장착되어 컴퓨터 연결과 16채널 EMG가 동시에 연결되어 측정이 가능하고, 컴퓨터 연결 없이 현장에서 측정에 대한 데이터를 실시간 확인하여 운동 가이드가 가능하다. 단, EMG는 호환 여부를 미리 확인하여야 한다.
⑩ 개개인에 맞는 운동량이 프로그램화되어 제시된다.
⑪ Back 장비와 연계된 운동 전후의 프로그램이 그림으로 제시되어 통증을 호소하거나

무리한 자세를 교정 훈련시켜 준다.

⑫ 측정이나 운동 시 관절가동 범위를 단계별로 조절이 가능하다(variokinetic).

⑬ Biofeedback, Sound를 이용한 훈련, 실시간의 훈련강도, 개인의 체중에 따른 적용될 저항이 오토매틱하게 프로그램화되었다.

⑭ 등과 척추를 잘 지지해 줄 수 있도록 만들어졌으며, 안정성이 높고 편안하게 사용할 수 있으며, 사용이 편리하도록 만들어진 손잡이로 제작되었다.

⑮ 효율적으로 복근운동이 가능하고, 발판(foot plate)은 조절이 가능하며, 의자도 손쉽게 조절이 가능하다.

⑯ 의자에 벨트가 부착되어 있어 안정적으로 운동을 할 수 있도록 돕는다.

2. 존재하는 다양한 운동이 운동격리(Isokinetic)보다 좋은 점

① 동심원(concentric)과 편심궤도 작업(eccentric work)을 한다.

② 낮은 충격을 위한 가속/감속(accelerating/decelerating) 움직임이 가능하다.

③ 근육활동 시 움직임의 되돌아오는 점(turning point)이 가능하다.

④ 다양한 운동(variable resistance exercises)이론을 동적(dynamic)하게 적용할 수 있다.

⑤ 모든 관절 각도의 올바른 하중을 제공한다.

⑥ 낮은 힘과 함께 최상의(상등) 근육활동이 가능하다.

⑦ 낮은 속도에서 낮은 힘이 가능하다.

⑧ 다양한 속도로 운동이 가능하다.

⑨ 짧은 스트레칭 사이클(stretch shorten cycle) 사용을 허용한다.

3. 증상 및 적용

대부분 사소한 외상에 의하여 발생하고, 증세가 급격히 발생하였다가 6주 이내에 80[%]에서 자연적으로 좋아진다. 여러 가지 원인이 있는데 가장 흔한 원인은 근육이상이다. 신경이 눌려서 발생하는 통증과의 감별이 가장 중요한데, 감각이상, 운동신경이상 등의 신경학적 증상이 동반되지 않는다는 점과 통증이 종아리 이하로 내려가지 않는다는 점이 중요한 감별점이다.

4. 요통의 원인

가장 흔한 것이 근육, 인대의 이상이다. 이것은 근육의 긴장, 근육의 염좌, 근육의 구축 또는 위약 등으로 인하여 요통이 발생하고 악화되며 재발하게 된다. 기타의 원인으로 추간판 원인,

후관절 원인, 척추골 원인의 경우가 있다.

① 추간판탈출증(herniated lumbar disc) 흔히 디스크라고 하는 것이다. 주로 30대에서 50대 사이의 젊은 나이에 잘 걸리고 무거운 물건을 들거나 몸을 뒤튼 후에 잘 걸린다. 척추 사이에서 충격을 완화시켜 주는 추간판(디스크)이 손상을 입어 증상을 나타내게 된다. 몸을 앞으로 숙이거나 기침, 재채기할 때 증상이 심해지고 누워서 있으면 증상이 소실된다. 검사상 하지 직거상 검사에서 통증과 제한을 보이고 몸이 한쪽으로 기울기도 한다. 이환된 요추신경·근이 담당하는 부위의 감각이상 및 근육의 근력약화가 나타날 수 있다.

② 척추협착증(spinal stenosis)은 신경다발이 지나가는 척추공의 공간이 좁아져서 신경섬유를 압박하여 증상이 나타나게 된다. 증상은 주로 보행 시 나타나며 통증이 생기게 되면 쪼그리고 앉아서 허리를 굽히게 되면 증상이 완화되는 신경성 파행을 보이게 된다.

③ 척추골 전방전위증(spondylolisthesis)은 척추체가 앞쪽으로 미끄러지게 되어 아래 척추신경·근을 압박하게 되어 증상을 나타나게 된다. 이때는 방사선 검사를 통해서 진단을 하게 되며 척추를 움직일 때 통증을 유발하게 된다.

④ 척추후관절 증후군은 척추의 운동을 가능하게 하는 관절이다. 여기에 변성이 생기게 되어 관절 연골의 손상이 생기면 요통을 유발하게 된다. 이때의 증상은 대부분 허리부위의 통증, 대퇴부나 무릎까지의 연관통이 생기게 된다. 요추의 전만이 감소하고 척추관절 운동범위의 감소가 나타나며, 병변이 있는 척추후관절 부위의 압통이 나타난다.

⑤ 천장관절 증후군(sacroiliac joint)이 나이가 들면서 관절 연골면이 섬유화되어 관절기능 장애가 생기게 되면 주위근육의 지속적인 수축이 생기게 되고 이로 인해 통증이 생기게 된다. 이때의 증상은 허리부위의 통증과 사타구니, 대퇴부의 뒤쪽, 발목까지 뻗치는 연관통이 생기게 된다.

⑥ 근막통 증후군(myofascial pain syndrome)은 이완된 근육의 통증 및 압통을 보이며 각 근육마다 특정한 부위로의 연관통이 나타나게 된다.

⑦ 대둔근 증후군은 대둔근(gluteus maximus)의 동통 및 압통을 보이며 연관통은 대퇴부 후방에 생기게 된다.

⑧ 중둔근 증후군은 중둔근(gluteus medius)에 동통, 압통이 생기고 연관통은 대퇴부 뒤쪽으로부터 장딴지를 지나 족관절까지 느껴지게 된다.

⑨ 요부 방형근 증후군은 요부 방형근(quadratus lumborum)에 동통과 압통이 생기고 대퇴부 뒤로 오금까지 연관통이 생기게 된다.

⑩ 이상근(piriformis) 증후군은 다리가 고정되어 있는 상태에서 비틀리게 될 때 잘 생기게 되며 통증은 직장이나 질의 깊숙한 부분에서 느껴지게 된다. 연관통은 대퇴의 뒤쪽을 지나 무릎, 발목까지 뻗치게 된다.

⑪ 대퇴 근막장근 증후군은 대퇴 근막장근(tensor fascia lata)을 따라 대퇴부 외측에서 통증이 발생되어 하퇴부의 외측까지 방사통이 생기게 된다.

⑫ 슬건근(hamstring) 증후군은 엉덩이 뒤에서 무릎 뒤로 가는 근육으로 이곳의 통증이 생기게 된다.

5. 신경성 원인

신경에 이상이 발생하거나 종양이 발생한 경우이며 특히 야간에 통증이 심한 특징이 있다.

6. 내장기성 원인

복강 내의 장기나 후복강 내에 종양이 있는 경우 발생하며, 척추에서 기인하는 통증과는 달리 활동에 의하여 통증이 증가되고, 안정에 의해 통증이 경감되지 않는 것이 특징이다.

7. 혈관성 원인

대동맥이나 말초혈관에 혈액순환이 되지 않는 경우 좌골신경통과 유사한 증세가 발생할 수 있다. 이러한 경우는 신경통증과 달리 운동을 하지 않는 것만으로도 통증이 좋아지는 특징이 있다.

8. 심인성 원인

실제로 허리에 병이 없으나 정신적 불안감, 우울증에 의하여 통증이 발생할 수 있다.

28 운동부하검사기

운동부하검사(GXT)는 트레드밀 위에서 걷거나 달리면서 심전도(EKG)와 호흡가스(산소와 이산화탄소의 농도)를 측정하는 정밀검사로 운동 중 발생할 수 있는 심폐기능의 위험정도를 예측하고 심장의 운동능력과 폐환기능력, 에너지 소비량, 최대 산소섭취량 등을 다양한 심폐기능 관련 항목들을 평가하고, 개인의 심폐능력에 따른 운동처방을 제공하기 위한 검사이다.

또한, 순환기내과 또는 건강검진센터 등에서 사용하는 심장검사 장비로 부정맥, 심근경맥

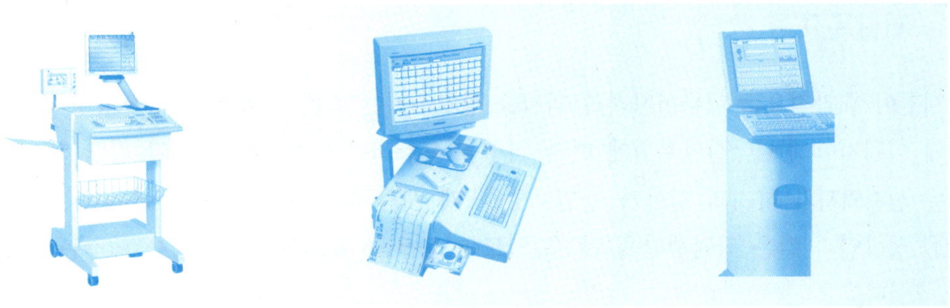

그림 1-90 • 운동부하검사기

등을 분석하여 심장에 관련된 질환 등을 찾아내고 조기 예방하는데 사용하는 검사장비이다(그림 1-90).

트레드밀 또는 에르고미터 등을 이용하여 심장에 인위적 부하를 가해 발생하는 각종 부정맥과 이상유무를 진단하는 장비로 관상동맥질환을 진단하기 위한 예비검사, 심폐기능의 재활에 사용한다.

운동부하검사는 환자의 가슴에 전극을 부착한 후 런닝머신 벨트 위에서 단계적으로 운동의 강도를 올려 운동 중 심전도, 혈압, 맥박 등의 변화를 관찰하는 검사로 협심증 및 부정맥 등의 심혈관질환을 예측 및 확진하는 데 결정적인 자료를 제공하는 검사이다.

완전 자동화된 운동부하 분석 프로그램을 내장(QTD ispersion)하며, HIS와 통합용 표준 프로토콜로 데이터 전송, EMR 연동이 가능하다. 시스템 운영이 간편하며, 호흡가스 대사분석기와 호환, 일부 항목 데이터 공유도 가능하다. 호흡가스 대사분석기, 자동혈압계, 트레드밀, 에르고미터(로링머신)와 함께 운동부하 심폐기능측정 시스템에 구성되기도 한다.

29 의 지

의지(artificial limb)는 인체부위 중 사지의 일부를 사고, 질병 또는 선천성 기형 등의 원인으로 절단되었을 때 손실된 지체의 기능이나 외관을 보조하는 기구이다. 절단은 선천적인 경우도 있으나, 대부분 후천적 요인이고 외상으로 수술에 의한 절단과 질병으로 인한 동맥경화, 당뇨로 인한 합병증으로 주로 혈액순환장애에 의한 것이 많다.

1. 재활목표

재활이 효과적으로 이루어지려면 의지를 장착시키는 것뿐 아니라 심리적인 상처의 치유가 함께 이뤄져야 한다. 절단부위에 따라 의지를 분류하는데 상지의 일부가 절단될 경우 사용되는 상지의지와 하지의 일부가 절단되었을 때 사용되는 하지의지로 구분된다.

① 정상인과 같은 직업생활을 할 수 있도록 정신적 · 육체적으로 안정을 되찾는 데 의의가 있다.

② 장기간 전문가와 함께 반복된 재활훈련을 통해 아픔을 극복할 수 있다.

③ 최근에는 장애인에게 필요한 보장구의 의료보험 확대실시로 최소한의 도움이 되고 있다.

2. 절단의 정의 및 절단수술 시 고려사항

(1) 절 단

질병이나 사고로 인하여 신체의 사지, 즉 상지(팔)와 하지(다리)의 일부 또는 전부를 잘라내는 것을 포괄적으로 일컫는다. 이 중 뼈를 직접 잘라내는 것을 절단(amputation)이라고 한다. 뼈와 뼈가 이루는 관절에서 뼈를 서로 분리하는 것을 이단(disarticulation)이라고 하며, 절단수술 후 절단되고 남은 사지를 절단단(stump)이라고 한다.

(2) 절단수술 시 고려사항

절단수술 시에는 절단부위의 길이 및 절단 후 절단단의 모양, 성별, 일상생활의 활동수준 등 많은 조건들을 고려하여야 한다. 특히 상지(팔)절단에는 기능과 외관 등을 하지(다리)절단에서는 균형잡기, 서있기, 걷기 등을 주로 고려해야 한다.

3. 합병증

절단된 후 절단되고 없어진 신체부위에서 통증을 느끼는 환상통(phantom pain), 수술 후 관절을 오랫동안 움직이지 않아 그 관절에서 움직이는 범위가 감소되어 더 이상 움직이지 않고 고정되어 버리는 관절구축(joint contracture)이 있다. 이 밖에도 절단수술 부위에 궤양(vlcer)이 형성되거나, 절단된 신경부위가 부분적으로 커진 신경종(neuroma) 그리고 국소적인 통증 등이 발생한다.

30 상지의지

절단부위를 대치해주는 상지의지의 종류로서 **견갑흉곽간 절단의수, 견의수, 상완의수, 주의수, 전완의수, 수의수, 수지의수** 등이 있다. 기능면에서 분류하면 외관을 제1차적으로 한 장식용의수, 외관은 2차적이지만 농경 등 작업을 위한 작업용 손끝을 지닌 **작업용 의수**, 주로 상지대의 운동을 케이블에 전해 손끝용구의 개폐 등을 제어하는 **능동의수, 근전, 유압 등을 동력원으로 사용하는 동력의수** 등이 있다.

1. 소 켓

스텀프(stump) 또는 **잔여 지체를 덮는 의지의 한 부분**이다. **소켓**(socket)은 스텀프를 끼우고 상부관절을 움직여 의지가 동작하게 되며 **소켓과 스텀프는 일치**되도록 잘 맞아야 한다(그림 1-91).

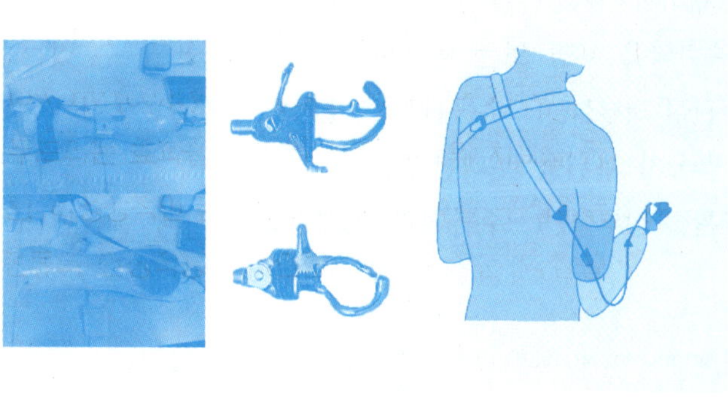

그림 1-91 • 상지의지의 구조

그러나 손목부위는 소켓에 절단단을 넣기가 다소 어려운 점이 있다. 소켓이 헐거우면 스텀프와 소켓 사이에 불필요한 동작이 일어나게 되고, 반대로 너무 꼭 끼우게 되면 혈액순환장애, 통증 등이 유발될 수 있다. 또한 **어느 부분에 집중적인 압박을 받지 않도록 해야 한다.** 따라서 **최적의 소켓 상태가 되려면 안정성**이 있어야 하며 의지를 움직이는 데 불편함이 없어야 한다.

2. 멜빵과 케이블

멜빵은 소켓과 더불어 상지의지를 스텀프에 매달려 있게 하는 **현수기능과 멜빵에 연결된 케**

이블을 작동시켜 의수(인공적인 손)를 여닫는 조절기능이 있다. 따라서 이들의 역학적 기능을 알고 있어야 한다.

(1) 상지의지의 구분

상지의지는 절단부위에 따라 전완의지, 상완의지, 주관절의지, 완관절의지, 수지, 수족의지 등으로 나눠진다. 상지의지는 구동여하 및 구동방식에 따라 미관을 위해서만 착용하는 미용의수, 어깨의 근육으로 구동하는 반자동의수 및 전동모터로 손목, 손가락개폐 또는 주관절을 구동하는 전동의수로 나눌 수 있다.

반자동으로 구동하는 상지의지는 관절의 회전 및 손의 개폐를 하는 멜빵과 케이블, 관절, 의수 및 절단부와 의지를 연결하는 소켓으로 구성된다.

(2) 상지절단

상지는 절단부위에 따라 그림 1-92와 같이 분류한다.

① 손가락(수지)절단 : 손가락 부분을 절단한 것이다.

② 수근관절(손목)이단 : 수근관절 부위절단이 전완의 회외(손바닥을 전방 또는 위로하는 운동), 회내(손바닥을 후방 또는 아래로 하는 운동)를 할 수 있는 기능이 남아 있다.

③ 전완절단(주관절 하부절단) : 손목관절과 팔꿈치(주관절) 사이를 절단한다.

④ 주관절단 : 팔꿈치 부위를 분리한다.

⑤ 상완절단(주관절 상부절단) : 주관절과 어깨관절 사이의 절단이다.

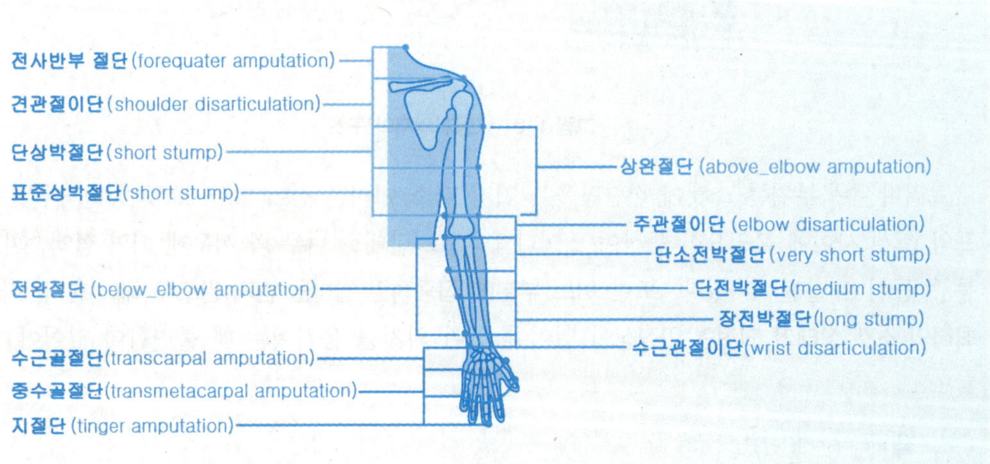

그림 1-92 • 상지의 절단부위에 따른 분류

⑥ 견관절(어깨)이단 : 주관절의 분리이다.
⑦ 전사반부절단 : 견갑골과 쇄골부분을 제거한 경우이다.

(3) 전완의지의 역학적 원리

전완의지(below elbow prosthesis)를 조절하기 위해서는 스테인리스로 된 한 개의 케이블을 사용하는데 케이블의 한쪽은 멜빵에 부착하고 다른 한쪽은 의수에 부착한다. 의수는 절단측 어깨를 사용해 케이블을 조절하여 움직이며, 케이블의 장력은 의수의 모지나 작동 레버에 연결되어 잡아당기면 열리고 늦추면 닫히게 된다. 후크를 사용할 때의 여닫는 힘은 후크 기저부에 있는 고무 밴드의 장력과 수량에 따라 달라진다.

케이블은 이 하우징을 통과하고 크로스바 어셈블리를 경유하여 트라이셉스 패드(triceps pad)에 부착되며 플레이트(plate)와 리테이너(reteiner)는 케이블 하우징을 전완(팔꿈치와 손목 사이)의 중간쯤에 고정시킨다.

또한 그림 1-93의 수동형 전완의지는 미관을 목적으로 사용하고 의지의 기능은 없고 구조는 간단하고 가볍다.

그림 1-94는 절단부위의 근력을 인공센서가 감지하여 손가락에 전달하므로 정상인처럼 손가락을 움직일 수 있음을 나타낸다.

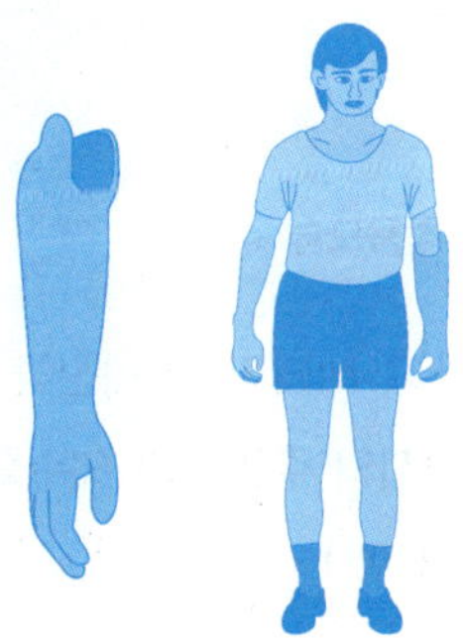

그림 1-93 • 전완의지(수동형 의지)

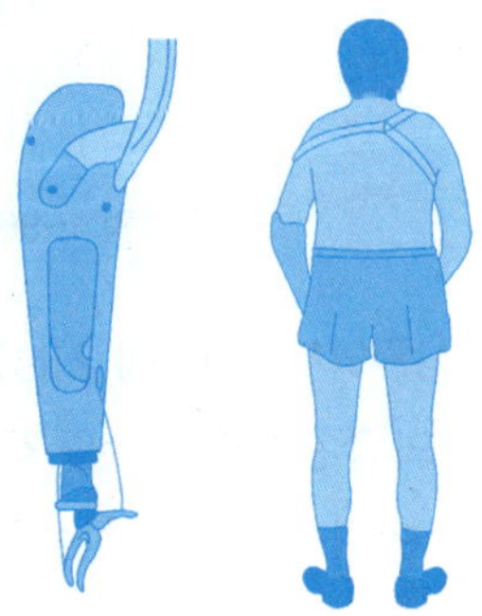

그림 1-94 • 전완의지(기능형 의지)

(4) 상완의지의 역학적 원리

상완의지는 두 개의 분리된 케이블에 의해 조작된다. 한 케이블은 의지의 주관절굴곡과 의수를 조작하기 위한 것이고, 다른 케이블은 의지의 주관절을 잠그고 풀 때 사용하기 위한 것이다. 일반적인 상완의지(above elbow or transhumeral prosthesis)는 어깨관절부터 위팔뼈 길이가 30~90[%] 사이에서 절단된 경우 사용한다(그림 1-95).

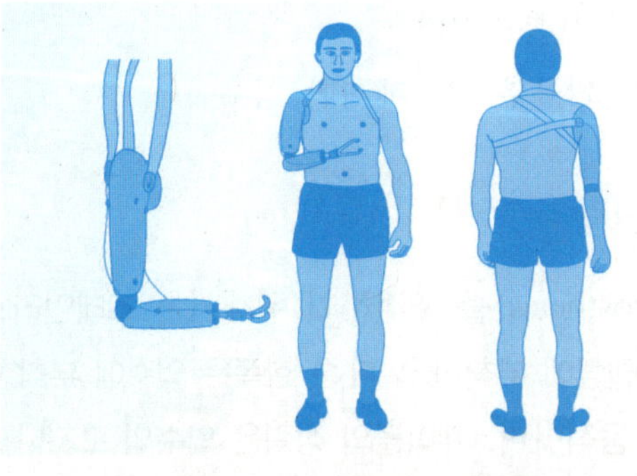

그림 1-95 • 상완의지 착용모습

① 수동형 상완의지 : 미관을 목적으로 사용하고 의지의 기능은 없다. 또한 구조가 간단하고 가볍다(그림 1-96).

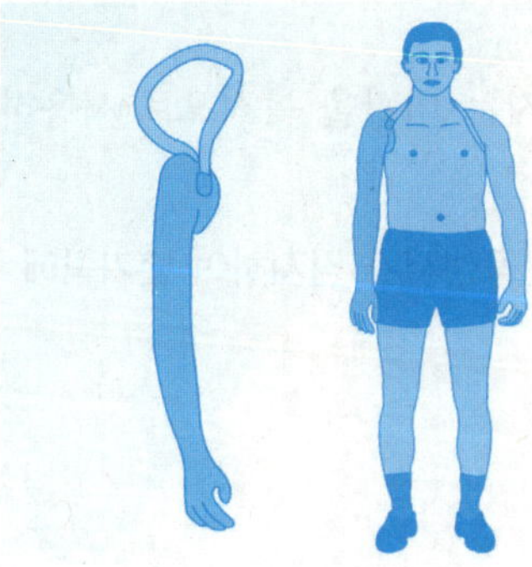

그림 1-96 • 상완의지(수동형) 착용모습

② 외부동력형 상완의지 : 미관과 기능을 목적으로 사용하고 배터리, 미세전극 스위치, 전동 모터에 의해 의지의 주관절과 의수를 작동시킨다. 또한 의지의 주관절과 의수를 동시에 조절하기 위한 훈련이 어려우며, 길이는 길어야 한다(그림 1-97).

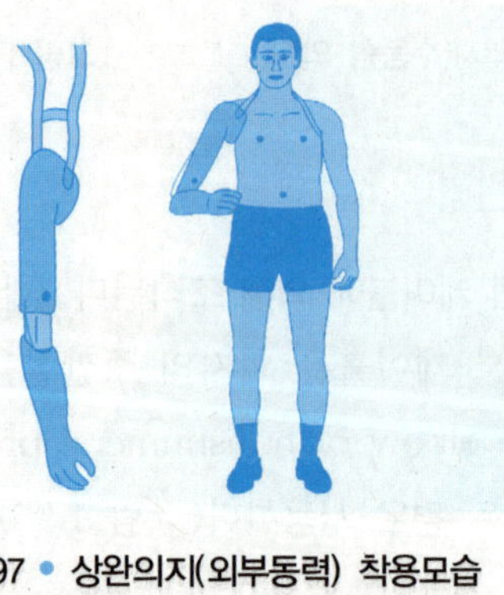

그림 1-97 • 상완의지(외부동력) 착용모습

③ 의지의 주관절굴곡 및 의수조절용 케이블 : 의수조절용 케이블이 통과하는 하우징은 둘로 분리되어 있다. 근위부는 의지의 상완부 전면에 부착되고 원위부는 전완부에 부착된다. 이 케이블은 멜빵의 케이블 조절끈에서 시작하여 근위부의 하우징을 통과하여 의지의 주관절을 지나 원위부의 하우징을 경유하여 의수에 부착된다.

④ 의수조절용 케이블 : 의지의 주관절 축을 전면으로 통과하기 때문에 케이블에 가해진 장력은 분리된 케이블 하우징에 걸려 의지의 주관절을 굴곡시키게 된다. 의지의 주관절의 신전은 두 케이블 하우징 사이의 공간에 의해서 제한된다. 절단자는 팔꿈치관절의 결합부속(elbow flexion attachment)으로 의지의 주관절과 의수를 쉽게 조작할 수 있다. 결합부속을 의지의 주관절축에 가까이 놓으면 힘을 크게 얻을 수 있지만 케이블의 움직임은 적어지고, 반대로 주관절축에서 멀리 놓으면 케이블의 움직임은 커지지만 힘은 약해지게 된다. 일반적으로 스텀프가 길면 결합부속을 의지의 주관절축에 가깝게 놓고 스텀프가 짧으면 멀리 놓는다. 주관절축에서 원위부로 3[cm]가 가장 적당하지만 환자의 상태에 따라서 그 위치를 다르게 할 수 있다.

⑤ 의지의 주관절을 잠그고 푸는 케이블 : 상완절단의 의수는 우선적으로 팔꿈치관절이 없으므로 이를 대신하는 의지 팔꿈치관절인 주관절장치가 필수적으로 사용되어야 한다.

⑥ 의수조절용 케이블 : 전방 현수끈에서 시작되며 의지의 전내측면을 따라 내려오고 케이블의 원위단은 의지의 주관절의 자물쇠 역할을 하게 된다. 이 자물쇠는 케이블을 당길 경우 원하는 각도에서는 잠금상태가 되며, 한 번 더 당겨주면 풀리게 된다.

⑦ 상완의지에 사용되는 두 케이블의 동작 : 의지의 주관절굴곡 및 의수조절 케이블에 가해진 장력은 의지의 주관절굴곡을 촉진시킨다. 의지의 주관절을 요구하는 각도로 유지하려면 주관절을 잠그기 위한 케이블을 당겼다 놓으면 의지의 주관절이 잠기게 된다. 의지의 주관절을 잠그고 다시 의지의 주관절굴곡 및 의수조절 케이블을 당기면 의수를 조작할 수 있다.

(5) 견갑의지

견갑의지(shoulder disarticulation prosthesis)의 관절역할을 하는 것을 유닛(unit)이라고 하며 각 관절부위에 따라 손목유닛, 팔꿈치유닛, 어깨유닛이라고 한다(그림 1-98).

① 손목유닛 : 손목유닛의 기능은 의수를 의지의 전완에 부착하고 용도에 따라 의수를 교환할 수 있으며 의수를 임의로 회전시켜 전완의 회외와 회내의 동작을 할 수 있으며, 상완절단자는 전완의 소실로 의지를 착용해도 회외와 회내의 동작을 할 수 없으며, 전완절단자라고 하더라도 절단부에 따라 어느 정도의 회외와 회내의 운동제한이 있게 마련이다. 따라서 손목유닛은 전완의 회외와 회내의 부족한 부분을 보조해주는 역할을 하게 된다.

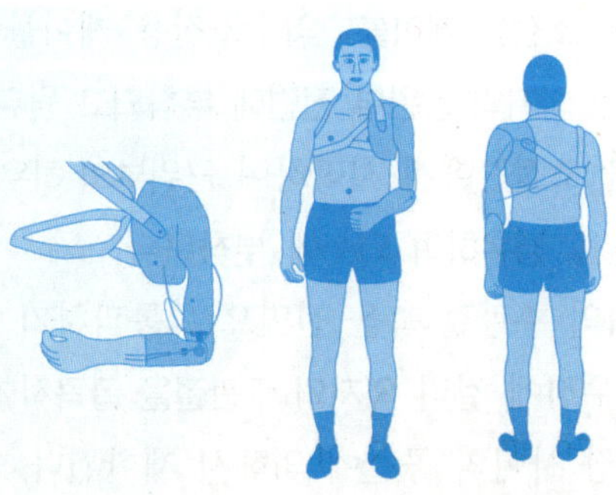

그림 1-98 • 견갑의지 착용모습

② 팔꿈치유닛 : 상완절단장애인은 우선적으로 팔꿈치관절이 없으므로 이를 대신하는 의지 팔꿈치관절인 주관절장치가 필수적으로 사용되어야 한다. 전완전달자에 대한 팔꿈치유닛(전완의지)에는 유연 힌지와 까다로운 힌지가 있다.

㉠ 유연 힌지(flexible hinge)는 유연한 금속이나 천, 가죽 등으로 되어 있으며 상완에 있는 삼두근 패드(triceps pad)에 부착되어 전완에 연결되어 의지를 더 견고하게 현수되도록 하며, 소켓을 고정시켜 줌으로써 결여된 전완의 회외와 회내 운동을 도와주는 역할을 한다.

㉡ 까다로운 힌지(rigid hinge)는 금속으로 된 지주에 관절축을 연결하고 전완과 상완의 패드에 연결하여 주관절을 능동적으로 사용할 때 잔여 스텀프와 소켓 사이의 회전성과 안정성을 높여주기 위한 것으로 관절축에 따라 단일 축 힌지(single axis hinge)와 다동원체 힌지(polycentric hinge)로 나뉜다.

③ 상완절단자에 대한 팔꿈치유닛 : 인체의 주관절에 대한 기능손실은 기계적으로 주관절의 정상 운동범위인 135[°]를 굴신할 수 있어야 되며 어느 각도에서든지 잠그고 풀 수 있어야 한다.

④ 어깨유닛 : 견관절이단이나 전사박절단 시에는 의지의 어깨유닛이 필요하며 식사를 할 때나 옷을 입을 때 또는 글씨를 쓸 때와 같은 일상생활을 할 때 수동적으로 움직여 기능상 도움을 줄 수는 있다. 의지의 견관절은 축에 따라 단일축, 이중축, 삼두축, 볼 및 소켓축이 이용되며, 단일축은 견관절의 외전, 이중축(double axis)은 견관절의 굴곡과 외전, 삼두축(triple axis)과 볼 및 소켓축(ball and socket axis)은 여러 방향으로 움직일 수 있다.

⑤ 후크(hook) : 이전부터 사용되어 온 대표적인 기능적 의수의 하나이다. 자발적인 폐쇄형 후크와 자발적인 개방형 후크가 있다. 자발적인 개방형(voluntary opening) 후크는 닫혀 있는 후크를 수의적으로 케이블을 잡아당겨 후크를 열어 사용하는 것이고, 자발적인 폐쇄형(voluntary closing) 후크는 열려 있는 후크를 수의적으로 케이블을 잡아당겨 후크가 닫히도록 하여 사용하는 것이다.

⑥ 핸드(hand) : 외관적 특성을 보완하면서 기능을 유지하는 의수로써 손등쪽에 위치한 케이블에 의해 작동된다. 핸드에는 수의폐쇄적 핸드와 수의개방적 핸드가 있다. 핸드의 특징은 다음과 같다.

모든 핸드는 전완의지에 맞는 1.3~50[cm]의 스터드를 갖고 있다. 따라서 모든 의수는 교환하여 사용할 수 있다. 쥐는 것과 잡는 것에 대한 손가락의 기본동작은 손바닥 기능(palmar prehension)으로 잡는다. 핸드의 사이즈는 정상측 손의 중수지 관절 둘레를 측정하여 결정한다. 모든 의수는 미관용 장갑을 끼울 수 있다.

(6) 주관절의지

어깨관절부터 위팔뼈 길이가 90[%] 이상 남았거나 또는 팔꿈치관절이 절단된 경우에 사용한다.

① 수동형 주관절의지 : 기능보다 미관을 목적으로 사용하고 의지의 기능은 없으며 구조가 간단하고 가볍다(그림 1-99).

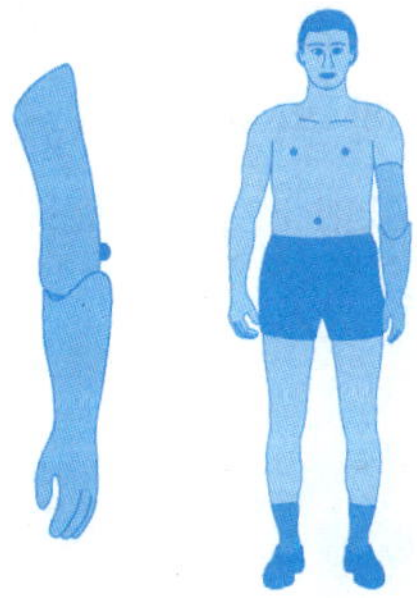

그림 1-99 • 주관절의지(수동형) 착용모습

② 신체조절형 주관절의지 : 인체(견갑대)의 움직임을 이용, 케이블을 조작하여 의수를 작동시킨다. 능동적으로 의수를 자유롭게 작동시킬 수 있다(그림 1-100).

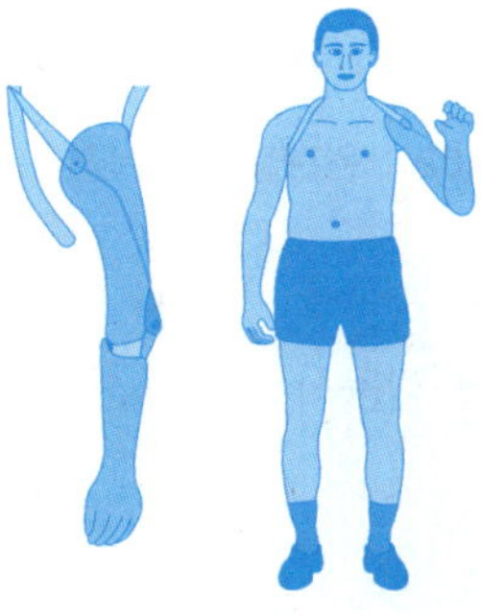

그림 1-100 • 주관절의지(신체조절형) 착용모습

③ **기능형+ 전동형 주관절의지** : 최대한의 기능적인 의지를 위해 신체의 움직임에 의한 케이블의 조작과 의지에 부착된 배터리에 의해서 의지를 작동시킨다(그림 1-101).

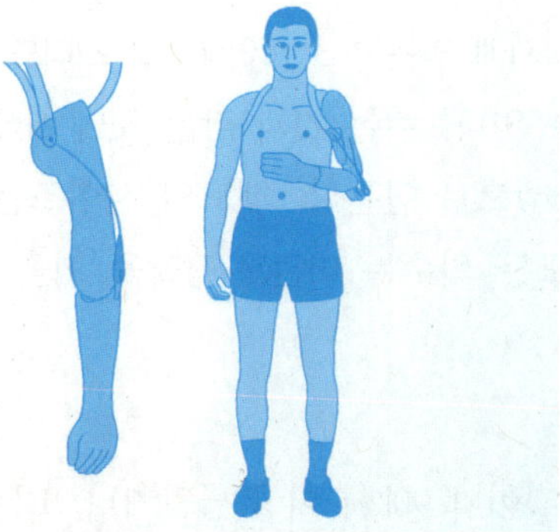

그림 1-101 • 주관절의지(기능형+전동형) 착용모습

(7) 완관절의지

손 전부가 상실되고 손목관절면만 남은 경우에 사용된다. 절단된 나머지 부위가 비교적 다른 부위의 절단 환자에 비해 길기 때문에 의지착용이 원활하다.

① **수동형 완관절의지**(wirst disarticulation prosthesis) : 미관을 목적으로 사용되나 의지의 기능은 없다(그림 1-102).

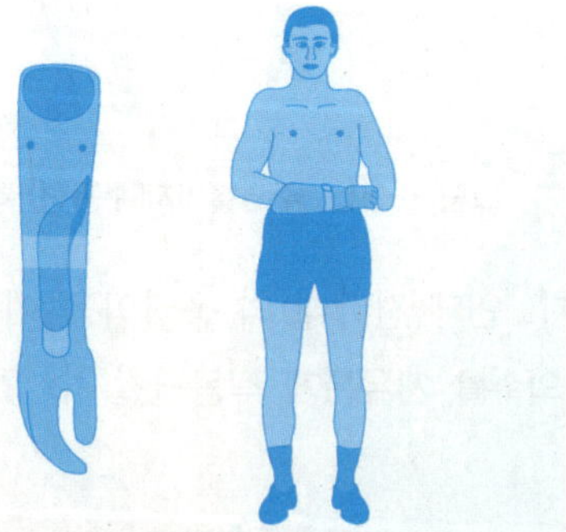

그림 1-102 • 완관절의지(수동형) 착용모습

② **신체조절형 완관절의지** : 인체의 동작을 미관과 기능을 목적으로 사용 인체의 움직임을 이용, 케이블을 조작하여 의수를 작동시킨다. 능동적으로 의수를 자유롭게 작동시킬 수 있다(그림 1-103).

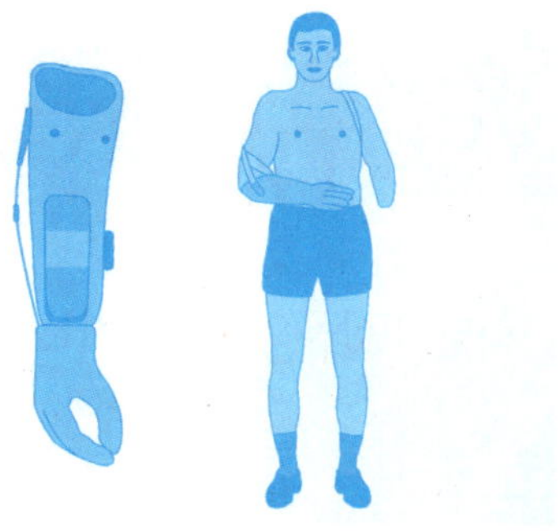

그림 1-103 • 완관절의지(신체조절형) 착용모습

③ **외부동력형 완관절의지** : 미관과 기능을 목적으로 사용하며 배터리, 미세전극 스위치, 전동 모터에 의해 의수를 작동시킨다(그림 1-104).

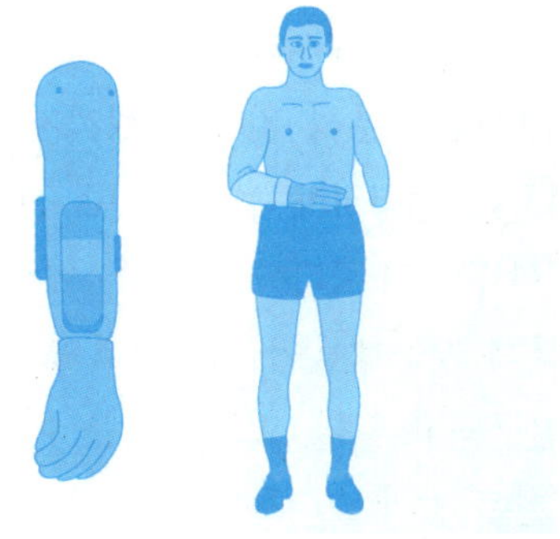

그림 1-104 • 완관절의지(외부동력형) 착용모습

(8) 수부의지 · 수지의지

수부의지는 손목뼈, 손바닥뼈 이하의 일부 또는 전체가 기능을 못하는 경우에 사용하는 의지이고, 수지의지는 엄지손가락, 기타 손가락의 근위지골 이하가 기능을 못하는 의지로 미관을 위해서 사용하고 손을 자유자재로 움직이기에는 곤란하다(그림 1-105).

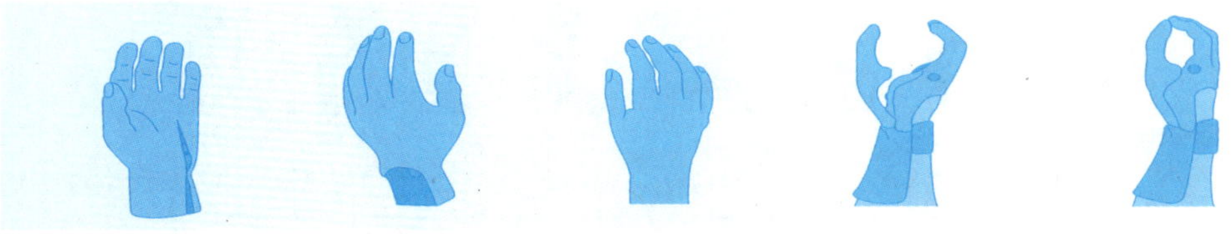

(a) 수지의지 (b) 수부의지

그림 1-105 • 수지 · 수부의지

31 하지의지

하지의지는 의족이라고도 하며, 일상용으로 사용하는 상용 의수 · 의족과 작업용 의수 · 의족으로 나누어진다.

1. 정상보행

걸음은 인간이 활동하는 데 있어 가장 본질적인 행동이며, 이 행위를 체계적으로 연구하는 학문을 보행분석(gait analysis)이라 한다. 보행분석은 신체의 이동체계(locomotion system)를 침범하는 질환의 의학적 진단과 치료에 도움이 된다. 보행분석은 19세기 중반부터 체계적인 연구가 시작되었으며, 컴퓨터, 전자기술, 센서의 개발로 인하여 초기의 시술적인 연구로부터 더 다양한 측정방법을 통해 수학적인 분석 및 모델링까지 꾸준히 발전하여 왔다.

최근 들어 물리치료, 생명공학, 정형외과, 류마티스학, 신경과학, 재활의학, 스포츠과학 같은 전문분야에서 임상적 이용에 관한 관심이 증가하고 있다. 이같이 다양한 분야에 보행분석이 이용되며 그 분야에 맞는 보행분석 시스템들이 개발되고 있으며, 정확한 자료를 얻기 위한 방법들이 많은 사람들에 의해 연구되고 있다. 보행특성을 이해하는 데 가장 기본적인 보행주기는 6단계이며 일반적으로 어느 한쪽 발의 발뒤축접지기에서 같은 발의 다음 번 발뒤축접지기까지의 기간이다(그림 1-106).

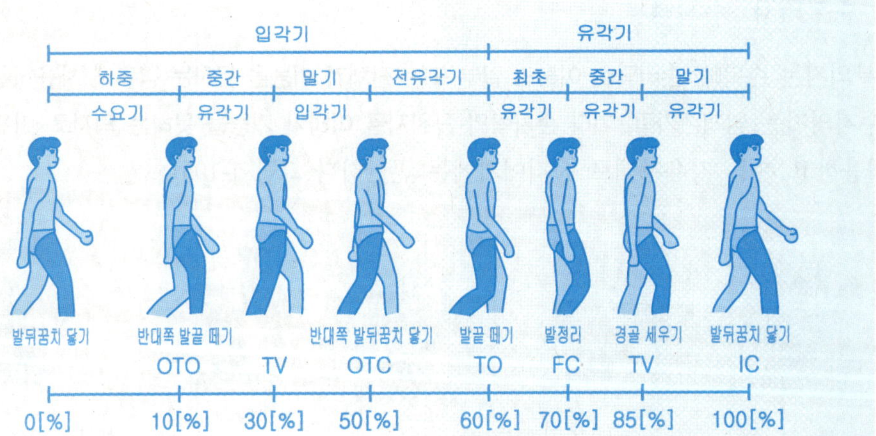

그림 1-106 • 보행주기

(1) 발뒤축접지기

발뒤축 충돌 또는 초기 접지라고 하며 체공 중에 있던 발이 지면에 접촉되는 순간이다.

(2) 바닥접지기

발바닥 닿기동작이 이루어진 후 신체의 무게 중심이 발바닥의 중심을 지나는 시기로 발목관절은 발등을 위쪽으로 끌어올리는 동작을 수행하는데 이는 발목의 잠금기능을 역수행하는 것으로 반대쪽 발에서는 중간유각기 동작이 발생한다.

(3) 중간입각기

반대측 발가락들림으로 시작하여 무게중심이 해당 발의 수직상부에 위치할 때 끝난다. 이 기간 동안의 무게중심은 지지기부 위에 위치한다.

(4) 발뒤축들림기

무게중심이 지지발의 수직상부에 위치할 때부터 반대발이 지면에 닿는 순간까지이며 지면에서 발뒤축이 떨어진다.

(5) 발가락들림기

발가락이 지면에서 떨어지는 순간이며, 유각기의 시작 또는 입각기의 끝을 뜻한다.

(6) 중간유각기

무릎관절 최대 굴곡으로부터 경골이 지면에 수직이 될 때까지의 기간이다. 걸음에서의 보행주기는 60~65[%]의 입각기와 35~40[%]의 유각기로 이루어지며, 두 번의 양하지지지기(양쪽 다리 전체의 부하를 버텨 주는 시기)와 두 번의 단하지지지기(무릎 아래 부분의 부하를 버텨 주는 시기)가 존재한다. 양하지지지기는 보행주기의 각 10[%] 정도를 차지하지만 보행속도가 증가하면 유각기는 비례적으로 더 길어지고 양하지지지기는 점점 짧아지게 된다. 양하지지지기가 사라지게 되면 걷기에서 달리기로 전환되었음을 의미한다.

2. 하지절단

하지절단은 상지보다 5배 정도 많으며 하지절단에서 가장 중요한 것은 스텀프(절단부위의 잔여부분)를 기립 및 보행 시 하중을 받게 하는 것이다. 하지의 절단부위에 따라 다음과 같이 분류 한다.

(1) 하지의 절단부위

족부절단, 발목관절 부위의 사임절단, 하퇴절단, 슬관절이단, 대퇴절단, 고관절이단, 장골·복부간 절단 등으로 나눈다. 하퇴절단은 가장 많이 시행되는 절단술로 남은 경골의 길이는 15[cm] 정도가 이상적이다. 대퇴절단은 가능한 한 길게 하지를 보존하는 것이 좋으나, 의지를 장착할 때 슬관절부가 차지하는 길이가 있으므로, 슬관절에서 약 10[cm] 상부에서 절단하는 것이 좋으나, 최소한 대전자부에서 5[cm] 이상 길이를 보존하여야 대퇴의지의 소켓을 장착할 수 있다. 소전자부에서 5[cm] 이내의 절단이나 고관절이단, 장골·복부간 절단 등은 한 쪽 다리 전체 또는 골반의 반이 절단되는 큰 수술로 이 부위의 악성 종양에 적응된다(그림 1-107).

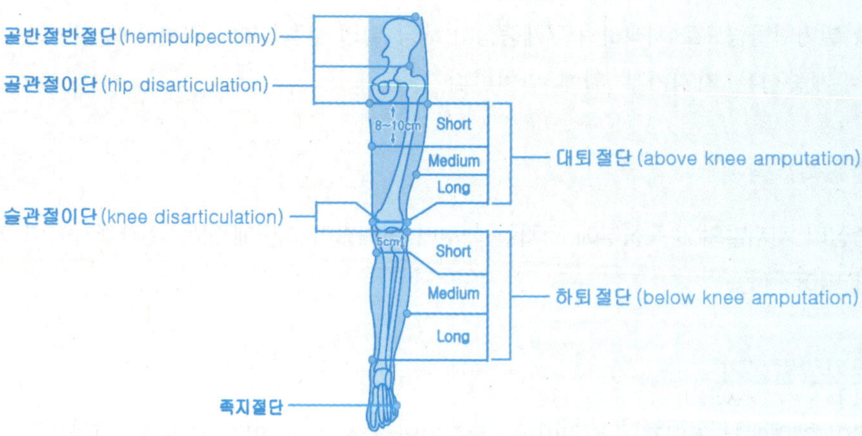

그림 1-107 • 하지의 절단부위에 따른 분류

① 족지절단 : 발가락절단이다.

② 중족골절단 : 중족골(발가락과 연결될 발등뼈)을 횡으로 절단한 경우로서 리스후랑 이단술이라고도 한다.

③ 쇼파르(chopart) 절단 : 거부 주상골(복숭아뼈 밑에 볼록 튀어 나온 뼈) 및 종골 입방골(발뒤꿈치뼈) 관절을 이단하여 거골(복숭아뼈)과 종골(발뒤축에 있는 뼈)만이 남는 절단이다.

④ 피로고프(pirogoff) 절단 : 종골과 발꿈치(heel pad)만 남겨두는 절단술로서 체중부하를 즉시 줄 수 있으며 의지 없이도 보행이 가능하다.

⑤ 사임(syme)절단 : 중족골의 원위부와 하퇴 1/3부 원위부 사이의 절단은 사임절단에 가장 좋다. 사임절단은 경골(정강이뼈)과 비골(종아리뼈)을 족관절보다 0.5[cm] 위에서 절단하고 발뒤꿈치의 단단한 피부로 경골단(정강이뼈 부분)을 덮는다. 그러므로 곧바로 체중부하를 줄일 수 있다.

⑥ 하퇴절단(슬관절 하부절단) : 사임절단보다 근위의 슬관부 하부절단을 하퇴절단이라고 하며 경골의 중간 1/3 부위와 상 1/3 부위에서 절단하는 것이 가장 이상적이다. 성인에게는 스텀프의 길이가 15[cm]정도는 되어야 한다.

⑦ 슬관절이단 : 슬관절에서 하퇴(종아리)를 절단한 수술이 슬관절이단이며 말단 체중부하가 가능하다.

⑧ 대퇴절단(슬관절 상부절단) : 슬관절 상부의 절단을 대퇴(넓적다리)절단이라고 하며 대퇴의 중간 1/3이 가장 이상적이며 적어도 슬관절에서 8~10[cm] 위쪽에서 시행하는 것이 좋다. 그렇게 하면 의지의 무릎장치를 설치할 수 있고 안정성을 갖게 된다. 스텀프가 너무 짧으면 의지의 소켓과 스텀프 사이가 불안정해져서 의지가 벗겨지기 쉽다.

⑨ 고관절이탈 : 대퇴골을 고관절(골반과 대퇴를 이어주는 관절)에서 완전히 제거하는 수술로서 대퇴근위부의 골육종(뼈에서 생기는 악성종양) 또는 연골육종(연골에 생기는 악성종양)과 같은 악성종양이 있을 때 시행한다. 가능한 한 대퇴골의 일부를 남겨두면 스텀프와 소켓 사이의 안정성을 취할 수 있어 좋다.

⑩ 골반절단 : 골반의 한쪽과 하지전체를 절단하는 수술이다.

(2) 의족보행

각 절단부위에 따라 개개인의 특성에 맞추어 의지를 장착하고 재활훈련을 거친 뒤 일상의 생활을 하게 된다(그림 1-108).

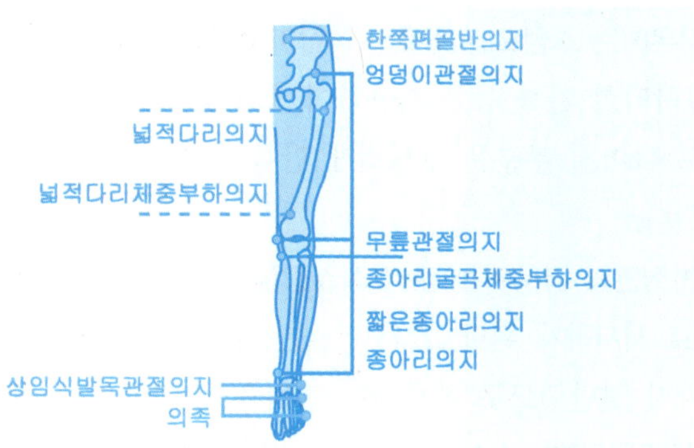

그림 1-108 • 하지의 부위에 따른 분류

절단자인 경우 보행에 필요한 신경, 근, 관절, 뼈가 결손되어 있기 때문에 이상적인 절단술을 시행하고, 기능이 뛰어난 의족을 장착하여도 정상보행에 비해 보행기능이 뒤떨어지는 것을 피할 수 없으며 절단부위가 높을수록 이런 경향은 커진다. 그리고 가장 눈에 띄는 것이 보행수의 감소이다. 정상적인 보행을 원활히 실현하는 복잡한 생체역학적 기능의 부분적인 결손은 반복보행의 결과 보행수의 감소를 초래한다.

① 슬관절과 족관절의 미묘한 상관관계가 결여되고 있는 의족하지에서는 체중중심의 움직임이 상대적으로 커지기 때문에 신체 에너지의 소비량도 자연스럽게 증가된다.

② 의족의 비정상적인 보행동작에는 회선보행(돌아서 걷는 것), 외전보행(다리를 저는 것), 내측편위(안쪽으로 휘어 양다리의 길이가 차이나는 것), 외측편위(바깥쪽으로 휘어 양다리의 길이가 차이나는 것), 의족회전(의족이 고정되어 있지 않고 돌아가는 것), 발돋움보행, 체간측굴(몸통이 옆으로 휘는 것), 요추천만증(허리등뼈가 마치 임산부처럼 앞으로 튀어나오며 구부러진 것) 등의 특징이 있다.

3. 의족의 기본구조

절단부위별로 고관절(골반과 대퇴를 이어주는 관절)의족, 대퇴(넓적다리)의족, 슬관절의족, 하퇴(종아리)의족 등으로 나누어진다. 기본적인 구조는 스텀프 전체를 감싸는 소켓, 현수장치, 외장, 각 관절기능의 보상을 목적으로 하는 관절장치, 족부로 이루어진다.

(1) 고관절의족

고관절이단의 외관은 소켓의 윗부분 높이를 제외하고는 유사한 모양을 가진다. 고관절 움직임이 소실되었기 때문에 의지고관절이 필요하다.

① 소켓 : 의족의 체중지지 중심은 좌골결절과 둔근부이다. 외상 등으로 둔부, 연부조직이 반흔화 되었을 경우에는 스텀프와 소켓의 적합이 어렵다. 외족착용으로 상처가 발생되기 쉽다. 이전에는 딱딱한 가죽 등을 사용하여 소켓을 제작하였으나, 현재에는 체중지지 부위는 견고하고 나머지 부분은 부드럽게 만들어진다. 골반 전체를 감싸주는 모양의 방식으로 제작된다.

또한 편측 골반절단의 경우에는 손상 좌골결정부가 결손되어 있기 때문에 흉곽하부에서 체중을 부분적으로 지지하게 된다. 그러나 골반절단 의지의 경우에는 체중을 지지할 좌골을 포함한 골반까지 절단되므로 체중지지 면적을 넓혀 주기 위해 늑골, 즉 갈비뼈가 올라가게 된다. 인체의 골격과 비슷한 파이프를 만들어 외부의 압박을 견뎌내고 부드러운 재료인 성형틀을 붙여 외관을 만든다.

② 고관절장치 : 고관절의족(hip disarticulation prosthesis)은 입각기에서의 안정성이 중요하며, 이 기능을 갖기 위하여 의족 전체 정렬성, 슬관절장치, 족부종류, 발뒤꿈치의 고무경도 등을 고려한 고관절구조를 선택하여야 한다(그림 1-109).

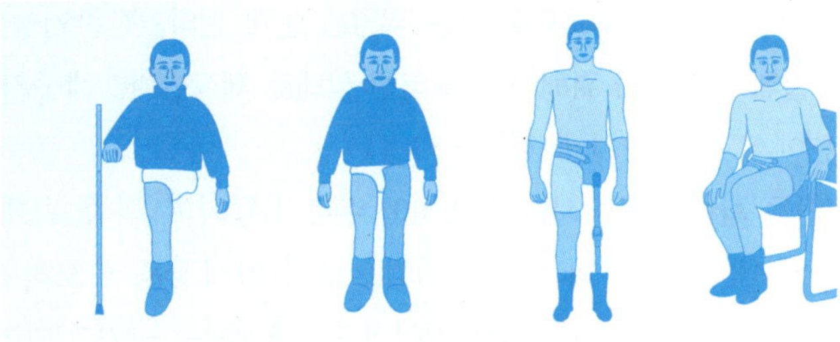

그림 1-109 • 고관절의족(골격식) 착용모습

캐나다식 고관절의족에 사용되는 고관절장치의 위치는 시상면에서 생리적 고관절축으로부터 45[°] 전하방으로 그은 연장선상에서 소켓과 접하는 지점이다. 이 위치에 고관절 위치를 설정하게 되면 생리학적인 고관절축과 슬관절축을 연결하는 궤적이 서 있는 자세와 앉아 있는 자세에서 같은 거리가 되기 때문에 안정성이 뛰어나며 효율적인 보행과 기립자세유지가 확실하게 된다.

③ 고관절의족의 용도 : 골반한쪽, 고관절(엉덩이관절), 다리 전체가 상실된 경우에 의지를 대용할 수 있고 고관절로부터 대퇴골(넓적다리뼈) 길이의 25[%] 이하를 남기고 다리가 상실된 경우에 사용 가능하다(그림 1-110).

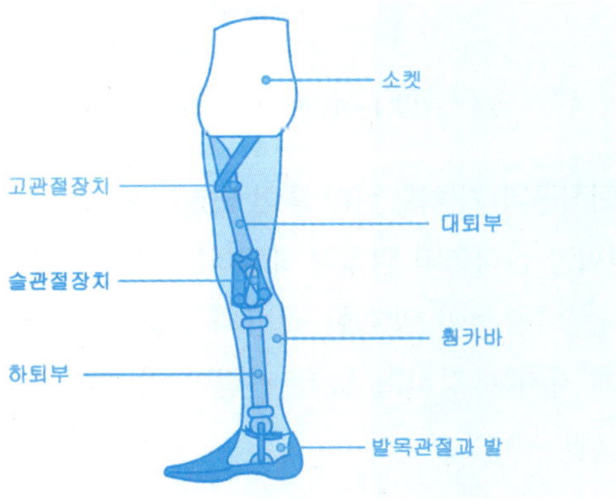

그림 1-110 • 고관절의족(골격식)의 내부구조

(2) 대퇴의족

대퇴의족(transfemoral prosthesis)은 무릎 상부 대퇴골에서 절단된 경우에 적용되는 의족이다.

① 소켓 : 체중을 지지하는 지점으로 골반의 좌골결절부위를 이용하며, 좌골결절은 우리가 바닥에 앉았을 때 닿는 부위로서 어떠한 자세에서도 절단환자를 안정시킬 수 있어야 한다. 원칙으로는 넓은 부위에 압력을 받게 함으로써 단위면적당 힘을 최소화하며 기능을 지닌 근육에는 기능을 저하시키지 않도록 적당한 홈을 만들어준다.

㉠ 신경과 혈관은 힘의 압박에 대해서도 많은 부담을 받게 된다. 잔존기능을 지닌 근육의 근력을 충분히 발휘하게 하기 위해서는 늘어진 상태로 제작한다. 체중지지는 가급적 수평에 가까운 면에서 이루어지게 한다.

㉡ 원추형 대퇴절단을 사변형의 장사방형 소켓이 주로 사용되며 의족 속에 넣을 때 둥근 스텀프(stump)가 네 구석에 확실히 들어감으로써 안정성을 확보하게 된다. 고관절(엉덩이관절)부터 대퇴골(넓적다리뼈) 길이의 25～80[%]를 남기고 다리가 상실된 경우 대퇴의족을 사용한다.

㉢ 신체의 골격과 유사해서 외부의 압박을 지지시키고 부드러운 재료의 성형 폼을 부착해서 외관형성과 자신이 필요한 종류의 슬관절장치를 다양하게 고를 수 있다.

㉣ 인체의 골구조와 비슷한 파이프로 외부하중을 부담하고 부드러운 재료의 성형폼을 부착하여 외관을 무릎회전장치와 가벼운 티타늄 금속을 사용한다(그림 1-111).

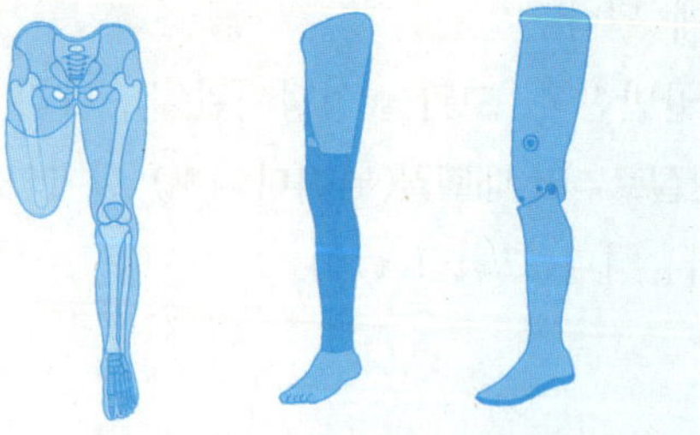

그림 1-111 • 대퇴의족 착용모습

㉤ 전벽외각 : 대퇴직근의 기능을 위한 홈이 만들어져 있고, 전벽내측은 서혜인대, 장내전근, 봉공근으로 감싸인 삼각형의 영역에 해당하는 곳에 적당한 힘으로 신경과 혈관을 압박한다. 체중지지는 하중선이 양호한 골반의 좌골결절에 의해 지지된다. 이에 대해 좌우 방향의 안정과 지지는 강하고 넓은 편평한 압력이 가해지는 대퇴외측의 외벽에 의해 이루어진다(그림 1-112).

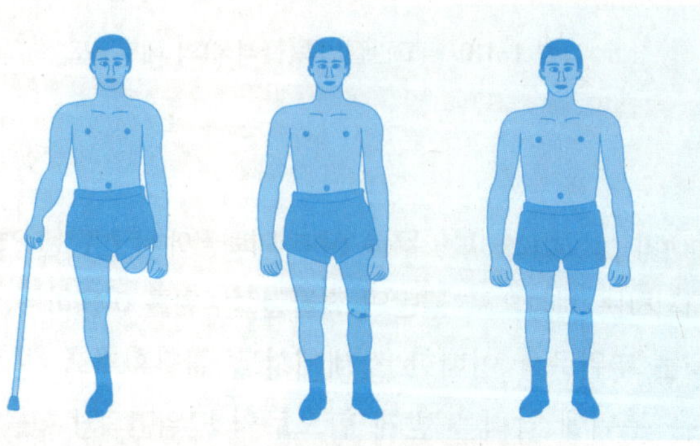

그림 1-112 • 대퇴의족 착용모습(1)

ⓑ 내측의 내전근군 : 넓고 강력하게 잡아당기는 작용을 하며 의족의 현수력을 보조한다. 소켓 외벽은 스텀프를 내전상태로 유지하도록 제작되는데 이를 초기 내전각이라 한다. 초기 내전각을 설정하는 이유는 중둔근을 약간 신장시킨 위치에 두어 의족지지 시 골반의 안정성을 증대시키기 위함이다. 이와 같은 이유에서 시상면에서 안정성을 증대하기 위해 고관절신근을 약간 신전하는 초기 굴곡각을 설정한다(그림 1-113).

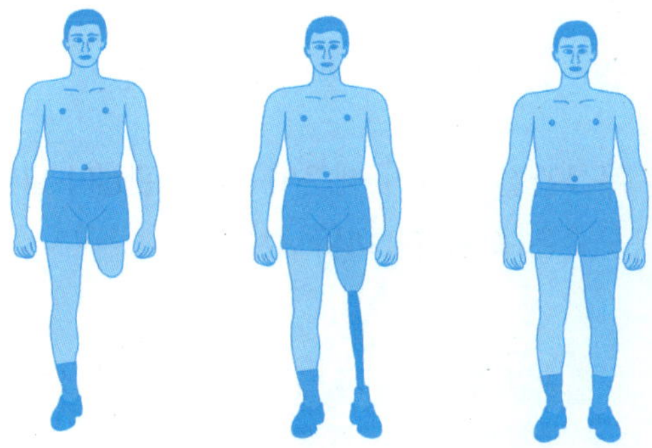

그림 1-113 • 대퇴의족 착용모습(2)

② 대퇴의족의 정렬 : 의족은 여러 구성품으로 제작되어 있다. 대퇴의족에서는 소켓, 대퇴부, 슬관절장치, 장딴지부, 복관절장치, 족부로 구성된다. 의족을 장착하고서도 정상인과 같은 보행을 재현시키는 것이 의족의 목적이기 때문에 각 구성요소를 사용목적에 적합하도록 조립하는 것이 필수적이다.

정렬은 의족이 제기능을 충분히 발휘할 수 있도록 하는 것으로, 부적절한 정렬은 걸음모양에 이상보행을 유발한다. 또한 에너지 소비량이 증가하여 의족착용자를 쉽게 피곤하게 한다.

③ 의족정렬의 종류에는 벤치정렬, 정적정렬, 동적정렬이 있다.

㉠ 벤치정렬(작업대정렬) : 스텀프의 상태에 맞춘 표준정렬이며, 작업대를 참고로 정렬하기 때문에 벤치정렬이라 한다. 일상생활에서 절단자가 신발을 신은 상태에서 의족의 정렬을 설정한다.

㉡ 정적정렬(양다리체중) : 의족을 절단자가 착용한 상태로 양다리에 균등한 체중을 주고 바로선 자세가 정적위치이다. 일반적으로 의족을 착용하면 즉시 정적정렬의 조정이 필요한데 스텀프가 소켓 속에 바르게 장착되어 있지 않으면 바른 정렬을 얻기가 곤란하다. 그러므로 의족이 올바르게 장착되어 있는가의 여부를 확인해 둘 필요가 있다. 바른 장착의 확인은 후벽상면 좌골지지부에 좌골이 올바르게 실려 있는가, 장내전근건은 전벽내측의 장내전근 홈이 올바르게 위치하고 있는가 등으로 점검한다.

㉢ 동적정렬 : 원활하면서 편한 의족보행이 수행되는 정렬이 동적정렬이다. 실제 보행 시 이

상보행을 검사하여 동적정렬을 조절하게 되는데 올바른 조화가 이루어져 있는가, 피로하지는 않는가, 안정되어 있는가, 안전한가 등을 고려한다.

④ 대퇴의족보행의 특징과 보행능력 : 의족보행은 정상인과 달리 하지의족을 사용하기 때문에 신체자세에 변화를 주게 된다. 대퇴절단에서는 고관절 기능은 잔존하고 있으나, 슬관절 이하 기능은 상실되어 있을 뿐 아니라 감각에 의한 환자의 되먹이 기능도 지니지 않게 된다. 대퇴의족보행은 최적의 상태라 해도 정상보행과는 다르다.

(3) 슬관절의족

슬관절이단 의지부터는 무릎관절이 없기 때문에 의지슬관절이 필수적으로 구성에 포함되어야 한다. 슬관절의족 착용모습은 그림 1-114와 같다.

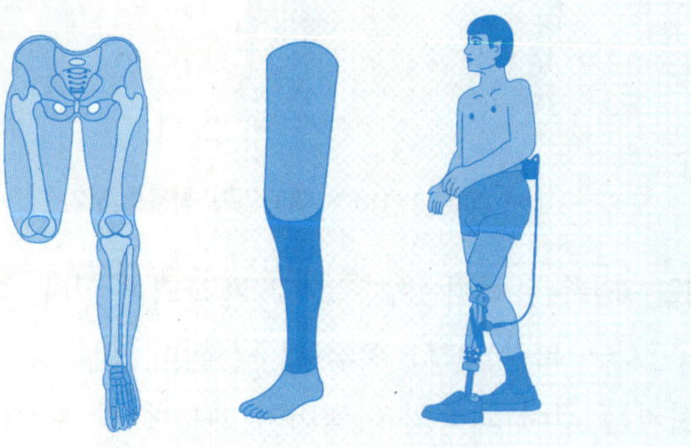

그림 1-114 • 슬관절의족 착용모습

① 슬관절이단의 특징 : 슬관절이단의 장점은 외과적 출혈량이 적으며 근육손상도 적다. 재봉합에 의한 근수축이 가능하며 대퇴길이 · 지렛대의 길이가 길다. 내외, 전후의 양호한 적합을 얻기 쉽고 입각기에선 안정성이 양호하며 스텀프 말단 하중이 가능하다. 슬관절이단의 단점은 대퇴골상의 융기로 외관에 소켓 제작상의 문제가 있으며 대퇴부의 근위축이 일어난다.

② 슬관절의족의 특징 : 연성소켓은 대퇴골과 상부의 미세한 부분에서 스텀프 말단의 팽륜부가 있는 곳까지 부드러운 스펀지를 부착시킴으로써 대퇴골과 슬개골 상부를 포함한 스텀프의 형태에 따라 소켓을 전면 접촉시키고 현수시키게 된다.

㉠ 단축슬관절 경첩장치 또는 링크기구의 슬관절장치를 이용하고 있다. 단축슬관절 경첩장치는 하나의 축에 의해 시계추와 같이 움직이는 관절이다. 일정하게 정해진 축이 아니라 4절링크 기구를 응용하여 순간적인 회전중심이 관절을 구부러질 때마다 달라지는 관절장치가 개발되어 개량된 슬관절장치를 이용하면 단축슬관절 경첩방식에 의한 소켓내, 외측의 쇠다리는 따로 필요치 않기 때문에 외관이 부드러운 재질에 의한 마무

리 처리가 가능하며, 고정장치와 유각기 제어장치의 조립이 쉽다.

㉡ 슬관절의 내구성이 향상됨으로써 정렬의 변동이 적어지고 보행 시 무릎의 신전 충격이 감소되고 의복을 훼손시키는 일도 해결되었다. 무릎장식에 따라 단축형과 다축형으로 구분되고 소켓 유형은 주로 흡착방식을 이용한다. 무릎장식의 발달로 거의 정상인들처럼 걸을 수 있다. 또한 슬관절의족 내부구조는 그림 1-115와 같다.

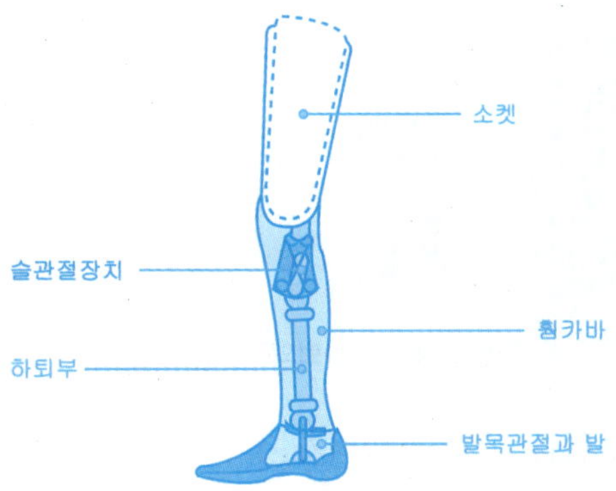

그림 1-115 • 슬관절의족 내부구조

(4) 하퇴의족

하퇴의지는 의지발, 슬관절, 소켓 그리고 현수장치로 구성한다. 하퇴의족 착용모습은 그림 1-116과 같다.

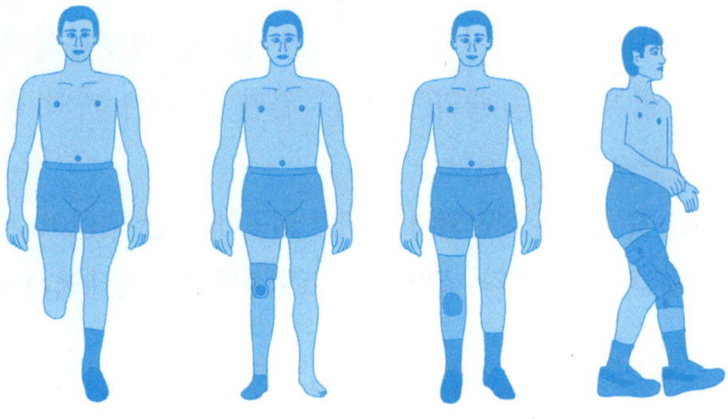

그림 1-116 • 하퇴의족 착용모습(1)

1) 하퇴절단의 특징과 슬관절의 영향

① 슬관절의 굴신 가동범위와 근력은 절단에 의한 영향을 거의 받지 않는다.

② 다양한 형태로 사용되며, 의족발(다축발, 단축발, SACH(Solid Ankle Cushion Heel)발, 에너지 저장발) 등을 사용할 수 있다.
③ 가격이 비싼 점이 흠이지만 수리나 교체가 쉽다(그림 1-117).

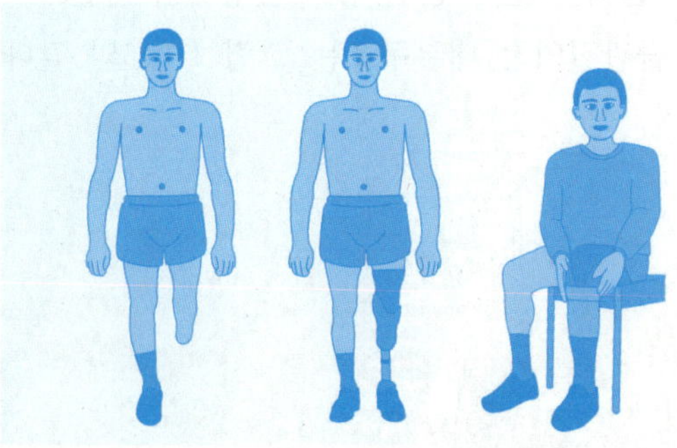

그림 1-117 • 하퇴의족 착용모습(2)

④ 발목관절 정강이뼈부위를 남기고 다리가 상실된 경우에 사용한다(그림 1-118).

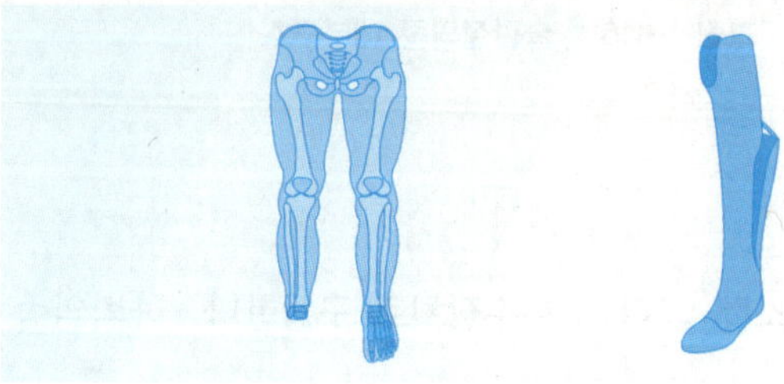

그림 1-118 • 하퇴의족(사임의지) 착용모습

⑤ 하퇴신전근이 대퇴사두근(허벅지안쪽 근육)은 슬개인대(무릎인대)에 의해 경골조면에 부착된다. 하퇴를 굴곡시키는 슬와근(허벅지뒤편 근육)은 거의 같은 높이에서 경골내과와 비골소두부에 나누어 부착된다.
⑥ 이차적인 슬관절굴근은 모두 절단되어 있지만 굴곡에 대한 영향이 거의 없기 때문에 슬관절 기능은 거의 정상상태로 보존된다. 짧은 스텀프일수록 굴곡상태에서 구축을 일으키기 쉽다.

2) 하퇴의족의 소켓

① 하퇴 절단부위에 적합한 소켓의 형태로는 슬관절의 기능(근력과 가동범위)에 별다른 영향을 끼치지 않으면 전 체중의 지지가 가능하다. 슬개인대는 늘어나지 않으며, 압박을 가해도 큰 통증이 없다. 슬개인대로 감싸인 슬개골도 하중을 지지하는 데 알맞은 형태를 취하고 있다. 슬개인대 부위에서 소켓을 오목하게 만들어 주면 슬개인대에 장력이 가해지고, 하중 시 반력이 지지방향으로 쉽게 작용한다.

② 경골의 내외면이 납작하면서 넓어 피부 바로 밑에 놓이게 된다.
하퇴의 뒷면은 연부조직에 의한 하퇴전면에서의 하중지지를 보조하는 반대압력을 발생시키는데 적당하다. 단위면적당 하중량이 커져 피부를 손상시키고 통증을 유발하는 곳으로 경골능(정강이뼈), 경골하단의 뼈가 돌출된 곳, 경골과의 융기부, 비골골두(종아리뼈) 등이 있다.

③ PTB(Patellar Tendon Bearing)식 하퇴의족은 가장 많이 적용되는 플라스틱 보조기로, 후방의 스프링 구조를 이용한다는 의미이다.

3) 하퇴의족의 특징

소켓의 내부가 연성인 전면 접촉식 플라스틱 소켓을 가지고 있다. SACH발(Solid Ankle Cushion Heel Foot)이다. 무릎 커프벨트를 장착한다. 동적정렬조절을 할 수 있다. 소켓 앞부분의 슬개건 압박을 위한 채널인 슬개건 바를 만들어 실리콘 재질의 라이너라는 삽입물을 함께 사용하여 절단단의 전체부의에서 체중을 지지한다.

4) 하퇴의족의 문제점

짧은 스텀프인 경우 측방안정성이 떨어진다. 커프벨트가 스텀프의 혈액순환을 나쁘게 할 경우가 발생한다. 슬개인대 부근의 스텀프 부위가 하중지지에 큰 역할을 담당하고 있기 때문에 스텀프의 피부가 연약하거나 통증이 있다면 사용 불가능하다.

5) 하퇴의족의 정렬

하퇴의족의 구성요소는 현수장치 소켓, 하퇴부, 족관절, 족부의 4가지이다. 현수장치가 필요하지 않는 소켓을 사용한다면 3가지가 된다.

6) 하퇴의족의 정렬을 결정하는 요소

바른정렬은 하중선에 대한 소켓의 경사각도, 하중선에 대한 소켓 및 족부의 위치, 보행진행선에 대한 족부의 TOE-OUT 각도를 조정하여 최적의 조건으로 설정하는 작업이라 한다. 벤치정렬은 의족제작자가 의족을 처음 조립한 상태에서 시행한다. 정적정렬은 벤치정렬 작업이 끝난 의족을 절단자에게 착용하여 조절한다(그림 1-119).

그림 1-119 • 족부, 족지 착용모습(발이 상실된 경우)

32 보행분석

걷는다는 것은 일상에서 반드시 필요한 활동으로 이에 관한 정의는 상당히 다양한 관점에서 정의되었다. 일반적으로 두 다리를 이용하여 이동하는 것으로 정의될 수 있다. 보행은 걸음과 혼용되어 사용되는 경향이 있다. 보행은 대상자의 걷는 패턴과 형태 등을 포함하여 사용하는 개념이다. 대상자들의 차이를 설명하기 위해서는 걸음을 비교하기 보다는 보행을 비교하는 것이 바람직하다.

1. 보행분석의 기능적 특성

다음은 보행분석의 기능적 특성이다.

① 인체의 무게중심을 한 곳에서 다른 곳으로 이동한다.
② 하지의 반복적인 운동을 하며 반복적 질환을 예방한다.
③ 에너지를 최소로 소모하면서 이동하고 충격을 완화한다.
④ 운동 에너지와 위치 에너지의 변화를 최소화한다.
⑤ 불균형과 안정성(균형)의 주기적 반복으로 각 하지의 길이가 주기적인 기능적 증감을 이용한다.
⑥ 추진력 : 추진을 통해서 시스템에 에너지를 부가한다.
⑦ 안정성 : 보행은 중력과 관성력에 대하여 안정성을 유지하여야 한다.

2. 보행분석의 방법

(1) 보 도

보행분석을 위해 보도의 최소길이는 일반적으로 8[m] 정도가 알맞으나 빨리 걷는 사람의 경우를 염두하여 10~12[m]가 이상적이라 한다. 보도에 필요한 넓이는 사용하는 장비에 의해 다소 차이가 있으나, 육안적 보행분석의 경우 3[m], 비디오를 사용하는 경우 4[m] 정도가 필요하다. 통상적으로 신체의 양측에서 동시에 측정하는 운동분석 시스템의 경우 적어도 5~6[m] 정도가 필요하다.

1) 나이에 따른 보행

보행에는 나이에 따라 다른 장 · 단점을 가진다.

① 어린이의 보행 : 보폭이 넓고, 활보장과 속도가 낮으며 분속수는 더 높다. 어린이는 발뒤축접지지가 일어나지 않으며 초기 접지는 발바닥접지에 의해 이루어진다. 접지기 때에는 슬관절이 굴곡이 되는 것이 매우 작으며 상반신의 팔의 흔들림이 거의 없다. 어린이들이 대부분 출생 후 만 12개월 후부터 걸음을 시작하지만 아직 성장발육이 안된 상태에서 하지에 힘이 없기 때문에 사실적인 보행이라 할 수 없다.

② 노인의 보행 : 젊은 성인 남자의 보행에서 속도만 떨어지는 것을 확인할 수 있다. 일반적으로 나이에 의한 보행의 변화는 60세~70세에 생긴다. 활보장의 감소, 분속수는 대개 감소하고 보행기저는 증가한다. 노인들의 분속수는 정상 성인들 보다 감소되고 보행속도는 증가한다.

노화에 따른 감각기능의 퇴화와 근골격계의 변화는 운동조절 능력을 감소시키며 보행의 운동학적 변화를 가져온다. 노인들은 생리적, 병리적 현상에 의하여 오행과 같은 인체 동작의 기능적 능력이 퇴화하게 된다.

2) 족부 스위치

보행의 시각을 정하여 다른 장비와 동기화하기 위해서 사용한다. 일반적으로 족부 스위치는 두 장의 금속판이 구멍이 있는 얇은 플라스틱으로 분리되어 압력이 가해지면 그물의 구멍을 통해서 서로 접촉이 되고 전기회로를 연결하는 원리를 이용한다. 하나의 스위치는 발바닥 앞쪽에 있고, 다른 하나는 발뒤꿈치에 있다면 발뒤축들림기, 발뒤축접지기, 발바닥접지기, 입각기의 시간 등을 측정할 수 있으며, 두 번 이상의 활보에서 얻어진 자료는 유각기와 분속수 시간을 계산할 수 있게 한다. 족부 스위치는 무선송신 또는 이동성 기록장치를 이용하기도 하고 긴 줄을 통해서 컴퓨터에 연결되어 사용하기도 한다.

3) 힘측정판

지면 반발력을 측정하는 데 이용된다. 이들의 전형적인 크기는 높이 100[mm], 가로 400[mm], 세로 600[mm]로 전기적 출력은 6개 또는 8개의 회로가 있다. 여덟 개의 회로의 출력은 다음과 같다.

① 힘측정판의 앞과 뒤에서 나오는 2개의 측면신호이다.

② 힘측정판의 가장자리에 위치한 변환기로부터의 4개의 수직신호이다.

③ 힘측정판의 측면에서 나오는 2개의 전후신호이다.

4) 근전도 분석

근전도는 근육에 침을 찔러서 근육의 상태를 평가하는 것으로 각종 신경 및 근육질환의 진단에 이용되며 신경계이상, 즉 감각이상이나 동통질환, 근력의 약화와 근경련 등의 증상이 있는 질환의 진단에 가장 큰 도움이 된다. 이는 기계적 활동력을 재는 것이 아니라 전기적 활동도를 측정하는 것이므로 근전도는 등척성, 원심성, 구심성 수축을 구분하지 못하며 근전도의 활동도와 근육의 수축력과의 상관관계는 없다.

5) 근전도 전극의 종류

근전도는 전극의 종류에 따라 미세전극, 표면전극, 미세전선전극, 침전극 등이 있다.

① 표면전극 : 근육 위의 피부에 전극을 고정시키고 근전도를 시행하여 두 전극 사이의 전압차이를 기록하는 방법이다.

㉠ 표면전극이 갖춰야 할 조건은 장시간 안전하게 환자와의 접촉유지, 전류가 쉽게 흘러야(낮은 접촉저항)하며, 작은 분극전압이어야 한다. 또한 노이즈가 발생하지 않도록 주의해야 한다. 근육의 활동전위가 근막층, 지방층, 그리고 피부를 통해서 전극에 전달되므로 신호의 입력이 비교적 작아서 매우 작은 전치증폭기를 사용하여 전극 근처에서 증폭시킨다.

㉡ 표면전극을 통해서 얻는 근전도 신호는 대부분 신호가 피부에서 25[mm] 이내이므로 장요근처럼 깊게 위치된 근육에 표면전극을 적용하는 것은 알맞지 않다.

㉢ 근전도에 의한 자료는 표재근육이라고 해도 그 특이성이 그다지 높지 않으며, 이는 간접혼선을 주변에 있는 근육으로부터 받기 때문이다. 종종 환자가 움직일 때 전기적 기저선(movement artifact)이 변형되어 근처에 있는 전기장비에 의해 간섭을 받을 수 있으므로 주의를 기울여야 한다.

② 미세전선전극 : 세포의 전기생리학적 연구에 사용되고, 피하침을 이용하여 직접 근육에 삽입하는 것이다. 피하침은 세포막 관통을 위하여 초소형(직경 : 0.05~10[μm])인 동시에 단단해야 한다. 근육 내의 전압은 일반적으로 표면전극에서 보다 높게 기록되고, 미세전선전극을 각각 사용했을 때에 비해서 더 높게 나타나며 움직임이나 전자자기장에 의한 간섭도 덜 받는다. 미세전선전극은 침습식이고 불편하기 때문에 일부 선택된 환자들에게만 적용된다.

③ 침전극 : 일반적으로 보행분석보다는 생리적 접근에 더 유용하다. 피하침을 사용하는데 중심만 전류가 통하게 되어 있고 나머지는 절연되어 있다. 침전극은 근육 내의 매우 국소적인 곳에 삽입된 침으로 근전도 신호를 기록하게 되며 정상적으로는 단지 하나의 운동단위의 신호를 기록하게 되는 것이다.

6) 근전도의 한계성

근전도를 사용하는 문제점은 각각의 근육의 수축력을 단지 개략적으로 알 수 있는 기술이라는 것이다. 좀 더 정량적인 측정을 위한 시도가 수년 동안 이루어져 왔으나 단지 일부만 성공하여 사용되고 있다. 근전도의 다른 문제점은 근의 활동전위는 빠른 현상이기 때문에 열 펜(pen)식 기록법으로는 정확하게 기록할 수 없다. 전혀 힘이 들어가지 않는 안정상태의 정상근으로는 활동전위를 방전할 수 없고, 단심 침전극에서는 5[mV]를 초과하는 고전위의 방전은 볼 수 있다. 일부는 사용하는 장비의 전자적 특징에 따라 일부를 기록하는 위치의 선정, 피부저항과 움직임에 의한 인공음영을 최소화하도록 전극을 부착하는 시험자의 기술 및 경험에 의존한다.

7) 에너지 소모분석

기계들의 에너지 소모를 측정하는 것은 비교적 쉬우나, 사람의 걸음에 대한 측정을 하는 것은 어렵다. 기계에서는 사용된 에너지의 양이 연관관계에 있지만 사람에게서는 음식의 양을 안다는 것이 활동을 수행할 때에 소모된 에너지에 대한 정보를 주지 못하고 기계는 전원을 끄면 에너지를 사용하지 않지만 사람에게서는 항상 대사에너지를 사용한다.

① 보행과 같은 활동에 소모되는 에너지의 총량을 측정하는 가장 정확한 방법은 피검자를 전열된 방에 넣고 신체에서 나오는 열의 방출을 측정하는 전신열량측정이다. 전신열량측정법은 실용적이지 못하므로 일반적인 방법으로 심박동수를 측정하거나 산소소모를 측정하는 것이다.

② 산소소모의 측정은 피검자의 호기를 분석하는 것이 필요하다. 만일 그 안이 산소함량과 호기의 양을 측정하면 주어진 시간 동안의 산소소모량을 계산할 수 있다. 이산화탄소의 생성량도 계산할 수 있는데 산소소모량에 대한 이산화탄소의 비율은 어떤 형태의 대사가 이루어졌는지를 알 수 있다.

8) 운동형상학적 시스템

운동형상학은 속도와 가속도, 움직임의 측정을 사용하여 운동을 기하학적으로 기술하는 것이다. 신체부위의 관절의 각도, 위치와 방향, 이에 대응되는 각속도, 선형속도, 각가속도를 기록하기 위해 보행분석에서 이용된다. 이들 분석에는 일반적인 원칙이 있다.

① 운동측정에 있어 3차원 시스템을 사용해야 이상적인 정확도를 얻을 수 있으며, 이러한 운동형상학적 시스템(kinematic system)은 3차원적인 보정 프레임을 이용하여 표준측정을 한다. 컴퓨터 소프트웨어는 보정 프레임 위에 미리 위치하고 알고 있는 표지의 3차원적인 위치와 카메라의 화면에 나타나는 2차원적인 위치와의 관계를 계산한다. 이러한 시스템들은 일반적으로 표지의 위치를 측정할 때 오차가 발생할 뿐만 아니라 피부에 부착하는 표지와 피부 아래의 골격 사이에서의 움직임 때문에 더 많은 오차가 발생한다.

② 오늘날 측정장비가 발달함에 따라서 운동역학/운동학 복합 시스템이 사용되고 있다. 이를 위해서는 운동역학적 시스템과 운동학적 시스템의 시간적인 동기화가 매우 중요하다. 이러한 시스템에서는 지면반발력과 상하지 체간과의 관계를 그리고 역동력학을 각 분절에 적용하면 각 관절에서 작용 및 관절 모멘트를 계산할 수 있다.

9) 힘의 모멘트

족관절 모멘트는 족관절 모멘트를 측정하여 나타내면 인상적인 모양이다. 발뒤축접지와 발바닥접지기 동안 발은 비교적 작은 외적 모멘트에 의해 저굴되는데 전경골근에 의해 내적 배굴모멘트에 의해 역으로 작용된다.

① 슬관절 모멘트 : 입각기에서 내적 슬관절 모멘트가 대기 초기 접지 때 슬관절이 과신전이 되는 것을 막기 위해 슬괴근이 수축할 때인 발바닥접지기 직전의 짧은 시간 동안에 굴곡 정점이 되는 것이다.

② 고관절 모멘트 : 입각기의 첫 1/3에서 보이며 신전근들, 특히 대퇴근에 의해서 생기는데 다리가 신전쪽으로 잡아당겨질 때 지면반발력에 의해 외적 모멘트와 반대작용을 한다.

(2) 보행주기 시작정하기

우측발의 발뒤축접지기(heel contact)는 좌측 발이 아직 지면에 머무는 동안에 일어난다. 따라서 우측의 발뒤축접지기에서 좌측의 발가락들림기(toe-off) 사이에 양하지지지의 기간이 있게 된다. 좌측의 유각기 동안 우측 발만 지면에 닿아 있고 이때를 우측 단하지지기라고 하는데, 좌측 발의 발뒤축접지기로 끝난다. 우측의 유각기와 일치하고 그 주기는 우측의 다음 발뒤축접지기로 끝나게 된다.

1) 보행운동학의 요약

① 보행주기 : 일반적으로 한 발이 지면에 닿는 순간으로부터 같은 발이 다시 닿는 순간까지이며, 보통 한 주기를 0~100[%]의 백분율로 표시한다. 그림 1-120에서와 같이 각 보행주기(gait cycle)는 최초접지로 시작되는 입각기에서 유각기를 거쳐 두번째 최초접지로 끝나게 된다.

② 입각기 : 발이 지면에 닿고 있는 동안이며 정상보행에서는 보행주기의 초기 60[%] 정도이다.

③ 유각기 : 발이 지면에 떨어져 있는 동안이며 정상보행에서는 보행주기의 말기 40[%] 정도이다.

④ 각 주기마다 두 발이 지면에 닿아 있는 기간이 두 번 있다. 최초접지기(initial contact)에 반대 발이 아직 지면에 놓여 있으므로, 최초의 양하지지지기(double support)는 보행주

기의 최초 10~12[%]에 일어난다.

⑤ 입각측 다리가 지면으로부터 이탈하려고 준비할 때 반대 발은 지면에 닿고 체중을 수용하기 때문에 두 번째 양하지지지기는 입각기의 끝으로부터 10~12[%]에 일어난다. 따라서 양하지지지기는 보행주기의 20~24[%]이다.

⑥ 입각기는 하중수용기(loading response), 중간입각기(mid stance), 말기입각기(terminal stance), 전유각기(preswing)의 네 구간으로 세분된다.

⑦ 유각기는 최초유각기(initial swing), 중간유각기(mid swing), 말기유각기(terminal swing)의 세 구간으로 다시 나뉜다.

⑧ 보행주기에서 한쪽 측의 다리가 하중→중간→말기→전유각기→최초→중간→말기의 순서대로 이동하게 되며 최초의 위치로 돌아오는 것을 한 사이클로 정의한다(그림 1-120).

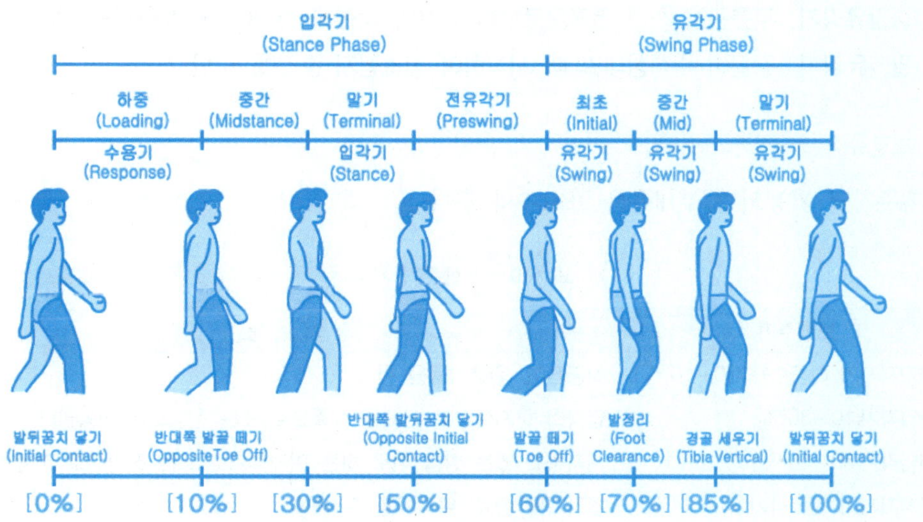

그림 1-120 • 보행주기

2) 입각기

입각기(stance phase)는 발이 지면에 닿고 있는 동안이며 정상 보행에서는 보행주기의 초기 60[%] 정도이다.

① 하중수용기 : 발이 지면에 접하는 최초접지 순간에서 시작한다(발뒤축이 지면에 처음 닿는 것이 정상이나 병적 보행의 경우 발가락 또는 발 전체가 지면에 먼저 접촉하는 경우가 있다). 하중수용기는 반대 발이 지면에서 떨어지는 반대측 발가락들림기에 끝난다. 따라서 보행주기에 있어서 하중수용기는 제1차 양하지지지기에 해당한다.

② 중간입각기 : 반대측 발가락들림으로 시작하여 무게중심이 해당 발의 수직상부에 위치할 때 끝난다. 이 기간 동안의 무게중심은 지지기부위에 위치한다.

③ 말기입각기(보행주기의 35[%]) : 무게중심이 지지발의 수직상부에 위치할 때부터 반대측 발이 지면에 닿는 순간까지이며 지면에서 발뒤축이 떨어진다.

④ 전유각기 : 반대측 발의 최초접지 순간부터 발가락들림 순간까지의 기간이다. 따라서 보행주기에 있어서 전유각기는 제2차 양하지지지기에 해당한다.

3) 유각기

유각기(swing phase)는 발이 지면에 떨어져 있는 동안이며 정상 보행에서는 보행주기의 말기 40[%] 정도이다.

① 최초유각기 : 발가락들림기에서 출발하여 무릎관절이 최대(약 60[°])로 굴곡을 이룰 때까지의 기간이다.

② 중간유각기 : 무릎관절 최대 굴곡으로부터 경골이 지면에 수직이 될 때까지의 기간이다.

③ 말기유각기 : 경골이 수직상태일 때 시작하여 최초접지 순간에 끝난다.

4) 보행주기별 기능의 요약

보행주기별 기능의 세부내용은 표 1-9와 같다.

표 1-9 • 보행주기 기능

보행주기	기 능
양하지지지기 하중수용기(0~10[%])	하중전이, 완충작용을 한다.
중간입각기(10~30[%])	입각측 하지쪽으로 신체를 상측으로 또는 전방으로 이동한다.
말기입각기(30~50[%])	지지하고 있는 발을 위로 하는 아래측으로 또는 전방으로 이동한다.
양하지지지기 전유각기(50~60[%])	입각기를 종료, 유각기를 준비한다.
초기유각기(60~73[%])	지면으로부터 발의 이탈, 유각측 다리에 전방가속이다.
중간유각기(73~87[%])	지면으로부터 발의 이탈, 다리에 전진한다.
말기유각기(87~100[%])	유각측 다리의 감속, 입각기의 준비이다.

5) 관절운동의 요약

근육의 골격을 움직일 때와 관절을 사이에 두고 근육이 번갈아 수축하여 관절이 구부러졌다 펴졌다 하는 것이다.

① 골반의 경사 : 양하지지지기의 끝부분에서 가장 작게 나타난다. 골반경사는 체중심과 함께 흔들린다. 골반운동의 변화는 그림 1-121과 같다.

그림 1-121 • 골반의 경사

② 고관절의 굴곡과 신전 : 최대 고관절신전은 반대 발의 최초접지기에 일어난다. 최대 고관절굴곡은 유각기의 말기에 일어난다(그림 1-122).

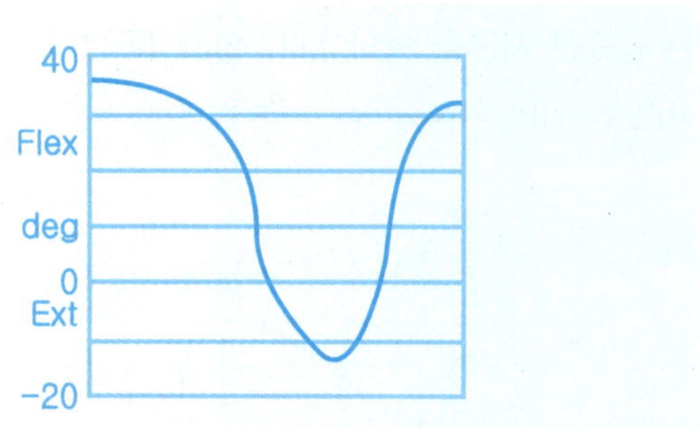

그림 1-122 • 고관절의 굴곡과 신장력

③ 대퇴직근의 경우 : 대퇴직근(rectus femoris)은 고관절굴곡근이자 슬관절신전근으로 작용하는 두 개의 근육관절(two joints muscle)이다. 고관절이 신전될 때 고관절 근처(기시부)의 대퇴직근은 안정적인 길이보다 늘어나게 되는데 늘어나면서 장력이 증가하여 팽팽해진다. 고관절이 굴곡될 때 고관절 근처(기시부)의 대퇴직근은 안정적인 길이보다 짧아지게 되는데 짧아지면서 장력이 줄어 느슨해진다.

④ 슬건근의 경우 : 슬건근(hamstring muscles)은 고관절신전근이자 슬관절굴곡근으로 작용하는 두 개의 근육관절이다. 고관절이 신전될 때 고관절 근처(기시부)의 슬건근은 안정적인 길이보다 짧아지면서 장력이 줄어 느슨해진다. 고관절이 굴곡될 때 고관절 근처(기시부)의 슬건근은 안정적인 길이보다 늘어나게 되는데 늘어나면서 장력이 증가하여 팽팽해진다.

⑤ 무릎관절의 굴곡과 신전 : 제1차 굴곡곡선은 완충작용이다. 제2차 굴곡곡선은 발의 이탈이며 무릎관절운동의 변화는 그림 1-123과 같다.

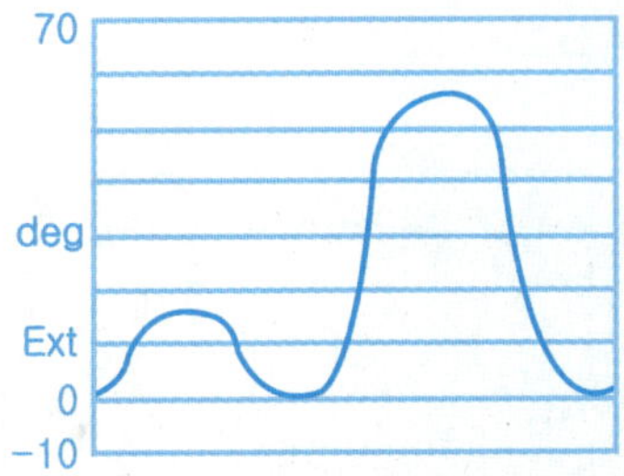

그림 1-123 • 무릎관절의 굴곡과 신장력

⑥ 발목관절의 배굴과 저굴 : 최초 양하지지지기에 발바닥의 접지가 나타난다. 단하지지지기 동안 계속되는 배굴, 단하지지지기의 끝부분에서 저굴로 변환된다. 제2 양하지지지기(전유각기)는 급속한 저굴을 나타낸다. 발가락들림기로 시작되는 유각기 동안 지면으로부터 발의 이탈을 위한 다리길이의 기능적 감소가 나타난다(그림 1-124).

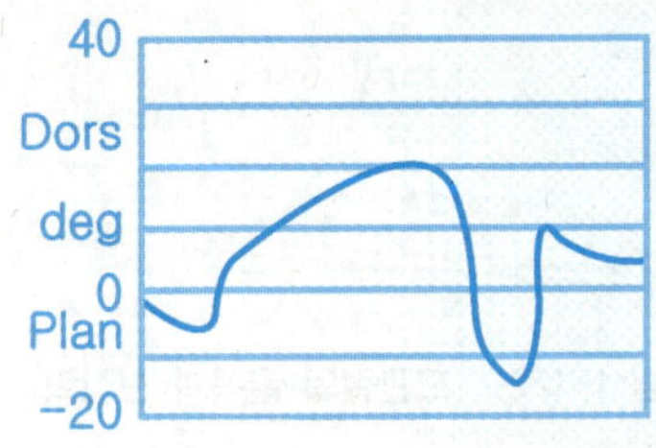

그림 1-124 • 발목관절의 뒤와 발바닥

6) 감각-운동 증진장치

일반적으로 자세조절에 관한 것으로 인간이 자세조절을 유지하기 위해서는 전정계, 시각계, 체성감각으로부터의 감가구심성, 정보가 뇌중추에서 통합 조절되어 안구와 사지의 운동 등에 관여하는 근육의 긴장을 반사적으로 조절함으로써 유지한다.

① 자세조절 체계정의 : 안정성 및 적응을 위한 자세조절에는 지각과 반응 모두가 필요하다. 자세조절에는 근골격 및 신경계의 상호작용이 필요로 하며, 근골격계의 요소는 관절 가동범위, 척추 유연성, 생체역학적 관계 등이 포함되고, 신경계의 요소는 운동과정, 감각과정 그리고 자세조절의 예측 및 적응을 보장하며 반응에 대한 감각을 계획하기 위한 고위수준의 통합과정이다.

② 자세조절의 운동조절 : 운동조절의 개념은 정적기립자세와 동적기립자세로 나누어진다.

㉠ 정적기립자세 : 인체의 정렬이 중심에서 우리 인체를 벗어나게 하는 중력의 영향을 최소화하고 근육 자체의 단단함과 탄력성이다. 또한 신경흥분으로 정상적인 근육에 존재하는

근긴장이다. 정적기립자세 시에 자세긴장, 중력저항 근육의 활성화이다.

㉡ 동적기립자세 : 족관절 전략은 신체 무게중심이 천천히 움직이며, 균형의 한계 내에 있고, 지지면이 발바닥의 길이보다 길 때 효과적으로 사용된다. 또한 동적기립자세에서의 고관절 전략은 고관절과 몸통의 움직임으로 지지면이 짧고, 신체 무게중심이 빨리 움직여 균형의 한계에 효과적이다. 동적기립자세에서의 걸음전략은 인체 중심하에서 정렬에 맞게 지면을 이동시키고자 할 때 걸음을 옮기거나 뛰는 방법을 이용한다.

③ 자세조절에 관한 감각기전 : 중추신경계는 공간에서 인체의 위치를 결정하기 전에 인체 전역의 감각수용기로부터 정보를 조합해야 한다. 정상적으로 시각, 감각(체성감각), 전경계로부터 오는 말초입력은 중력 및 환경과 관련하여 공간에서 인체의 위치와 동작을 간파하는 데 유용하다.

33 자동운동기

천천히 지속적으로 운동할 수 있는 유산소 복합 자동운동기(auto athletics machine)로 발판과 손잡이에 모터를 사용하여 서있기만 해도 전신을 흔들어 운동효과를 배가해 준다. 처음 운동을 하는 경우 서있기만 해도 칼로리가 소모되고 있음을 몸으로 느낄 수 있다. 하지만 같은 운동을 매일 반복하면 내성이 생겨 칼로리가 소모되고 있는지 의구심이 생긴다.

운동 내성극복을 위한 자동 프로그램을 내장하여 효과적인 운동을 할 수 있다. 사용자의 편의를 위하여 상체 손잡이 2쌍과 발판을 제작하여 다양한 자세로 활용이 가능하며, 상체운동과 하체운동을 분리하여 내구성이 우수하며 응급버튼 기능으로 쉽게 동작을 멈출 수 있게 하였다(그림 1-125).

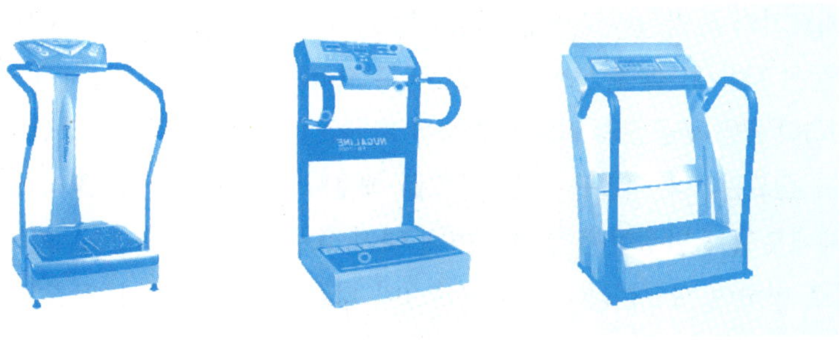

그림 1-125 • 자동운동기

34 저주파 치료기

근육은 신경세포를 통한 전기자극으로 움직이게 되어 있는데 저주파 치료기(low frequency therapy)는 이러한 전기자극을 직접 근육표면에 자극을 주어서 근육을 움직이게 하는 장치이다.

다만 일정한 양의 전기가 들어가면 근육은 수축된 상태로 있으므로 일정한 주파수로 자극을 주었다가 풀었다가 반복하기 때문에 저주파 치료기라 한다(무산소운동과 같은 효과를 얻을 수 있다. 그림 1-126).

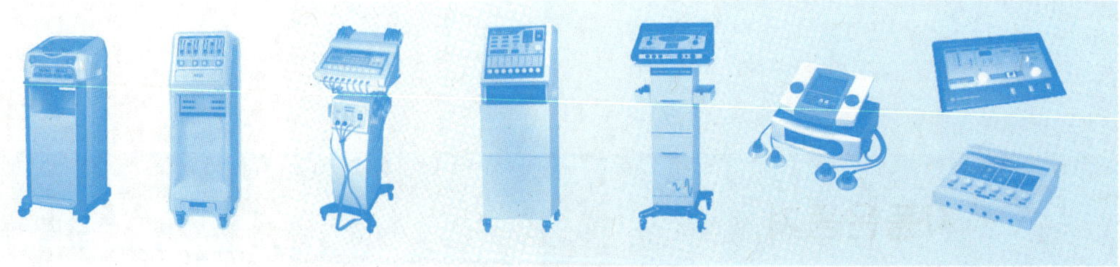

그림 1-126 • 저주파 치료기

저주파 치료기는 통증을 감소시키고 부수적으로는 골다공증 방지에도 효과가 있으며, 저주파가 통증을 전달하는 신경의 근육섬유를 자극해서 통증전달을 차단하며 엔돌핀의 생성을 촉진시켜서 통증을 완화시킨다. 저주파가 칼슘이 빠져 나가는 것을 방해해서 골다공증 예방에도 효과가 있다.

총 14개의 중 · 저주파를 사용하고 복부마사지를 위한 멀티채널(multi channel)과 원적외선 음이온 발생열 패드를 사용하여 복부마사지 효과를 향상할 수 있고, 기능적 전기자극(Functional Electrical Stimulation : FES)은 척추장애환자의 재활을 촉진하고 뇌혈류 질환자의 자립과 일상생활 동작을 원활하게 하며 마비된 근이나 변성된 근을 수축, 이완시킬 수 있다.

저주파 치료기의 동작원리로서 운동파와 특수 파동의 원리로서 근육세포와 지방세포가 긴장하게 되며, 긴장된 지방세포를 유산소운동 운동파로 자극하여 세포 간 충돌하게 되며 이 세포들의 연쇄충돌로 인하여 공명과 공진의 파동의 법칙에 따른 것으로 이로 인해 발생하는 열로 지방세포를 분해하여 림프관이나 적혈구, 소변 등으로 배출하여 정화하는데 원리를 두고 있다.

또한 인체내부에서 발생하는 열은 지방분해에 효율적이며 운동으로 인하여 근육화를 촉진시킨다. 이로 인하여 요요현상(yo-yo effect)이 다른 치료방법보다 훨씬 적은 것을 알 수 있으며, 체내에 깊숙히 침투하여 골격근 및 내장 평활근을 자극하여 비만의 근원을 치료한다.

저주파 전류는 신경전류에 비해 매우 비슷한 성질과 작용을 하는 전자장치로 발생시킨 전류이다. 몸에 이상이 생기면 이 신경전류의 양과 질이 변화를 일으키게 되어 상태가 나빠진 부위의 신경전류의 난조현상(亂調現象)을 보이게 되는 성질을 역으로 이용하여 몸의 외부에서 저주파 전류를 인위적으로 흐르게 한다.

전기자극을 가함으로써 마비된 근육의 수축운동을 시키거나 흥분된 신경을 진정시켜 통증을 제거하며, 피로를 풀어줌은 물론 자율신경을 자극하여 우리 인체에 필요한 호르몬과 효소의 분비를 활발하게 촉진시켜 신체의 기능을 원활하게 하여준다.

그러므로 저주파 치료기를 사용하면 통증부위나 일시 마비된 부분 등을 주무르거나 손가락으로 가하는 자극효과와 전통적인 동양의학의 침, 뜸의 지압, 안마, 부항 등 복합적인 치료효과가 있다. 그리고 저주파 파장을 체내에 주사하여 보다 효과적으로 자극을 가하며 치료하는 과학적이며 현대화된 전자물리요법이다.

35 저주파 물리치료기

저주파 물리치료기(low frequency physics therapy)는 저주파의 부드러운 자극을 이용한 지압을 통해 주무르거나, 두드리는 효과를 일으켜 통증 부위의 치료를 극대화할 수 있어 혈액과 임파액의 순환유지 및 촉신, 비정상적인 근경련의 감소, 근육을 구성하는 단백질 성분의 감소방지와 혈액순환촉진, 신경전류의 안정작용과 비만을 해소해 주는 역할을 한다(그림 1-127).

그림 1-127 • 저주파 물리치료기

36 전기자극기

전기적인 신호를 인체의 특정부위에 인가함으로써 그 부위 및 관련 조직에 해당하는 신경 · 근육 계통의 진단 및 치료에 적용할 수 있다. 신경 · 근육부위에 전기적인 자극을 가하게 되면 각 신경의 운동단위(한 신경의 근육지배 범위)에 흥분이 전도되어 독립적으로 수축하는데, 이런 생리학적 특성을 이용하여 마비환자, 혹은 신경퇴행환자에게 지속적인 자극을 가하여 수축 · 이완 운동을 반복해 줌으로써 치료에 도움을 주는 장비이다.

전기자극기(electric stimulator)는 물리치료 장비뿐만 아니라 넓은 범위에서 응용되고 있는데 심장세동제거기, 인공심장의 페이스메이커 등의 치료용 장비와 말초신경의 경피자극, 운동 및 감각신경전도와 같은 진단용으로도 사용되고 있다(그림 1-128).

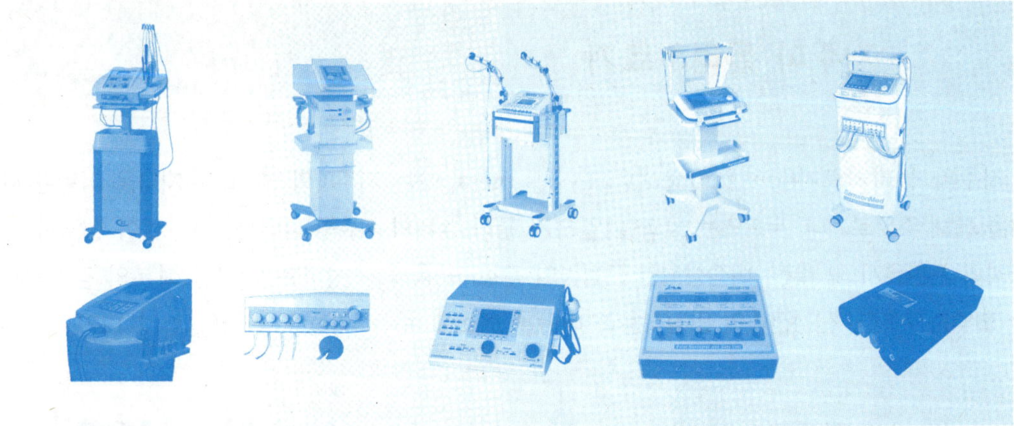

그림 1-128 • 전기자극기

1. 컴퓨터 전기장 저주파 자극기 사용목적

손상된 인대, 근육, 건 등 연부조직의 재생과 통증제거를 위해 이용하는 전기자극기의 일종이다. 보통 사용되는 전기자극기와는 달리 컴퓨터에 의해 제어되는 저주파가 인체조직에 대한 세포통신 및 연부조직의 치유와 마비된 신경을 자극하여 급 · 만성 통증을 제거하며, 특히 만성디스크 요통, 운동부족으로 인한 관절통증, 수술 후의 근력강화에 탁월한 효과를 보이는 자극기(그림 1-129)이며 사용목적은 다음과 같다.

① 정상적인 근육활동과 관계되는 물리적, 화학적 현상이 재현되어야 한다.

② 근육의 생리적활동, 회복을 촉진(근육발달)시키기 위함이다.
③ 혈액과 임파액의 순환·유지를 촉진한다.
④ 비정상적인 근경련을 감소시킨다.
⑤ 근육을 구성하는 단백질 성분의 감소를 방지한다.
⑥ 신경전류의 안정작용과 비만해소를 한다.

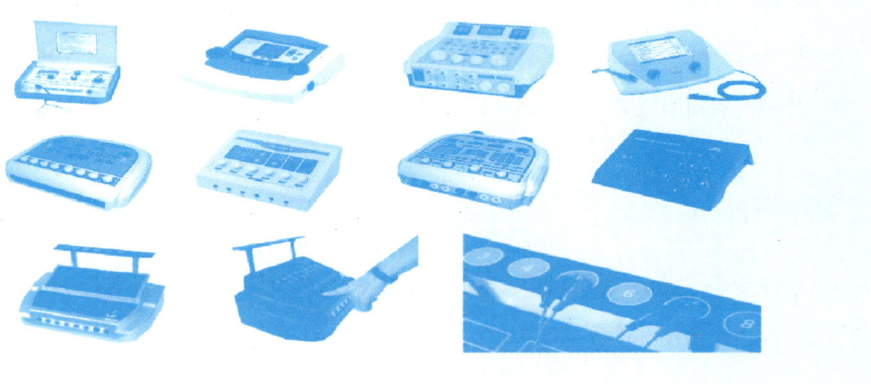

그림 1-129 • 개인용 컴퓨터 전기장 저주파 자극기(소형)

2. 컴퓨터 전기장 저주파 자극기의 특징

저주파 자극기는 컴퓨터 내의 메인보드 확장 슬롯 중의 하나인 PCI 슬롯에 삽입 가능한 인터페이스 카드(interface card)의 형태로 구성하여 공급전원은 물론 컴퓨터 해당 운영체계(O/S)에 장치(install)된 전용 제어 프로그램으로 다양한 자극 모드를 제어할 수 있다. 저주파 자극기의 접착 패드와 유선 연결 와이어를 컴퓨터 본체 뒤쪽의 PCI 카드 고정 브라켓(bracket)에 연결 잭을 구성함은 물론 컴퓨터 본체 앞쪽 프론트 패널(front panel)의 5.25인치 또는 3.5인치 드라이브 베이(drive bay)에 간단한 컨트롤 스위치와 접착 패드 연결 잭을 구성하여 컴퓨터 사용자가 전면에서 쉽게 연결하여 사용할 수 있는 것을 특징으로 한다.

(1) CPU에 의해 제어되는 자동 프로그램

디지털 제어에 의한 부드러운 자극의 표준파형 4종을 프로그램화 하였으며, 새로운 프로그램이나 S/W를 통하여 더 나은 기능을 저장, 사용할 수 있게 제작되었다. 간단하게 고정주파수 치료기능을 활용하여 순수 2,500/4,000/5,000[Hz]의 신호와 특정 주파수의 간섭파형의 치료기능도 내장하여 치료의 독립성과 주관성을 확보하기도 한다. 또한, 시간에 따른 고정 주파수의 변동도 스위프(sweep) 주파수와 스위프 시간을 활용하여 가능하게 하기도 한다.

(2) B/A 기능

일반적인 제품의 특성상 0.2[V] 단위로 증가, 감소하여 세밀한 조정이 필요할 때나 큰 조작이 필요할 때 이를 설정할 수 없었던 단점을 보완하기 위해 인코더(encoder) 푸시 버튼을 눌러 조정값을 증가 및 감소시킴으로써 인코더의 감도를 조절할 수 있도록 하였다.

(3) Touch 패널 적용

기존의 버튼방식을 탈피하여 전면 Touch 패널을 적용하여 한층 고급스럽고 편리함을 느낄 수 있도록 설계되었다.

3. 세부기능

Auto 말초질환, Auto 동통완화, Auto 다기능 복합치료, Auto 근위축, Auto 만성, Auto 순환증진, Auto 종합치료-부종, Auto 순환질환 등의 기능이 있다.

(1) Auto 말초질환

조직의 확산과정을 가속화하여 대사순환을 촉진해 통증과 염증, 전달물질의 분해, 림프관과 혈관의 평활근에 가역적이고, 부분적인 탈분극 유지로 혈관의 평활근이 수축(항 출혈효과)을 정맥혈과 림프액의 구심성 수축을 도움으로써 모세혈관 벽을 통한 조직액의 재흡수 증가와 항부종 효과를 얻으며 통증전달 신경섬유의 탈분극으로 통증전달을 차단하여 말초성 통증완화와 진통 효과를 얻을 수 있다.

(2) Auto 동통완화

감각섬유 자극에 의한 엔돌핀 방출과 반자극 효과에 의한 중추성 통증완화, 이것은 초기의 가역적인 교감신경계 활동의 증가 후 이어지는 혈관의 확장을 유도하고 동통의 대사물을 제거, 삼출물*들을 이동시키므로 동통완화에 주로 사용한다.

(3) Auto 다기능 복합치료

운동신경과 조직에 다양한 자극을 가함으로써 혈관확장을 유도하고 다양한 조직의 삼출물들에 활발한 펌프효과와 자극효과로 다양하게 분산된 치료부위에 사용할 때 주로 사용된다.

* 삼출물 : 삼출하여 주위의 조직 속으로 스며나간 혈액의 액체성분과 세포성분이다.

말초 교감신경섬유를 자극하여 교감신경 말단의 수용기를 활성화하므로 혈관의 수축과 손상조직으로의 혈류량을 감소시키고 모세혈관의 압력이 감소하여 모세혈관 벽을 통한 조직액의 재흡수가 증가된다. 이는 정맥혈관의 수축을 유도, 림프액의 구심성 수송을 증가시켜 혈관 외액의 감소, 즉 손상으로 인한 조직액들을 분해·이동시킨다. 작용 후 짧은 시간 내에 혈관수축이 감소하고 혈관이완이 다시 일어나므로 적절한 고정과 압박이 요구된다.

(4) Auto 근위축

경축의 탈차단, SPASM이 있는 근육군에 부드럽고 강력한 수축을 제공하여 근방추의 과도한 활동을 일으키는 주기를 파괴하여 정상적인 근육의 긴장력을 유지하도록 한다.

(5) Auto 만성

강력한 주파수와 출력의 역치를 조절하여 세포 안의 이온운동을 더욱 촉진하며 조직의 율동적인 흥분과 이완의 반복으로 조직 내의 충혈을 증가시킴으로써 세포막의 이온투과를 증가시킨다. 또한, 전기장애에 의한 내성을 최소화할 수 있다(다양한 변조).

(6) Auto 순환증진

이온의 미세 진동을 유도하여 혈관확장 및 대사증진, 순환증진으로 인한 산소, 항체 등의 공급이 원활해지고 효소활성 및 세포분열이 촉진되어 치유과정을 촉진한다. 건강한 사람의 건강증진이나 피로회복에도 유효하다.

(7) Auto 종합치료-부종

끈질긴 부종 및 내성으로 인한 전기치료의 감수성이 감소한 자의 환부에 유효하다.

(8) Auto 순환질환

골절로 인한 장기간의 고정이나 노인성 질환에 적용한다.

4. 기타 기능

안전장치로써 치료강도를 0부터 시작하도록 설정하여서 갑작스런 전류로 인한 쇼크를 방지하는 제로 스타트 방식이 있다. 또한 전류의 세기보다 큰 전류가 환부에 흐르는 것을 방지하는 과전류 방지회로를 사용한다. 음성기능을 내장하여 시작과 종료를 알리는 멜로디를 음성으

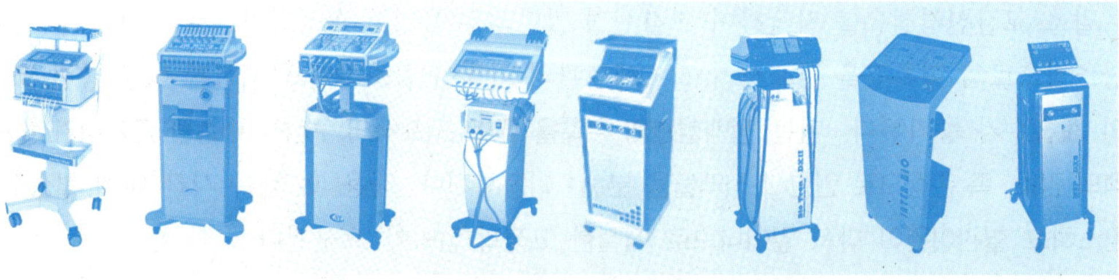

그림 1-130 • 시설용 컴퓨터 전기장 저주파 자극기(대형)

로 알려주기 때문에 기계의 동작상태를 신속히 알 수 있다(그림 1-130).

5. 사용금지나 사용중지가 필요한 경우

① 생리 중 또는 임신 중인 경우, 급성질환을 앓고 있는 경우는 금지한다.
② 악성종양을 갖고 있는 경우, 청각에 이상이 있는 경우는 금지한다.
③ 38[℃]이상의 고열이 있는 경우, 전염병을 앓고 있는 경우는 금지한다.
④ 피부가 민감하거나 정상상태가 아닌 경우는 금지한다.
⑤ 저혈압(60[mmHg] 이하)이나 고혈압(140[mmHg] 이상)이 있는 경우는 금지한다.
⑥ 심장부근, 머리, 얼굴, 입안, 생식기, 피부병이 있는 부위가 있을 경우는 금지한다.
⑦ 심장박동기 등의 이식형 전자장치를 가진 환자, 간질이 있는 경우는 금지한다.
⑧ 치료 후 치료부위에 이상이 있는 경우는 금지한다.

37 전기자극 치료기

중추신경계 장애가 있는 환자에게 주로 사용하여 감각인식(sensory awareness) 증가 및 수의적 조절의 효과를 얻으며 상지기능과 보행훈련에 적용한다.

1. 기능적 전기자극 치료기의 용도

기능적 전기자극에 의한 근육강화 훈련, 보행훈련, 운동치료, 통증치료에 사용한다.
① 4개의 독립된 채널 : 각 채널당 강도조절이 가능하다.
② 30여종의 효과가 입증된 치료 프로그램이 내장 : 19개의 프로그램은 Warming Up,

Stimulation, Cooling Down의 연속적인 단계로 이루어진다. 전기자극 치료기의 프로그램의 세부내용은 표 1-10과 같다.

표 1-10 • 전기자극 치료기의 프로그램

치료 프로그램	하부 프로그램
통증감소(Pain Relief)	급성(Acute), 아급성(Sub-Acute), 만성(Chronic) 관문조절/엔도르핀(Gate Control/Endorphins) Channel 1+2 : Gate Control/Channel, 3+4 : Endorphins
긴장성 근육(Hypertonic Muscle)	과긴장근(Hypertonic Musculature)
근위축증(Atrophy)	심각한 위축(Serious Atrophy), 경한 위축(Mild Atrophy) 위축 예방(Preventive Atrophy)
근육훈련(Muscle Training)	상지근 훈련(U/E Muscle Training) 하지근 훈련(L/E Muscle Training) * U/E(Upper Extremity), * L/E(Lower Extremity)
스포츠 단련(Sports)	지구력(Endurance), 근력(Power), 폭발적인 힘(Explosive Power), 저항(Resistance), 재생(Regeneration)
배뇨장애(Incontinence)	스트레스성 요실금 레벨 1, 2(Stress incontinence level 1, 2) 압력 요실금 유발(Pressure Induced Incontinence) 혼합된 요실금(Mixed Incontinence)
보행기능(Gait Pattern)	걸음걸이 개선(Improvement In Walking)
주동근/길항근(Agonist/Antagonist)	주동근/길항근
역동 마사지(Dynamic Massage)	고주파(High Frequency), 저주파(Low Frequency)
사용자 프로그램(User Program)	User 1, User 2, User 3, User 4

2. 기능적 전기자극 치료의 특징

기능적 전기자극은 마비된 근육에 적절한 전기자극을 순차적으로 가하여 주어진 기능을 수행하도록 하는 치료행위이다. 즉 근육을 움직이게 하는 전기자극을 주어 근육이 제 기능을 할 수 있도록 도와줄 뿐만 아니라 근육이 상부운동신경계와 단절된 뒤 나타나는 근위축을 방지하거나 지연시켜 근육의 기능이 퇴화하는 것을 막고 근육이 가지는 본래의 운동기능을 지속할 수 있도록 재교육하는 효과를 가진다(그림 1-131).

① **치료내용 기억** : 자주 사용하는 프로그램을 4개까지 생성, 저장, 단축할 수 있다.

② **동시치료 가능** : Gate control과 Endorphin release를 동시에 사용해서 치료가 가능하다. 원심성 신경, 구심성 신경섬유질(Efferent, Afferent Nerve Fibre)을 동시에 자극함으로써 근육을 자극함과 동시에 통증을 감소시킨다.

③ **편리한 사용방법** : 손에 쥐기가 편하고 작동방법이 용이하며 2개의 배터리가 제공되므로

1개를 사용하는 동안 다른 1개는 충전할 수 있다.

④ **적용범위** : 통증감소, 보행패턴 향상 및 주동근 치료, 스포츠 의학, 근육훈련, 긴장성근육치료, 근위축증, 다이내믹 마사지 등이 있다.

⑤ **선명한 LCD 화면** : 치료 진행상황을 명확하게 보여준다.

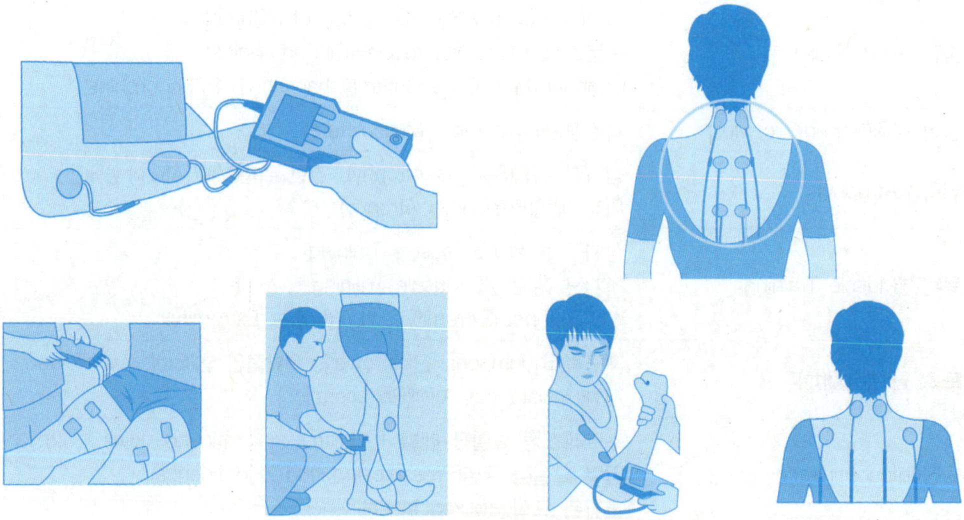

그림 1-131 • 전기자극 치료방법

3. 근전도 유발 기능적 전기자극 치료기

(1) 근전도 유발 기능적 전기자극 치료기의 용도 및 특징

기능적 전기자극 치료기로서 중추신경 마비로 인한 근육의 위축 및 과긴장 상태의 환자 등의 재활을 위하여 사용되는 전기치료기이다(그림 1-132).

그림 1-132 • 전기자극 치료기

① 전기자극부와 근전도부가 함께 설계되었다.
② 5가지 프로그램이 내장되어 있고, 다양한 파라미터를 적용할 수 있다.

환자의 자발적인 치료를 유도하고, 기능적 전기자극, 지속적인 전기자극, 바이오피드백, 기준치 이상의 레벨에서의 움직임을 통한 전기자극, 전기자극과 바이오피드백의 조합운동 등 수의적 운동을 유도하는 재활치료기이다. 4가지 프로그램의 예로서 표 1-11과 같다.

표 1-11 • 4가지 프로그램의 예

계속적인 자극	Continuous Stimulation
바이오피드백	Biofeedback
조합된 자극 / 바이오피드백 프로그램	Combined Stimulation / Biofeedback Program
자극 프로그램 / EMG Triggered	EMG Triggered / Stimulation Program

(2) 근육자극 프로그램

환자 스스로가 EMG 레벨 기준치 이상의 힘을 가했을 때 전기자극을 가하여 근육을 수축하도록 고안된 자극기로 기존의 기계의 힘에만 의존한 치료방식에서 벗어나 환자 스스로의 훈련을 가능하게 함으로써 최대의 치료효과를 가져오도록 한다.
① 개별적인 환자치료가 가능하다.
② 여러 가지 적응증에 치료효과 기대 : EMG Triggered에 의한 근조절 능력향상, 편측 마비 환자의 보행능력 향상, 중풍환자의 재활운동치료, 근수축예방 및 근력강화, 근육의 재교육, 근강직(근경련)이 감소한다.
③ 안정적인 이상파(biphasic impulse)를 사용한다.
④ 장비 시작과 동시에 자가 테스트 실시, 시각적 또는 청각적 피드백이 가능하다.

38 전동상지 재활치료기

페달을 스스로 돌리기 힘든 뇌졸중(중풍), 척수장애인의 상지를 모터에 의한 전동 또는 자신의 힘에 의한 능동 타입으로 운동시켜 주는 재활 운동치료기기이다(그림 1-133).

그림 1-133 • 전동상지 재활치료기

1. 전동상지 재활치료기의 용도

① 컴퓨터로 평가 및 치료 데이터를 출력할 수 있는 소프트웨어로 분석 가능하다.

② 속도, 저항, 시간, 방향 등을 설정할 수 있는 일반 모드, 강직을 대비한 경련제어 모드를 제공한다.

③ 각 모드에서 모터에 의한 수동운동과 자신의 힘에 의한 능동운동이 모두 가능하다.

2. 전동상지 재활치료기의 특징

① 전문가용 프로그램에는 Neuro, Ortho, Cadio 프로그램이 내장되어 있다(그림 1-134).

② 3가지 바이오피드백(biofeedback) 기능(Sym Lode, Sym Bar, Passive-Display)을 제공한다.

③ 심박동수, 속도, 저항치, 운동시간, 운동거리, 운동방향 등이 훈련(운동) 액정화면에 표시되어 환자들에게 운동에 대한 동기부여가 가능하며, 수동(passive) 운동 시 사용자의 저항 및 강직의 세기를 감지하고 모터 힘보다 강한 강직이 왔을 때는 이 결과에 따라 모터 힘이 자동으로 조정되는 기능, 경련제어 기능, 등속(isokinetic) 기능 등이 내장되어 있다.

또한 모터 힘과 회전수 자동제어 시스템이 있고 능동(active) 운동 시 좌/우 운동량이 [%]로 표시되며, 편마비 환자를 위한 보조운동기능, 심박동수에 의한 자동조절기능, 음성인식장치에 의한 정지 시스템, 재활치료 후 결과치 보고기능 또한 제공한다.

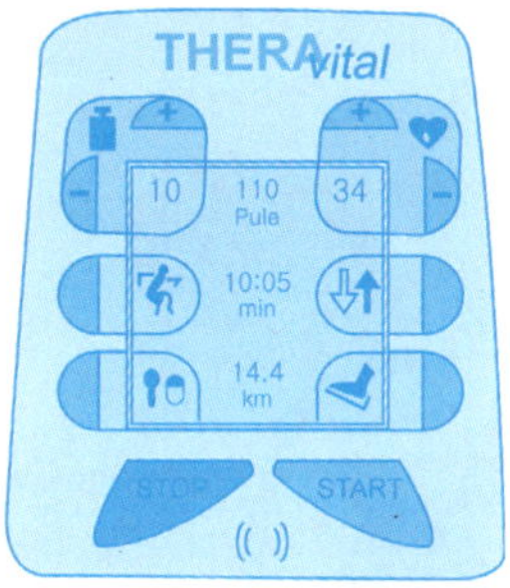

- 바이오피드백 치료선택 프로그램 조작기
  - ㉠ Neuro 프로그램
  - ㉡ Ortho 프로그램
  - ㉢ Cadio 프로그램

그림 1-134 • 바이오피드백

- 3가지 바이오피드백 기능의 예

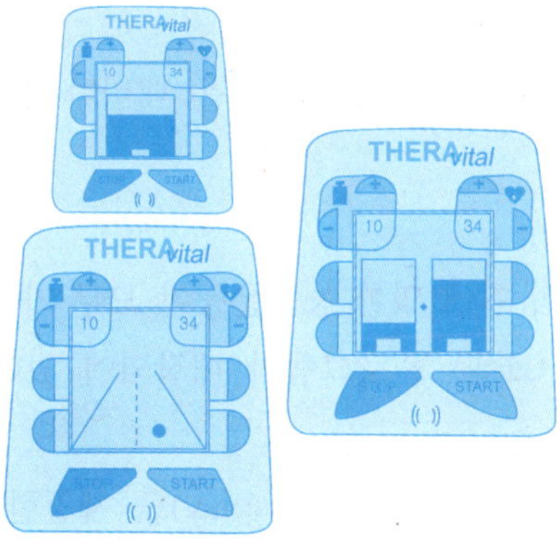

- ㉠ Sym Lode : 좌 · 우측 기능 사용
- ㉡ Sym Bar : 좌측 또는 우측 기능 사용
- ㉢ Passive-Display : 수동 모드로 사용

그림 1-135 • 3가지 바이오피드백

39 전동하지 재활훈련기

페달을 스스로 돌리기 힘든 뇌졸중(중풍), 척수장애인의 하지를 모터에 의한 전동 또는 자신의 힘에 의한 능동 타입으로 운동시켜 주는 **재활 운동치료기기**이다(그림 1-136).

① **속도**(speed), **저항**(resistance), **시간**(time), **방향**(direction) 등을 설정할 수 있는 일반 모드, 강직을 대비한 **경련제어 모드**가 있다.

② 각 모드에서 모터에 의한 **수동**(passive)운동과 자신의 힘에 의한 **능동**(active)운동이 모두 가능하다.

③ 특 징

㉠ 컴퓨터로 평가 및 치료 데이터를 출력할 수 있는 소프트웨어로 분석 가능하다.

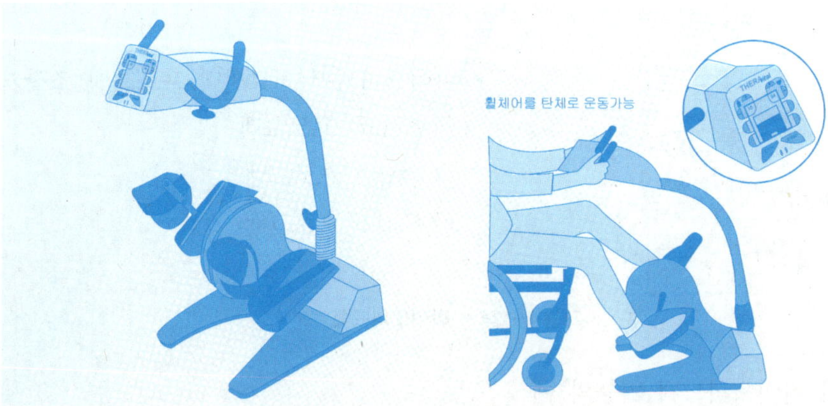

그림 1-136 • 전동하지 재활훈련기

ⓛ 속도, 저항, 시간, 방향 등을 설정할 수 있는 일반 모드, 강직을 대비한 경련제어 모드를 제공한다.

ⓒ 등속(isokinetic) 치료기능이 내장되어 있다.

ⓔ 각 모드에서 모터에 의한 수동운동과 자신의 힘에 의한 능동운동이 모두 가능하다.

ⓜ 전문가용 프로그램 내장 : Neuro, Ortho, Cadio 프로그램이 내장되어 있다(그림 1-137).

ⓑ 3가지 바이오피드백 기능(Sym Lode, Sym Bar, Passive-Display)을 제공한다.

ⓢ 심박동수, 속도, 저항치, 운동시간, 운동거리, 운동방향 등이 훈련(운동) 액정화면에 표시되어 환자들에게 운동에 대한 동기부여가 가능하다.

ⓞ 수동운동 시 사용자의 저항 및 강직의 세기를 감지하고 모터 힘 보다 강한 강직이 왔을 때는 이 결과에 따라 모터 힘이 자동으로 조정되는 기능이 가능하다.

ⓩ 경련제어 기능, 모터 힘과 회전수 자동제어장치, 능동운동 시 좌/우 운동량이 [%]로 표시되며, 편마비 환자를 위한 보조운동 기능, 심박동수에 의한 자동조절기능, 음성인식장치에 의한 정지 시스템이 제공된다.

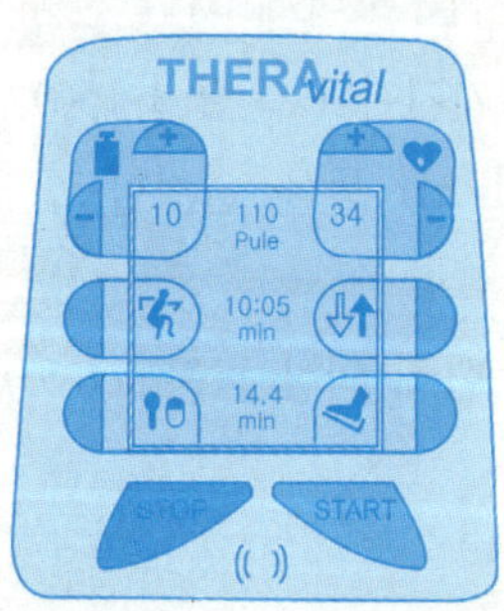

• 바이오피드백 치료선택 프로그램 조작기

㉠ Neuro 프로그램

ⓛ Ortho 프로그램

ⓒ Cadio 프로그램

그림 1-137 • 바이오피드백

④ 3가지 바이오피드백 기능은 그림 1-138과 같다.

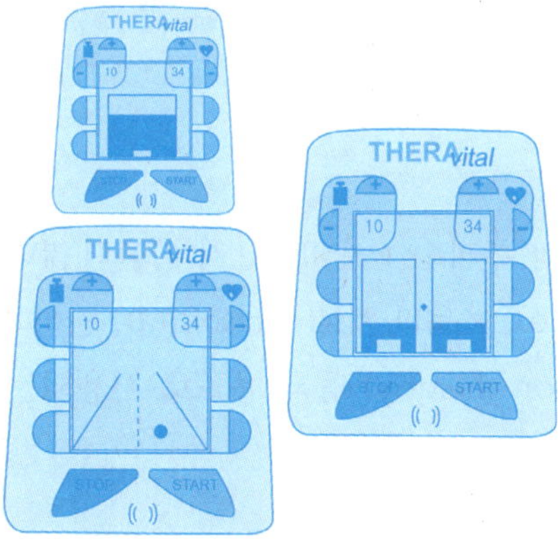

㉠ Sym Lode : 좌 · 우측 기능 사용
㉡ Sym Bar : 좌측 또는 우측 기능 사용
㉢ Passive-Display : 수동 모드로 사용

그림 1-138 • 3가지 바이오피드백

40 정형용 견인장치

디지털 회로로 설계되어 조작이 간단하고 스피드 조절이 있어 안전하고 편리한 기기이다. 최대 견인력뿐만 아니라 최소 유지력 조절도 가능하다. 견인속도를 빠르게 혹은 느리게 조절할 수 있다. 디지털 방식으로 실제 견인력이 표시되므로 정확한 견인을 한다. 현재 기기의 작동상태를 확인할 수 있으며 오동작이나 고장 시 경보음이 울린다. 사용했던 프로그램의 메모리 기능이 탑재되어 있다(그림 1-139).

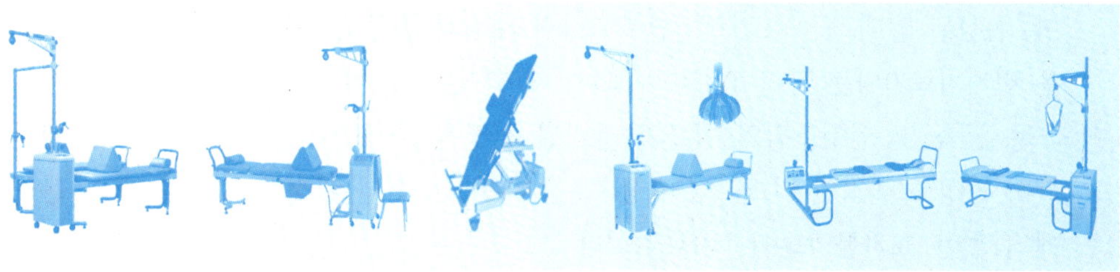

그림 1-139 • 정형용 견인장치

41 종합 전기치료기

1. 종합 전기치료기의 용도

최고 출력 80~140[mA], 다양한 파형의 전기자극과 주파수 1/3[MHz], 최대 출력 3[W/cm^2]의 초음파를 인체에 인가하여 **저주파 치료**(low sound), **초음파 치료**(ultrasound), **간섭파 치료**(ICT), **경피신경자극치료**(TENS), **조합치료**(combination therapy) 등의 용도로 사용되는 **종합 전기자극 치료기**이다(그림 1-140, 그림 1-141).

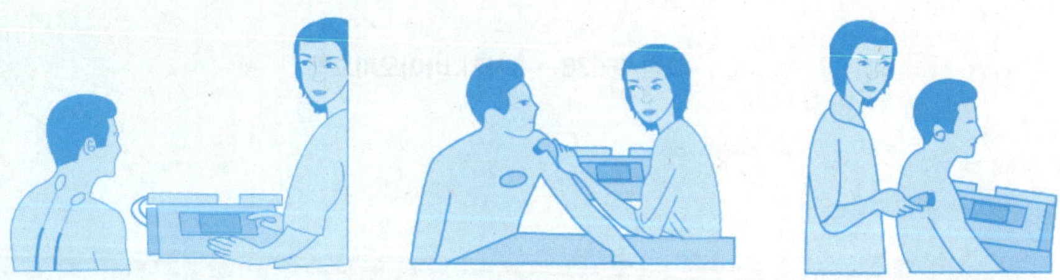

(a) 전기치료 (b) 조합치료 (c) 초음파 치료

그림 1-140 • 종합 전기치료 장면

① 하나의 장치에서 두 기능을 실시간 동시로 조합하여 조합치료가 가능하다.

예 Electrotherapy+Ultrasound Therapy : 전기치료+초음파 치료

② **전기치료, 전리요법, 초음파 ICT**(Electrotherapy, Iontophoresis, Ultrasound) **등의 치료방법** : 신경 및 근막의 전기적 흥분성을 지배하는 3가지(강도, 기간, 속도)인자에 의해 근육의 자극조건이 결정되므로 인체부위별 보상치를 각각의 프로그램별로 자동 설정하며, 손상된 인대, 근육, 건 등 연부조직의 재생과 통증제거를 위해 지금까지 이용되어 온 전기치료기와는 달리 컴퓨터에 의해 제어되는 전기파가 인체조직에 대한 세포 통신으로 근육 및 연부조직의 치유와 마비된 신경을 자극하여 급, 만성 통증을 제거하며 특히 만성 고질적인 디스크성 요통, 운동부족으로 인한 관절통증, 수술 후의 근력강화에 탁월한 효과를 보이는 치료기이다.

③ Unidirectional, Diadynamic, Interferential, TENS, NMES Current 등의 25가지 파형 프로그램이 제공된다.

파 형	파형명	파 형	파형명
	Direct Current(직류)		회전 벡터와 동시에 4극 간섭파
	Rectangular		TENS Asymmetric
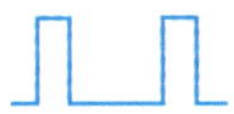	2~5Point(포인트)		TENS 비대칭 교대
	Triangular (삼각의)		TENS 대칭
	Medium (중간)	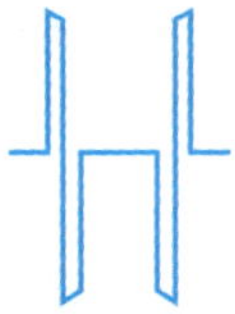	TENS 대칭 교대
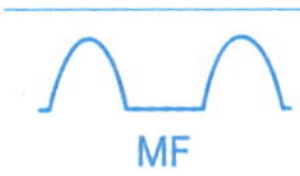	MF	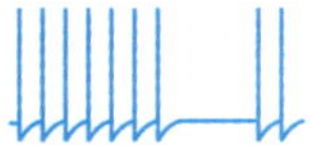	TENS-Burst (파열)
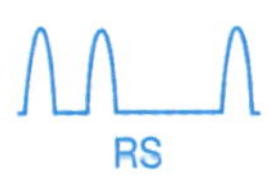	RS	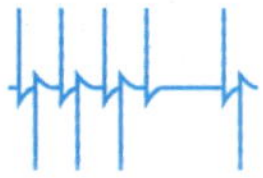	TENS-Burst Alternating (교차 파열)
	DF		Rectangular Surge (직각 서지)
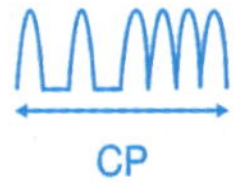	CP		Triangular Surge (삼각 서지)
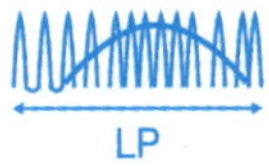	LP	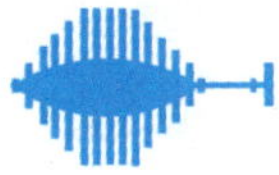	Medium Frequency Surge (중간 주파수 서지)
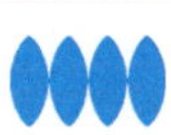	2극 간섭파	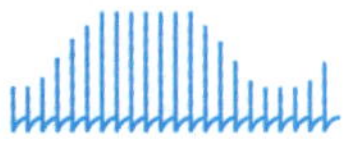	TENS Surge
	4극 간섭파	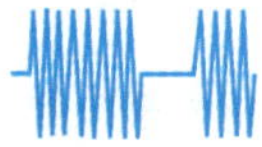	Russian Stimulation
			Intrapulse Interval Surge

그림 1-141 • 종합 전기치료기의 파형

2. 종합 전기치료기의 특징

전기치료의 6가지 치료목적 범주를 제시하고 이를 선택하게 함으로써 최적의 치료성과를 도출한다. 근육자극에 대한 어드바이스 기능이 내장되어 있어서 치료사의 적용력을 높여주고 기기사용을 용이하게 한다.

① 선택된 파라미터와 전류 모양을 설명하기 위한 도움말 기능이 있다.
② 시작지점(trigger point)을 찾아준다.
③ 500개의 새로운 치료 프로그램 저장키를 이용하여 저장할 수 있다.
④ 조합된 각 채널의 치료방법을 조정하기 위한 개별적인 노브 및 채널 변환 버튼을 사용한다.
⑤ 실행되는 치료 프로그램을 위한 광범위한 선택변수를 사용할 수 있다.
⑥ 치료방법의 신속한 전환을 위한 다양한 버튼이 있다.
⑦ 치료 중에는 펄스 시간과 진동수, 자극시간, 휴지시간, 극성, 치료시간 등을 표시해 주는 넓고 선명한 디스플레이 화면으로 되어 있다.
⑧ 1/3[MHz] 멀티주파수를 가진 초음파 헤드로 부착되어 있다.
⑨ 초음파 효율 주기(duty cycle)를 6가지로 조절하여 사용할 수 있다.

3. 장비구성

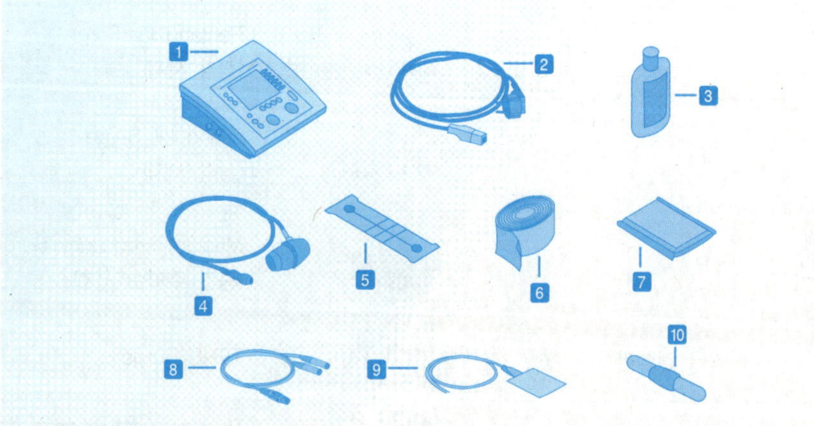

그림 1-142 • 종합 전기치료기 부속 장비

1 Combi 200 § 3.1
2 전원 코드(Power Cord)
3 접촉 젤(Contact Gel)

4 초음파 헤드
5 VAS 스코어 카드
6 Elastic Fixation Straps(4Piece, 2Pieces)
7 EL Sponges For Rubber Electrode 4Pieces
8 고무전극(Rubber Electrodes)
9 Two-ply Electode Cable
10 Test Connector

4. 적응증

어떠한 약제나 수술 따위에 의하여 치료효과가 기대되는 병이나 증상이다(표 1-12).

표 1-12 • 적응증 유형

적응증	원 명	적응증	원 명
말단청색증	Acrocyanosis	동맥경화증	Arterios Clerosis
관절통	Arthralgia	관절증	Arthrosis
위축증	Atrophy	상완통	Brachialgia
버거씨병	Burger	활액낭염	Bursitis
봉와직염	Cellulitis	경완통	Cervicobrachialgia
두경부증후군	Cervicoceph Syndrome	구축	Contractures
변형성 고관절증	Coxarthrosis	욕창	Decubitus
월경불순	Dysmenorrhoea	부종	Edoma
상과염	Epicondylitis	골절	Fractures
오십견	Frozenshoulder	슬관절증	Gonarthrosis
대상포진	Herpes zoster	요통	Low Back Pain
요통의 일종	Lumbalgia	환상통	Phantom Pain
근막, 트리거 포인트	Myofasc, Trigger Pointer	수술 후 통증	Post Surgical Sain
외상 후 위축증	Posttraum Dystrophy	레이노병	Raynaud
좌골신경통	Sciatica	경련	Spasticity
염좌	Sprain	슈텍위축증	Sudeck's Dystrophy
건염	Tendinitis	하퇴궤양	Ulcus Cruris

42 척추교정기

굽은 등, 척추측만증, 골반불균형, 전신체형 불균형 등의 치료에 사용되는 장비이다. 척추교정에 사용되는 장비로는 정형외과에서 허리질환에 사용하는 견인치료기와 척추측만증, 척추전만증, 척추후만증 등에 사용되는 카이로프락틱 척추교정 방법 등이 있다. 그림 1-143은 각종 보조기는 허리질환과 수술 후 척추보호와 교정효과를 볼 수 있는 보조장비이다.

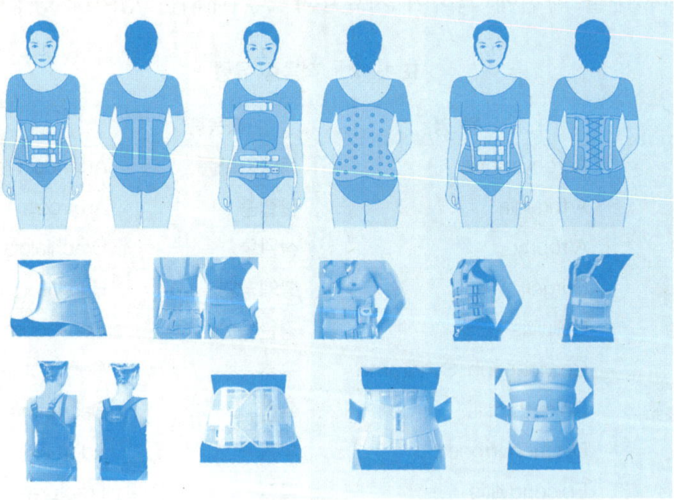

그림 1-143 • 흉, 요추, 척추요추, 코르셋

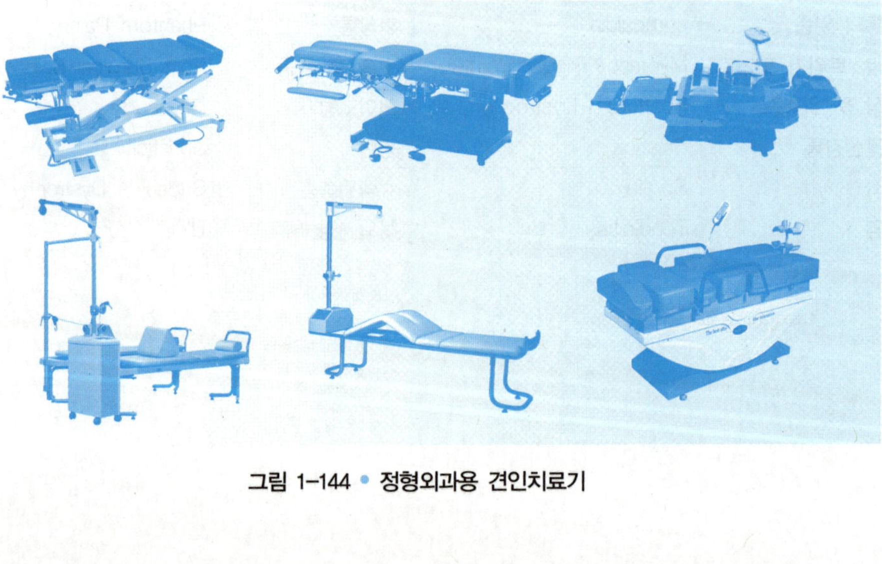

그림 1-144 • 정형외과용 견인치료기

견인치료기는 정형외과에 사용하는 척추교정 장비로서 디스크 질환에 사용되며 견인치료 시 척추 정렬에 효과가 있다(그림 1-144).

① 척추의 자세이상 등을 부정렬 상태에서 발생되는 질환을 치료하기 위해 우선, 환자의 척추관절 각도를 분석하여 치료각도를 산출하고 그 다음, 근육의 생체전기신호를 측정, 분석하여 근육의 상태와 기능을 파악하고 그 결과를 정량적 수치로 제어시스템에 실시간으로 제공한다. 최근의 **치료기**는 3D **무중력 감압 시스템을 이용하여** 보다 **정밀한 치료가 가능해졌다.**

② 디스크 정상 복원치료를 목적으로 많은 전문가들이 수년간에 걸쳐 정립한 획기적인 디스크 치료법이 있다.

③ IDD Therapy(Intervertebral Differential Dynamics Therapy)는 **이 치료법은 무중력 디스크 감압치료기**(Accu-SPINATM)로 **척추교정 치료기로 구현**된다. 안전할 뿐만 아니라, 편안하고 안락한 치료법인 IDD Therapy는 진통제도 사용하지 않고 비수술적이다. **무중력 디스크 감압치료기**는 DRS(Descending Rectal Septum)에서 입증된 효과를 증대시킨 장비이다.

43 초욕 치료기

그림 1-145 • 초욕 치료기

초욕 치료기(paraffin bath)는 파라핀과 미네랄 오일을 혼합하여 녹인 파라핀에 환부를 담가 치료하는 방법으로 **전도열을 이용한 치료법**이다. 손이나 발 또는 팔이나 다리 등을 통에 담그거나 붓으로 치료부위에 적용하는 방법이 있다. 수치료에 사용되고 있는 다른 물질에 비해 **초는 비교적 융점이 높고 열전도율이 낮기 때문에 국소열 적용에 효과적**이다.

① 경직된 관절, 오래된 염좌, 관절염, 좌상, **점액낭염**, 통증이 심한 족부, **류마티스성 비후**,

동상, 건초염, 섬유조직염 등에 효과적이다.

② 온도감각의 장애, 피부감염, 반막과 반흔, 말초혈관의 질환, 개방된 상처, 노약자나 쇠약자 등의 경우엔 악영향을 미칠 수 있다.

1. 특 징

온도와 피부충혈이 약 30분 이상 지속되므로 다른 국소열에 비해 지속시간이 길어서 더 효과적이고, 국소 온도의 상승이 일어나고 피부가 부드럽고 연해지고 유연해지며 습기에 의해 촉촉한 상태를 유지시킨다. 또 일차적으로 피부에 전도열 형태로 열이 전달되나 열의 전도율이 낮기 때문에 서서히 지속적으로 열의 전도가 이루어지며 피막이 형성됨과 동시에 심한 발한이 일어나므로 피부의 화상이 예방된다.

2. 적용방법

① 초와 미네랄 오일을 약 7 : 1비율로 혼합하여 초의 융점을 낮춘다.

② 녹은 초속에 치료부위를 6~12회 정도 담갔다가 빼내게 하여 초의 막이 환부에 생성되도록 한다.

③ 치료온도는 122~130[°F](57.1~54.5[℃])이고 15~40분 정도 적용시킨다.

44 초음파 자극기

초음파와 저주파의 조합에 의해 저강도 저전류로 효과적 자극이 가능하다. 초음파의 열적 효과와 전기자극 질환별로 심부조직(1[MHz])과 표재조직(3[MHz])에 대한 선택적 사용이 용이하다. 자동추적 발진회로를 사용하여 항시 안정된 출력을 진동자에 전달한다(그림 1-146).

그림 1-146 • 초음파 자극기(일반용)

초음파는 본질적으로는 가청주파수 범위의 음파와 성질이 같으나, 주파수가 높아 파장이 짧기 때문에 상당히 강한 진동이 생기므로 보통의 소리에서는 볼 수 없는 성질을 나타낸다(그림 1-147).

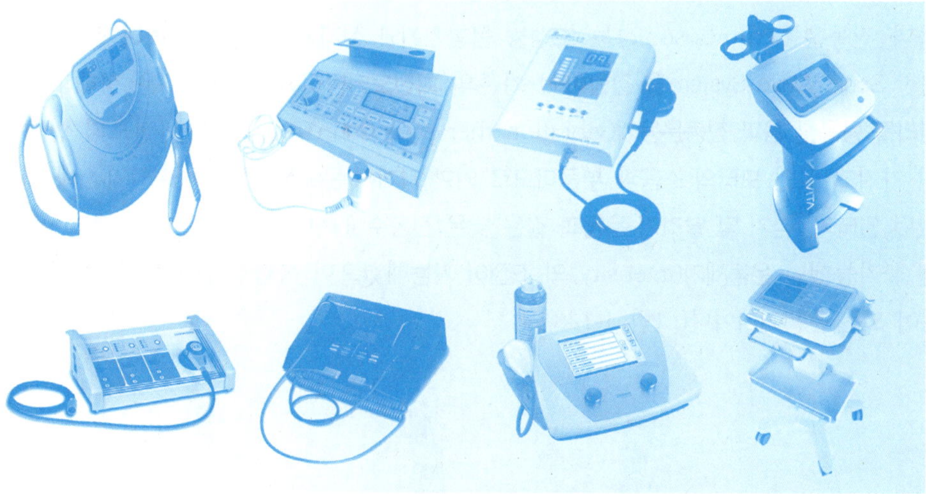

그림 1-147 • 초음파 자극기(전문가용)

예 진로가 방향성을 가지면서 짧은 펄스가 나오게 되는 것인데, 박쥐가 어두운 밤에 가느다란 물체까지 식별하는 것은 몸에서 초음파를 나오게 하여 장애물에 비추어 그 반사파를 감지하는 능력을 가졌기 때문이다. 또한, 수심을 측정하는 소나(Sound Navigation And Ranging : SONAR), 어군탐지기의 원리도 같으며, 물질에 의한 흡수도나 물질 중에서 전파속도의 차이를 측정하여 구조물 내의 손상을 찾아내는 초음파 탐상기나 초음파 진단기 등도 초음파의 특징을 이용한 것이다.

주파수가 특히 높은 극초음파(極超音波)는 매질분자의 진동의 주파수와 같은 크기의 주파수를 가진 것이므로, 물체 속에서 초음파의 전파속도나 흡수되는 방향을 조사함으로써 분자의 회전이나 진동의 주파수 등, 물질구조를 해명하는 방법으로 사용되며 초음파의 또 다른 특징은 물질을 흔드는 힘이 강하다. 이러한 복합적인 원리를 이용한 것이 초음파 자극기(ultrasound stimulator)이다. 조직 심부에 온열을 발생시켜 연골에 자극을 주며, 진동작용을 통하여 근육에 마사지 효과를 보인다. 물리치료쪽에서 주로 사용된다.

45 음파 진동운동기

음파 진동운동기(turbosonic)는 고성능 음향기기와 신자기회로를 채택하여 정밀 수직운동이 가능한 Sonic Wave System을 결합하여 기존의 회전모터방식이 아닌 새로운 형태의 스피커 진동원리를 응용한 음파 진동운동기(vibration therapy system)로 기존의 회전모터 방식의 제품들이 가지고 있던 모터의 소음과 부품마모로 인한 기계적 문제점을 제거하고, 기존에 적용할 수 없었던 말타기, 걷기 및 달리기 운동과 같은 낮은 진동수 [Hz]에서의 운동이 될 뿐만 아니라, 기존에 불가능했던 운동세기(intensity)의 조절이 가능해졌으며 복합진동이 아닌 정밀한 수직진동 운동이 되는 운동기기이다(그림 1-148).

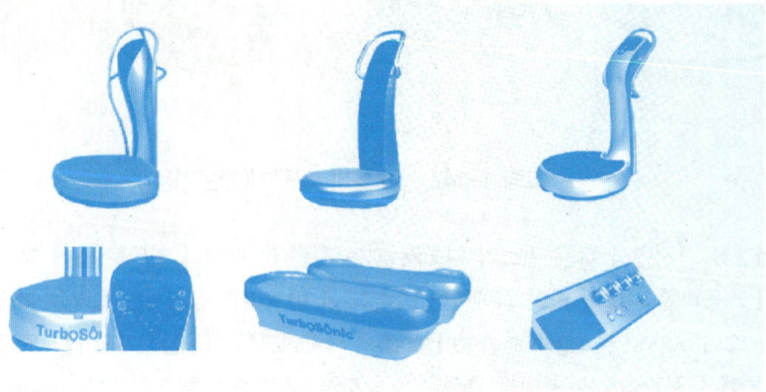

그림 1-148 • 음파 진동운동기

음파 진동운동기의 성능은 표 1-13과 같다.

표 1-13 • 음파 진동운동기의 성능

Fitness/Health	Aesthetic(Body Line)	Rehabilitation & Silver
놀라운 스트레칭 효과	셀룰라이트 제거 및 생성억제	골다공증 예방 및 골밀도 증가
유연성과 관절의 가동성 증가	내장운동 촉진, 균형있는 체형관리	근골격계 질환의 개선 및 예방
순발력, 근력, 근지구력 강화	약해진 근육과 피부의 탄력성 증가	통증완화 및 감소
혈액순환개선 및 증진	근육운동을 통한 체지방을 감소	근 손상 없이 근력을 강화
성장 호르몬 증가	기초대사량 증가	폐경기 여성 및 노인성 질환에 도움
스트레스 호르몬 감소	유산소 운동과 무산소 운동 병행	환자의 회복과 재활에 도움
	노화방지에 도움	

46 초음파 치료기

초음파 치료는 음파를 발생하는 기구를 피부에 접촉하여 음파가 조직 내에서 열에너지로 전환되는 것을 이용하여 심부조직을 치료하는 것이다. 초음파 치료는 음파와 근육, 골조직, 인대, 연골 및 지방조직의 상호작용을 포함하며, 골조직과 연부조직 경계면에서 가장 높은 온도의 상승이 일어나고, 초음파를 통한 온열자극 및 통증완화, 염증감소 효과가 있다(그림 1-149).

그림 1-149 • 초음파 치료기

초음파 치료기(ultrasonic treatment machine)의 용도 및 특징은 다음과 같다.

① 1/3[MHz] 멀티주파수를 가진 헤드가 있다.
② 경량, 방수, 유해방사, 안전, 절연된 헤드가 있다.
③ 치료목적과 적응증 리스트를 포함한다.
④ 더욱 넓어진 LCD 모니터로 치료를 극대화했다.
⑤ 인간공학적 조작 패널을 사용한다.
⑥ 정확한 강도조절을 위한 손잡이가 있다.
⑦ 다양한 기능을 조작하기 위한 버튼 기능이 있다.
⑧ 20가지 자유로운 메모리 주소가 있다.
⑨ 지속적이고 펄스화된 초음파 치료법(continuous and pulsed ultrasound therapy)을 적용한다(그림 1-150).

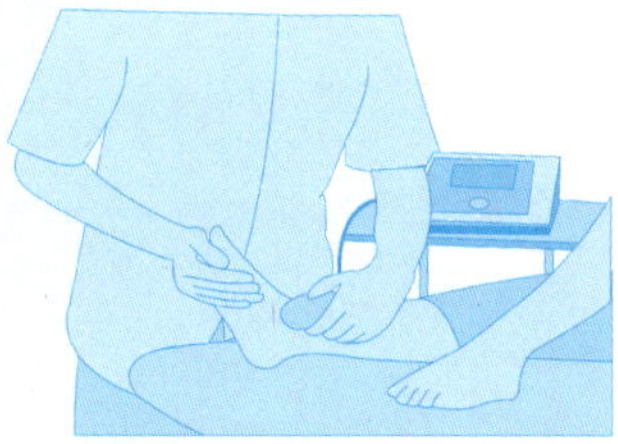

그림 1-150 • 초음파 치료장면

초음파 치료기는 압전 세라믹을 사용한다. 압전 세라믹은 압력에 의해 전기(전압)가 발생하고, 역으로 전기(전압)를 주었을 때 기계적인 힘(진동)으로 상호 변환하는 기능성 재료이다.

예 우리가 각 가정에서 사용하는 가스레인지의 경우 가스레인지 점화 시 스위치 레버를 왼쪽으로 돌릴 때 작은 충격에 의해 압전 플러그에 힘이 가해져 2만[V]의 고전압이 발생되며, 이 고전압이 금속과 방전하여 생긴 스파크에 의해 가스를 점화시킨다.

이것은 전자, 즉 기계적인 힘에 의해 전기적인 힘으로 변환되는 원리를 이용한 것이다. 또한, 가습기는 40~50[V]의 전압을 가할 시에 1초에 170만 번의 작은 진동(물리적인 힘)이 발생되며, 이 물리적인 작은 진동이 물을 수[μm]의 작은 입자로 쪼개어 분사시킨다. 이것은 전기를 주었을 때 기계적인 힘으로 변환되는 원리를 이용한 것이며, 초음파 치료기도 이러한 원리를 이용하여 만든 제품이다.

압전 세라믹은 이러한 에너지 상호변환율(기계 ↔ 전기)이 70[%]에 달하며, 지구상에 존재하는 물질 중 아주 미약한 힘이지만 에너지 변환의 일종이며 효율적 측면에서 이러한 고효율의 재료는 없다고 할 수 있는 기능성 재료이다.

초음파 치료기는 대부분 1초에 백만 번 진동(1[MHz])을 하지만 실제 초음파는 저주파 진동과 혼동되고, 또한 사람이 전혀 느낄 수 없기에 사실여부를 의심하는 사람이 대부분이다. 1초에 한번 움직이는 것을 1[Hz]라고 하며 1[kHz]=1,000[Hz], 1[MHz]=1000[kHz]이므로 1[MHz]=100만[Hz]이다.

예 잔잔한 연못에 돌을 던질 경우 수면에 파동이 생겨 수면 위로 번져나가는 것을 [Hz]로 나타낼 때 1초 만에 한 번이면 1[Hz]이며 백만[Hz]는 큰 파동이다. 따라서 초음파 치료기는 아주 작은 물리적인 진동이지만 그 진동의 횟수가 높고 진동과 진동 간의 간격이 없어 피부 속으로 깊숙이 물리적 진동이 전달되기 때문에 통증완화 치료에 상당한 효능이 있다.

초음파 치료기 사용 시 치료감을 거의 느끼지 못하기 때문에 너무 강하게 오랜시간 한 부위에 집중치료하는 것은 좋지 않으며, 초음파 치료의 금기사항으로는 뇌, 눈, 생식기주위, 자궁, 인공심박기 부위, 척추궁절제 수술부위, 악성종양, 미성숙된 뼈, 골시멘트 수술부위 등에 직접치료해서는 안된다.

제 2 장

재활 · 물리치료 관련 해외의료기기

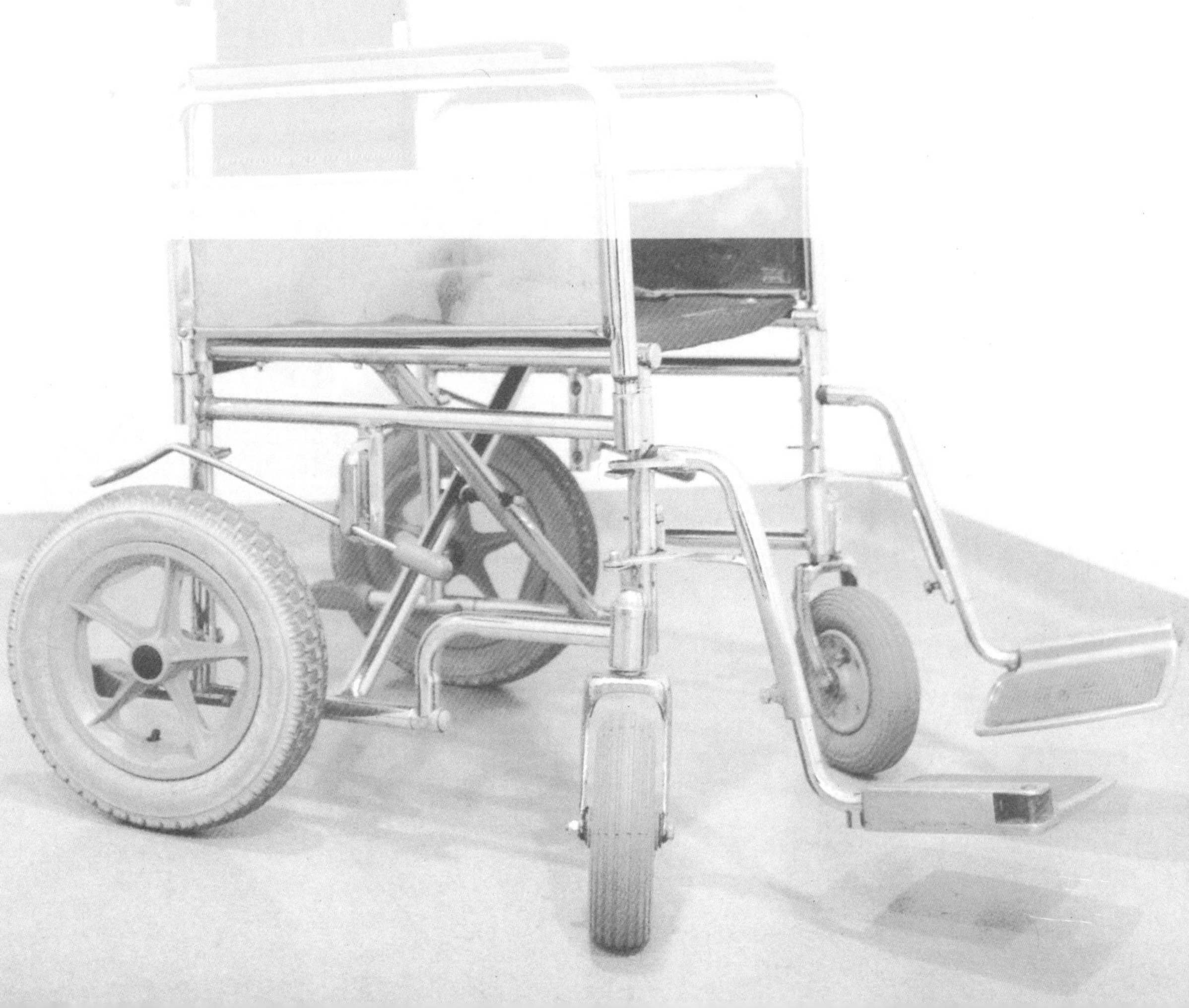

01 두뇌제어 보철장치

새로운 미국 연구센터의 연구자들은 두뇌에 의해서 제어되고, 다시 뇌로 신호를 전송할 수 있는 보철장치의 개발을 목표로 하고 있다. 국립과학재단은 워싱턴대학에 있는 감각운동 신경공학 연구센터에 1,850만 달러를 지원할 것을 발표하였다. 이 센터는 신경 시스템과 상호작용하고, 지원하며, 이해할 수 있는 로봇 기기를 개발할 예정이다.'라고 워싱턴대학 컴퓨터과학 및 공학과 Yoky Matsuoka 교수가 말했다. 그리고 '이것은 로봇공학, 신경과학, 전기기계 기기 및 컴퓨터 과학을 결합하여 사람들의 감각하고 움직이는 능력을 복원 또는 증가시킬 수 있도록 만들어 줄 것이다.'라고 했다(그림 2-1).

그림 2-1 • 두뇌제어 보철장치

① 연구자들은 팔을 절단한 사람, 척추신경 손상을 가진 환자 및 뇌성마비, 뇌졸중, 파킨슨병이나 고령화에 따른 신경장애를 가진 사람들을 위해 이 기술을 개발할 것이다. "우리는 이미 신경 시스템과 인터페이스하는 칩을 구현하였으며, 이 정보에 기초하여 오른쪽 근육이 자극을 받는 것을 보았다. 그래서 올림픽에서 경쟁할 만큼 충분히 빠른 기계적인 하지관절의 보철을 얻을 수 있게 되었다."라고 Matsuoka가 말했다. 그리고 "우리 센터는 더 유연하고 제어할 수 있는 이러한 기기들에서 주어지는 감각 및 신경 피드백을 사용하게 될 것이다."라고 했다.

② 워싱턴대학의 과학자들은 MIT를 포함한 파트너들과 함께 신체의 신경신호에 대한 수학적 분석, 임플란트되거나 착용할 수 있는 보철기기들의 디자인 및 테스트, 새로운 로봇 시스템을 개발하게 될 것이다.

③ 초기 시스템들은 두뇌신호를 재배치하기 위한 재활운동과 운동제어를 회복시키도록 돕는 원거리 또는 착용형 기기를 포함하고 있다. 궁극적으로, 연구자들은 두뇌신호에 의해서

제어되는 임플란트 가능한 보철을 개발하기를 바라고 있다.

④ 착용자가 정보를 서로 주고 받으면서 환경과 반응할 수 있는 센서를 포함하기를 바라고 있다. 즉, 신체의 신체 시스템에 실제로 통합되는 로봇 시스템을 만드는 것이다.

02 로봇 휠체어

1. 두뇌제어 로봇 휠체어 특징 및 기능

로봇 휠체어가 인공지능을 가진 뇌제어로 결합되어 생각만으로도 사람을 좀 더 쉽게 활동하게 도움을 주고 있다. 'Shared Control'이라는 이 접근방식은 원시적인 뇌신호를 복잡한 명령체제로 변환함으로서 보행장애자에게 새로운 이동성을 제공하고 있다. 로잔에 있는 연방기술연구소에서 개발된 휠체어는 "왼쪽으로 가라"라는 단순한 명령어를 이해하고 움직이는 소프트웨어 기능을 가지고 있으며 이 소프트웨어는 테이블 같은 특별한 물체로 이동하는 것도 가능하다(그림 2-2).

그림 2-2 • 인공지능 로봇 휠체어

① 여러 기술들이 뇌, 근육, 신경으로부터 신호를 캡쳐하여 환자들이 컴퓨터와 인공기기, 전자기기를 제어하게 한다. 그 중에 뇌파(Electroencephalography : EEG)는 보행장애자에게 컴퓨터와 휠체어를 제어하게 하는 새롭게 등장하는 기술이다.

② 사용자는 스컬캡을 입고 5일 동안 하루 몇 시간의 사용 교육이 필요하다. 환자들은 몸 일

부를 움직이는 상상에 의해서 휠체어를 쉽게 제어한다.

예 왼손 이동을 상상하면 휠체어는 왼쪽으로 전환한다. 명령어는 산술계산 같은 특수한 지적인 활동도 할 수 있다. 그러나 EEG는 정확성에 제한을 가지고 있고 극소수의 명령어만 수행하는 단점이 있다.

③ 프로젝트를 이끄는 연구소의 뇌-기계 인터페이스 이사인 조세 델 밀란은 "어수선한 환경에서 휠체어를 제어할 때 지적 행동의 유지는 매우 피곤한 일이다. 사람들은 장기간 동안 지적 제어수준을 유지할 수 없다"라고 언급했다. 요구되는 집중작업도 역시 컴퓨터에게 해석을 어렵게 하는 잡음신호를 만들고 있다.

④ 환자가 지속적으로 휠체어를 앞으로 움직이라는 명령을 할 필요가 없기 때문에 공유된 제어가 이 문제를 해결하고 있다. 명령을 한번 내리면 소프트웨어가 자연스럽게 모든 것을 처리하기 때문이다.

⑤ 휠체어는 장애물을 탐지하고 피하는 것을 도와주는 두 개의 웹 캠이 장착되어 있어서 목표물로 이동 시 장애물에 근접하면 소프트웨어는 이동 무시 명령을 내려 물체 앞에 멈추게 한다.

⑥ 밀란의 프로토타입에는 16개 전극이 사용자의 뇌활동을 모니터링하며 아직까지는 장애지체자 대상으로 시험은 하지 않고 있다.

⑦ 얼스터 대학의 뇌-컴퓨터 인터페이스 기술 그룹 연구원 다미언 코일은 EEG 신호는 늦고 작동하기 까다롭다. 이런 이유로 많은 연구원들이 공유제어를 연구하고 있으며 밀란의 이번 프로젝트는 상용화에 좋은 사례가 되고 있다.

⑧ 공유제어가 많을수록 뇌-컴퓨터 인터페이스가 좋고 더 빨리 한 장소에서 다른 장소로 이동할 수 있다"라고 언급했다.

⑨ 밀란의 연구팀은 자동적으로 탁자나 책상에 도달하는 스마트한 휠체어를 만들기 위해서 물체인식능력을 개발 중이다.

2. 두뇌로 제어하는 휠체어 장착 로봇 팔 개발

사우스플로리다대학교(University of South Florida)의 연구진들이 사용자의 뇌파를 읽고 명령대로 움직이는 로봇 팔을 개발했다. 휠체어에 장착하는 이 로봇 팔(WMRA)은 장애우들의 삶의 질을 개선하는데 큰 도움이 될 것을 발표하였다. 이 로봇 팔에는 3D 조이스틱, 키패드, 터치스크린 등 최신기술까지 더해졌다. 그러나 이 로봇 팔에서 가장 혁명적인 최신 장치는 바로 두뇌 컴퓨터 인터페이스(Brain-Computer Interface : BCI)이다. 사용자의 생각을 읽어내 그 명령대로 WMRA가 움직이도록 하는 최신 기술이다(그림 2-3).

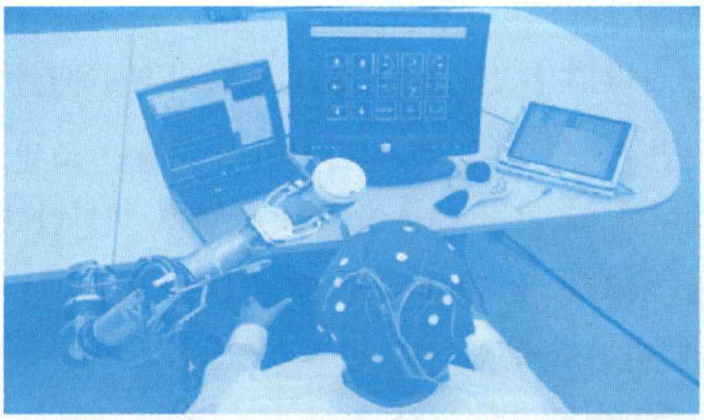

그림 2-3 • 휠체어 장착 로봇 팔

① 엠마뉴엘 돈친(Emanuel Donchin) 심리학 교수가 이끄는 연구진이 개발한 BCI 시스템은 P-300 뇌파신호를 이용해 사용자들이 가상의 키보드에 타이핑을 할 수 있도록 해주는 것이다. P-300 뇌파반응이 움직일 수 없는 가상의 손가락을 대신하는 셈이다.

② 사우스플로리다대학교의 인지 심리생리학 연구소와 재활공학기술센터 연구진들이 이 BCI 시스템을 휠체어 로봇 팔에 맞게 변형시켰다.

③ 사용자는 전극이 달린 헤드 캡을 쓰고 P-300 뇌파를 측정한다. 스크린에 여러 가지 동작 옵션이 나타나고 사용자는 원하는 동작에 집중해서 P-300 뇌파신호를 보낸다. 전극이 그 신호를 감지하면 WMRA 제어 시스템이 이 뇌파신호를 로봇 팔에 전달해 움직이도록 하는 방식이다.

④ 실험결과 사용자들이 근육을 움직이지 않고도 WMRA를 제어할 수 있는 것으로 드러났다. 사용자가 원하지 않으면 미리 프로그램된 동작은 사용하지 않는다. 즉 장애우들이 남의 도움 없이도 양질의 독립적인 생활이 가능하게 된 것이다. 이로 인해 고용의 기회도 더 확대될 것으로 기대된다.

03 로봇 보행보조기

상대방과 눈맞춰 대화하기, 선반 위 물건꺼내기 등은 우리 일상 중 별 부담 없이 행해지는 일들이다. 그러나 휠체어 이용자들에게는 이러한 일상이 그리 쉽지만은 않다. 또한 장기간 휠체어에 앉아 생활하다보면 혈액순환이나 감염 등의 위험도 높아질 수 있다. 이에 다발성

경화증 진단을 받은 한 젊은이와 그 친구가 실제 걷고 서는 로봇 보행보조기 'REX'를 개발하게 되었다. 이 보조기를 착용하면 착용자가 스스로 서거나 걷고, 계단이나 경사길을 오르내릴 수 있다(그림 2-4).

그림 2-4 • 로봇 보행보조기(REX)

① 그동안 개발되어온 로봇 외골격은 군인들의 역량 강화용이 대부분이었으며, 착용형 로봇인 HAL(Hybrid Assistive Limb)이라는 제품도 일반 휠체어 사용자들이 쉽게 접근할 수 있는 제품이 아니었다.

② REX에는 착용자 움직임을 편안하게 지지하고 강력하지만 경량의 원자재가 사용된다.

③ 사용자는 자신의 다리를 로봇 다리에 끼워 여러 개의 벨크로(Velcro)와 버클을 하고, 허리 주변에도 벨트를 착용한다. 사용자 허리 주변에는 로봇 골격을 조정하는 조이스틱이 위치한다.

04 신경재활의료기기

뉴욕 장로병원과 컬럼비아 대학 의료원은 뇌졸중 이후 팔·다리를 쓰지 못하는 환자들이 신경로(neural pathway)를 대체할 로봇 손과 기계 다리를 통해 다시금 사지를 움직일 수 있도록 하는 신경재활의료기기를 도입했다(그림 2-5).

그림 2-5 • 신경재활의료기기

① 뇌졸중은 선진국에서 3대 사망원인 중 하나로 꼽힌다. 그리고 이중 1/10에 해당하는 뇌졸중 생존자들은 자연스럽고 당연하게 움직이던 자신의 팔 혹은 다리를 움직일 수 없는 심각한 뇌손상 후유증에 시달린다.

② 얼마 전까지만 해도 이러한 뇌손상에 의한 장애는 치료가 불가능하다고 여겨졌고, 때문에 기존의 물리치료 등도 나머지 자연스럽게 움직일 수 있는 신체부위를 활용하는 데 중점을 두고 있었다. 그러나 의료계 연구진들은 뇌 속에 손상된 부위를 우회하여 새로운 신경로를 위치시킬 경우 운동신경정보를 다시금 전달할 수 있는 신경재활의학의 성과를 이루었다.

③ 신경재활 벨트(neurorehabilitation harnesses)는 신경가소성(neuriplasticity)의 원리를 활용한 것으로서 뇌졸중 등의 뇌손상을 겪은 환자의 재활에 현저한 효과를 보이고 있다.

④ 뉴욕 장로병원과 컬럼비아 의료원의 연구진들은 실제 환자들을 대상으로 반복행동을 통해 치료 중인 팔과 다리에 해당하는 운동학습과 신경가소성을 증진시키도록 하고 있다.

05 의수기

첨단 상지의지(upper limb prosthetics) 분야의 선두 개발업체인 영국의 터치 바이오닉스(Touch Bionics)사가 드디어 아이-림브(i-LIMB) 의수기를 출시했다(그림 2-6).

① 최초로 시판되는 의지기인 아이-림브는 하나하나 개별적으로 움직이는 다섯 개의 손가락으로 구성되어 있으며, 실제 사람의 손과 흡사하게 생겼을 뿐만 아니라 손이 하는 모든 동작을 실행할 수 있다. 기존 의수와 비교해 아이-림브는 생체공학 및 환자관리 영역에서의 세대 진전을 상징적으로 보여준다.

그림 2-6 • 의수기(아이-림브)

② Touch Bionics사의 아이-림브는 최첨단 기계공학 기술을 적용해 개발되었으며, 고강도의 플라스틱으로 제조되었다. 아이-림브는 차세대 의지기로서 견고하고, 가벼울 뿐만 아니라 실제 사람의 손과 같은 흡사해 환자 및 의료전문가들에게도 큰 호응을 얻고 있다.

③ 아이-림브는 손바닥을 쥐고 필 때 혹은 손가락을 움직일 때, 전통적인 이중 입력방식의 근전성(근육신호)을 적용한 독자적이며 고도로 직관적인 제어시스템을 통해 통제된다. 즉, 환자의 사지부위에서 근육이 발생시킨 전기신호를 활용한 방식으로 이 전기신호는 피부표면에 위치한 전극을 통해 인지된다.

④ 기존의 근전성 의지기를 사용하던 환자들은 보다 빨리 아이-림브 시스템에 적응할 수 있으며, 수분 내로 신기능도 마스터할 수 있을 것이다. 한편, 처음 사용하는 환자들도 최초로 제공되는 아이-림브 의지용 솔루션을 통해 사용법을 체득하는데 어려움이 없도록 했다.

06 인공손가락

첨단 인공팔 생체공학 기술의 개발자인 터치 바이오닉스(Touch Bionics)사는 오늘 프로디지트(ProDigits)의 출범을 발표했다(그림 2-7).

① 프로디지트는 손가락을 잃은 환자들을 위한 세계 최초의 인공손가락이다. 이제 손가락의 일부를 잃는 환자들도 잃어버렸던 손가락의 기능과 독립적인 생활을 되찾을 수 있는 유용한 솔루션을 갖게 됐다.

② 생체공학(bionics) 시장을 이끌어온 터치 바이오닉스사가 개발한 프로디지트는 선천적인 장애나 끔찍한 사고 혹은 질병으로 인해 손가락 일부를 잃은 환자들의 삶을 바꿔놓을 수 있는 획기적인 솔루션이다.

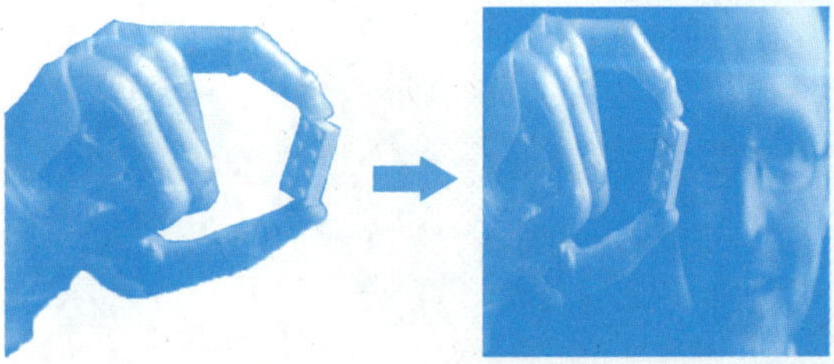

그림 2-7 • 인공손가락

③ 프로디지트의 혜택을 입을 손절단 환자들은 미국에만 약 4만 명, 전 세계적으로는 120만 명 정도로 추산된다. 이제까지 손가락을 잃은 사람들은 그들이 사용할 수 있는 인공 보충물이 시중에서 판매되고 있지 않아 불편을 겪으며 살아왔다.

④ 손가락 마디가 있어 구부리고, 만지고, 물건을 집어 올리거나 가리킬 수 있기 때문에 모든 의수에 사용되는 프로디지트는 인체의 진짜 손의 기능을 할 수 있다.

07 재활치료기기

걸음이 불편한 이들을 위한 치료기기가 개발되었다. 선글라스 모양에 이어폰이 양쪽 귀에 달린 버츄얼 워커(Virtual Walker)는 단순히 귀에 꽂고 하루에 20분에서 30분 정도 걷는 것만으로도 탁월한 효과를 낼 수 있다. 버츄얼 워커는 신체의 움직임에 따라 버츄얼 워커가 반응하여 광학 이미지와 오디오 큐 신호를 내보내는 원리로 작동한다. 이를 통해 뇌파의 흐름을 바꾸고 약물이나 수술없이도 질환을 치료할 수 있는 것이다. 이러한 운동을 반복함으로써 자연스러운 걸음걸이가 몸에 스며들게 되고 지속적인 효과를 경험할 수 있다(그림 2-8).

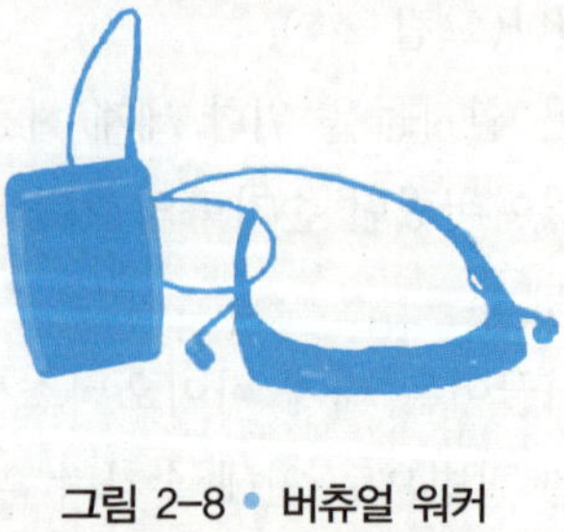

그림 2-8 • 버츄얼 워커

08 저주파 치료기

최근 일하는 여성의 증가로 미용뿐만 아니라 건강상의 이유로도 마사지를 효율적으로 받고자 하는 여성의 수요가 증가하고 있다. 특히, 사무직 여성이나 서서 일하는 여성들은 고질적인 목의 뻐근함이나 다리의 통증으로 만성적인 고민을 안고 있는 경우가 많다(그림 2-9).

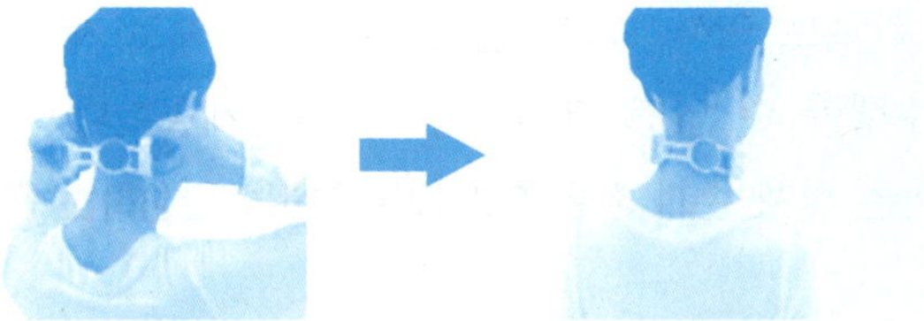

그림 2-9 • 목전용 저주파 마사지기기(네크리프레)

① 목전용 저주파 마사지기기인 **네크리프레**는 휴대가 간편한 12.4×10.8×3.8[cm] 규격의 아담한 사이즈로 **목줄기에 뭉친 근육을 확실히 기분좋게 풀어주는 제품**이다. 본체는 조작부와 일체화된 구조로 코드가 불필요하기 때문에 장착해도 눈에 띄지 않아 가정이 아닌 회사의 사무실과 같은 장소에서도 안심하고 사용할 수 있다. 또한 수납용 파우치가 함께 제공되어 휴대나 보관이 자유롭다.

② 다리 마사지전용 네크리프레 역시 휴대에 편리한 아담한 사이즈로 장딴지부터 발바닥에 이르기까지 시원하게 주물러 준다.

③ 2층으로 분리된 에어백과 약 5단계의 가압에 따라 기분좋게 단단히 조여준다. 또한 함께 제공되는 발전용 패드로 피곤에 지친 발바닥의 장심을 기분좋게 자극할 수도 있다.

④ 동작음도 50[dB]로 낮춰 오피스 등에서 사용할 수 있도록 배려했다. 또한 수납용 파우치로 휴대 및 보관이 편리하다.

09 전기 인공손

독일의 RSLSteeper사가 실제 손과 흡사한 차세대 근육 - 전기 인공손인 '**비바이오닉**(BeBionic)'을 공개했다(그림 2-10).

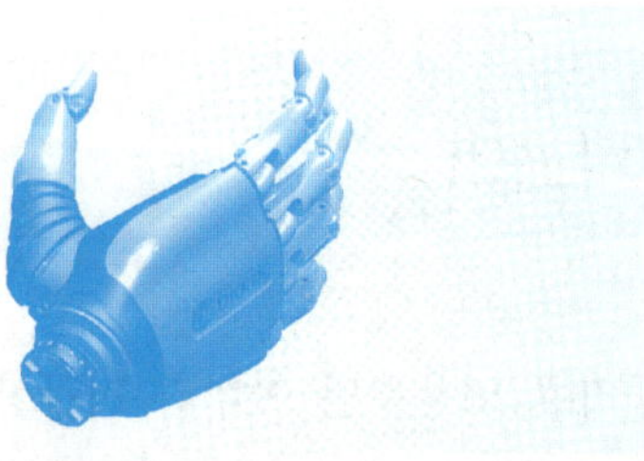

그림 2-10 • 근육 – 전기 인공손(비바이오닉)

① 비바이오닉 모델은 통합형 무선 칩을 장착해 사용자에 최적화된 기능을 맞춤 설정할 수 있는 제품으로 속도, 악력, 그립 패턴 등을 자유자재로 제어할 수 있어 무엇보다 기존 시스템으로는 수행할 수 없던 다채로운 기능을 제공한다.

② 비바이오닉 모델은 실제 손과 같은 자연스런 외관을 완성하는 견고한 실리콘 글로브를 함께 제공한다.

③ 남성과 여성을 위한 총 19개의 다양한 피부톤으로 구성된 실리콘 글로브는 자사 특유의 트루 피니시 마이크로(true finish micro) 색소침착 기술을 채용해 한층 사실적인 깊이감을 더해준다.

10 척수신경 자극기

세인트 주드 메디컬(St. Jude Medical)사는 펜타(Penta) 척수신경 자극기에 대한 미국 식품의약국(FDA) 승인과 제품의 미국시장 출시를 발표했다. 북미신경학회(North American Neuromodulation Society)에서 선보인 이 제품은 5개 칼럼에 초소형 전극봉이 배치되어 있다(그림 2-11).

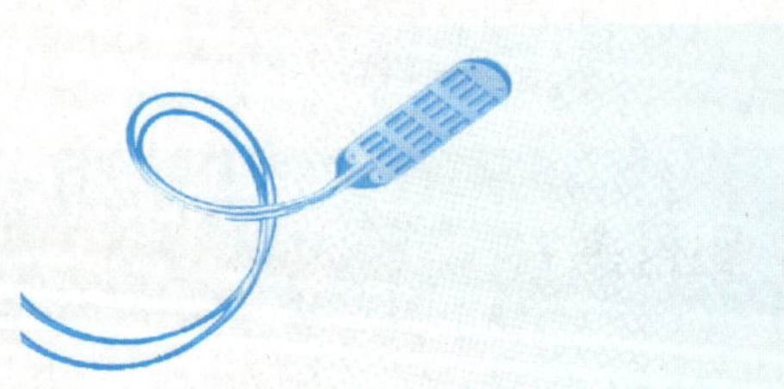

그림 2-11 • 척수신경 자극기(펜타)

① 신경 자극기 패들 폭은 10.9[mm]이며, 시장에 출시되는 신경 자극기 중 가장 넓은 범위에 전극을 제공한다.
② 마이크로-텍스춰링 프로세스에 의해 더 많은 양의 전류가 소형 전극으로 이동 가능하다. 결과적으로 전류를 더 넓은 척수 측면으로 집중 제공하며, 이는 치료하기 어려운 만성질환에 더욱 긍정적인 효과를 줄 수 있다.
③ 신경치료법은 몸통과 사지 부분의 만성적인 통증과 허리수술에 실패한 경우 사용할 수 있다.
④ 신경 자극기에서 발생한 가벼운 전자파는 자극기 전극으로 이동해 두뇌로 전달되는 고통신호 전달을 차단한다.
⑤ 자극기 전극은 각 환자의 필요에 맞춰 조절할 수 있다.

11 환자이동 로봇

도카이 러버 인더스트리즈(Tokai Rubber Industries)와 리켄(RIKEN)이 공동 개발한 실용 로봇 '리바 II(RIBA II)'는 두 팔을 가진 환자돌보미 로봇이다. 바닥에 누워있는 환자를 휠체어로 들어 올릴 수 있는 기능을 지녔다. 이 작업은 요양원에서 가장 흔하게 필요하면서도 힘이 든 일이기도 하기 때문에 리바 II의 개발은 많은 노동력을 필요로 하는 케어서비스에 큰 도움이 될 것으로 기대된다(그림 2-12).

① 기본적으로 이 로봇이 하는 일은 알츠하이머 환자 등 사람들을 침대에서 들어 휠체어로, 혹은 휠체어에서 침대로 옮기는 일이다. 개발자들은 리바 II가 직접적으로 사람과 접촉하는 것을 고려하여 전체적으로 부드러운 소재를 사용하여 사람이 다치지 않도록 했다.

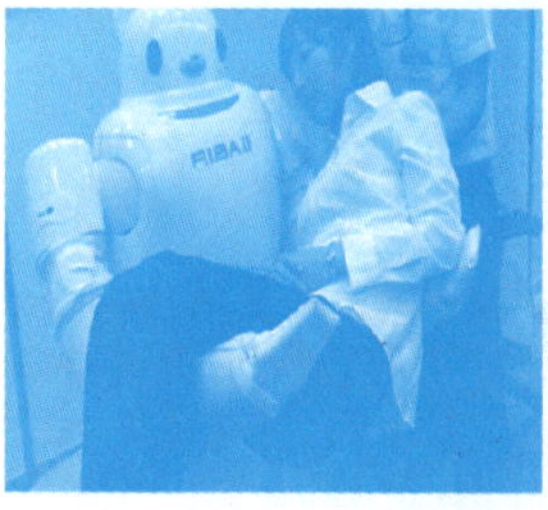

그림 2-12 • 실용 로봇(리바II)

② 로봇을 부드러운 감촉으로 만들기 위해 고무 소재의 SR 센서라는 유연한 촉각 센서를 사용했다. 이 센서는 도카이 러버 인더스트리즈가 개발한 것으로, 세계 최초의 고무 정전 용량(capacitance) 촉각 센서이다. 프린팅 기술을 이용해 만들어지고 넓은 표면을 덮을 수 있는 간단한 구조라는 것이 특징이다.

③ SR 센서는 리바 II의 위 · 아래 팔과 플랫폼, 바디에 사용되었으며 환자와의 접촉을 통해 감지한다. 즉, 환자의 무게, 자세 등을 감지하고 이를 기초로 환자를 안전하게 옮길 수 있도록 컨트롤하는 것이다.

④ 이 로봇에는 두 개의 플렉시온 관절과 등의 보조 스프링 등 새로운 메커니즘도 적용되었다. 덕분에 80[kg] 환자까지 들어 올릴 수 있는데, 기존 로봇보다 30[%]나 향상된 것이다. 일반적으로 환자를 바닥에서 휠체어로 옮기는 데는 두 사람이 필요하지만 리바 II가 있으면 한 사람 대신 리바 II를 활용할 수 있어 환자 케어 서비스에 들어가는 노동력을 크게 줄일 수 있다.

12 USB 물리치료기

목과 어깨의 통증 때문에 괴로워하는 사람들을 위한 신개념 치료기구가 개발되었다. USB 물리치료기(physical therapy instrument)는 통증 치료분야에서 생소해 보이지만 효과는 톡톡히 발휘한다. 고질적인 통증이나 긴 시간동안의 노동으로 근육을 이완시켜야 하는 사람들에게 많은 도움이 될 것으로 보인다. USB 물리치료기는 약초를 이용한 것과 비슷한 기능의 생체전기 에뮬레이션 테크놀로지를 사용한다. 기술적인 면을 다 이해하기는 힘들지만 확실한 효과를 보장한다. 물론, 전력공급을 위해 USB 포트가 필요하다(그림 2-13).

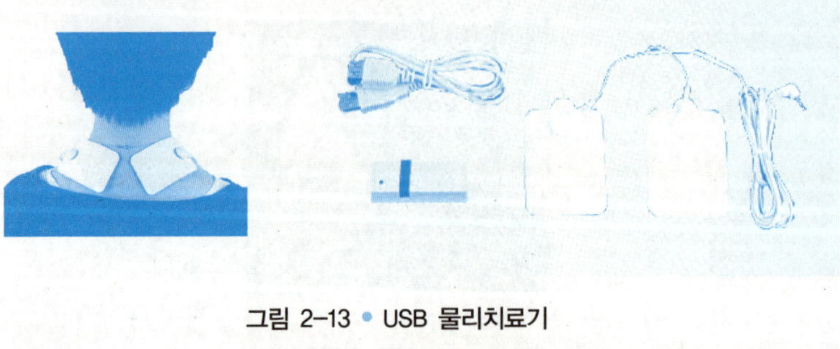

그림 2-13 • USB 물리치료기

제 3 장

재활 · 물리치료 관련 해외의료기기 기술

01 뇌제어로 움직이는 로봇 휠체어
02 두뇌로 제어되는 의수 및 의족 시스템 개발
03 두뇌를 제어하는 보철 장치개발
04 상체에 장애가 있는 사람의 생활을 지원하는 로봇 암
05 자택 요양 재활훈련을 지원하는 로봇 장치개발
06 해외의료 로봇 개발현황
07 휠체어로 변신하는 전기침대 로봇

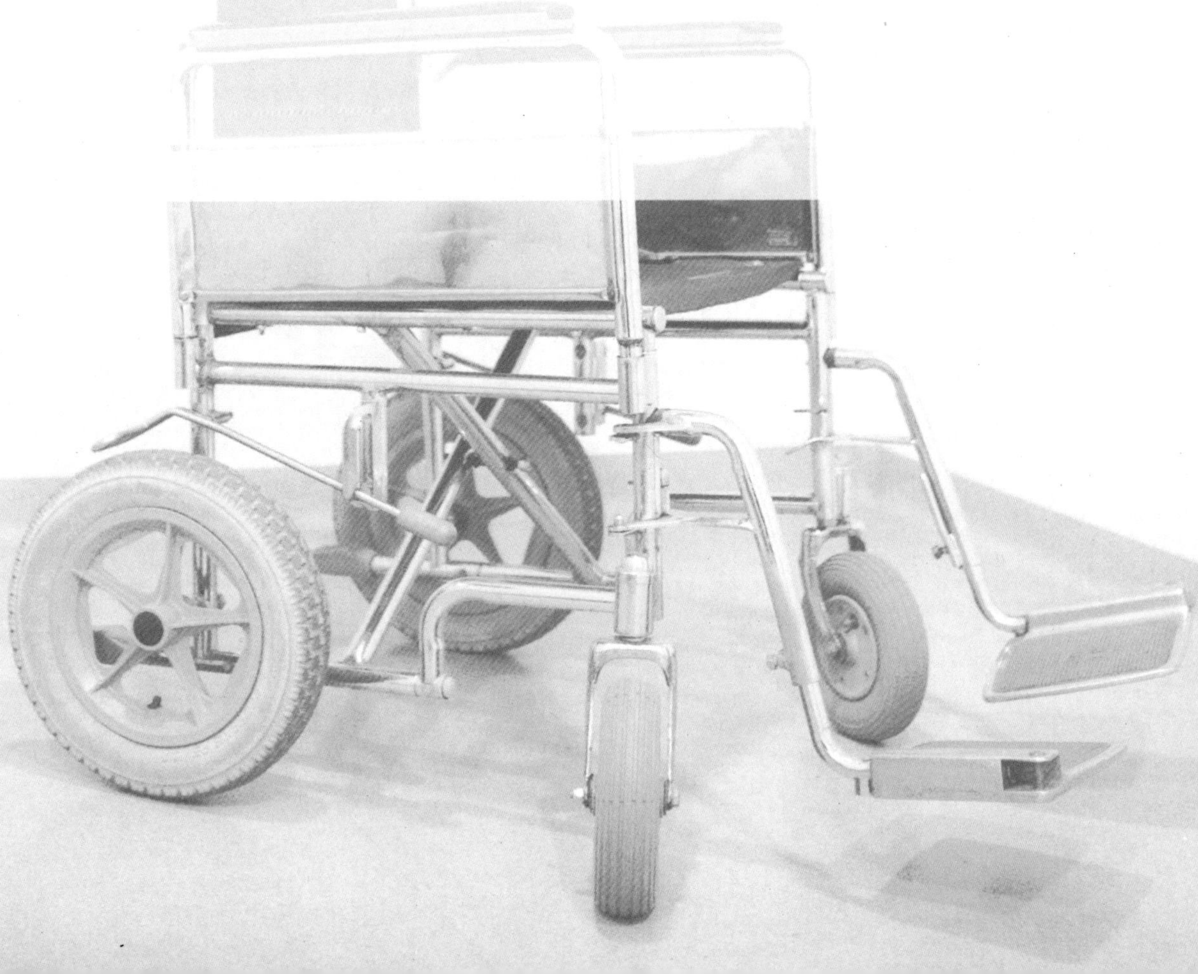

01 뇌제어로 움직이는 로봇 휠체어

뇌파감지장치(EGG)를 달고 휠체어에 앉은 톰 칼슨 박사가 아무런 기계적 조작이나 음성 명령 없이 머릿속에서 왼쪽 방향을 떠올리는 것만으로 휠체어는 좁은 복도에서 장애물을 피해 왼쪽으로 돌아 전진했다. 뇌파로 전동 휠체어를 조작하며 복도를 지나 옆방으로 이동한 칼슨은 다시 출발한 자리로 정확하게 되돌아왔다(그림 3-1).

그림 3-1 • 뇌제어 로봇 휠체어

① 스위스 로잔의 국립 로잔공대(EPFL) 바이오엔지니어링연구소에서 이 대학 호세 델 밀란 교수 연구진이 시범을 보인 내용이다.

② 척수마비로 몸을 움직일 수 없는 사람이 머릿속 생각(텔레파시)만으로 각종 기기를 움직이는게 가능할까하는 의문으로 공상과학 영화의 한 장면과 같은 꿈의 기술을 실현하기 위한 연구가 세계적으로 활발하다. 뇌파감지장치를 통해 기기를 조작하는 '브레인 컴퓨터 인터페이스(Brain Computer Interface)' 연구가 실용화를 향해 나아가고 있다.

③ 로잔공대는 이 분야에서 가장 앞선 성과를 내고 있는 곳이다. 15년째 브레인 컴퓨터 인터페이스 연구를 해온 밀란 교수는 "휠체어 운전만이 아니라, 장애인이 뇌파로 가정 내 로봇을 조종해 자신의 몸처럼 로봇을 부리게 해줄 수 있는 기술"이라며 "아직 명령이 100[%] 완벽하게 작동하진 않지만, 인식률을 더 높여 활성화하는 게 과제"라고 말했다.
이날 휠체어를 뇌파로 조종한 칼슨은 두뇌에 전극을 연결하는 장치를 착용한 것만이 아니라, 휠체어를 타기 3시간 30분 전부터 컴퓨터와 호흡을 맞추기 위해 준비를 해야 했다.

④ 뇌파 감지작동은 우리가 어떤 생각을 할 때 두뇌에서 발생하는 미세한 전류를 감지해 이를 컴퓨터가 인식하도록 하여 기계적 명령으로 바꾸는 게 기본구조다. 컴퓨터가 조종자의 뇌파 특성을 인식할 수 있기 위해서는 작동시키는 사람은 평온함을 유지하고 기계가 감지할 수 있는 명확한 뇌파를 발생시킬 수 있도록 훈련을 거쳐야 한다.

⑤ 현재는 초보적 단계다. 전진, 좌 · 우 회전의 뇌파는 인지하지만, 후진은 인지하지 못한다. 머릿속에 동시에 여러 생각이 엉켜 있는 경우에 뇌파의 명령은 어떻게 인식될 것인지 칼슨은 "현재의 브레인 컴퓨터 인터페이스는 복잡한 인간 사유를 인식하는 게 아니라, 뇌에서 운동을 관장하는 부분에 연결되어 운동방향을 인지하는 방식"이라며 "훈련을 거친 사람은 몇 분 만에 제대로 작동시킬 수 있다"고 설명했다.

02 두뇌로 제어되는 의수 및 의족 시스템 개발

미국 DARPA(Defense Advanced Research Projects Agency)는 두뇌제어 인터페이스(brain-controlled interface)를 사용한 인체 모듈형 생체인공판막 수족(Modular Prosthetic Limb : MPL) 시스템의 개발로 존스홉킨스대학교 응용물리연구소에 3,450만 달러(한화 약 414억원 : 1,200원 환율 기준)의 연구비를 지원하였다(그림 3-2).

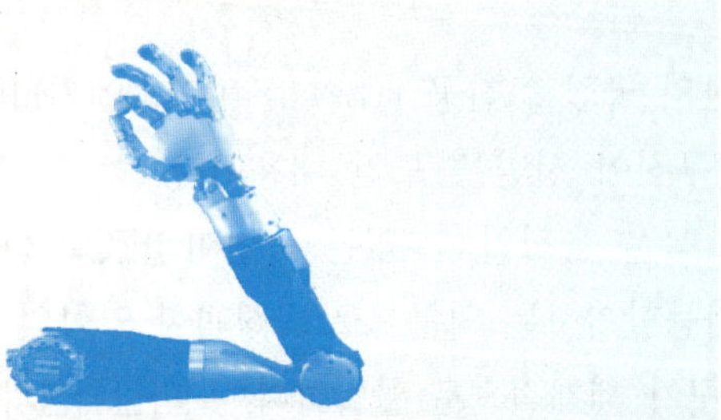

그림 3-2 • 인체 모듈형 생체인공판막형 수족의 최종 프로토타입

① DARPA의 혁신적인 생체인공판막 2009 프로그램 하에 기초기술을 개발한 응용물리연구소의 연구원들은 대부분의 절단 수술환자들이 사용하는 후크 형태의 고리가 아닌 생체인공판막형 팔을 만들기 위해 4년 간 노력하였다. 이 프로그램은 이미 상부 팔에 해당하는 2개의 복합형 프로토타입을 생산하였다.

② 인체 모듈형 생체인공판막형 수족(이하 MPL)의 최종 설계는 실체 팔의 무게와 유사한 무게로 손가락의 독립적인 움직임을 포함한 22개의 운동자유도를 제공한다. 이것은 거의 실제 손과 발과 같은 기민성을 제공하여 MPL은 전례 없는 기계적인 민첩성을 주며, 사용자의 생각에 따라 반응하도록 설계되었다.

③ "우리는 더욱 실제 손과 발의 외양과 사용성에 가깝게 의수를 만들기 위한 기술을 개발

해왔다. 현재 3단계에서 우리는 이 시스템이 환장의 생각대로 사용될 수 있고, 환자에게 센서 피드백을 줄 수 있다는 것을 증명하기 위해 실제 환자와 함께 테스트를 계획 중에 있다."라고 응용물리연구소의 매니저인 Michael McLoughlin가 말하였다.

④ 이 연구팀은 두뇌 신호를 기록하고 자극하는데 사용되는 이식형 마이크로 안테나를 개발할 것이다. 또한 이식형 신경 인터페이스를 안전하고 효과적으로 사용하고, 의수를 제어할 수 있는 능력을 증명하고, 신경의수 및 의족을 기민하게 사용할 수 있게 만드는 센서 피드백 알고리즘을 최적화시키기 위해 실험과 임상실험을 할 것이다.

⑤ 올해 안에 이 연구팀은 척수환자와 함께 테스트를 시작할 것이다. "먼저, 우리는 사지마비 환자를 대상으로 하였다. 대부분의 절단환자들과 달리, 사지마비 환자들은 전적으로 모든 것을 의존한다. 즉, 다른 대안이 없다. 그들의 삶은 이번 연구를 통해 완전히 바뀔 것이다."라고 McLoughlin는 말하였다.

⑥ 연구팀은 2년 안에 5명의 환자를 대상으로 시스템과 신경 인터페이스 기술을 시험할 예정이다. 피츠버그대학교와 캘리포니아공대는 두뇌의 정보를 기록하는 혁신적인 방법을 연구하고 있다.

⑦ 시카고대학은 압력과 촉감에 대한 감지하여 두뇌를 자극하는 연구에 초점이 맞추어질 것이다. "이 연구의 목적은 사용자가 커피들기, 잡기와 같이 매일 일어나는 움직임을 더 효과적으로 제어할 수 있도록 하는 것이다."라고 McLoughlin는 말하였다.

03 두뇌를 제어하는 보철 장치개발

미국 매사추세츠주에서 15년 동안 전신마비로 움직이지 못한 여성 환자가 생각만으로 로봇 팔에 커피잔을 입으로 가져오도록 지시, 어떤 도움도 받지 않고 스스로 커피를 마시는 모습이다. 이는 뇌파를 이용해 신체장애인을 도와주는 최신 기술이다(그림 3-3).

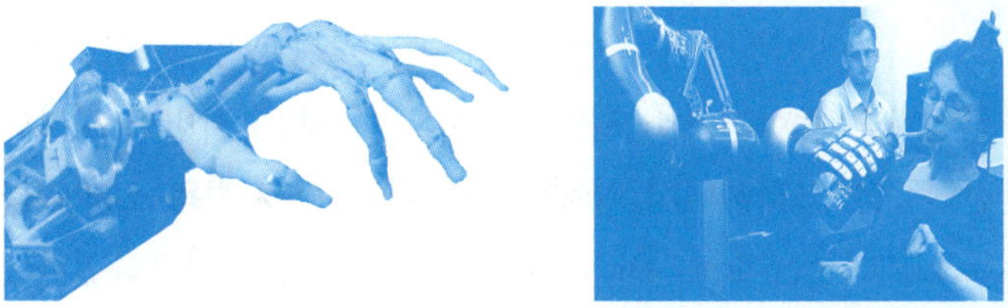

그림 3-3 • 두뇌제어 로봇 손

① 이전에 펜실베이니아주에 사는 사지마비 남성 환자가 로봇 팔로 여자 친구와 하이파이브를 하고 여자 친구의 손을 맞잡았다거나 스위스의 한 연구소에서 부분 마비 남성 환자가 소형 로봇을 뛰어다니도록 원격조정했다는 유사한 일이다. 미국 브라운대 메디컬센터, 하버드의대 등의 과학자들로 구성된 연구진이 과학전문지 네이처에 이 같은 내용의 연구결과를 발표했다.

② 연구진은 네이처에 밝힌 연구결과에서 몇 년 간 뇌졸중으로 사지가 마비된 환자 2명이 초소형 센서 칩을 뇌에 이식하고 로봇 팔을 통제하는 방법을 설명했다.

㉠ 어린이용 아스피린만한 센서 칩은 연구에 참가한 환자가 팔을 움직인다고 상상하면 뇌세포 수십 개의 전자활동을 포착한 다음 컴퓨터에 신호를 보내고 컴퓨터는 이를 로봇 팔에 보내는 명령어로 전환한다. 이 시스템의 실험 중 환자 2명이 앞에 있는 고무공을 팔을 뻗어 잡으라고 로봇 팔에 지시하도록 한 실험을 실시했다.

㉡ 남성 환자는 성공률이 50[%]도 못 미쳤지만, 여성 환자는 60[%]의 성공률을 보였다. 매사추세츠주에 사는 여성 환자 캐시 허치슨이 로봇 팔을 움직여 커피도 마셨다. 그는 로봇 팔이 테이블에 있는 커피잔을 들어서 입으로 가져오게 해 빨대로 커피를 마신 다음 다시 커피잔을 테이블에 가져다 놓게 했다. 그는 이 같은 작업을 6번 시도해 4번을 성공했다.

③ 브라운대학과 매사추세츠 종합병원 소속 연구원이 레이 호치버그 박사는 "그가 웃는 모습이 보기 좋았다"고 밝혔다. 연구진은 허치슨의 경우를 연구한 결과에서 이식한 센서 칩이 5년 간 작동했으며, 그가 15년 간 사지가 마비됐지만 그의 뇌는 유용한 신호를 보내고 있다는 것이 증명됐다고 밝혔다.

④ 연구진은 이 이식장치가 사지마비 환자의 재활에 도움을 주는 것을 궁극적 목표로 삼고 있지만, 절단수술을 받은 환자를 위한 최첨단 인공수족 개발도 목표로 하고 있다.

04 상체에 장애가 있는 사람의 생활을 지원하는 로봇 암

독립 행정법인 산업기술 종합연구소 지능 시스템 연구부문 서비스 로보틱스 연구 그룹 연구원들은 향후 안전인증을 고려하면서 상체에 장애가 있는 사람용 소형 경량 로봇 암(Robotic Arm for Persons with Upper-limb Disabilities : RAPUD)을 개발하였다(그림 3-4).

(a) 테이블에 장착된 RAPUD　　(b) 전동 휠체어에 장착된 RAPUD

그림 3-4 • RAPUD

RAPUD는 팔과 손목을 합쳐 7개 자유도, **가반중량**(보관유지, 운반할 수 있는 물체의 중량) 0.5[kg], 전체 중량 약 6[kg]의 로봇 암이다. 조작 시 사용자의 시야를 넓혀 암에 의한 조인트 부분을 줄이기 위해서 블록 연속체를 사용한 **직동신축기구**(直動伸縮機構)를 채택하였다. 또한 관절의 움직임을 측정하는 센서 2중화나 고신뢰성 통신도입 등 향후 안전인증을 고려하여 설계하였다. 그리고 사용자가 구입의욕을 가질 수 있도록 저비용화를 고려하였다(그림 3-5).

(a) 소형 스테레오 카메라를 이용한 주시 물체 시연장면　　(b) 생활지원용 로봇 암을 휠체어에 설치하여 페트병을 잡기 위한 조작장면

그림 3-5 • 로봇 팔

① 지금까지 주변사람의 도움에 의존하고 있던 상체에 장애가 있는 사람이 자신의 의사로 조작할 수 있는 **소형 경량 로봇 암**으로서의 이용이 기대되기 때문에 현재 예상되는 사용자인 **근 디스트로피**(muscular dystrophy)나 경추손상을 입은 사람들에 의한 RAPUD의 평가 실험을 진행시키고 있다.

② 개발의 사회적 배경으로 일본 경제산업성은 로봇 기술의 고도화를 통한 생산성과 생활의 질향상을 목적으로 로봇 신 기계 **이노베이션**(innovation) 프로그램을 추진하고 있다.

③ 생활지원 분야에 있어서의 로봇 기술은 큰 시장으로 발전할 가능성을 가지고 있다. 이러한 생활지원 로봇 산업의 발전이 바람직하지만 단지 시범 제작하는 것뿐만 아니라 예상되는 사용자도 실제 개발에 참가하여 사용자가 만족하는 성능을 갖춘 시스템을 개발함과 동시에 사용자가 구입의욕을 가질 수 있는 가격으로 하지 않으면 산업화를 실현할 수 없다. 또한 향후 안전인증을 목표로 안전성에도 배려할 필요가 있다.

④ 산업기술종합연구소에서 생활지원 분야에서 이용할 수 있는 로봇 기술의 연구를 진행시키고 있다. 특히 사용자가 요구하는 다양한 서비스를 전개하는 로봇 시스템을 실현하기 위하여 로봇이나 기능 부품을 모듈화해 모듈 편성으로 사용자의 요구에 대응하는 것이 가능한 특별 방법형의 로봇 시스템 구축을 위해 '로봇의 개발 기반이 되는 소프트웨어상의 기반 정비' 프로젝트에 로봇 테크놀로지(RT) 미들웨어의 개발을 진행시켜 왔다.

⑤ RAPUD는 UCROA로 개발하는 3개의 프로토 타입 로봇의 하나이며, 대인 서비스 로봇의 실용화 연구일환으로서 개발되었다. 이번 구체적인 개발목표는 상체에 장애가 있는 사람이 자기자신으로 조작하는 생활지원용 소형 경량 로봇 암으로 산업화가 가능한 수준의 가격설정을 개발목표로 하여 염가의 부품을 개발함과 동시에 기존의 기술을 통합한 시스템 개발을 목표로 하였다.

⑥ RAPUD는 산업기술종합연구소에서 연구개발한 소형 경량 로봇 암 설계기술, 안전 · 신뢰성 기술, 소형 CPU 보드 기술, 3차원 시각기술, 조작 인터페이스 기술, 로봇 테크놀로지 미들웨어 등의 로봇 테크놀로지 기반기술을 이용한 사용자 지향 로봇 오픈 아키텍처에 근거하여 좋은 효율로 개발되었다고 한다.

05 자택 요양 재활훈련을 지원하는 로봇 장치개발

AKROD 무릎장치는 뇌졸중 환자의 운동기능을 개선하는데 도움을 주도록 설계되었다. 특히, 이 장치는 기존 장치보다 더 작게 개발되어 휴대가 가능하다(그림 3-6).

① Northeastern 대학교의 한 연구팀은 뇌졸중 환자의 재활을 돕는 휴대용 로봇 장치를 개발하였다. 이 장치는 환자가 집에서 재활활동을 충분히 할 수 있도록 하여 재활센터의 방문횟수를 줄여준다. 국립 뇌졸중 협회에 따르면 뇌졸중은 미국에서 가장 높은 장애원인이다. 뇌졸중 환자의 3분의 2 이상이 장애인이 된다. 이러한 이유로 이 연구팀은 환자의 팔, 손, 다리, 골반의 힘을 강화시킬 수 있는 로봇 장치를 개발하게 되었다.

그림 3-6 • 로봇식 하체재활 시스템

② 연구팀은 뇌졸중 환자들이 이러한 장치를 사용하여 환자들이 더욱 자연스러운 동작을 할 수 있도록 도와주며, 재활 중에 더 편안함을 느낄 수 있도록 도와줄 것으로 기대하고 있다.

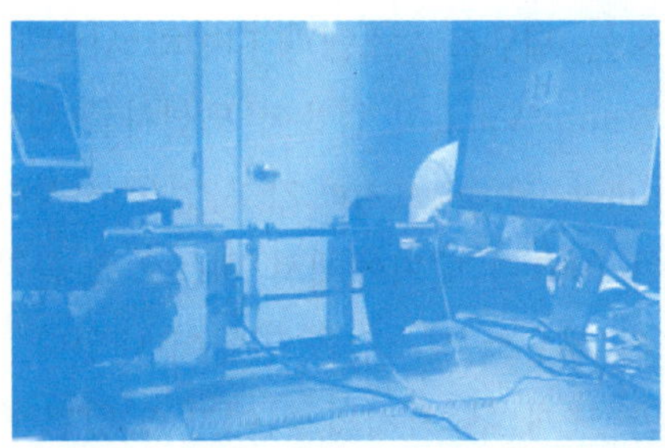

그림 3-7 • 로봇식 손재활 시스템

③ 연구원들은 재활센터에서 저가에 임대하여 집에서 사용할 수 있는 휴대용 손목, 무릎, 발목, 골반용 장치를 개발하였다. **전기점성유체**(electro-rheological fluid)라 하는 물질을 사용하여 전기흐름이 가해질 때마다 로봇 장치의 저항이 증가된다. 이러한 전기점성유체를 사용하여 기계부품의 크기를 작게 만들 수 있었다. 그리고 크기와 무게를 더욱 감소시켜, **전기점성유체 모터는 환자에게 더욱 자연스러운 동작**을 가능하게 해준다.

④ Northeastern 대학교의 연구팀은 **제동장치**(brake)처럼 **점성유체를 사용**하는 능동적인 무**릎재활보고장치**(Active Knee Rehabilitation Orthotic Device : AKROD)를 개발하였다.

⑤ AKROD는 무릎의 위 · 아래에 두 개의 경량 원형 버팀대로 구성되어 있다. 유체제동기, 기어, 센서가 무릎과 나란히 위치한다. 기어와 센서에 연결된 손잡이(gripper handle)로 구성된 손을 위한 재활장치 또한 테스트되었다. 이 장치는 **두 개의 발동기**(actuator)로 구동되며, 환자가 미로 게임을 하며 길을 찾아가는데 이 장치를 사용하며, **환자손의**

저항을 증가 및 감소시키기 위해 전기점성유체를 사용한다.

⑥ 현재 만들어진 장치는 환자가 손운동을 하며, 뇌의 이미지를 MRI로 찍을 수 있게 해준다. 모든 개발장치는 아직까지 임상시험 중이다. 이 로봇 장치를 사용한 자택요양 재활훈련은 중품과 퇴행성 근육질환에 도움을 줄 수 있을 것이다.

06 해외의료 로봇 개발현황

해외에서는 수술 시뮬레이터와 마이크로 의료 로봇과 관련된 비즈모델의 개발이 활발히 진행되고 있다. 수술 로봇 분야의 경우, 그동안 여러 시스템들(AESOP, EndoAssist, PathFinder, Vector vision, Neuro Mate, daVinch, Zeus 등)이 개발되었지만 실제로 상용화되어 판매된 주요 시스템들로는 제우스 시스템과 다빈치 시스템이 있다(그림 3-8).

① 다빈치 시스템의 경우 Yulun Wang이 컴퓨터 모션사를 설립하고 AESOP을 상품화하여 판매하고 있는 동안 Intuitive Surgical Inc.가 사업을 시작하면서 개발하여 발표하였다. 이후 다빈치를 사용하여 1997년 벨기에에서 처음으로 환자에게 수술이 이루어진 1년 후 컴퓨터 모션사가 다시 제우스 시스템을 만들어 내었다. 이 두 개의 수술 로봇 시스템은 비롯한 기구이지만 크게 두 가지의 차이가 있었던 것으로 알려지고 있다.

㉠ 첫째 제우스는 복강경 수술과 같이 모니터를 보면서 수술하는데 비해 다빈치는 입체영상 하에 수술이 이루어진다는 점에서 차이가 있었다.

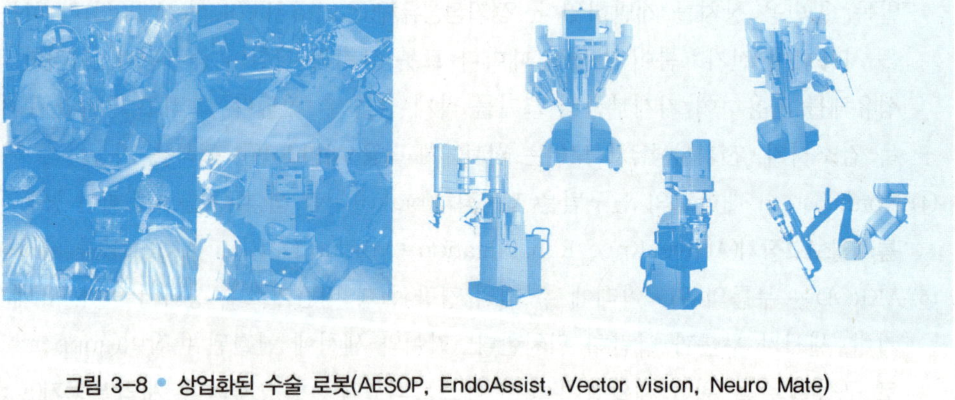

그림 3-8 • 상업화된 수술 로봇(AESOP, EndoAssist, Vector vision, Neuro Mate)

㉡ 두번째는 제우스는 복강경 수술에 사용되는 기구와 같은 기구를 사용하여 수술하는데 비해 다빈치는 **기구가 손목처럼 마음대로 구부러지는 동작**을 구현함으로써 환자의 앞에서 바로 보면서 자유로운 동작을 구현하는 수술이 가능하였다.

② 현재 다빈치 시스템은 4개의 로봇 팔을 가진 시스템으로 발전되었으며 2001년 미국 식품의약국(FDA)의 승인을 받았다. 이와 같이 한동안 로봇 수술은 제우스와 다빈치의 두 시스템이 대표적으로 사용되었으며, 기타 몇 가지 시스템이 개발되고 있었으나 제우스를 생산하는 회사가 다빈치를 만들어낸 회사에 합병되어 현재는 다빈치가 수술 로봇 시장을 장악하고 있는 상황이다(그림 3-9).

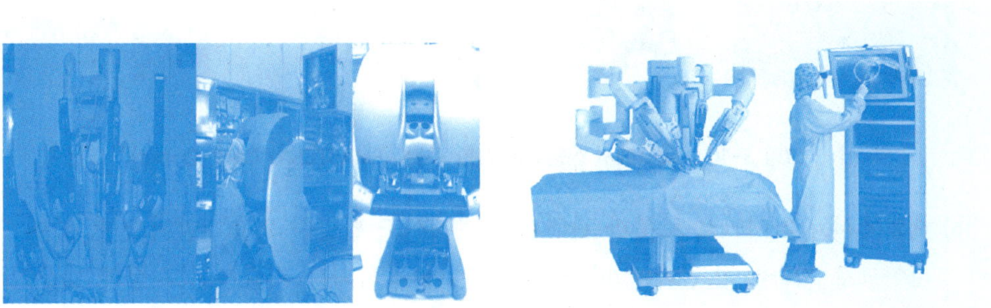

그림 3-9 • 수술 로봇 시스템(다빈치)

③ 현재 수술 로봇의 가장 대표적인 비즈니스 모델이라고 할 수 있는 다빈치 시스템은 **로봇카트, 수술 콘솔** 그리고 **복강경** 부분으로 나누어지고 있으며, 로봇카트는 약 2[m]의 높이에 544[kg]의 무게를 가진 실제 수술이 이루어지는 로봇 팔부분으로 환자의 위나 옆에 위치한다.

㉠ 복경경 케메라를 고정 및 조정하는 팔은 가운데 있으며 수술용 기구가 작동되는 팔이 3개가 있다. 이 기구로 **수술 콘솔**에서의 의사에 의해 시행되는 동작이 전달되어 작동이 되는 원리를 가지고 있다.

㉡ 다빈치의 장점은 복강경 수술뿐 아니라 일반 수술에서도 이용 가능하므로 다빈치의 이용확대로 복강경 수술에서 나타나고 있다. 따라서 **전립선암**에서 전립선을 제거하는 경우 기존의 복강경 수술보다 월등한 점들이 있어, 근래에 미국의 경우 폭발적인 수요증가가 있었으며 다빈치 중 절반이상이 비뇨기과 수술용으로 판매가 되고 있다.

④ 다음으로 재활의료 로봇의 경우, 선진국에서는 이미 사회복지적 개념에서 이와 관련된 로봇의 개발을 정책적으로 도와왔다. 그 결과 외국에서 재활의료 로봇의 워크스테이션을 기반으로 하는 시스템, 이동 로봇을 기반으로 하는 시스템, 휠체어를 기반으로 하는 시스템 등 다양한 시스템을 기반으로 한 재활의료 로봇들이 제품화 되고 있다.

⑤ 안정된 상태에서 섬세한 작업들을 할 수 있으나 작업이 미리 정해진 공간에서 이루어져야 하기 때문에, 이동성이 제한되어 있는 워크스테이션을 기반으로 하여 상업화된 제품으로는 프랑스의 AFMA사에 의해서 만들어진 AFMASTER가 대표적이며, 노인 및 신체장애자의 일상생활에서의 활동에 목적을 두고 만들어진 휠체어를 기반으로 하는 시스템은 독일 프라운호퍼 연구소에서 만든 Care-O-bot I/II이 대표적이다(그림 3-10).

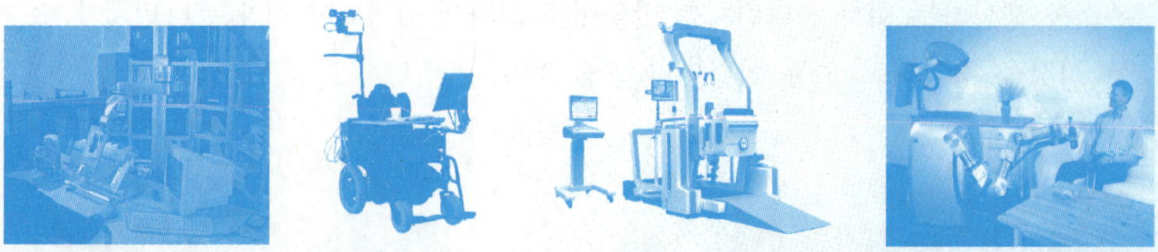

그림 3-10 • 외국에서 상용화된 재활 로봇(AFMASTER와 Care-O-bot)

⑥ 해외에서는 마이크로 로봇과 관련된 분야에서도 활발히 기술개발이 진행 중에 있으며 마이크로 기술이 발전함에 따라 의료기기에 접목되는 기술들이 시장에 나오고 있다. 일부 제품은 이미 시장을 형성하고 있으며 대표적인 예로는 캡슐내시경 로봇과 심도자 로봇이 있다. 이와 관련된 기술들은 MIT가 주도하고 있다.

MIT의 경우 캡슐내시경과 밀접한 관련이 있는 몸속에서 찍은 영상자료를 외부로 전송하는 통신기술인 인체전도 통신방법이라 하는 기술을 보유하고 있어 인체의 미세한 전기자극을 통해 외부와 통신이 가능하게 함으로써 제품개발이 가능하도록 하고 있다. 이러한 기술들을 이용하여 상용화한 회사로는 Given Imaging사와 Medtronic사가 있다.

이스라엘에 본사를 두고 있는 Given Imaging사는 2001년 창사 이래 필캠(PillCam) 플랫폼을 기반으로 환자 친화적인 혁신 제품을 개발하여 위장관 진단 분야의 발전을 주도해오고 있다(그림 3-11).

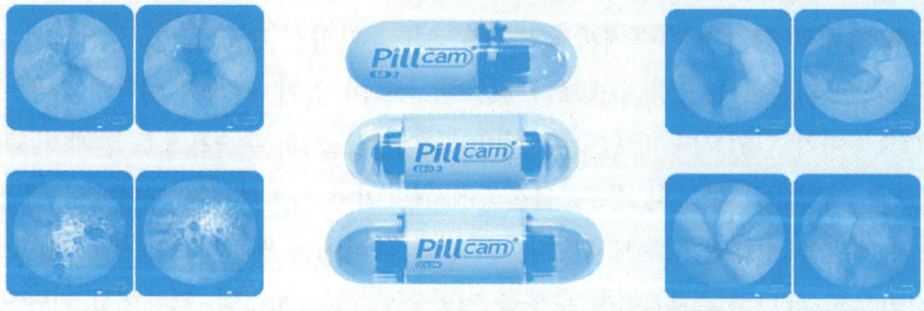

그림 3-11 • Given Imaging사의 PillCam

⑦ **필캠 캡슐형** 내시경은 **필캠** SB를 통해 소장의 상태를 찍어 보여준다. 또한 필캠 ESO는 식도의 상태를 **필캠 콜론**(COLON)으로 결장의 상태를 보여준다. 필캠 캡슐은 초소형 비디오 카메라로 환자가 이 캡슐을 삼키면 **위장관**과 **소장 내부상태**를 **사진**으로 보여준다.

⑧ Given Imaging사의 다른 캡슐 제품으로는 장의 개방여부를 확인해주는 **에이자일**(AgileTM) **개방캡슐**, **위-식도 역류질환**(Gastroesophageal Reflux Disease : GERD) 진단용 pH 검사에 쓰이는 업계 유일의 **무선·무도관**(catheter-free)형 48시간 pH 테스트 제품 등이 있다.

⑨ 마지막으로 수술 시뮬레이터는 근래에 들어 프로세서의 성능이 좋아지면서 MRI나 CT 영상 등을 활용하여 개발이 가속화되고 있다(그림 3-12).

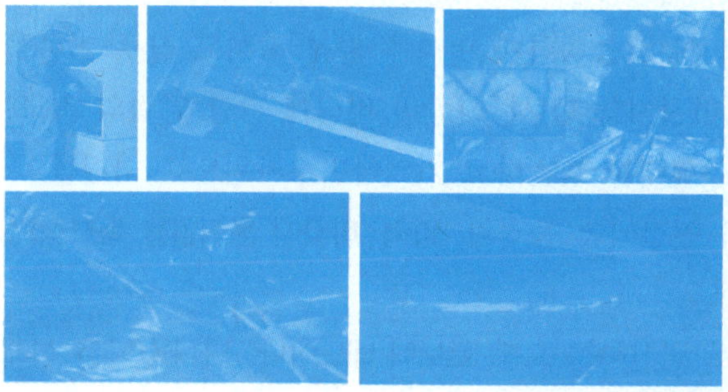

그림 3-12 • 미국 Boston Dynamics사의 개복수술 시뮬레이터

⑩ 현재 미국에서는 의사들에게 가상환경에서의 수술훈련을 의무화하려는 움직임이 있으며, 여기에 맞물려 **복강경**, **대장 내시경** 등의 다양한 **수술에서의 시뮬레이터**가 개발 중에 있다.

⑪ 대표적으로 미국 Georgia Tech의 **안구수술 시뮬레이터**, 미국 Boston Dynamics사의 **개복수술 시뮬레이터**, Mitsubishi Electric Research Lab의 **무릎관절 내시경 시뮬레이터** 등이 있다.

07 휠체어로 변신하는 전기침대 로봇

파나소닉(Panasonic)이 고령화 사회에 꼭 필요한 로봇 2종을 선보였다. 환자나 노인들을 위한 머리 감겨주는 로봇과 침대가 휠체어로 변신하는 로봇 '로보틱베드(Roboticbed)'이다(그림 3-13).

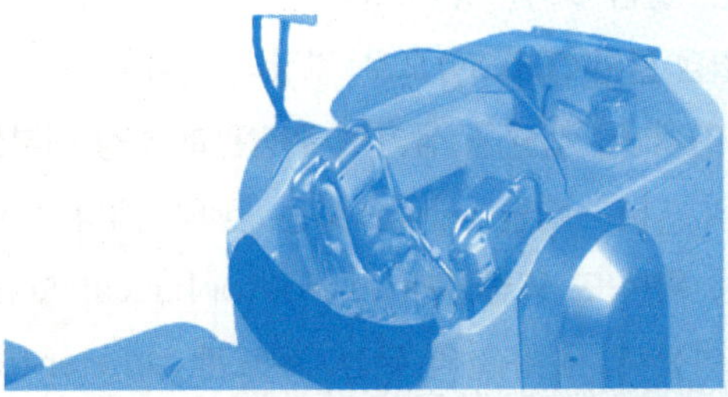

그림 3-13 • 머리를 감겨주는 로봇(로보틱베드)

① 머리를 감겨주는 로봇은 이미 병원이나 의료시설에 큰 도움이 되고 있다. 파나소닉의 로봇 핸드기술을 이용하는 이 로봇은 16개의 손가락을 가지고 있다. 사람의 손가락으로 하는 것처럼 아주 능숙하게 머리에 물을 적시고 샴푸 거품을 씻어낼 수 있다. 이 로봇은 샴푸와 마사지를 할 때 사람의 머리에 가할 압력의 정도를 조정하기 위해 2개의 팔로 머리의 형태를 측정하고 기억하며 3차원으로 머리를 스캔한다. 각각의 팔은 전원감지 센서와 연결되어 움직임, 압력, 마사지 움직임을 독자적으로 제어하는 3개의 모터가 달려 있다.

② 침대가 휠체어로 변신하는 로봇 로보틱 베드이다. 파나소닉은 신에너지 산업기술개발종합기구(NEDO)와 공동 프로젝트를 통해 일상생활 속에서 로봇을 실제로 활용하기 위한 안전기술과 가이드라인을 개발해오고 있다.

③ 로봇 기술에서 모터 수를 줄이고 부품을 변형시켜 새로운 전기 케어 베드의 구조를 단순화시켰다. 그 결과 사용자는 침대와 휠체어를 더 부드럽게 분리하고 재조합할 수 있다. 이로 인해 사용자와 간호인이 침대와 휠체어로 전환할 때의 위험과 부담을 더 줄일 수 있다.

④ 보조바퀴와 공기압 지지를 채택해 간호인들에게 도움이 된다. 음성 가이드와 LED 전등은 사용자에게 침대에서 휠체어를 분리할 때를 알려준다. 휠체어에는 센서가 부착돼 다가오는 사람 또는 물체와의 충돌을 방지해준다. 오래 누워 있는 환자가 욕창이 생기지 않도록 자동으로 환자의 몸을 뒤집어 주는 기능도 있다.

제 4 장

피부미용·비만 관련 의료기기

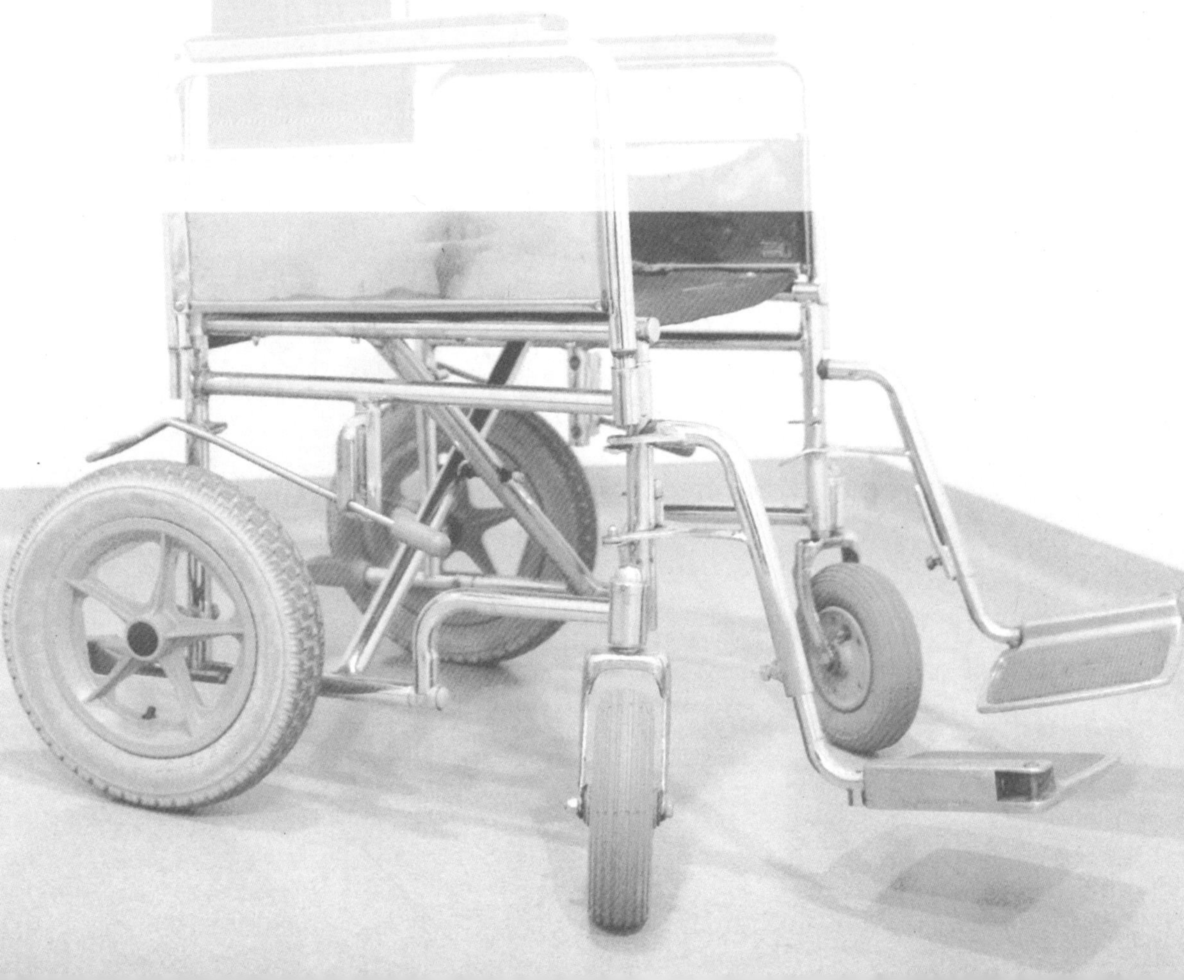

01 감압기

초음파와 진공(vacuum)을 이용하여 감압시켜 셀룰라이트(cellulite) 분해, 마사지, 신진대사 촉진, 피부탄력, 근육마사지 효과를 누릴 수 있는 장비이다(그림 4-1).

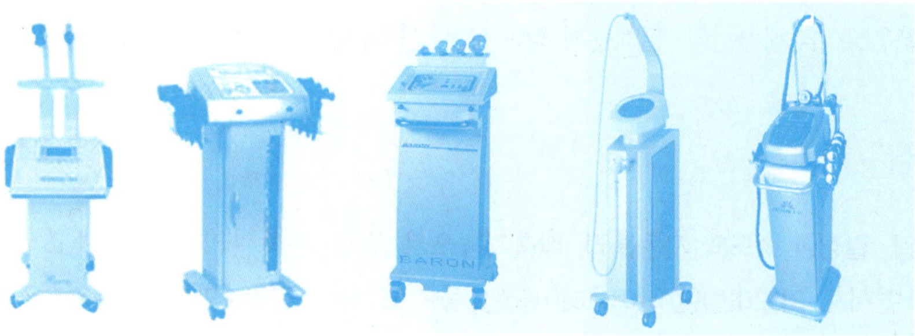

그림 4-1 • 감압기

감압기(traction system)의 작용으로는 오래된 지방 셀룰라이트와 림프수종치료가 가능하며 피부표면에서 양압, 음압을 사용하여 피하지방층에 과도하게 축적된 지방세포를 분해하고 부분 및 전신 트리트먼트(treatement) 관리로 비만치료 및 체형교정의 탁월한 효과 피하지방층의 비대한 지방세포를 통증이나 부작용 없이 치료할 수 있다.

신체 각 부위에 불균형하게 축적되어 있는 지방을 집중적으로 치료하여 신체의 균형을 되찾게 해줌으로써 근육이완, 혈액순환개선, 독소배출, 신진대사 촉진으로 분해된 지방을 빠르게 배출한다. 또한, 안정적이고 율동적인 바이브레이션(vibration) 마사지 프로그램과 다양한 롤 마사지 효과(roll massage effect)가 있으며 저소음으로 조용한 분위기 연출도 가능하다.

감압은 장치 속의 압력을 낮추는 것으로 기체의 압력 대기압 이하의 상태이다. 무중력 감압치료는 미국항공우주국(NASA)에서 우주의 무중력 상태에서 디스크 높이가 증가되어 요통이 사라진 현상에서 착안되어, 이와 유사한 환경을 재현한 의료기기로서 −200[mmHg]까지의 감압환경을 디스크 내에 조성하여 이탈되었던 디스크가 정상 위치로 되돌아오게 하는 원리를 이용하고 있다.

이탈된 디스크 부위를 정확히 조준하여 디스크를 끌어당기는 힘의 80~90[%]가 통증이 있는 요추부위에 집중할 수 있기 때문에 치료효과가 매우 높은 것으로 나타나고 있다.

또한 무중력 원리를 이용한 이 신기술은 수분, 혈액, 영양소들의 원활한 공급을 도와 통증을 해결함은 물론이고, 정상적인 다른 디스크의 상태를 악화시키거나 근육 및 신경을 손상시키지 않을 수 있어 일반적인 수술치료보다 훨씬 낮은 4[%]대의 재발률을 보이고 있다.

2004년 우리나라에 이 치료기를 처음 도입해 디스크 환자들에게서 큰 호응을 얻어 최근까지 디스크 환자 중 무중력 감압치료를 받은 환자를 대상으로 한 조사에서 약 89[%] 이상이 높은 만족도를 보이는 것으로 많은 의료기관에서 확인되고 있다.

1. 치료효과

림프마사지 관리효과, 지방, 셀룰라이트 분해효과, 경직된 근육 릴랙스 효과가 있으며, 적용분야로는 지방흡입술 후 체형관리, 혈액순환 장애개선, 상처관리, 가슴성형 후 마사지 관리에 적용한다.

2. 특 징

일정한 압, 일정한 속도와 자동흡입, 배출기능으로 림프 순환관리가 정확하고 사용이 간편하며, 강력하면서도 리드미컬한 바이브레이션은 뭉치고 쌓인 근육이나 혈, 민감한 부위(얼굴, 가슴, 목, 액와 서혜부, 허벅지 안쪽) 등 관리 시 통증 없이 관리, 사이즈 감량 시 탄력있게 관리한다. 또한 자연스러우면서도 강력한 압은 큰 근육관리도 원활하고 연속관리도 원활하다. 7단계 흡입, 7단계 배출압 자유조절기능(49가지 형)은 주무름과 두들김 운동을 고객유형별로 조절하고 외장필터 장착으로 외부오일 등 이물질 거름기능으로 압과 기기를 보호한다.

02 광선조사기

피부가 건조한 건선에서 광선치료는 일반적으로 건선의 병변범위가 넓어서 국소치료로 하기 어려운 경우에 선택하는데, 일시적인 경우에 먹는 약을 선택할 수도 있지만, 광선치료를 선택하는 이유가 있다.

먹는 약보다 부작용이 별로 없는데, 우선 가장 중요한 부작용이 광선의 파장에서 발생되어 피부에 닿는 순간 복사열로 인해 화상을 입는 경우이며, 그 외에 장기적으로 치료시 피부가 건조해지고, 검어지고, 자외선에 의해 주근깨가 발생하는 등의 부작용이 생길 수 있는데, 피부암이 발생위험이 증가하는 염려가 있지만 아직까지 광선치료로 인한 피부암의 발생사례가 국내사례는 전무하지만, 한국사람이라는 특성을 감안할 때 피부암이 잘생기지 않으므로 광선치료를 선택할 때 장애로 작용하지 않다(그림 4-2).

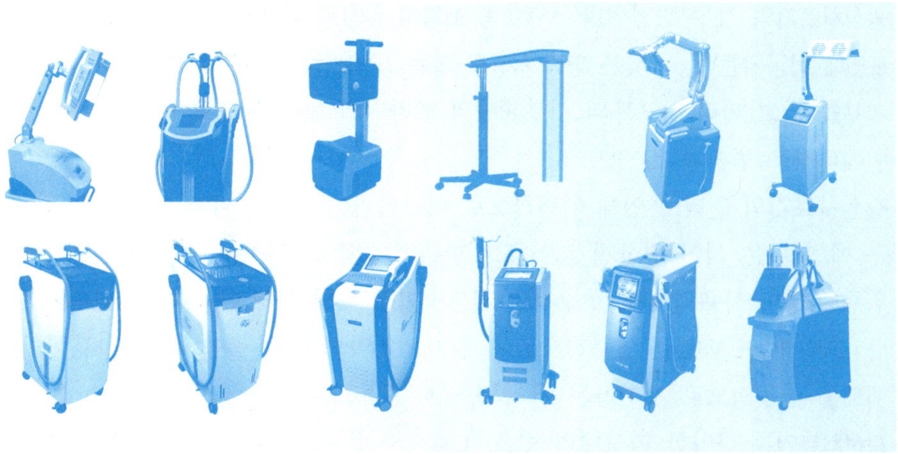

그림 4-2 • 광선조사기

일단 구체적으로 자외선 B치료법과 협대역(narrow band) 자외선 B방법, PUVA* 등이 있는데, 이중에서 PUVA가 더 강력한 치료이지만 일단 눈을 보호하기 위해 자외선 차단안경을 착용하는게 중요하고 이것을 PUVA 치료라고 한다.

① 근래의 경우 건선부위에만 치료를 할 수 있게 개발된 광선치료기와 레이저기기가 있는데, 여기서 중점을 둘 요소는 광선치료기에 치중될 수 있다. 우선 건선치료 시에 피부전체가 건선은 아니므로, 넓게 치료하게 되면 건선부위와 마찬가지로 정상적으로 보이는 피부도 광선을 받게 된다.

② 건선병변을 세게 치료하면 정상피부가 상할 수 있으므로 너무 세게 치료하지 못한다. 그러나, 레이저 치료나 부분적 치료가 가능한 광선치료기로는 그 부위만 치료하므로 세게 치료할 수 있다.

③ 장점은 강한 치료가 가능해서 치료기간이 단축된다. 그리고, 정상피부에는 광선이 닿지 않아서 피해가 없다.

④ 단점은 기계가 고가인 점을 감안할 때 비용문제가 발생되기도 한다. 그래서 영구히 치료되지 않는 점은 있다. 건선이 없어 보이는 부위도 정상인의 피부와는 다르다. 이런 부위에도 언제 건선이 발생할지 알 수 없다. 전신적인 광선치료에서는 이런 부위의 건선발생이 예방 치료되는 국소 광선치료기로는 이런 예방효과가 없는 단점도 있다.

* PUVA : 광화학치료(photochemotherapy, 光化學治療) 소라렌(psoralen)이라는 광감작제를 바르거나 복용 후 자외선 A를 조사하는 치료방법이다. 광치료와 화학치료의 합성어이다. 광치료는 자외선 중 A형 자외선(UVA)을 조사하는 것을 의미하고, 화학치료는 UVA가 작용하도록 하는 광감작제인 소라렌이라는 약을 복용하는 것을 의미한다. 광화학치료는 소라렌과 UVA를 사용하므로 소라렌의 머리글자 P와 UVA를 합해 'PUVA'라고도 한다. 이 두 가지 가운데 한 가지가 빠지면 치료효과가 없다. 건선, 백반증, 아토피성피부염, 피부림프종, 광선과민증 등 피부질환에 사용한다.

⑤ 광선치료기의 경우 광범위한 스펙트럼 조명이 휴대용 지팡이 또는 관절이나 팔이나 피부의 표면에 적용되는데, 그것은 머리 샤프트 또는 머리카락의 전구(루트)를 공격 때까지 빛이 피부를 뚫고 머리 샤프트의 피부표면의 멜라닌의 높은 농도로 인해 반응이 생겨 빛이 열에너지로 변환된다.

⑥ 광선치료기의 원리로 인해 열변환으로 머리카락이나 모근 뿌리에 영양을 공급하여 모근 에 어두운 색이 변하게 되어 모세혈관에 직접 발생하는 것이며, 대개 여드름치료 위주로 많이 사용되지만, 영구적인 제모방법으로 영구 제모를 실현하기에는 한계가 있다. 그런데 IPL 치료는 영구적으로 신체 머리카락의 수를 줄일 수 있으나 머리카락이나 제모를 영구적으로 제거하는 건 지속되지 않는다.

⑦ 광선치료기는 다양한 파장대의 빛을 조사시켜서 여러 가지 피부의 문제점을 치료하는 기계이며, 기존의 레이저 치료법과 달리 치료범위가 특정 부분이 아닌 얼굴 전체를 분사시켜, 한번에 한 가지의 개선이 아닌 여러 가지 광노화 증상을 개선하는 효과를 가지는 치료법이다.

⑧ 처음에는 피부과 의사들에 한해서 많은 각광을 받으며 피부과에 없어서는 안되는 장비이다. 치료는 잡티나 주근깨 같은 색소가 없어지거나 흐려지기도 하고 미세한 색소도 좋아져서 얼굴이 전체적으로 밝아 보이며, 붉은 기나 모세혈관도 좋아지고 기미도 좋아질 수 있으며, 콜라겐 재생을 유도해 노화개념의 치료가 가능해진다.

⑨ 거리나 광선치료기가 다양한 피부현상을 좋아지게 할 수는 있지만 다양한 증상이 있는 한 사람에게서 이 모든 피부증상들을 좋아지게 하기는 어렵다. 즉 증상들마다 적절한 치료 파라미터, 즉 세기나 파장대가 다르기 때문인데, 잡티를 좋아지게 할 강도는 기미가 오히려 악화시킬 수 있으므로 세심한 주의가 필요하다.

⑩ 혈관이나 붉은 기의 경우도 적정한 세기와 파장대를 조절하고 그렇지 않으면 효과가 없거나 원치 않은 부작용이나 증상악화를 가져오기도 한다.

03 비만관리기

가방형 비만관리기는 한 대의 기기로 복부·허벅지 관리, 피부미용의 3가지 기능을 할 수 있는 신개념 이동형 관리기이다. 온 가족이 사용 가능하여 활용도가 높으며, 가방형식으로 되어 있어 휴대가 용이하다. 액세서리로 저주파 패드, 복부 좌우 벨트, 피부복합 자극마사지기, 익스텐션 밴드로 구성되어 있다.

또한, 중·저주파 모드가 5가지(비만 및 체형관리, 혈액순환, 근육, 신경, 관절)로 구성되어 초음파, 저주파의 효율적인 자극선택이 가능하며, 피부복합 자극마사지기를 피부·복부 겸용으로 독립적으로 사용할 수 있다. 익스텐션 패드로 사이즈 조절이 가능하다(그림 4-3).

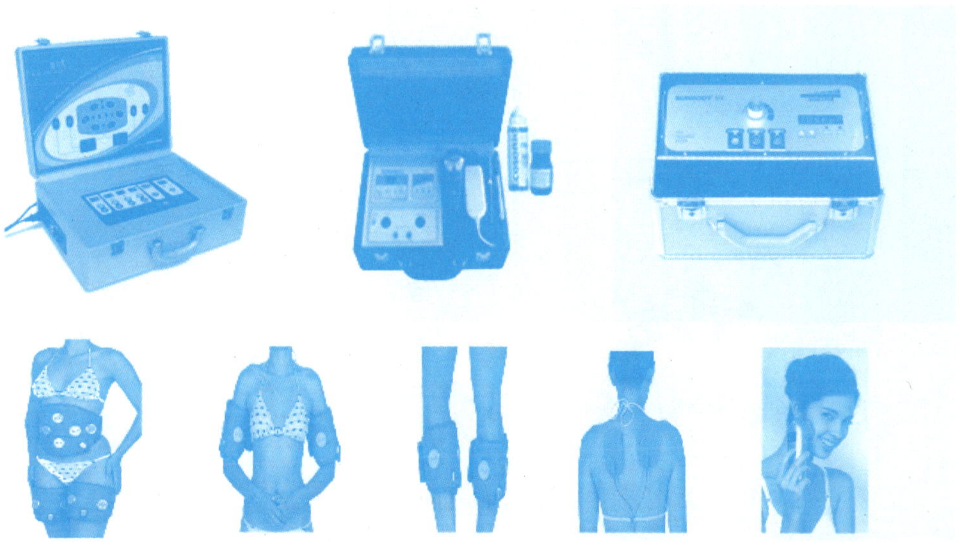

(a) 복부, 허벅지(초음파) (b) 팔뚝(초음파) (c) 종아리(초음파) (d) 어깨(저주파) (e) 얼굴(초음파, 진동)

그림 4-3 • 가방형 비만관리기 사용모습

04 비만도 측정기

신장체중계 비만도 자동측정기는 첨단의 광학식 정밀 측정방법을 적용하여 신장, 체중, 비만도를 디지털 화면으로 신속 정밀하게 자동 측정해주는 기기이다. 기기의 표시방법이 디지털 방식으로 되어 있어 본인은 물론 누구나 간편하고 정확히 읽을 수 있다(그림 4-4).

1. BMI

체질량지수 BMI(Body Mass Index)는 카우프(Kaup)지수, 체적지수라고도 하며, 1997년부터 세계보건기구(WTO)에서 체중을 키의 제곱으로 나눈 값인 체질량지수를 비만 기준으로 정해 널리 이용하고 있다. 비교적 정확하게 체지방의 정도를 반영할 수 있어 가장 많이 이용되는 비만지표이다.

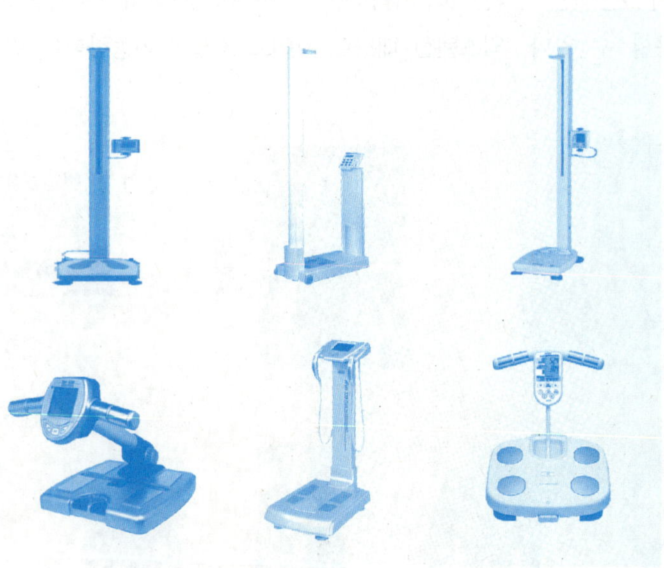

그림 4-4 • 비만도 측정기

2. 비 만

과다한 체지방을 가진 상태를 의미한다. 남자는 체지방이 체중의 25[%], 여자는 체중의 30[%] 이상일 때, 임상적으로는 체질량지수(Body Mass Index : BMI)가 30.1 이상인 경우, 현재 체중이 이상체중을 20[%] 초과하는 경우로 정의한다.

① 비만의 원인 : 유전적 요인, 환경적 요인, 에너지 대사의 이상 등이 있다.

② 비만의 종류 : 원인에 따라서, 단순비만과 증후성비만으로 분류한다. 단순비만은 과식과 운동부족이 원인이며, 증후성 비만은 내분비, 시상하부성, 유전, 전두엽 및 대사성 등으로 발생한다.

③ 비만도의 평가 : 체중측정하는 방법, 피부주름 두께측정법(캘리퍼 사용)이 있다.

④ 비만도 지수를 평가하는 임상적인 방법 : 이상체중법(Modified Broca's method)으로 가장 쉽게 사용하는 방법이며, (본인 키[cm]−100)×0.9를 이상체중으로 계산하여 현재 체중을 백분율화시키는 방법은 식 (4-1)와 같다.

$$\text{비만도}[\%] = \text{측정체중} \div \text{표준체중} \times 100 \qquad (4\text{-}1)$$

⑤ **가장 이상적인 체질량지수는** 20~22 **정도이며** 자신의 신장을 제곱하여 남자는 22를 여자는 21을 곱하면 식 (4-2)와 같이 표준체중을 구할 수 있다.

$$표준체중 : 남자 = 키^2[m^2] \times 22,\ 여자 = 키^2[m^2] \times 21 \quad (4\text{-}2)$$

⑥ 체질량지수는 체중을 신장의 제곱으로 나눈 것이다. 식 (4-3)과 같이 BMI를 측정한다.

$$BMI = 체중[kg] \div 키^2[m^2] \quad (4\text{-}3)$$

⑦ BMI는 체지방과 관련되며 상대적으로 신장에 영향을 받지 않는다. **정상은** BMI가 18.5~24.9**이며 과체중은** BMI가 25~29.9로 **정의된다.** 비만은 BMI가 30 **이상인** 것이며, **고도 비만은** BMI가 40.1**보다 클** 때이다. Kaup지수는 2세 미만의 연령에서 사용하는 방법이며 18이상이면 비만이다(표 4-1).

표 4-1 • 비만도 구분

비만도	90[%] 미만	90~109[%]	110~119[%]	120~149[%]	150[%] 이상
판정	체중미달	정상체중	과체중	비만	고도비만
BMI(체질량지수)	18.5 미만	18.5~24.9	25.0~29.9	30.0~40.0	40.1 이상

⑧ Rohler 지수는 학교에서 학생의 비만판정 지수로 많이 사용하며 (체중[kg]/키[cm]−3) ×107으로 신장이 100~129[cm]에서 180 이상이고 130~149[cm]에서는 170 이상, 150[cm] 이상에는 160[cm] 이상을 비만으로 판정한다. 비만으로 인한 질병에는 **관상동맥질환, 당뇨병, 고중성지방 혈증, 고혈압** 등이 있다. 비만의 치료에는 **식이요법, 운동요법, 행동수정요법, 약물요법** 등이 있다.

(1) 체지방량 측정

비만의 진단은 체지방량을 정확히 측정해야 가능해진다. 체지방을 측정하는 방법은 복잡하고 특수한 장비를 필요로 하기 때문에 임상적으로 사용하기에 어려움이 많았다. 최근 측정이 간편하고 정확도가 높은 체지방 측정기가 속속 개발되어 전문 클리닉에서 활발하게 사용되고 있다.

(2) 체질량지수의 이용

체질량지수는 체중을 [m]단위로 측정한 키의 제곱으로 나눈 값으로 계산이 간편하면서 체지방량을 비교적 정확하게 반영한다는 장점이 있어 임상연구에 널리 이용되고 있다. 이 방법 역시 신장과 체중만으로 비만정도를 보는 방법이기 때문에 앞서 설명한 비만도가 갖는 제한점을 그대로 갖는다. 가장 이상적인 체질량지수는 20~22 정도이므로 자신의 신장을 제곱하여 21을 곱하면 표준체중을 구할 수 있다. 세계보건기구(WTO)에서는 25 이상을 과체중, 30 이상을 비만으로 정하고 있으나, 서구에 비해 체격이 상대적으로 작은 동양의 경우 23 이상을 과체중, 27 이상을 비만으로 정하는 것이 타당하다.

(3) 복부비만의 판정

허리(엉덩이 둘레비를 이용할 수 있다)가 남성은 0.9, 여성은 0.85 이상이면 복부비만으로 판정한다. 최근에는 허리둘레가 (허리/엉덩이 둘레)에 비해 복부지방량을 더 잘 반영한다고 하여 허리둘레만으로 복부비만을 진단하기도 한다. 여성의 경우 78~80[cm], 남성의 경우 90~94[cm] 이상이면 복부비만으로 판정한다. 그러나 허리둘레를 측정할 경우 피하지방과 내장지방이 함께 포함되므로 합병증 발생을 보다 예민하게 찾고 내장지방형 복부비만을 진단하기 위해 체지방 전산화단층촬영(CT)을 이용하기도 한다.

(4) 특 징

비만도 측정기(obesity meter)는 측정자가 단축발판 위에 올라서면 5~8초 이내에 측정 가능하여 검사시간이 매우 짧으며, 음성합성 시스템이 내장되어 있어 피측정자를 위한 안내 메시지가 나오며, 측정결과를 프린트 및 디지털로 표시할 수 있는 기능이 있다. 또한 고도의 신뢰성과 안정성을 가지고 있는데 로드 셀 내장 및 ADC 체중측정회로와 광학 센서로 신장측정 착의중량 감산기능 및 옷무게를 설정하여 실제 체중을 측정하며, 0~250[kg]까지 측정되는 전자저울 역할 및 체질량지수 측정기능과 통신기능 RS 232C 통신지원 프린트 기능을 할 수 있고 개인번호 선택기능이 있어 자동으로 개인별 자료를 보관 및 관리할 수 있다.

① 측정기 발판 위에 올라가 바로서면 자동으로 측정하기 때문에 측정시간을 단축할 수 있다.
② 디지털 방식으로 표시방법이 간편하고, 신뢰성 및 안정성이 높다.
③ 남녀 구분 측정기능과 프린터 연결기능이 있다.

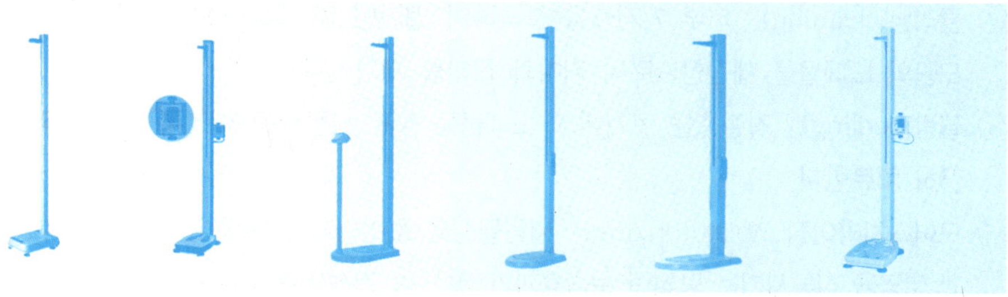

그림 4-5 • 비만도 측정기

05 스킨 마스터

초음파를 이용해서 피부나 피지의 노폐물을 제거하는데 사용하고 특수한 약물(비타민, 태반 추출물)을 피부에 주입하는 방법으로 주로 다른 치료(스케일링, 크리스탈 필링, 해초 필링, 화학박피)에 병행해서 전후에 사용하여 다른 치료의 효과도 높이고 피부의 진정작용도 유발시키는 초음파를 이용한 일종의 스킨 스케일링이다. 이 치료는 단일 치료보다는 다른 치료에 부가적으로 사용되는 방법으로 피부의 보습과 노폐물 및 각질제거에 도움을 준다. 스킨 마스터(Skin master)를 이용하면 여드름, 기미, 잡티, 피부노화, 모공치료 등이 가능하다.

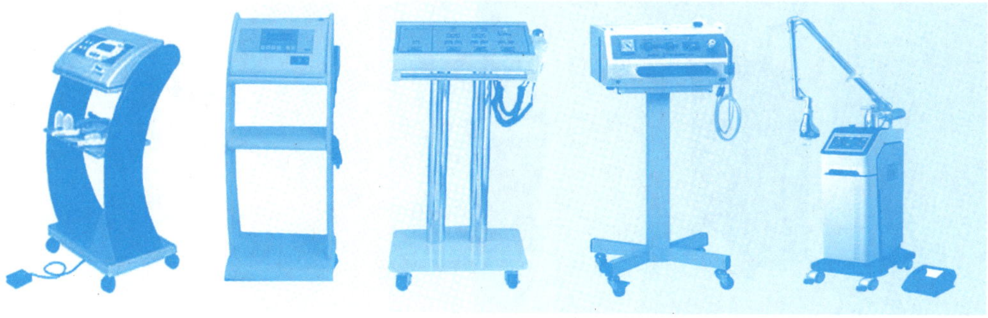

그림 4-6 • 스킨 마스터

① 리프팅(lifting) : 노화되어 늘어진 근육의 탄성을 증가시켜 눈, 입 주위 등 모든 얼굴선을 팽팽하게 조여주고 재생시키고 모든 근육을 운동시켜 피부를 보다 젊어 보이게 한다.

② 링클 트리트먼트(wrinkle treatment) : 콜라겐과 탄력섬유를 촉진시켜 잔주름을 제거하고 피부를 탄력있게 가꾸어준다.

③ 클리닝(cleaning) : 피부 기저층을 자극하여 멜라닌 및 유해 색소세포를 분리하고 모낭 및 모공의 노폐물을 세정함으로써 기미와 잡티를 제거한다.

④ 필링(peeling) : 각질층을 벗겨내고 노폐물을 살균 세척하여 여드름 등의 각종 트러블을 말끔히 치료한다.

⑤ 모이스처라이징(moisturerizing) : 영양물질을 초미립자 상태로 분해하여 피부 깊숙이 수분과 영양을 침투시키는 탁월한 보습효과가 있으며 건성피부를 윤기있고, 부드러운 피부상태로 유지시켜 노화를 예방할 수 있다.

06 얼븀야그 레이저

피부조직을 정교하게 깎는 레이저로 패이거나 융기된 흉터에서 피부조직을 정교하게 깎아 패인 부위의 각을 줄여주어 경계부를 부드럽게 만들어주고, 함몰 부위 또한 레이저로 진피층의 섬유아세포를 자극하여 콜라겐의 합성을 증가시켜 흉터부위를 재생이 되도록 하는 얼븀야그 레이저(Er : YAG laser)이다.

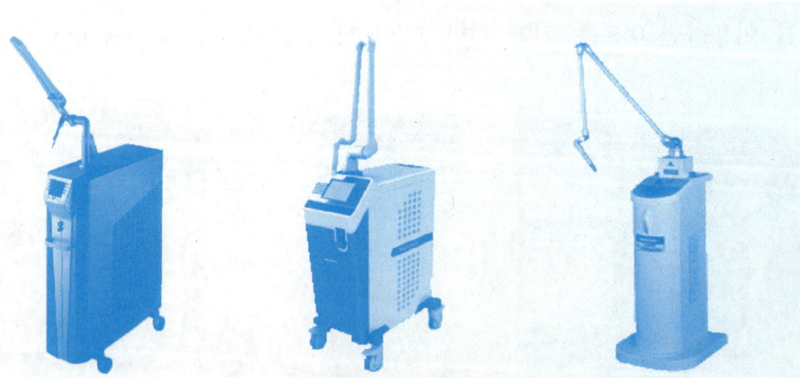

그림 4-7 • 얼븀야그 레이저 장비

1. 얼븀야그 레이저의 특징

물에 대한 흡수력이 탄산가스 레이저의 20배 정도이다. 발진시간이 짧아 시술 후 피부의 열손상이 극히 적고, 정교한 시술이 요구되는 여드름 흉터나 잔주름, 사마귀, 한관종, 흉터 제거, 레이저를 이용한 필링에 많이 이용된다.

① 얼븀야그 레이저빔의 출력단에서 레이저빔의 출력저하 없이 물과 기체의 혼합물이 골고루 분사되도록 한 치과용 얼븀야그 레이저 핸드피스를 개시한다. 출력을 중심으로 그 동심원 상에서 물이 분사되도록 하고 치료에 따른 이물질과 열이 효과적으로 제거되도록 하며 동시에, 조사되는 얼븀야그 레이저빔의 어느 한 지점으로 집중되도록 간격조절에 따른 출력변화로 정밀한 치료가 가능하도록 하는데 목적이 있다.

② 반사거울에서 반사된 얼븀야그 레이저빔을 집중시키는 초점 렌즈와 상기 초점 렌즈가 설치된 이너바디와 기수체가 주입되는 주입구와 기수체가 분사되는 유로 및 분사구가 구비된 공지의 것에 있어서, 이너바디를 수용하며 일측에 주입구가 형성된 아우터바디와 유로 및 분사구가 이너바디와 아우터바디 사이에 형성을 특징으로 한다.

③ 조사되는 얼븀야그 레이저빔이 물에 의하여 흡수되지 않으므로 출력의 저하가 없고, 신속한 이물질 및 열의 제거가 가능하게 되고 아울러 조사되는 레이저빔의 초점 위치와 무관하게 기수체가 환부에 골고루 분사되므로, 레이저빔의 출력단과 환부의 간격을 편리하게 조절하여 의사의 숙련된 손동작에 의한 정밀한 치료가 가능하게 된다.

2. 얼븀야그 레이저의 효과

열폭풍효과(thermal effect)를 이용한 치료방법이 아닌 강력한 핀홀 방식의 프락셔널을 구현하여 진피층까지 피부걸절(설난)을 통해 새로운 피부조직의 생성을 유도하는 치료법으로서 기존 치료방법과 차별화된 치료방법이다.

① 기존의 프락셔널 레이저들의 열폭풍효과를 이용한 치료방법은 최초 1회 시술 후 효과는 좋게 나타나지만, 시술횟수가 거듭될수록 효과가 반감되고 점점 효과를 보이기가 어렵다.

② 고주파 리프팅 기기들처럼 시술횟수가 늘어갈수록 열손상(thermal damage)에 적응되어 치료효과의 반응이 적어 나타나는 현상이다.

3. 얼븀야그 레이저의 장점

DRT는 기존의 Er : Yag를 이용한 레이저 장비들이 보여주었던 기능보다 한층 업그레이드된 치료법이며, 핀홀을 생성하여 손상된 피부를 빠르게 재생시키는 치료요법이다. 레이저 조사 시 깊이는 2[mm]까지 가능하다. 열폭풍효과를 이용한 레이저 핀홀 생성이 가능하지만 쉽게 응고되지 않고 바로 재생되므로 훨씬 짧은 타운타임을 보여준다. 프락셔널 렌즈를 장착하여 새롭게 개발된 DRT 전용 핸드피스는 기존의 프락셔널 레이저와는 차별을 두므로, 치료하여 막연하게 재생이 되는 것으로 끝내지 않고 표피에 핀홀을 생성시키고 주변조직이 탄화되지 않는 시술이 가능하며 그로 인해 빠른 재생과 짧은 다운타임이 가능하다.

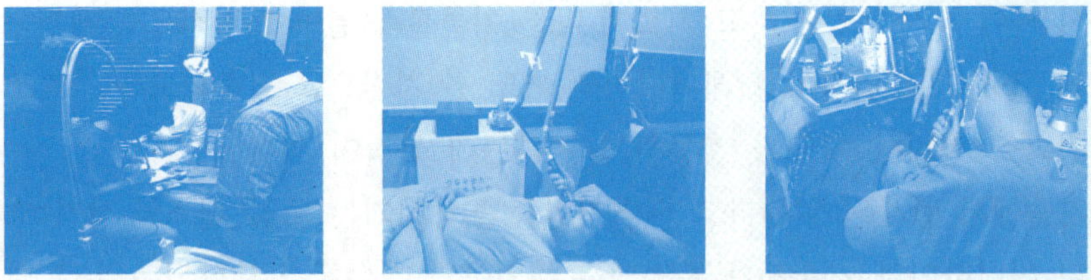

그림 4-8 • 얼븀야그 레이저 시술장면

07 의료용 광학기기

선택적 광열융해의 원리를 이용하여 통증완화, 건강회복, 노화방지 등의 치료를 할 수 있다. 백반증, 아토피, 여드름 및 각종 피부트러블, 통증완화 및 세포활성화, 모낭생성 등의 다양한 피부질환 치료에 적용 가능하다.

의료용에 사용하는 38[W]급 고휘도 HID의 색온도 500[K]의 태양광에 따라 가까운 광원을 조절할 수 있고, 광량 조절장치로 용도에 따라 적정 광량 조절이 가능하다. 다기능 디지털 신호 프로세서(Digital Signal Processor : DSP) 내장으로 기억(memory)기능을 구현할 수 있다. 4분할 비교가 가능하고 이미지 저장기능이 있으며 PC에서 손쉽게 이미지를 불러 다양한 편집 및 출력 가능 광량 조절장치이고 용도에 따라 적정 광량을 쉽게 컨트롤이 편리한 램프 교체가 가능하다(그림 4-9).

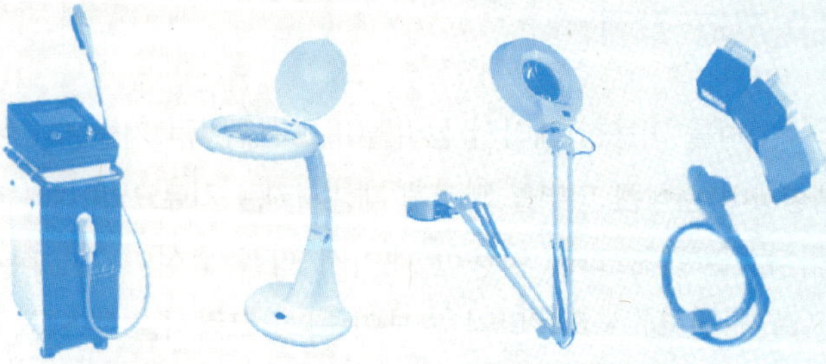

그림 4-9 • 의료용 광학기기와 필터, 핸드피스

① 광학기기는 칩에서 가장 느린 빛을 전달하는데 효과적이며, 속도를 1,200배 정도 감소시킨다. 통합된 칩 기반의 플랫폼(flatform)에서 광펄스(optical pulse)를 제어하는 것은 초저전력 성능을 잠재력으로 개선하기 위한 모든 광학 양자통신 네트워크를 실현하는 중요한 단계가 된다.

② 광섬유는 데이터를 광속으로 전달하지만, 라우팅(routing)과 데이터 처리작업은 여전히 광신호를 전기신호로 변화해야만 한다. 모든 광데이터 처리 시스템은 광펄스를 느리게 하고, 저장하며 처리할 수 있는 소형이며, 안정적인 기기를 요구하게 된다.

㉠ 사용할 수 있는 느린 광신호가 광 네트워크 내에서 데이터 버퍼나 신호지연을 조정할 수 있는 것이다. 이 기기는 표준제조기술을 사용하여 실리콘 칩에 만들어진 할로우 코어(hollow-core) 광학 도파관 내부에 있는 류비듐(rubidium) 증기 내에서 양자간섭효과에 의존하고 있다.

㉡ 몇 가지 다른 기술들이 빛을 느리게 하거나 심지어는 수백 [mm/s] 동안 정지할 수 있게 해준다. 그러나 예전에는 양자간섭에 기초한 시스템들이 저온의 환경이 필요하거나 또는 실용적인 사용을 위해서 정교한 실험실 설정이 필요했다.

③ 2008년, 일본 NTT연구소의 연구자들은 170배 정도 광펄스를 느리게 할 수 있는 특수 실리콘 칩 구조를 개발했다. 광자 크리스탈 도파관(photonic crystal waveguide)이라는 것은 몇 가지 애플리케이션(applicaion)에 대해서는 이점을 가지고 있다. 그러나 Schmidt 그룹에 의해 개발된 원자 분광학칩에 대해서는 양자효과가 없다.

이러한 양자효과는 빛을 느리게 해줄 수 있을 뿐만 아니라 빛과 양자 컴퓨팅 및 양자통신 시스템을 위해 근본적으로 새로운 양자기기들의 가능성을 만들어주는 물질들 간의 상호작용을 가능하게 해준다. 뿐만 아니라 이 시스템은 효과를 쉽게 있고, 없게 만들 수 있기 때문에 원하는 빛의 속도로 조정할 수 있다.

08 중주파 지방분해기

중주파 지방분해기(middle frequency fat decompositor)는 전기자극을 통해 모세혈관을 확장함으로써 체지방을 감소시키고, 지방층이 밀집하여 분포된 피부표피 세포층에 침 또는 패드를 사용하여 지방분해를 위한 특별한 펄스 파형으로 지방을 분해한다. 또한 3,500[Hz]의 중주파를 지속적인 근수축과 근이완작용을 통해 지방을 연소시킨 후 배출하여 혈액순환과 림프배농을 촉진시킨다(그림 4-10).

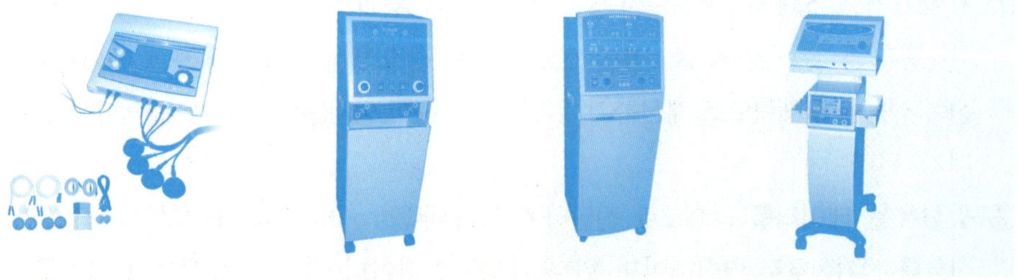

그림 4-10 • 중주파 지방분해기

1. 전기지방분해

지방분해의 원리는 지방세포 내 · 외부의 전위차를 생성하여 전해질이 이동하면서 세포 내의 저장된 중성지방이 지방산과 글리셀린을 분해한다. 지방층이 밀집하여 분포된 피부표피 세포층에 침 또는 패드를 사용하여 지방분해를 위한 특별한 펄스 파형으로 지방을 분해한다.

2. 중주파 모드

3500[Hz]의 중주파를 변조시킨 진폭변조 중간주파수(Amplitude Modulated middle Frequency : AMF)를 사용함으로써 피부의 저항을 최소화하고 피부 깊숙이 에너지를 전달하고 전류의 침투깊이를 극대화시켜, 피하지방조직과 더불어 혈관 · 근육조직까지 전기자극의 효과를 최대화하여 최상의 지방분해효과를 나타낸다.

2인 동시 가동 시스템으로 치료단계가 같거나 다른 2명의 치료를 따로 혹은 동시에 치료할 수 있다. 인체리듬 및 부위별에 의한 7가지 각각 다른 펄스모드로 지방제거를 할 수 있다. 초음파가 인체에 흡수되면 강력한 양성과 음성이 발생하여 세포를 활성화시킨다.

09 체지방분석기

체지방분석기(body fat analyzer)는 생체전기 임피던스법(Bioelectrical Impedence method)을 이용하여 체수분, 단백질, 무기질, 체지방량의 측정, 체형판정, 복부비만율 건강위험도, 지방축적형태 등을 제시하여 각 비만형태별 운동처방 및 비만관리가 가능하게 한다. 사용자의 편의를 위해 측정화면 표시와 안내음성과 함께 기본적인 체성분의 결과뿐만 아니라 부위별 분석까지 제공한다. 터치스크린과 키패드를 이용한 입력으로 사용자 편의가 향상된다.

4전극법을 이용한 체지방을 분석하면서 감열식인쇄기(thermal printer)로 빠른 결과를 출력하면서 측정 데이터 관리를 위한 PC 프로그램을 제공하며 환자의 왼팔, 왼다리, 오른팔, 오른다리, 몸통의 근육량, 체지방량, 전신부종뿐만 아니라 ECF/TBF, ECW/TBW의 부위별 부종분석, 간단한 동작으로 심층적 분석인 부위별 결과까지 약 1분이 소요된다(그림 4-11).

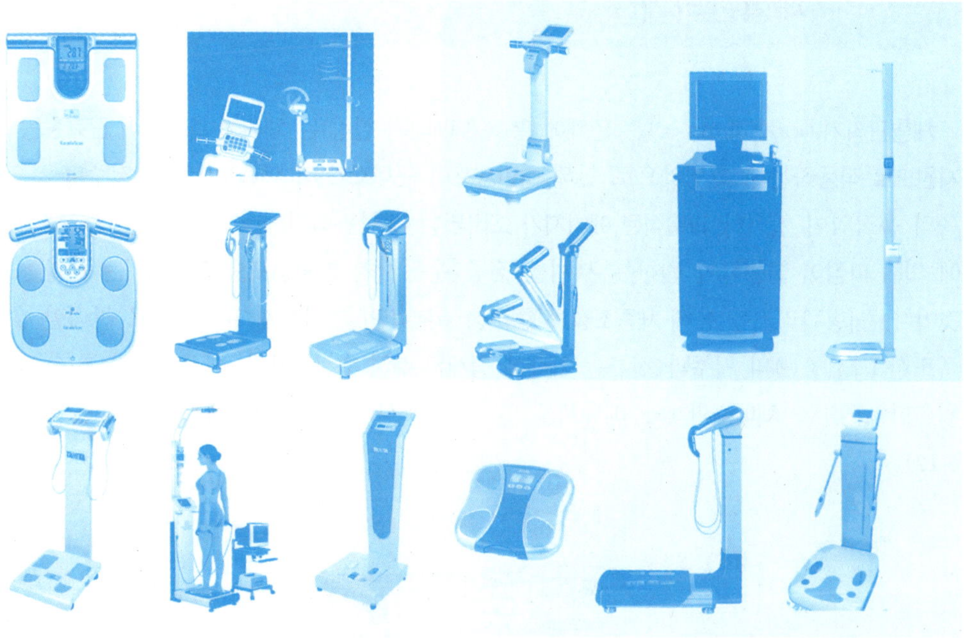

그림 4-11 • 체지방분석기

체지방측정기의 원리는 과학적인 측정방식인 생체 임피던스 측정법을 이용한다. 교류전류를 흐르게 하여 지방조직이 전기전도성이 거의 없다는 점을 응용했으며, 인체의 저항도를 측정하여 체성분을 분석하는 방법 등을 사용했다.

결론적으로 지방과 근육의 밀도 차이, 전류적 특성의 차이 그리고 초음파 반응의 차이를 이용해서 수학적으로 계산하고, 또한 아르키메데스(Archimedes) 원리 중 체지방을 측정하려면 예전에는 '옷을 다 벗고 욕조 속에 들어가야 했다.'라는 것처럼 물체의 부피만큼 물이 넘쳐난다는 아르키메데스의 원리에 따라 몸의 부피를 측정하고, 여기에서 몸의 밀도를 계산할 수 있다.

지방은 밀도가 낮기 때문에 몸의 밀도가 낮으면 체지방이 많다. 요즘은 체지방 측정기로 체지방 측정을 하고 병원, 헬스센터, 가정 등에서 간단하게 체지방을 측정할 수 있는 제품들이 많이 나와 있다. 전극을 손으로 잡으면 자동으로 체지방을 알 수 있고, '비만, 운동부족'이라는 경고 메시지까지 뜬다. 체지방 측정기는 주로 지방의 높은 전기저항을 이용한 것이다. 단백질, 지방

등 우리 몸에 있는 여러 성분은 저마다 저항값이 다르다. 우리 몸의 70[%]를 차지하는 물은 전기가 잘 흐른다.

10 체형관리기

체형관리기(body slimmer)는 인체에 흡수된 에너지(열량)는 체내에 축적되어 근육운동의 에너지원으로 작용하는데 과영양으로 인해 비만세포나 근세포가 비대해지며 이때, 저주파로 인한 근육의 움직임이 일어나 과축적된 에너지가 소비되며 체형관리기에서 발생된 (+), (−)의 전기자극에 의해 파장이 발생하여 원하는 부위를 집중 운동시켜 지방세포를 감소시키는 효과를 이용한 것이다. 체형관리기를 통해 체중조절, 체형조정, 복부비만을 편하게 효과적으로 관리할 수 있다.

또한 (+), (−)의 저주파 전류는 체내에 정체된 수액(수분, 혈액, 림프 등)의 흐름을 유도해 원활한 조절로 체내순환계와 배뇨계를 정상 동작시켜 순환장애 해소에 도움을 준다(그림 4-12).

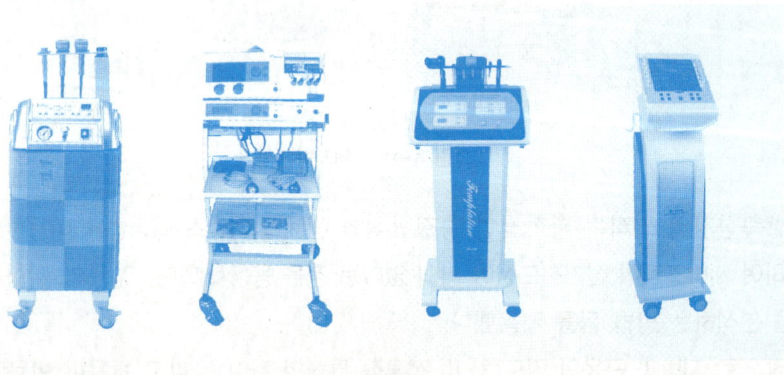

그림 4-12 • 체형관리기

① 잔주름 : 진피상층의 콜라겐 및 진피조직이 퇴행되면서 조직의 탄력성이 줄어들면서 발생하므로 음압(−)을 이용하여 바이브레이션으로 림프순환을 촉진시키고 수축된 주름부위의 조직을 운동시켜 세포를 활성화시켜 준다.

② 축소(사각턱, 이중턱) : 얼굴비만(노폐물과 지방축적) 유전, 내적 순환에 따른 변형(과식, 음주, 출산), 교근의 발달(단단한 음식, 껌), 치아의 불균형 등 얼굴의 림프순환을 촉진시켜 노폐물을 배출시키고 음압(−)을 이용하여 뭉쳐있는 근육을 풀어주고 지방을 분해

시키며 근육을 리프팅시키고 근육을 고정시켜 준다.

③ 등 : 근육이 경직되고 독소와 노폐물로 피로가 쌓이고 비만이 되므로 공기흡입식의 리드미컬한 바이브레이션과 음압(−)의 원리를 이용하여 림프관을 열어주고 노폐물과 독소를 배출시켜 신진대사와 혈액을 촉진시킨다.

④ 복부 : 복직근이 늘어나고 노폐물의 축적으로 인해 약해진 복부의 탄력을 강화시켜 주고 리드미컬한 리듬으로 자연스럽게 장마사지를 하며 숙변에 도움을 주고 장기들의 세포를 활성화시킨다.

11 카복시테라피

이산화탄소 주입기(CO_2 infusion system, carboxytherapy)는 이산화탄소를 주입하게 되면 직접적인 지방세포 분해효과 및 흡수를 촉진시키며, 이산화탄소의 가스압에 의해 지방세포가 과팽창되고 단위조직으로 분해된다. 이후 산소부족에 의해 모세혈관이 반사적으로 확장하게 되어 혈액순환을 증가시켜 지방배출을 촉진시킨다. 이산화탄소 분압에 따른 산소해리를 증가시켜 유산소 효과를 증가시킨다(그림 4-13).

① 카복시테라피는 부작용이 없어 남녀노소 짧은 시간에 시술이 가능하고 통증이 적고 출혈이 없다. 또한, 지방흡입이 적고 불가능한 부위에도 시술할 수 있다.
틀살 치료의 피부의 탄력향상에 도움이 되고 3[way/heating] 방식으로 통증이 최소화가 되며 3Way 방식으로 시술시간을 단축하고 터치스크린과 조그셔틀(jog & shuttle)로 조작이 용이하다.

그림 4-13 • 카복시테라피(일반용)

② 이산화탄소 주입기를 카복시테라피(carboxytherapy)라고 하는데 주입된 가스는 지방세포를 물리적으로 파괴시켜 세포내의 내용물인 지방산이 세포 외로 빠져나온다. 카복시가스(carboxy gas)는 말초혈관을 확장시키는 작용이 있어 지방세포에서 방출된 지방산은 혈관을 통해 쉽게 배출시킨다.

③ 혈액 내의 산소가 조직으로 이동되어 피부 및 피하조직으로 산소공급이 증가된다. 피부의 진피층이 두꺼워지면서 피부의 탄력성이 개선된다. 이산화탄소 주입기는 탁월한 지방분해 효과는 물론 셀룰라이트 치료, 피부탄력증가, 튼살의 많은 호전, 건선 등 피부질환에도 좋은 효과를 보여주었다.

④ 카복시테라피는 날씬해지고 싶은 부위를 선택하여 비교적 지방이 많고 순환이 원활하지 않은 곳에 지방분해 가스(CO_2)를 주입하는 기술이다. 인체에 무해한 지방분해 가스를 섬세하게 프로그램하여 주입하므로 부작용없이 피하지방층을 제거할 수 있다(그림 4-14).

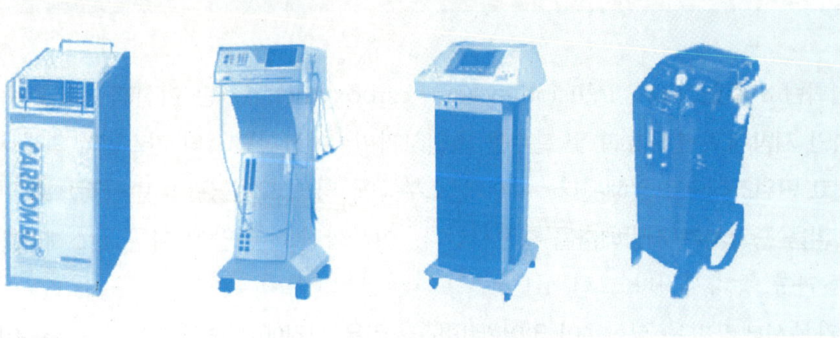

그림 4-14 • 이산화탄소 주입기(전문가용)

⑤ 카복시테라피는 신체의 많은 부위에 인체에 무해한 액화가스를 주입하여 피하지방을 제거하는 방법으로 최근 유럽에서 부분비만치료에 널리 쓰이는 방법이다. 날씬해지고 싶은 부위를 선택하여 비교적 지방이 많고 순환이 원활하지 않는 곳에 지방분해가스를 주입하여 부작용 없이 피하지방을 제거할 수 있다. 주입된 가스의 볼륨으로 인해 직접적인 지방분해 효과가 있으며, 혈액으로부터의 산소유출로 인해 국소적인 유산소 효과가 있어 주변의 혈관이나 림프관의 확장으로 인한 지방흡수력이 높아져서 국소지방의 운반능력이 향상되고 부분비만의 해결에 작용한다.

⑥ 부위별 다양한 프로그램 채택으로 증상에 따라 강도조절이 용이하다. Heating 시스템으로 시술 시 통증을 최소화하였고 수동연속주입과 자동연속주입이 가능하다. 발스위치로 환자의 안전과 작동이 용이하다. 3Way infusion방식을 채택하였고 여과 필터를 사용한다.

1. 카복시테라피의 작용

주입된 가스의 볼륨으로 인해 직접적인 지방분해 효과가 있으며, 혈액으로부터의 산소유출로 인해 국소적인 유산소 효과가 있으며 열감을 얻게 된다. 또한 주변의 혈관이나 림프관의 확장으로 인해 지방흡수력이 높아져서 국소 지방의 운반능력이 향상되어 부분비만의 해결에 작용한다.

2. 카복시테라피의 장점

카복시테라피의 장점은 다음과 같이 7가지가 있다.

① 통증이 적고 출혈이 없으며 시술시간이 짧다.
② 다양한 부위에 시술이 가능하다.
③ 일상생활에 지장이 없으므로 실생활에 바로 복귀가 가능하다.
④ 약물을 투여하지 않기 때문에 임산부에게도 안전한 시술이다.
⑤ 지방흡입이 불가능한 부위에도 가능하다.
⑥ 당뇨병성 궤양이나 건선 치료에도 효과적이다.
⑦ 급격한 체중증가로 인해 늘어지거나 이완된 피부를 탄력있게 만들며 튼살을 감소시키고 흉터제거에도 효과가 있다.

3. 카복시테라피의 효과

카복시테라피의 효과는 다음과 같이 7가지가 있다.

① 직접적인 지방세포의 팽창으로 지방분해가 용이하게 되어 사이즈 감소효과가 있다.
② 피부 내에 주입된 가스로 인해 혈액 내에서의 산소배출로 유산소 효과가 있어서 탄력있는 피부를 만들어주고, 피부 톤이 좋아진다.
③ 출산 후의 튼살을 옅게 해주거나 늘어진 피부에 탄력을 주는 효과가 있다.
④ 다른 부분비만 제거술과의 병합요법에서 시너지 효과가 있다.
⑤ 지방흡입술 후에 울퉁불퉁한 피부를 매끈하게 해준다.
⑥ 당뇨병성 궤양, 버거씨병과 같은 말초혈행장애나 건선 등에서 의학적인 치료가 가능하다.
⑦ 튼살 관리에는 탁월한 효과가 있다.

12 피부영상분석 시스템

디지털 카메라를 이용하여 피부색소 정도 및 홍도 정도를 정량적으로 분석하여 분포를 보여주고 환자의 치료 및 진단 시 도움을 주는 시스템이다.

교차편광 필터를 사용한 디지털 영상 시스템으로 광범위한 환자의 피부질환부위 및 부분적인 피부질환부위를 촬영할 때 피부표면에 나타나는 정반사현상을 제거하여 피하의 컬러를 획득하고, 획득된 영상은 영상분석 알고리즘을 사용하여 피부색소 및 홍도의 분포를 정량적으로 계산하여 분석한다(그림 4-15).

그림 4-15 • 피부영상분석 시스템

최종적으로 분석된 색소 인덱스 이미지는 색소농도의 인덱스로, 그리고 홍도 인덱스 이미지는 헤모글로빈 농도의 인덱스로 사용된다. 또한, 인덱스 이미지를 통하여 사용자는 객관화된 정량적 피부색소 및 헤모글로빈 농도의 정보를 가지고 진단할 수 있다.

① UV촬영 후 피부질환부위를 분석 알고리즘을 활용하여 환자의 피부상태를 분석한다.
② 환자영상의 분석영역을 설정하여 보다 정확하게 피부상태를 분석한다.
③ UV광원을 사용, 피부질환에 대한 세밀한 이미지를 제공한다.
④ 환자의 각종 피부질환에 대하여 정확하게 분석한다.
⑤ 환자의 치료전후 효과를 정성적, 정량적으로 분석한다.
⑥ 병원 네트워크를 통해 환자정보 및 환자 데이터베이스를 편리하게 관리한다.

1. 멜라닌 수치분석

기미, 주근깨, 점, 다크서클에 유용한 피부 분석방법이다. 파란색으로 갈수록 정상인 멜라닌 수치(index)를 나타내고, 붉은색으로 갈수록 비정상 멜라닌 수치가 심한 부위임을 나타낸다.

① 임상결과보고서 : CPI 이미지 - 멜라닌(melanin) 분석

㉠ 기미, 주근깨, 잡티 등 피부진피 상층부의 흑갈색 부위를 분석한다.

㉡ 파란색은 정상인 피부상태를 나타내고, 노란색, 붉은색은 비정상인 피부상태를 5단계로 나누어 나타낸다.

② 치료 전후의 피부질환의 심화도가 얼마나 개선되었는지 인덱스 이미지를 통하여 분석이 가능하며, After 이미지에 나타난 수치는 수치의 변화정도를 나타낸다.

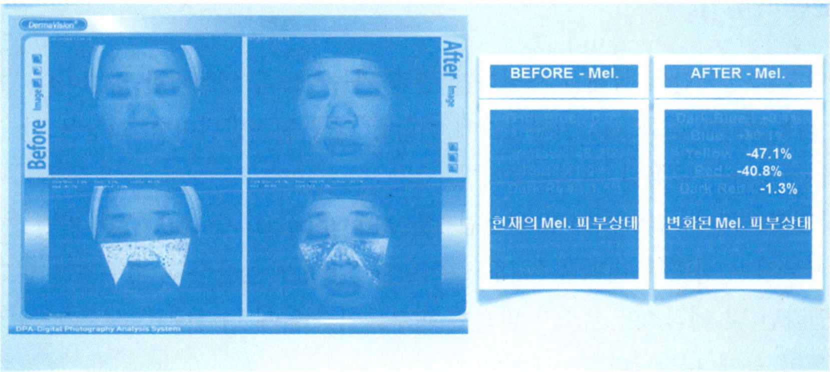

2. 홍반수치분석

피부질환이 붉은색 환부를 나타내고 있을 때 유용한 영상 분석방법이며, 혈관성 질환, 여드름성 및 홍조 분석에 유용하다.

① 임상결과보고서 : CPI 이미지-에리즈마 분석 : 피부민감성

㉠ 여드름, 홍조, 홍반(erythema) 등 피부진피 상층부의 붉은색 부위를 분석한다.

㉡ 파란색은 정상인 피부상태를 나타내고, 노란색, 붉은색은 비정상인 피부상태를 5단계로 나누어 나타낸다.

② 치료 전후의 피부질환의 심화도가 얼마나 개선되었는지 인덱스 이미지를 통하여 분석이 가능하며, After 이미지에 나타난 수치는 수치의 변화정도를 나타낸다.

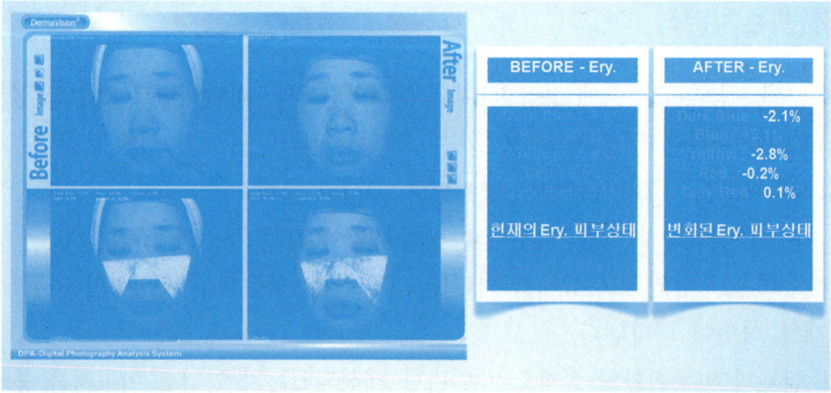

3. 색소침착분석

전반적인 피부발색단의 상태를 세밀하게 관측 가능하도록 영상화한 방법이다. 초기 내원 환자에게 피부질환의 심화도를 설명하기에 적합한 영상 분석방법이며, 화장을 할 경우 피부의 상태를 상담하는 유용한 분석방법이다.

① 임상결과보고서 : CPI 이미지-색소침착(S.-Gray(Special Gary)) : 피부미백

㉠ 피부진피 상층부 미백을 [%]로 분석한다 : [%]가 높을수록 피부톤이 밝다.

㉡ 멜라닌 및 에리즈마 색소가 많으면 피부톤이 어둡게 나타나고, 색소가 없으면 피부톤이 높게 나타난다.

② 치료 전후의 피부질환의 심화도가 얼마나 개선되었는지 인덱스 이미지를 통하여 분석이 가능하며, After 이미지에 나타난 수치는 수치의 변화정도를 나타낸다.

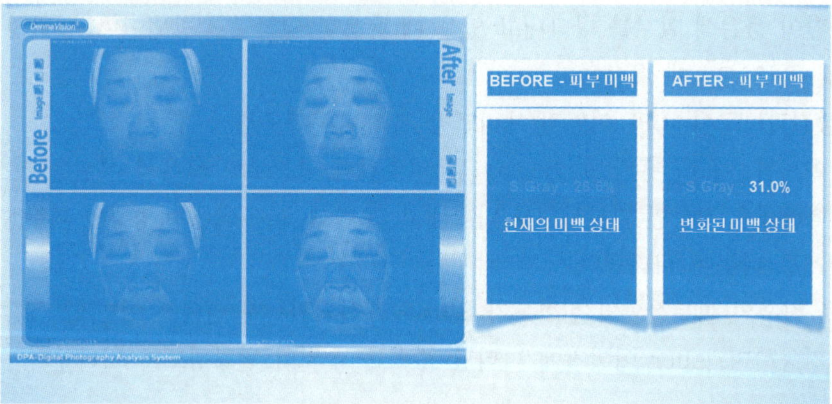

4. 모공분석

설정된 영역의 모공(pores)을 개수로 나타내며, 치료 전후 시 모공의 개수가 얼마나 줄었는가를 수치로 나타낸다.

① 임상결과보고서 : CPI 이미지 - 모공분석

㉠ 피부진피 상층부의 모공 개수를 카운트한다.

㉡ 모공 개수는 없어지는 것이 아니라 케어 후 줄어들면 모공 개수 카운터에서 없어진다.

② 치료 전후의 피부질환의 심화도가 얼마나 개선되었는지 인덱스 이미지를 통하여 분석이 가능하며, After 이미지에 나타난 수치는 수치의 변화정도를 나타낸다.

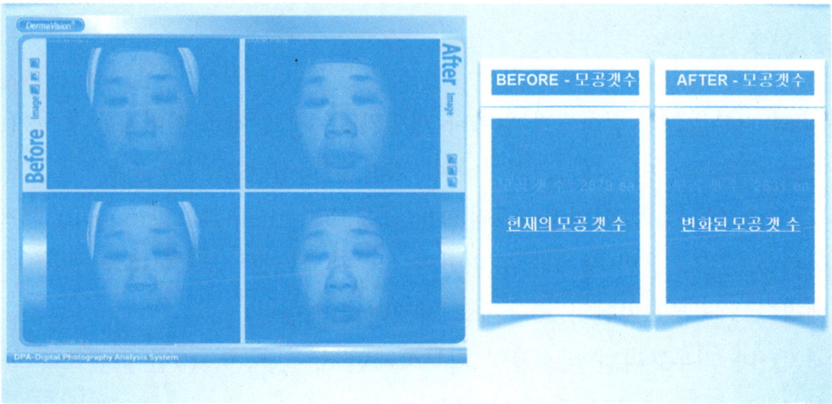

5. 탄력도분석

피부표면의 영상을 3차원적으로 매핑시키고, 피부굴곡면의 정도를 [%]로 나타내어 질환의 심화도를 나타낸다. 또한 피부표면의 탄력도(wrinkle) 정도를 볼 수 있는 분석방법이다.

① 임상결과보고서 : CPI 이미지 - 주름 및 상처(wrinkle & scar) : 피부탄력도

㉠ 피부표피면의 들어간 부위와 나온 부위의 굴곡면을 [%]로 나타난다.

㉡ 화장품 케어에 따른 피부표피면의 들어간 부위가 올라오면 줄어든 [%]가 나타난다.

㉢ 들어간 부위의 [%]가 줄어들면 피부탄력도가 좋아진 것으로 나타난다.

② 치료 전후의 피부질환의 심화도가 얼마나 개선되었는지 인덱스 이미지를 통하여 분석이 가능하며, After 이미지에 나타난 수치는 수치의 변화정도를 나타낸다.

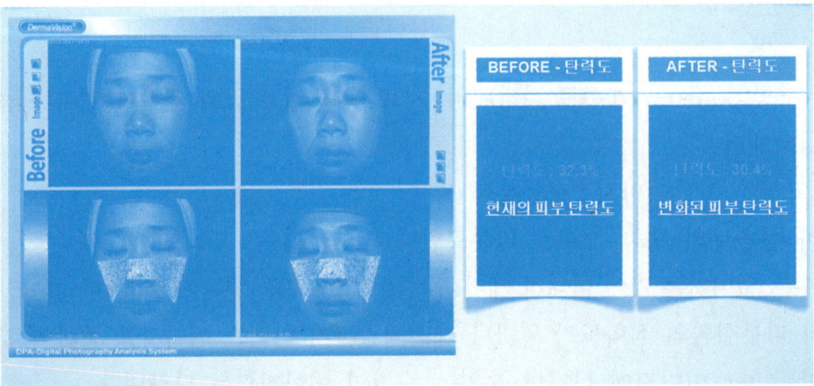

6. 치료 전후 분석창

치료 전후의 피부질환의 심화도가 얼마나 개선되었는지 인덱스 이미지를 통하여 분석하는 화면으로 붉은색은 질환이 심함을 의미하며, 파란색은 정상을 나타낸다.

① 임상결과보고서 : CPI 이미지 - 에리즈마 그래프(Erythema's Histogram) 분석

㉠ 여드름, 홍조, 홍반 등 피부표피면의 붉은색 부위를 분석한다.

㉡ 에리즈마 피부표피면의 10단계로 자세히 분석한다.

㉢ 에리즈마 피부표피면 비정상인 피부상태인 6, 7, 8, 9, 10번 그래프가 화장품사용 후 1, 2, 3, 4, 5 그래프로 이동된다.

② 치료 전후의 피부질환의 심화도가 얼마나 개선되었는지 인덱스 이미지를 통하여 분석이 가능하며, After 이미지에 나타난 수치는 수치의 변화정도를 나타낸다.

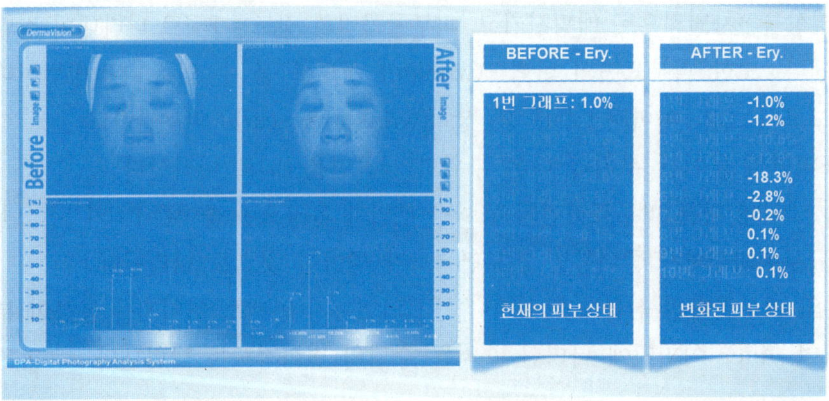

13 피부치료용 레이저

피부색소층을 열적으로 태우는 작용을 이용하며 빛의 충격으로 색소층을 깨뜨리는 효과를 활용하여 피부의 파장특성에 따라 원하는 부위와 층만 선택적으로 치료할 수 있다. 레이저 다이오드에서 발생된 808[nm]의 레이저 광을 피부의 선택적으로 조사하여 사용하는 기기로써 광흡수체를 원하는 부위에 침투시킨 후 특정 파장의 광선을 쪼이면 선택적으로 목표물만 파괴하는 최신 광역동요법(Photo Dynamic Therapy : PDT)의 치료방법을 도입한 기기이다(그림 4-16).

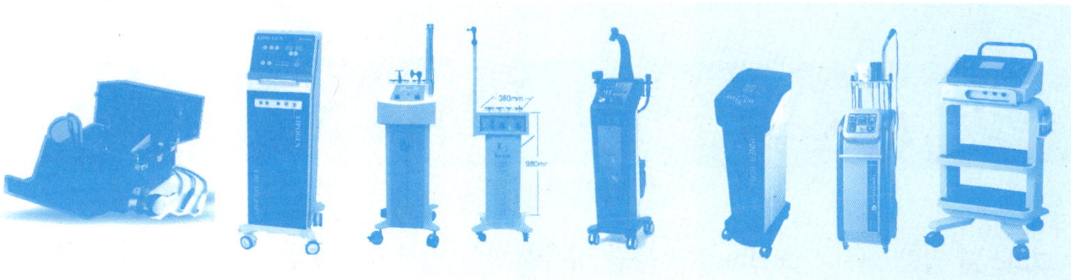

그림 4-16 • 피부치료용 레이저기

멀티 핸드피스(multi handpiece)의 장착으로 다양한 적응 증에 시술이 가능하고, 다이오드 레이저 핸드피스(diode laser handpiece)의 외부 쿨링관 장착으로 더욱 강력한 2중 쿨링 기능을 지원하며 각종 스킨 타입에 적용 가능한 다이오드 레이저 장비가 설비되어 있다.

자극방출이라는 새로운 형태의 상호작용이며 아인슈타인은 보어의 가설에서 빛과 원자와의 상호작용 두 가지, 즉 자극흡수, 자발적 방출에 자극방출이라는 새로운 개념을 도입함으로써 레이저의 중요한 기초원리를 알아냈다.

① 자발적 방출(spontaneous emission) : 원자가 높은 에너지 상태에 있다가 낮은 에너지 상태로 내려가면서 그 차이에 해당하는 빛을 스스로 방출하는 것이다. 이 빛을 방출하는 가능성은 확률적으로 무작위하게 일어난다.

② 자극방출(stimulated emission) : 원자가 높은 에너지 상태(들뜬상태 : 여기상태)에 있다가 외부의 빛에 자극을 받아서 빛을 방출한다. 이때 자극시킬 수 있는 빛은 방출될 빛과 파장이 같아야 하므로 방출되는 빛은 자극시킨 빛과 일치한다. 이를 유도방출(induced emission)이라고도 하고 이 과정이 빛의 증폭을 가능하게 한다.

③ 자극흡수(stimulated absorption) : 낮은 에너지 상태의 원자가 빛을 흡수하여 높은 에너지

상태로 전이하는 것이다. 이 경우 그 에너지 차이와 똑같은 빛이 입사하여야 한다. 열적 평형상태에서의 물질에서는 낮은 에너지 준위로 많은 원자들이 있다.

많은 원자가 모여 있는 **기체, 고체, 액체 등의 물질**은 그것을 구성하는 원자의 일부분은 높은 **에너지 상태**(들뜬상태 : 여기상태)에 있지만 거의 대부분은 여전히 바닥상태에 안주하고 있다.

④ 온도가 올라가면 들뜬상태의 원자가 점차 많아지기는 하지만 여전히 바닥상태로 있는 원자의 개수가 많다. 극단적으로 무한대의 온도가 된다면 비로소 모든 에너지가 준위에 있을 가능성이 같아진다. 한편 **음수의 온도가 있을 수 있다면 역전이 가능하기는 하지만 열적인 평형상태**에서는 이러한 일이 벌어질 수 없다.

14 필링시스템

크리스털 필링(crystal peeling)은 유럽 상류사회의 귀부인들이 온천에서 시술해 오던 미세 피부박피술에 착안하여 영국에서 개발한 새로운 피부관리법으로 **미세한 산화알루미늄 크리스털을 사용하여 표피의 각질층을 물리적으로 부드럽게 제거하는 새로운 박피치료법**이다. 화학반응을 일으키지 않는 크리스털을 사용하기 때문에 인체에 무해하고 안전한 피부박피술이다(그림 4-17).

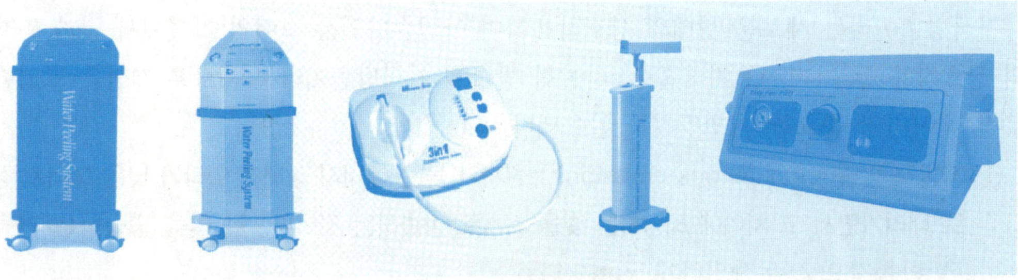

그림 4-17 • 필링시스템

① 1970년대에 처음 개발된 것으로 **잔주름, 넓은 모공, 여드름자국, 튼살, 모공각화증, 흉터** 등을 개선하기 위한 치료법이다. 강한 진공펌프를 이용하여 특수하게 가공한 **크리스털**(알루미늄 옥사이드) 입자를 피부에 강하게 부딪히도록 하는데, 이때 크리스털 입자와 함께 피부조직이 흡입구로 배출된다.

크리스털 필링은 크리스털 입자의 양, 진공 정도, 시술시간에 따라 박피의 깊이가 달라진다. 크리스털 입자는 천연광물로부터 추출한 것이기 때문에 부작용이 거의 없고, 피부에서 화학적 반응을 일으키지 않아 안전한 것으로 알려져 있다.

② 통증이나 출혈도 일어나지 않고, 시술 즉시 효과가 나타나지만 선천적으로 피부가 검은 사람의 경우에는 부작용으로 색소침착이 일어날 수 있다. 시술 후에는 자외선차단제와 보습제 등을 바르고 가능하면 알코올이 함유된 화장품은 바르지 않는다. 만족할 만한 효과를 얻기 위해서는 1~2주 간격으로 5~10회 정도 시행해야 한다.

③ 다이아몬드 필링(diamond peeling)은 다이아몬드 팁을 이용하여 피부조직을 탈피시키는 필링기로서 피부의 가장 겉에 있는 층인 각질층과 표피의 일부분을 깎아내게 된다. 강도와 속도 조절에 따라 통증의 정도와 시술효과가 달라지며, 약하고 빠르게 하면 통증이 거의 없는 표면적인 박피효과, 강하고 느리게 하면 따끔거리는 정도의 통증 대신 깊숙한 박피효과가 있으며, 시술 후 진정 팩 또는 마스크를 병행하게 되면 피부재생 효과가 한층 높아진다.

④ 진공압력을 이용하여 피부를 벗겨내게 되며, 벗겨낸 피부와 함께 피지도 흡입되기 때문에 피부가 깨끗해지고 탄력이 있어 보인다. 대상은 피부가 지성인 사람, 모공이 넓은 사람, 모공성태선 · 흉터 · 여드름 등이 있는 사람, 피부가 거친 사람, 피부에 색소침착이 일어난 사람 등이다.

⑤ 치료시간은 30~40분 정도로 짧은 편이고, 마취할 필요가 없으며, 화학적인 반응을 일으키지 않으므로 부작용도 거의 없다. 또 치료를 받을 때 아프지 않고, 출혈이 일어나지 않으며 치료받은 즉시 효과가 나타난다.

⑥ 만족할 만한 효과를 얻기 위해서는 5회 정도 시행해야 한다. 치료 후 7일간은 사우나 출입을 삼가고, 각질제거나 레티놀 등 성분이 함유된 화장품은 사용하지 말아야 한다. 외출할 때에는 반드시 자외선차단제를 바른다.

제 5 장

피부미용·비만 관련 해외의료기기

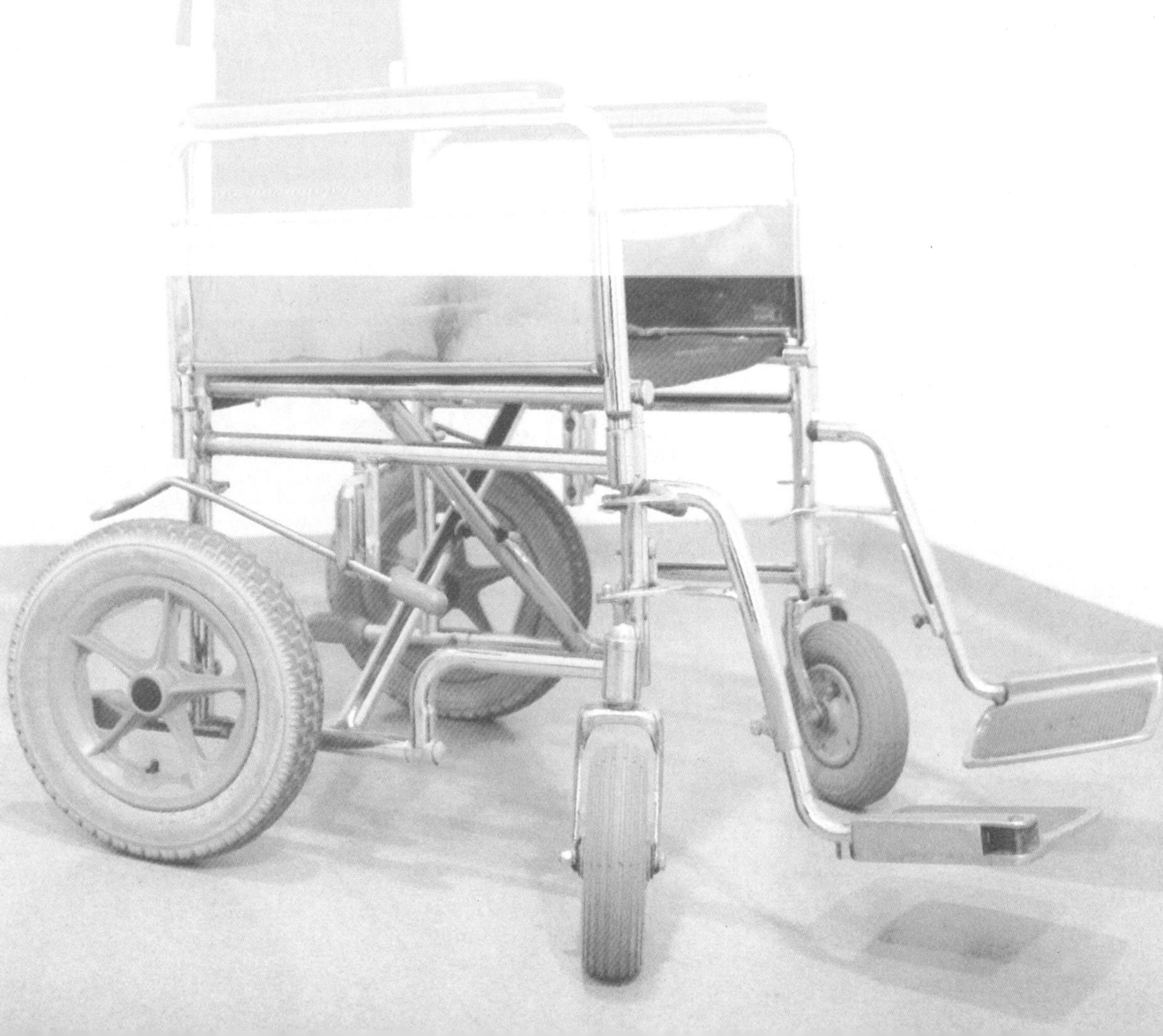

01 광역학 피부치료장비

앰비케어 헬스(Ambicare Health)는 **광역학 치료법**(photodynamic therapy)을 **활용한** '**앰뷰라이트** PDT(Ambulight PDT)' 장비를 출시할 예정이다(그림 5-1).

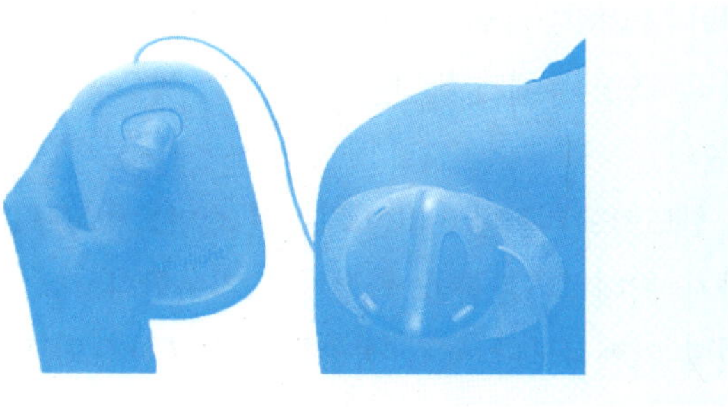

그림 5-1 • 광역학 피부치료장비

① 광역학 치료는 일반적으로 병원에 설치된 장비를 필요로 하기 때문에 **피부암 환자들은 치료를 받을 때 의료기관 입원이 필수적**이다.

② 앰뷰라이트 PDT는 작고 휴대가 가능한 장비로 피부에 붙이는 패치처럼 눈에 띄지 않게 부착하는 것이 가능하기 때문에, 환자는 병인에 입원하지 않고 적은 비용으로 치료를 할 수 있다는 장점이 있다. 이 제품은 부착가능한 절전형의 광원기술을 활용해 치료를 받는 동안 자유롭게 활동이 가능하며, 또 **낮은 광량으로 통증**을 줄여줄 수 있다.

③ 이 제품은 의료진 및 의료서비스 제공업자들 뿐만 아니라 일반 환자들도 직접 사용하기 쉬우며, 유럽연합의 통합규격 인증마크인 CE 마크를 획득했다.

02 피부진단 촬영기

최근 수년간 피부과 전문의들은 일반적인 디지털 카메라를 사용하여 피부상태를 찍어 기록, 분석에 사용했다. 이러한 방법의 가장 큰 단점은 사진으로 나온 이미지에 영향을 줄 수 있는 조명, 카메라 각도 및 여타 변수를 표준화하기 어렵다(그림 5-2).

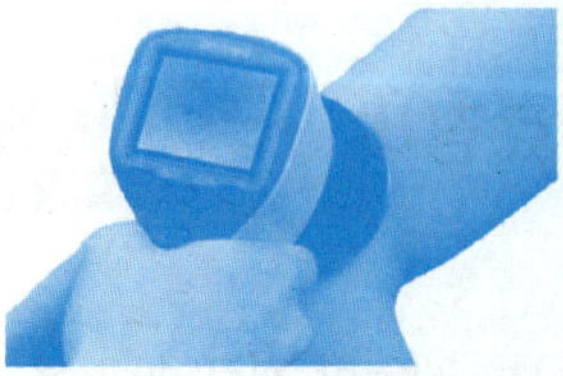

그림 5-2 • 피부진단 촬영기

① 핀란드 업체인 옵토메드(Optomed)가 새로이 출시한 스마트스코프(Smartscope)는 모든 이미지를 거리, 조명 등에서 똑같은 조건으로 찍을 수 있도록 해줌으로써 이러한 문제를 해결해 준다.

② 코드가 없는 핸드헬드 디지털 이미징 기기인 스마트스코프는 피부에 생긴 질환을 진단하고 모니터하기 위해 그 부분을 측정하고 기록한다.

③ 기존의 디지털 카메라보다 훨씬 정확하고 사용하기도 편리한 이 제품은 LED 조명을 사용, 좀 더 일관적이며 믿을 수 있는 이미지를 만들어 낼 수 있다. 또한 측정수치 및 주석 그리고 촬영한 사진은 전자의료기록과 함께 사용할 수 있는 소프트웨어로 매우 쉽게 전송할 수 있다.

④ 스마트스코프로 캡처된 고해상도 이미지와 자세한 정보는 인쇄하여 환자에게 제공할 수 있으며 의학회지에 제출할 자료로도 사용 가능하다.

03 피부노화와 주름개선 치료장비

써마지(Therma Cool TC™)는 지난 수년 동안 리프팅/타이트닝의 대명사로 군림해온 고주파 장비이다(그림 5-3).

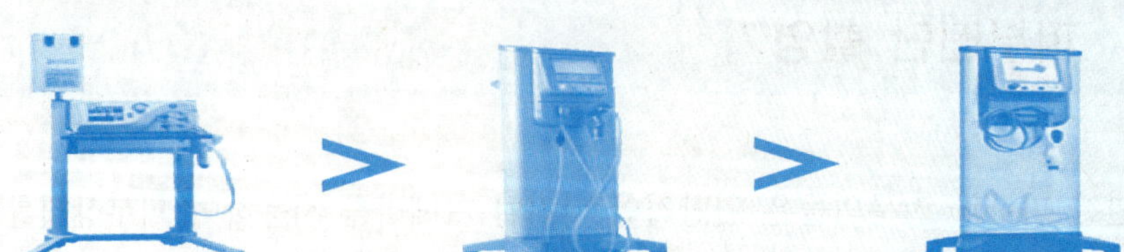

(a) 1세대 써마지 (b) 2세대 써마지 (c) 3세대 써마지

그림 5-3 • 피부노화 및 주름개선 치료장비

① 써마지는 소위 **써마지리프트**, **열성형술**라 하고, 모델 변형을 뒤로 하고 지속적인 팁의 개발로 그 효과가 진보하고 있다.
② 2002년 FDA 승인을 받은 이후 2007년 첫 번째 모델 써마지 NXT(Next genaration thermage)가 나왔고 5년이 지난 올해 세 번째 모델인 써마지 CPT가 나왔다.
③ 2013년 출시된 써마지 CPT 시스템이 내놓은 장점은 **통증을 줄여 시술받는 사람**이 시술을 편안하게 받게 도와주고 있다. 이는 통계조사 결과로 약 50[%] 정도 높아졌고 또한 효과를 증대시켰다.
④ 써마지 CPT는 기존의 시술보다 효과적인 열에너지를 더 깊게 오래 유지할 수 있도록 시스템이 개선되어 임상적 효과를 높였다. 또한 시술 시 환자의 만족도를 증가시켰다.

04 개인 피부미용 의료기기

실큰 리쥬(Silkin reju)는 **전세계 뷰티 메디컬 마켓**을 주도하고 있는 실큰(Silkin) 기업 계열사인 **홈스킨 이노베이션즈**에서 만든 **개인용 피부관리기**이다(그림 5-4).

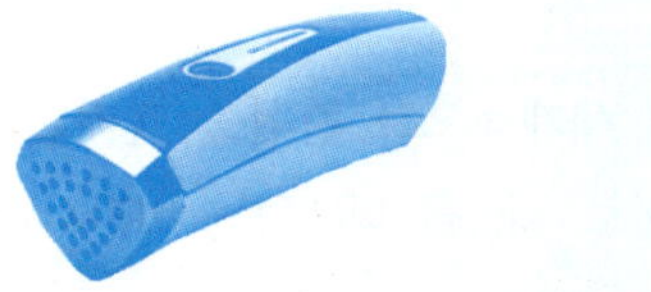

그림 5-4 • 개인 피부미용 의료기기(실큰 리쥬)

① 실큰 기업에서는 병원용 장비 전문회사인 **인베이식스**(invasix)를 통해 병원용 장비를 **홈스킨 이노베이션즈**를 개인용 의료기기를 연구, 개발 그리고 생산하는 이스라엘 기업이다.
② 실큰 리쥬는 미국 FDA에서 **콜라겐 생성촉진**을 **통한 주름살개선** **효과**와 한국 KFDA에서 **피부질환치료** **효과**를 허가받은 신뢰할 수 있는 제품이다.
③ 실큰 리쥬 사용방법 : 최상의 효과를 경험하려면 일주일에 3번 이상, 매회 15분가량 원하는 부위에 사용한다.
   ㉠ 깨끗이 세안한 뒤 **타월드라이한** **피부**에 사용한다.
   ㉡ 크림이나 로션은 사용한 후 바르고, **크림이나** **로션**을 바른 직후에 사용하면 피부온도가 상승하여 피부가 건조해질 수 있다.

㉢ 이마, 미간, 눈가, 눈밑, 목, 팔자주름 등 원하는 부위를 아래에서 위 방향으로 밀어준다.

㉣ 주름진 손과 손목의 주름 반대방향으로 천천히 세게 밀어준다.

㉤ 입술을 중심으로 원을 그리듯이 움직여주면 입술주위 주름개선 효과가 있다.

④ 실큰 리쥬 사용 효과

㉠ 지속적으로 사용한다면 다음과 같은 효과가 있다 : 주름살개선, 주름감소, 모공수축, 피부톤과 결향상, 피부탄력회복, 피부트러블 해결, 다크서클, 주근깨, 검버섯, 기미개선 등 효과가 있다.

㉡ 즉각적이고 장기적인 효과가 있다 : 실큰 리쥬를 사용한 후 장 · 단기적인 효과를 모두 경험할 수 있다. 단기효과에는 실큰 리쥬 사용 직후 피부상태가 최상으로 표현되는 41~42[℃]로 올라가면서 3~4시간 동안 모공이 수축되어 피부가 팽팽해진다. 장기효과에는 열에너지가 1.8[mm] 깊은 피부진피층으로 전달되어 콜라겐 생성을 촉진한다. 주름살개선뿐만 아니라 피부재생, 질환치료 효과가 있다.

05 냉동지방분해술 비만치료기

미국, 유럽, 아시아 등 전 세계적으로 관심을 불러일으킨 '얼음체형조각술(Coolsculpting)'과 '냉동지방분해술(Cryolipolysis)'로 지방을 파괴하는 비만치료장비 '젤틱'(Zeltiq)이다(그림 5-5).

그림 5-5 • 냉동지방분해술 비만치료기(젤틱)

① 국내에서 써마지, 프락셀, 루메니스 원 등 피부과 대표장비를 유통하고 있는 의료기기 전문기업 '원익'은 코엑스 인터컨티넨탈 호텔에서 젤틱 런칭 행사를 통해 미 젤틱 에스테틱

(Zeltiq Aesthetics)의 한국 파트너로서 공식 출범을 알렸다.

특히 런칭 행사에 앞서 열린 기자간담회에서 미 하버드 의대 Dr. R. Rox Anderson과 공동으로 젤틱의 기술적 토대인 냉동지방분해술을 정립한 미 MGH(Massachusetts General Hospital) Dr. Dieter Manstein 박사는 젤틱의 이론적 배경과 임상효과를 직접 소개했다.

② 젤틱의 핵심 원리인 냉동지방분해술은 쿨링(cooling)을 이용해 지방을 파괴하는 시술로 정상적인 피부나 근육, 혈관 등에는 손상을 주지 않고, 선택적 지방세포만을 파괴해 안전하게 살을 뺄 수 있게 한다.

특히 작은 관을 찔러 넣어 피하지방을 빼내는 인위적이고 침습적인 기존 지방흡입술과 달리 냉각된 지방조직에서 분해가 일어나 일종의 세포 자연사가 일어나고, 다시 대식세포에 흡수되면서 자연스럽게 지방세포가 감소하는, 비침습적이고 안전한 원리로 살을 뺄 수 있다는 점에서 환자들의 만족도가 높은 시술로 알려져 있다.

③ Dieter Manstein 박사는 "젤틱 시술 후 3일부터 지방세포를 소멸시키는 효소가 발생되고, 7일 후부터 지방세포조직의 자연괴사 진행이 이뤄진다"며 "괴사된 지방세포는 인체 대식세포에 의해 90일 정도에 걸쳐 깨끗이 청소된다고 설명했다.

④ 젤틱 시술이 이뤄지는 과정은 별도의 마취과정 없이 먼저 젤 패드(gel pad)를 시술부위에 장착한 후 이어 애플리케이터(applicator)를 시술부위에 장착한다. 이때 젤 패드는 표피를 보호하고 에너지가 지방층에 보다 잘 전달될 수 있도록 도와주는 역할을 하게 된다.

또 애플리케이터는 공기압을 이용해 시술부위를 강하게 빨아들이는데, 이때 애플리케이터에 흡입된 지방층은 애플리케이터 내부에 위치한 쿨링 플레이트(cooling plate)에 노출됨으로써 국소적인 냉각이 집중돼 일정한 수준의 낮은 온도를 유지하게 된다.

⑤ 시술은 한 사이클(area, 한 부위)당 대략 1시간이 소요되며, 길게는 2시간까지 이뤄지기도 한다. 이밖에 시술 효과는 시술 후 2~3주 후 환자가 몸에 변화를 지각하게 되고, 1~2개월 후 가장 큰 지방감소 효과를 기대할 수 있으며, 3개월부터 6개월까지 그 효과가 유지된다.

⑥ Dieter Manstein 박사는 "젤틱 시술은 몸무게를 크게 줄이거나 몸매를 완전히 작게 해주는 시술은 아니지만 일명 러브 핸들(love handle)로 불리는 옆구리, 아랫배, 윗배, 등살, 엉덩이 등 지방들이 뭉쳐있어서 운동이나 식이요법으로 쉽게 뺄 수 없는 특정 부위를 안전하고 통증 없이 효과적으로 제거할 수 있다"고 설명했다.

더불어 "무엇보다 지방흡인술과 같은 침습적인 수술과 달리 지방세포를 냉각시켜서 파괴하는 비침습적인 방법이기 때문에 환자들이 수술과 부작용에 대한 두려움 없이 원하는 부위에 여러 번 반복해서 시술받을 수 있다는 것이 큰 장점"이라고 설명했다.

⑦ 젤틱 시술은 지난 2006년 첫 임상스터디가 진행됐으며, 현재까지 전 세계적으로 4000 케이스가 시술되는 동안 피부 색소침착이나 콜드 데미지(cold damage)와 같은 특별한 부작용 사례는 보고되지 않았다는 게 Dieter Manstein 박사의 설명이다.

06 피부 부착가능 플렉서블 전자소자

플렉서블 전자소자가 심자, 뇌, 근육 활동량의 방사없는 모니터링을 제공할 수 있을 것이다. 연구원들은 신체로부터 전기작용을 측정할 수 있고 임시 문신과 같이 피부에 달라붙고 늘릴 수 있으며 초박막인 전자소자들을 만들었다. 이 전자문신은 비확산 심장 부정맥과 수면장애와 같은 조건들을 진단하고 감시할 수 있을 것이다(그림 5-6).

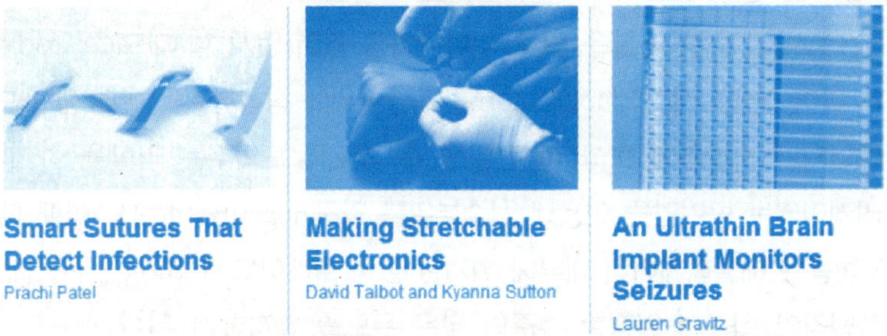

그림 5-6 • 피부 부착가능 플렉서블 전자소자

① 어바나 샴페인의 일리노이즈대학 재료과학과 존 A. 로저스 교수가 일반적으로 임상이나 실험실 설치가 제한된 큰 심전도와 다른 의료장치들의 감시하는 동작들을 복제할 수 있는 프로토타입(prototype)을 개발했다. 이 연구는 《Science》지에 최근 게재되었다.

② 유연성과 늘릴 수 있는 전자소자들을 개발하기 위해 로저스 교수는 기판들 내에서 유연성을 가진 전자소자들을 이미 개발한 경험을 현재의 소자에 적용했다. 로저스 교수는 파손 없이 변형이 가능하도록 믿을 수 없을 만큼 얇고 구불구불한 모양으로 구조화된 실리콘처럼 전통적이고 고성능 물질들로 모두 구성된 소자들을 만들었다. 이 결과는 모든 시스템은 거미줄 배치상에 구현되었다.

③ 과거에 로저스 교수는 유연하지만 늘릴 수 없거나 늘릴 수 있지만 유연하지 않은 소자들만을

만들 수 있었다. 로저스 교수의 이전 연구는 그의 디자인들로 만들어진 전자소자 부품들이 배치된 기판에 의존하여 유연하고 늘릴 수 없었기 때문에 제한적이었다.

④ 전자문신은 어떠한 파손 없이 꼬고, 찌르고, 잡아당길 수 있는 피부의 기계적 특성을 얻는다. 로저스 교수의 문신은 또한 피부의 지형에 따라 형성되고 문신을 늘리고 이동시킬 수 있다. 이 전자문신은 접착력 있는 테이프와 견고한 전자소자들로 만들어져 어떠한 광의 조사 없이 오랜 주기 동안 부착될 수 있다. 비록 로저스 교수의 예비시험들이 주문 제작된 기판을 사용했지만, 전자소자가 상업적으로 사용될 수 있는 임시 문신상에 부착될 수 있는 것을 시험했다.

⑤ 프로토타입은 근육과 뇌활동에 의해 발생된 전기신호들을 측정하도록 전극들과 함께 설치되었다. 이 프로토타입은 미성숙 아기 심장활동의 모니터링 혹은 수면무호흡의 비침습적 진단을 위해 유용할 것이다. 또한, 이러한 사용이 논문에는 시험되지 않았지만, 물리 재활치료 환자들의 근육들을 자극하기 위한 문신들의 사용으로 가능할 것이다.

⑥ 인간 - 컴퓨터 상호작용으로서 이 소자의 가능성을 시험하기 위해 로저스 교수는 컴퓨터 게임을 조정하기 위해 인체의 목 위에 이 문신들 중 하나를 마운트(mount)하고 목근육들 내 전기적인 활동량의 측정에 이용했다. 이 소자로부터 발생하는 신호는 스크린 상의 커서를 조절하기 위한 "왼쪽", "오른쪽", "위", "아래" 등의 신호를 구분하는 소프트웨어에 대한 충분한 정보를 포함했다.

⑦ 소자는 신체의 온도, 변형, 전기적인 신호에 대한 센서들을 포함했다. 또한 가시적인 피드백을 위해 LED들, 광노출을 측정하기 위해 광검출기들, 작은 송신기와 수신기들을 같이 포함했다. 이 소자는 송신기 근처로부터 에너지를 얻는 무선 코일을 통해 그리고 작은 태양전지들을 통해 수확할 수 있을 만큼 아주 작은 양의 전력만 필요로 한다.

⑧ 로저스 교수는 가까운 미래에 작은 배터리 같은 몇 가지 종류의 에너지-저장능력을 설치하길 원한다. 연구원들은 또한 이 소자를 무선으로 작동하길 원하고 있다.

07 피부 속을 조망할 수 있는 가상 뷰 기술개발

신체 내의 해부학적 이미지를 투사할 수 있도록 만드는 디바이스가 개발되어 환자들로 하여금 자신들의 상처를 직접 살펴보고 필요한 조치를 취할 수 있도록 하는 새로운 방법이 개발되었다. 미국 굴지의 소프트웨어 기업의 연구진들이 이번에 개발한 휴대용 디바이스 장치는 물

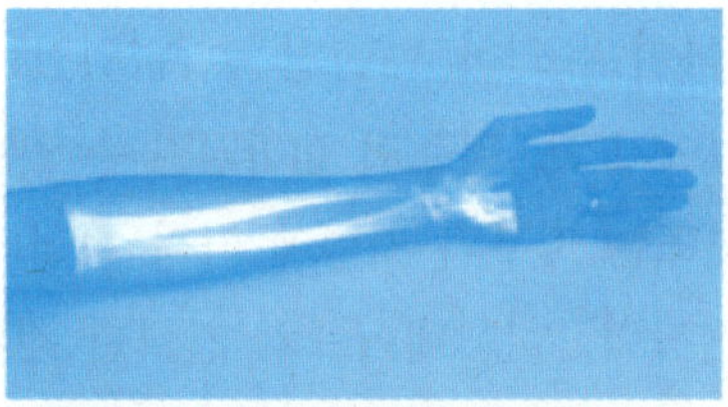
What lies beneath: A device developed at Microsoft projects images bone structure, muscle, tendons and nerves onto a patient's skin.
Microsoft Research

그림 5-7 • 피부 속을 조망할 수 있는 가상 뷰

리적 치료가 필요한 환자들에게 피부 속의 상황을 가상 뷰의 형태로 제공하여 내부의 손상된 부분들을 살펴볼 수 있도록 지원하게 되었다(그림 5-7).

① 이 디바이스를 개발한 소프트웨어 기업의 컴퓨터 사용자 그룹을 담당하고 있는 관계자는 일반인들이 자신들의 질병을 치료하는데 있어서 물리적 테라피 요법을 따르는 것이 중요한데, 만성상태의 환자들 중 30~50[%] 정도가 의료진이 추천한 테라피 요법을 통하여 자신의 질병을 치료하는데 실패를 경험하고 있고, 결과적으로 치료 자체를 답보상태에 만들거나 악화시키는 결과로 초래하게 된다.

② 연구진들은 이와 같은 문제점을 해결하기 위하여, 환자 자신들이 자신의 질환에 대하여 보다 스스로 잘 파악할 수 있도록 필요로 하는 정보를 제공하는 것이 중요하다. 이러한 정보들을 더 많이 알면 알수록 환자들이 의료진의 치료법을 보다 더 잘 따르도록 만드는 효과로 연결된다.

이번에 개발된 AnatOnMe라는 명칭의 새로운 도구는 환자들에게 필요한 부가정보를 제공할 목적으로 개발되었는데, 특히 환자들 몸속의 뼈구조, 근육조직, 힘줄, 신경상태에 관한 가상 이미지를 투영할 수 있는 기능을 제공하고 있다. 환자들은 이를 통하여 상처나 치료과정 자체를 보다 더 잘 이해하고 이를 통하여 치료에 대한 의지 및 의료진의 조언을 더 많이 따를 수 있도록 지원할 수 있게 된다.

③ 프로토타입 기기는 두 가지 부분으로 이루어져 있는데, 첫 번째 부분은 휴대용 피코, 혹은 프로젝터, 디지털 카메라, 적외선 카메라로 구성되어 있고, 두 번째 부분은 이를 지원할 수 있는 레이저 포인터와 제어 버튼으로 구성되어 있다. 테크놀로지 자체는 다소 로우테크 형태의 기술로 간주될 수 있다고 2011년 5월 두 번째 주, 캐나다 밴쿠버에서 개최된 컴퓨팅 시스템에 있어서 인간요소에 대한 컴퓨터에 대한 컨퍼런스(Computing Machinery's Conference on Human Factors in Computing Systems : CHI)에서 관계

자가 프레젠테이션을 통하여 제시하였다.

④ 기기개발이 가지는 의미 중의 하나는 환자들의 내부 질환을 정밀하게 이미지를 통하여 살펴보기 위하여 복잡한 형태의 자동조절 시스템을 사용하는 대신에, 실제 시각에 의존하여 해당 프로젝터를 살펴보고 이를 리스트화시키는 것이 가능하게 된 것으로 평가된다. 본 프로토타입을 사용하게 되면 디스플레이된 이미지가 환자들로부터 스캔을 통하여 직접적으로 획득되어지지 않고, 여섯 개의 서로 다른 형태의 유형들을 사용하여 그래픽 이미지를 추출하여 제공하는 형태로 이루어지게 된다.

⑤ 두 가지 유형의 기존 물리적 테라피 기반 방식을 통하여 수행된 본 디바이스에 대한 조절가능한 부분들을 바탕으로 이루어진 실험에서는 디바이스가 환자들로 하여금 치료방법에 보다 몰입할 수 있도록 만드는데 매우 효과적이라고 실증적으로 증명되었다.

⑥ 관련 연구진이나 테라피리스트들은 AnatOnMe를 사용하여 벽에 이를 투영하여 보기도 하였는데, 사용자 인터페이스 측면에서도 유사한 방법으로 작동되고 있으며, 해당 메뉴 옵션들이 표면에 투영될 때 올바른 형태를 이루면서 나타남이 관찰되었다. 해당 옵션들은 레이저 포인터를 통하여 선택할 수 있고, 이를 적외선 카메라를 통하여 올바로 탐지할 수 있게 된다.

⑦ 미국 메릴랜드 볼티모어 메디컬 스쿨의 관련 전문가는 환자들로 하여금 물리적 치료방법을 어떻게 하면 따르게 할 것인지에 관한 부분이 매우 중요한 문제라고 제시하고 있는데, 여기에는 부분적으로는 운동요법과 더불어 생활습관이나 행동적인 부분들에 대한 변화가 수반되어져 이루어질 필요성이 있다.

⑧ 대부분의 환자들은 자신의 신체 내에서 발생하고 있는 부분에 대하여 실제 이해하는 것이 매우 중요한데, 가상화를 통하여 얻을 수 있는 부분들이 실제로 환자들에게 이익이 된다는 것을 환자들이 이해하는 것이 필요하고, 향후에 실버계층을 중심으로 한 사용자를 중심으로 상세한 부분들과 내장질병과 같은 부분에 폭넓게 작용하도록 만드는 것이 필요하다.

08 면역체계에 영향을 주는 피부 미생물

피부는 오랫동안 병원체의 공격에 대해 방어할 수 있는 일종의 물리적인 장애물 정도로 여겨져 왔다. 하지만 최근 연구자들은 이러한 간단한 관점이 급진적으로 재고되어야 할 필요가 있다. 피부의 표면에 존재하는 주름, 소낭, 그리고 미세한 기름을 만들어내는 샘은 다양한 미생물이 살 수 있는 서식지를 제공하고 있으며, 각각 미생물군들은 자체적인 서식지를 갖고 있다. 대부분 이 공생은 피부에 아무런 해가 없으며 이들 미생물의 존재는 피부에 침입하는 병원체 미생물을 막는 역할을 하기도 한다. 하지만 이들 해롭지 않은 미생물들은 단순한 방관자가 아니며 피부에 특화된 박테리아는 감염에 대항하기 위한 숙주의 면역체계의 반응에 영향을 준다(그림 5-8).

그림 5-8 • 미생물

① 미국 매릴랜드주 베데스다(Bethesda)의 국립 알레르기 및 전염병연구소(National Institute of Allergy and Infectious Diseases)의 면역학자인 야스민 벨카이드(Yasmine Belkaid)의 연구팀은 피부에 서식하고 있는 미생물들, 피부 미생물군집(skin microbiome)의 면역학적 역할을 조사하기로 결정했다.

② 벨카이드의 실험실의 일원인 펜실베니아대학교(University of Pennsylvania)의 대학원생이면서 이번 연구의 저자 중에 쉬루티 나이크(Shruti Naik)는 "처음으로 우리의 적절한 면역-세포 기능을 유지하기 위해서 미생물의 신호가 필요하다는 것을 보여주었다"고 말했다.

③ 피부에 서식하는 미생물체가 어떻게 면역시스템과 염증을 조절하는가에 대한 대부분의 연구는 내장의 미생물군집에 집중되었다. 그 이유는 내장은 가장 크게 노출되는 곳이며 다양한 미생물군이 존재하기 때문이다. 하지만 벨카이드의 연구팀은 피부의 미생물군이 유사한 기능을 하는가의 여부를 알아보기로 했다.

④ 인간 미생물군집 프로젝트(human microbiome project)에 참여한 하버드대학 공공보건대학의 컴퓨터 생물학자인 커티스 허텐하우어(Curtis Huttenhower)는 "피부에서 면역적인 영향의 상대적인 규모나 대장의 외부에서 발견되는 유사한 메커니즘이 대장 내부에서도 일어나는지 여부에 대해서 아무것도 아는 것이 없다. 이번 연구논문은 처음으로 피부미생물군집이 대장에서 볼 수 있는 것처럼 면역반응을 일으킨다는 점을 보여주었다"고 말했다. 이러한 영향을 조사하기 위해서 벨카이드의 연구팀은 두 가지 그룹

의 실험쥐-하나는 미생물이 없는 실험쥐로 완전히 살균상태에서 자랐으며 다른 한 그룹은 피부에 미생물군이 존재하도록 했다-를 대상으로 하여 T-세포로 알려진 면역세포의 부분집합에 의한 염증분자의 생산 정도를 비교했다. 이 무균상태의 실험쥐의 T-세포는 통제상태의 실험쥐(미생물군이 존재하는 실험쥐)보다 염증분자의 수준이 낮았다. 이를 통해서 피부 박테리아는 적절한 면역세포기능을 위해서 필요하다.

⑤ 다음에 대장미생물보다는 피부미생물군이 이러한 효과를 일으키는 원인이라는 것을 확인하기 위해서 연구자들은 정상적인 실험쥐에 대장의 미생물군을 변화시킬 수 있는 항생제를 투약했으며, 그 결과 피부 T-세포가 염증신호를 생산하도록 하는 능력에는 아무런 영향을 주지 않는다는 점을 발견했다.

⑥ 이 연구팀은 인간의 피부에서 가장 공통적으로 나타나는 박테리아인 표피포도상구균(staphylococcus epidermidis)을 무균상태의 실험쥐에 서식하도록 했다. 이 박테리아가 서식하도록 하면서 한 가지 생물종으로도 충분히 대장이 아닌 피부에서 T-세포의 염증단백질의 생산을 회복시킬 수 있다는 것을 보여주었다.

⑦ 무균상태의 실험쥐는 또한 병원충인 큰리슈만편모충(Leishmania major)에 대한 면역반응을 일으킬 수 없다. 하지만 표피포도상구균을 주입하게 되면 면역반응을 회복할 수 있었다. 나이크는 "우리는 이 피부의 생물군이 지협적인 면역성을 획득하도록 한다는 점을 보여주었다"고 말했다.

⑧ 마지막으로 피부미생물군집과 면역시스템 사이의 교차소통을 지지하는 메커니즘을 확인하기 위해서 연구자들은 MYD88이라고 알려진 신호경로가 부족한 실험쥐를 테스트했으며 내장에서는 필요하지 않지만 피부에서는 필요하다는 점을 발견했다. 캘리포니아 주립대학 샌디에고(UC San Diego)의 피부학자인 리처드 갈로(Richard Galo)는 "이 논문은 피부에 서식하는 박테리아가 피부에서 항-염증역할을 한다는 이전의 관찰결과를 한 단계 높여서 T-세포의 성숙에 영향을 주는 과정을 보여주었다"고 말했다. 핵심적으로 피부에 서식하는 박테리아는 숙주의 면역세포의 반응을 미세하게 조절한다.

⑨ 베데스다의 국립인간유전체 연구소(National Human Genome Research Institute)의 피부미생물군집 연구자이며 이번 연구보고서의 공동저자인 줄리 세그리(Jule Segre)는 "보호적인 면역체계는 대장이 아니라 피부에 의존한다는 사실을 발견한 점, 미생물군집이 이전에는 알 수 없었던 역할을 갖고 있다는 점을 알게 되었다"고 말했다. 대장과 피부의 미생물군집이 작동하는 방식은 유사할 수 있지만 또한 중요한 차이점도 있을 것이라고 그녀는 주장했다.

⑩ 허텐하우어는 이번 연구는 학계가 면역반응을 이해하기 위해서는 대장을 넘어서 다른 곳도 연구해야 할 필요성이 있다.

세그리는 이번 발견은 대장, 피부 또는 구강에 서식하는 미생물군이 직접적으로 서로 소통하고 있는지 여부에 대한 세부적인 연구의 시작이며, 피부미생물군이 단순히 면역 시스템에서 가장 중요한지 여부를 알아보는 첫 번째 단계라고 주장했다. 그녀는 "대장미생물군은 지난 10년 동안 집중적으로 연구되었다. 이제 우리는 피부를 대상으로 한 연구가 이루어져야 할 것이다"고 말했다.

09 비만-암 관계 베일 벗겨질까

인슐린 및 이와 관련된 호르몬이 암세포에 에너지를 공급하는 결정적인 역할을 한다는 연구결과가 점점 증가하고 있는 추세이다. 이들 호르몬은 비만, 당뇨병 및 암과 관련이 있어 보인다. 부크 스탐볼리치(Vuk Stambolic) 연구실에서는 악성 암세포의 성장에 대한 연구를 진행 중이며, 오래 전부터 널리 사용되는 방법을 이용하여 세포를 키우고 있으나 핵심적인 사안은 수수께끼로 남아 있다.

세포배양에 들어가는 주요 성분으로 "많은 양"의 글루코스, EGF라는 성장인자 및 인슐린이 있다. 이들을 세포배양액에 추가하면 암세포는 엄청나게 복제되어 양이 증가한다. 재미있는 것은 암세포에게 인슐린 공급을 중단하였을 때 발생하였는데, 암세포의 양이 줄어들면서 괴사되었다. 캐나다의 토론토대학교(University of Toronto)의 암연구자 스탐볼리치는 이 현상을 '인슐린 중독'이라고 한다(그림 5-9).

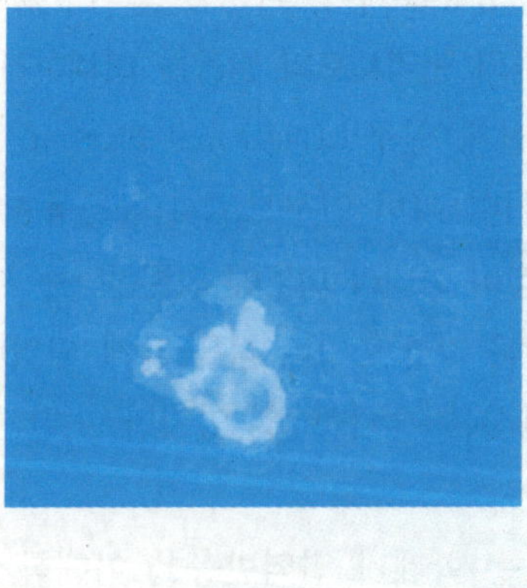

그림 5-9 • 암세포가 빠른 속도로 포도당을 소비하고 있는 뇌를 보여주고 있는 양전자방출단층촬영

① 암세포가 유도된 원래의 건강한 유방세포에서 나타나는 양상과는 완전히 다르다는 것이 여기서 주목해야 할 매우 특이한 현상이다. 일반적인 세포들은 인슐린에 노출되더라도 민감하게 반응하지 않으며 적어도 종양세포의 반응 정도와는 같지 않다.

② 일반세포는 인슐린 수용기를 가지고 있지 않다. 즉, 이들 정상세포들은 세포 외부의 인슐린을 내부의 관계 성분으로 즉각적으로 연결시키는 역할을 하는 인슐린 신호경로를 통제하는 핵심요소가 부족하다. 사실, 일반 세포는 인슐린 없이도 잘 자라지만, 암세포는 생존에 인슐린이 꼭 필요하다.

처음 발견한 것은 아니지만 본 결과는 암세포성장을 촉진시키는 인슐린의 효과를 연구한 스탐볼리치의 시각을 담고 있다. 그는 지난 십 년 동안 건강한 근육, 지방, 간세포의 활성화에 대한 인슐린의 신호경로에 대해 연구하였다.

PI3키나아제 경로라는 핵심 요소는 인간의 암에 있어 가장 빈번하게 돌연변이를 일으키는 것으로 밝혀졌다.

③ 이자(pancreas)에서 분비되는 인슐린은 혈액 속의 포도당 수치인 혈당량을 일정하게 유지하는 역할로 인해 당뇨병(diabetes)에 중요하다고 일반적으로 알려져 있다. 더우기 최근에는 인슐린과 인슐린양 성장인자(Insulin-Like Growth Factor : IGF)로 알려진 호르몬은 전세계 과학자들의 관심 대상 중 가장 중심에 있다.

이런 인슐린과 IGF가 여러 영역의 암에 에너지를 공급하는데 아주 결정적인 역할을 한다고 많은 과학자들이 믿고 이를 밝히려고 노력하고 있는데, 아마도 인슐린의 기존 명성은 아마도 바뀌어야 될지도 모르겠다. 인슐린과 IGF 수치의 증가는 암과 밀접한 관계가 있다는 것은 지난 30년 동안 유행병학(epidemiology) 분야에서 많은 연구 대상이었고 많은 관련 연구가 발표되었다.

④ 실제로 비만인 사람과 당뇨가 있는 사람이 암이 걸리는 경우가 같은 암에 걸려 마른(lean) 사람보다 죽을 위험이 훨씬 높다고 많이 보고되고 있다. 현재 전세계적으로 비만과 당뇨 발병률은 폭발적이기 때문에 비만, 당뇨, 그리고 암과의 관계에 대한 이해는 중요하며 시급하다.

⑤ 지난 수 십년 동안, 의학 참고문헌을 통해 비만과 암은 서로 관련되어 있다는 사실을 접할 수 있었지만, 2004년까지는 확실한 관계 규명은 없었다. 당해, 두 명의 암병리학자에 의해 암과 비만의 관계를 총체적으로 규명하는 논문이 나왔다고 미국 매사추세츠 공과대학의 로버트 웨인버그 교수는 말하고 있다.

⑥ 루돌프 카악스는 "네이쳐 리뷰-암(Nature Reviews Cancer)"과 국제암연구소(International Agency for Research on Cancer)에 논문을 실었고, 유지니아 칼렉 박사는 《미국 암학회(the American Cancer Society)》지에 발표하면서 비만과 암과의 관계가 학문적으로 총

망라 되기 시작했다. "이들 논문을 통해 알 수 있듯이 앞으로 왜 비만이 암을 유발하는 중요한 결정적인 인자인지를 밝히는 것이 우리의 도전적 과제이다"라고 로버트 웨인버그 교수는 덧붙였다.

⑦ 지나친 체지방은 유방암, 대장암, 자궁내막암, 신장세포암, 그리고 식도암의 발병률을 25[%]에서 많게는 50[%]까지 증가시킬 수 있다고 카악스 박사는 말한다. 더욱 심각한 것은 비만과 관련된 암종류가 최근까지 뚜렷이 증가하고 있다.
최근까지 비만과 암과의 연관성에 대해 연구한 것들을 종합해 보면 체중이 늘수록 남성은 식도암, 갑상선암, 대장암, 간암 등이 증가하고, 여성은 자궁내막암, 유방암, 담낭암, 식도암, 대장암, 갑상선암, 췌장암 등이 뚜렷이 증가한다고 한다.

⑧ "이 상관 관계는 상상하기 힘들 정도로 엄청나다. 최근 전세계적으로 비만과 당뇨병은 아주 일반적인 질병이며, 더욱 심각한 것은 암은 비만인 사람들의 신진대사 환경을 너무 좋아하기 때문이다"라고 캐나다 몬트리올의 맥길대학(McGill University in Montreal, Canada)의 종양전문가인 마이클 폴락(Michael Pollak) 박사는 말하고 있다.

⑨ 당뇨병 제 II형(type 2 diabete)은 암발생을 증가시킬 뿐만 아니라 혈관 내 인슐린과 IGF의 양도 증가시킨다. 라는 것을 역학 연구를 통해 알 수 있었다. 당뇨환자는 정상인보다 혈당이 높은데, 혈당치료로 운동이나 적절한 식사로 안되는 경우 인슐린 또는 약물치료를 받게 된다.

⑩ 인슐린 치료를 받은 당뇨병 제 II형 환자들은 저혈당에게 잘 작용하는 약물인 메트폴민을 복용한 사람보다 훨씬 높은 암발병률을 보였다. "이들 관계는 최근 연구를 통해 더욱 선명하게 밝혀지고 있듯이, 이는 인슐린 및 IGF의 암과의 상관 관계를 보여주는 증거이며 우리는 이를 더욱더 심각하게 고민해야 한다."라고 폴락 박사는 말한다.

10 뇌 속에 이식된 뉴런이 비만을 치료

하버드대학의 제프리 매클리스 박사(신경과학)가 이끄는 연구진은 《Science》 최근호에 기고한 논문에서 "비만의 성향을 지닌 마우스의 뇌 속에 미성숙 뉴런을 이식하여 비만을 억제할 수 있다"는 연구결과를 발표하였다.

연구진은 자신들의 연구가 인간의 비만을 치료하기 위한 방법의 일환으로 시도된 것이 아니라고 경고하고 있지만, 이번 연구는 "태아의 뉴런이 비정상적 신경회로에 통합되어 그것을

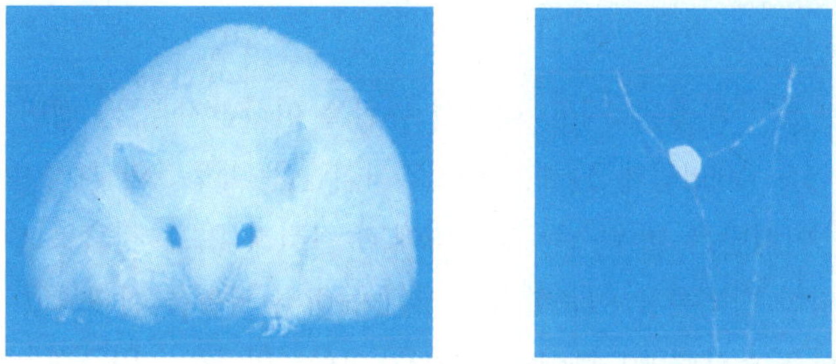

그림 5-10 • 뇌 속에 이식된 뉴런이 비만을 치료

회복시킬 수 있다"는 중요한 원칙을 입증한 것으로 평가된다. 전문가들은 이번 연구가 복잡한 뇌질환의 치료법을 개발하는 데 있어서 가능성과 애로사항을 동시에 보여주는 것이라고 논평하고 있다(그림 5-10).

① 과학자들은 신경계에 태아세포(또는 줄기세포) 요법을 적용하기 위해 우여곡절을 겪어왔다. 초기 연구의 성공은 과학자들을 희망에 부풀게 했지만, 최근 태아세포 이식을 통해 파킨슨병을 치료하려는 시도가 무산되는 등 연구가 지지부진한 상태를 벗어나지 못하고 있다.

더욱이 줄기세포 요법의 선두주자인 제론이 "척수손상을 줄기세포요법으로 치료하려는 시도를 중단하며, 재무적 문제로 인해 향후 일체의 줄기세포 연구를 포기한다"고 선언히여 생명과학계와 투자자들을 충격에 빠뜨렸다(GTB2011110723). 그러나 기초적인 신경과학 연구성과를 보면 아직 아직 희망의 끈을 놓을 단계는 아닌 것으로 보인다.

② 지난 10년 동안 "**인간의 뇌 중 일부가 일생 동안 새로운 뉴런을 만들어낸다**"는 사실을 입증함으로써 "**뇌신경은 다시 만들어지지 않는다**"는 100년 묵은 도그마를 뒤집는 데 성공했다. 더욱이 새로 만들어진 뉴런이 기존의 신경회로에 통합되어 뇌기능을 유지하거나 개선시킨다는 증거도 제시되었는데, 이는 이식된 뉴런 역시 이러한 역할을 수행할 수 있다는 것을 강력히 시사하는 것으로 해석된다.

③ 매클리스 박사가 이끄는 연구진은 이번 연구에서 마우스 태아의 시상하부에서 유래하는 뉴런을 비만 마우스의 뇌에 이식한 다음 그것이 잘못된 신경회로를 회복시킬 수 있는지를 관찰하였다. 실험대상 마우스는 유전자 조작을 거쳐 렙틴 수용체가 결핍되도록 만들어졌으며, 연구진이 뉴런을 이식한 시상하부는 일반적으로 새로운 뉴런을 생성하지 않는 것으로 알려진 부분이다.

④ 렙틴은 대사와 체중을 조절하는 호르몬으로 정상적인 마우스의 경우 렙틴이 시상하부의 뉴런에 작용하여 대사와 기타 필수적인 기능을 조절하지만, 실험대상 마우스의 경우 렙틴에 반응을 나타내지 않아 비만과 당뇨가 초래된다. 그 결과 렙틴 수용체 결핍

마우스는 보통 마우스보다는 통통하게 성장했지만, 병적인 비만상태에 이르지는 않은 것으로 나타났다.

즉, 정상 마우스의 체중은 25[g], 태아의 뉴런을 이식받지 않은 렙틴 수용체 결핍 마우스의 체중은 55~60[g]인데 반해, 뉴런을 이식받은 마우스의 체중은 40~45[g]이었다. 또한 뉴런을 이식받은 마우스는 당뇨병에도 걸리지 않은 것으로 밝혀졌다.

⑤ 연구진은 다양한 방법론을 이용하여 이식된 뉴런의 거동을 살펴보았다. 특히, 연구진이 이식한 뉴런에는 녹색형광 단백질의 유전자가 포함되어 있어, 연구진은 이것을 마커로 하여 문제의 미성숙 뉴런이 다양한 종류의 뉴런으로 분화하는 것은 물론, 다른 뉴런들과 시냅스을 형성하는 것을 관찰할 수 있었다.

또한 연구진은 전극을 사용하여 시상하부 뉴런의 활성을 측정한 결과, 이식된 뉴런이 렙틴에 반응하고 기존의 뉴런과 커뮤니케이션한다는 것을 확인할 수 있었다. “새로 이식된 뉴런은 - 마치 안테나처럼 - 렙틴의 신호를 받아들여 기존의 뉴런에 전달하는 역할을 하는 것으로 밝혀졌다”고 연구진은 말했다.

⑥ 연구진은 이번 연구에서 다양한 시상하부 뉴런으로 분화하기 직전의 미성숙 뉴런을 사용했지만, 적절한 시기를 놓친 뉴런이나 (시상하부가 아닌) 다른 부분에서 채취된 뉴런을 사용할 경우 마우스의 비만을 억제하지 못하는 것으로 밝혀졌다.

“이번 연구결과는 루게릭병(amyotrophic lateral sclerosis), 파킨슨병, 척수손상과 같은 질환을 치료하는 세포요법을 개발하는 데 도움이 될 것으로 보인다. 다만 적절한 세포를 골라, 정확히 의도하는 방향으로 분화시켜 기존의 성체세포와 통합시키는 것이 관건이 될 것이다”라고 연구진은 말했다.

⑦ 초기의 연구자들은 ‘신경 전구세포를 뇌 안에 이식하기만 하면 이식된 부위의 주변환경이 이식된 세포를 적절한 방향으로 분화시킬 것’이라고 낙관적으로 생각했었다. 그러나 이번 연구에 의하면 잘못된 신경회로를 바로잡기 위해서는 주변환경이 아니라 전문화된 특정 세포를 이식하는 것이 필요한 것으로 보인다.

⑧ “나는 아직도 세포요법을 낙관적으로 생각하지만, 세포요법이 임상적으로 응용되려면 보다 많은 연구가 필요하다고 생각한다”고 샌포드-버넘 의학연구소의 에반 스나이더 박사(줄기세포 생물학)는 논평했다.

제 6 장

피부미용 · 비만 관련 해외의료기기 기술

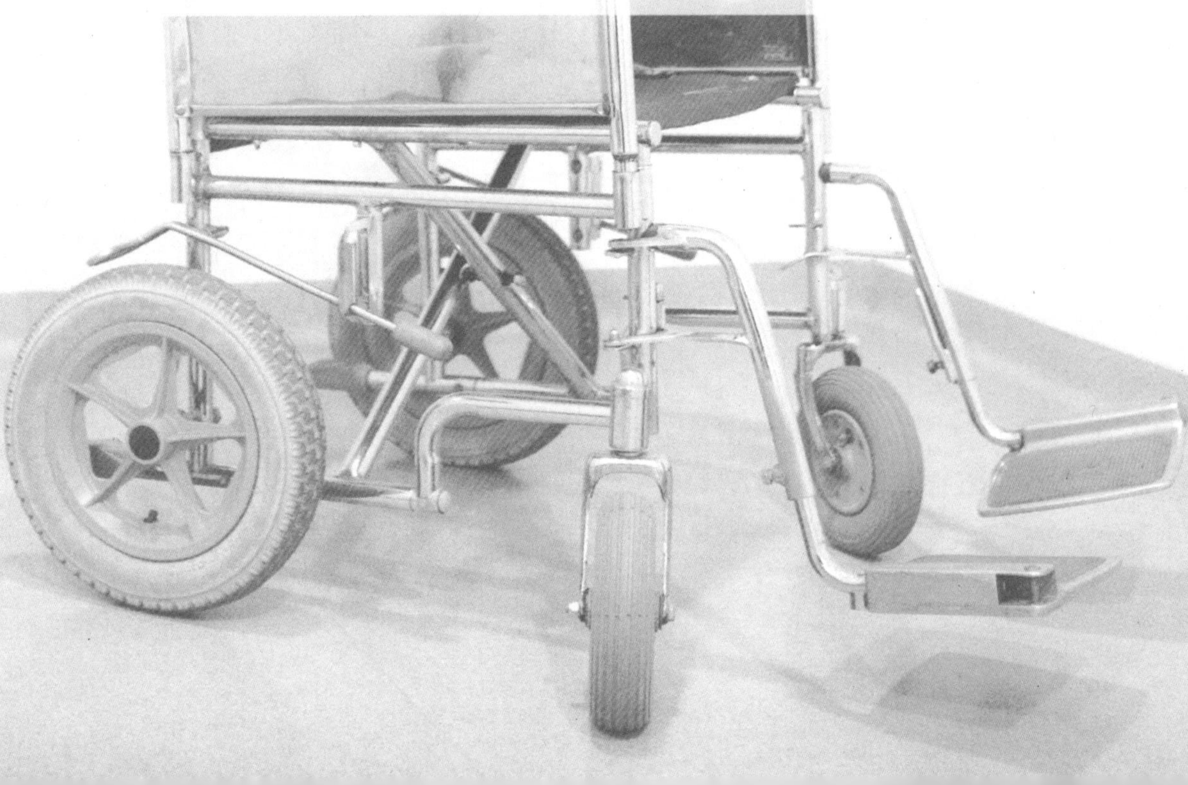

01 비만수술 위험예측 컴퓨터 모델 개발

JAMA/아카이브 저널 중 하나인 《Archives of Surgery》의 2010년 1월호에서는 극도로 비만인 환자들이 위 우회수술을 받게 되면 수명을 더 연장시키는 것이 가능함을 보여주는 새로운 컴퓨터 모델이 개발되었다고 발표하였다.

① 환자들의 나이, 증가되는 신체지표와 같은 개인 특성들이 결합되어 수술에 효율성을 나타내고 있음을 보여주고 있기도 한데, 미국의 경우 전체 인구의 5.1[%]가 극도비만으로 분류되고 있고, 비만도를 나타내는 수치인 BMI 인덱스 또한 40 이상인 것으로 나타나고 있다.

② 식이요법이나 행동요법, 약학요법들이 환자들에게 의미있는 결과를 가져다주고 있지 못한 것이 사실이고, 비만수술 치료법도 임상학적으로 의미있는 체중감소와 병적으로 관계되어 가는 비만상황을 개선시키지는 못하고 있는 상황이다.
해당 절차 또한 위험요소를 가지고 있고 심지어는 사망에까지 이르게 만들고 있다. 이러한 상황 가운데 이번에 신시내티대학의 아카데믹 헬스센터 관계자들이 두 가지 의미있는 서베이를 실시하는 동시에 극도비만인 환자들에게 위 우회수술을 실시하였을 경우 나타날 수 있는 혜택과 위험요소가 무엇인지 추산할 수 있는 새로운 컴퓨터 모델을 구축하였다.

③ 컴퓨터 모델은 미국 전역의 40만명 분량의 데이터를 포함하고 있고, 이를 통하여 비만과 관련 질병으로 인한 사망률을 예측할 수 있고, 비만치료를 받고 있는 미국 내 23,281명의 환자로부터 확보한 데이터를 사용하여 해당 절차 도중 나타날 수 있는 사망률을 예측할 수 있다.
7년 동안의 연구 가운데 해당 참여자로부터 발견된 결과는 생존에 영향을 미치는 수술의 요소를 결정하고 해당 모델을 측정하고 확인할 수 있도록 지원하고 있다.

④ 컴퓨터 모델을 사용한 결과 모델에 따르면 비만수치인 BMI 45를 가진 42세의 여성의 경우 비만수술을 할 경우 기대수명 대비 약 3년을 더 추가할 수 있고, 동일 BMI 수치를 가진 44세 남성의 경우는 평균 2.6년의 수명연장이 가능함을 나타내고 있다.
추가적인 분석을 통하여 BMI 수치가 더 높은 젊은 여성의 경우에는 해당 수술로 기대수명을 더 많이 연장할 수 있음을 이 컴퓨터 모델은 보여주고 있다. 더 높은 BMI 수치를 가진 젊은 남성의 경우에도 마찬가지로 해당 수술 후에 수명을 더 연장할 수 있다.

⑤ 이 컴퓨터 모델은 남성보다는 여성이 더 나은 결과를 얻을 수 있음을 제시하고 있다. 고령환자의 경우, 수술로 인한 수명연장은 보다 적게 나타나고 있고, 우회수술의 경우

오히려 기대수명을 감소시키고 있음을 이 컴퓨터 모델은 제시하고 있다.

⑥ 컴퓨터 모델 개발을 통하여 최적의 환자선택 과정을 이해할 수 있고, 어떤 분야에서 어느 데이터가 필요한지를 나타내고 있다.

예 위험과 혜택 요소 가운데 균형을 얻기 위하여 가장 효율적인 비만수술법이 무엇인지 파악 가능하게 된다. 향후, 보다 많은 개별 환자들의 특성정보를 저장할 수 있다.

예 당뇨병을 가지고 있는지 여부 등이 이러한 절차 진행의 효율성에 어떠한 영향을 미칠 수 있는지를 파악할 수 있도록 더 많은 데이터 확보가 이루어진다면 의미있는 결과를 확보 가능하다.

⑦ 결론적으로 아직 모든 환자들에게 유효한 결과를 이 컴퓨터 모델이 보장하고 있지는 못하지만, 이번에 개발된 컴퓨터 모델은 위 우회수술이 대부분의 환자들에게 기대수명을 연장시키는 데 도움이 된다.

⑧ 수술을 시행하는데 있어서 위험도가 높은 환자들에게 있어서는 수술적용 정도를 낮추어야 하고, 수술로 인한 이점도 최소화하여야 할 것이다. 이번에 개발된 컴퓨터 모델이 환자나 의료진들로 하여금 위 우회수술에 관한 의사결정에 대하여 중요한 정보를 제공하게 될 것이라고 이 컴퓨터 모델 개발관계자들은 평가하고 있다.

02 새로운 비만치료제인 큐넥사

미국 식품의약국으로부터 새로운 비만치료제로 큐넥사 제품의 승인을 기다리고 있는 가운데, 주목할 만한 임상결과가 발견되었다는 연구결과가 이번 주 프랑스 리옹 시에서 개최된 European Congress on Obfaesity 학술대회에서 발표되었다.

즉, 펜터민(phentermine) 및 토피라메이트(topiramate)의 복합 성분으로 구성된 큐넥사 약을 복용한 피실험자들은 비만과 연관된 건강문제는 해결하지 못하였지만 체중은 어느 정도 감소된다는 사실이 확인되었다. 연구진은 56주의 기간을 거쳐서 994명의 사람들에는 가짜 큐넥사를, 498명에게는 적정한 양의 큐넥사를 그리고 995명에는 고용량으로 큐넥사를 복용하도록 하였다.

① 연구를 수행한 스웨덴 Karolinska 연구소의 Stephan Rossner 박사와 캐나다 알버타 대학의 Arya Sharma 박사는 큐넥사를 복용한 환자집단은 가짜 큐넥사를 복용한 집단에 비교하여 체중이 많이 감소되었다고 주장하였는데, 올해 초 미국에서 미국 식품의약국의 자문단은 새로운 비만치료제로 큐넥사를 승인하라고 권고한 바가 있다.

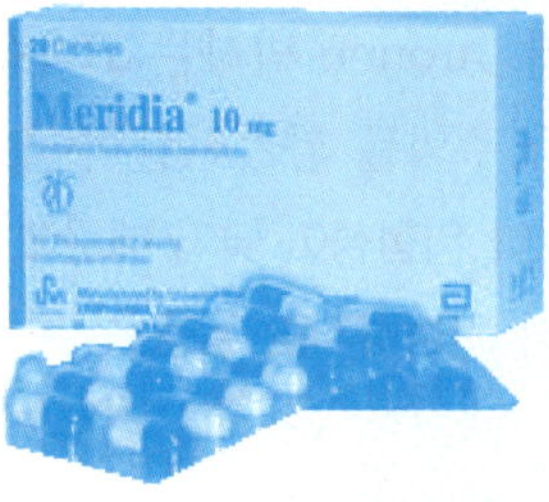

그림 6-1 • 비만치료제인 큐넥사

또한 자문단은 미국 AP 통신에서 **심장병 부작용을 유발할** 수 있다고 우려를 표명한 또 다른 새로운 종류의 **비만치료제인 로카세린**(locaserin)의 승인을 권고하였다. Vivus 제약회사에 의하여 생산되고 있는 큐넥사 약품은 체중감량 효과가 이미 확인되었지만 2010년도에 부작용 발생우려 때문에 승인이 보류된 바 있다.

② 지난 2월에 미국 식품의약국은 큐넥사에 대한 결정을 내리기 전에 자문단에게 2년 동안 수집된 임상 연구결과들을 분석하도록 요청하였다. 큐넥사 제품은 **식욕을 억제하는 성분인 펜터민**(상품명은 Adipex-P)과 **간질발작 및 두통치료에 사용되는 토피라메이트**(상품명은 V) 성분을 혼합하여 제조된 약품이다.

과거에 **살 빼는 약으로 널리 처방되었던 펜플루라민**(열량소비 촉진제)-**펜터민**(식욕억제제) 성분으로 구성된 **펜펜**(fen-phen) **약품은 폐동맥 고혈압 및 심장판막질환을 유발**할 수 있다는 우려 때문에 1997년도에 판매가 중지되었는데 큐넥사는 펜펜에서 펜터민 성분만을 사용하였으며, 연구진은 문제가 되는 성분은 펜플루라민이지 펜터민은 아니라고 강조하였다.

③ 미국 식품의약국은 지난 13년 동안 새로운 종류의 비만치료제로 그 어떤 약품도 새롭게 승인하지 않았는데, 지금까지 환자가 장기간 사용해도 좋다고 승인된 **비만치료제는 제니칼**(Xenical) 약품이 유일하며 Alli 제품으로 판매되고 있다.

지난 4월에 Vivus 제약회사는 큐넥사를 복용한 사람은 1년 동안에 평균적으로 10[kg] 정도 체중을 감량되고 또한 **혈압 및 콜레스테롤 수치**가 낮아졌다고 연구결과를 발표하였는데, 뉴욕 장로교회 및 Weill Cornell 병원의 종합 체중관리 프로그램의 소장인 Louis Aronne 박사는 Vivus 제약회사가 미국 식품의약국이 중요시하고 있는 환자의 안전을 중심으로 좋은 결과를 제시하였기 때문에 미국 식품의약국이 큐넥사를 승인할 수도 있다고 조심스러운 전망을 내렸다. Aronne 박사는 이번 임상연구에 참여하지 않았지만 Vivus 제약회사와 비만치료제를 개발하는 다른 약품회사들의 자문인 역할을 수행하고 있다.

④ Vivus 회사는 큐넥사를 복용하는 임산부의 경우 구순열 기형을 가진 아기를 출산할 가능성이 높아질 수 있다고 경고하였는데, Aronne 박사는 교육을 통하여 큐넥사를 복용해도 좋은 사람과 그렇지 않은 사람에게 주의를 환기시킬 수 있다고 주장하였다. 그는 큐넥사 복용이 배리애트릭 위축소 수술보다 위험성이 낮기 때문에 많은 사람들이 사용할 수 있어서 새로운 비만치료제로 널리 처방이 가능하지만 남용은 피해야 한다고 밝혔다.

03 비만과 당뇨치료의 희망

사람들은 흔히 체지방이라 하면 옆구리살(love handle)이나 허벅지살(saddlebag)을 연상한다. 이 지방들은 백색지방(white fat)으로서 에너지를 저장하는 역할을 한다. 그러나 체지방에는 갈색지방(brown fat)도 있다. 갈색지방은 백색지방과는 달리 에너지를 태워 열로 방출하는 역할을 한다.

지난 수십 년 동안 과학자들은 인간의 신생아와 동물의 새끼에게 갈색지방이 축적되어 있다는 사실을 알고 있었다. 그러던 중 2009년 초, 미국 조슬린 당뇨센터의 연구자들은 성인도 기능적인 갈색지방을 보유하고 있다는 사실을 발견하였다. 그 이후 과학자들은 비만 및 2형 당뇨병을 치료하기 위하여 갈색지방을 만들어내는 방법을 찾아내는 데 몰두해 왔다(그림 6-2).

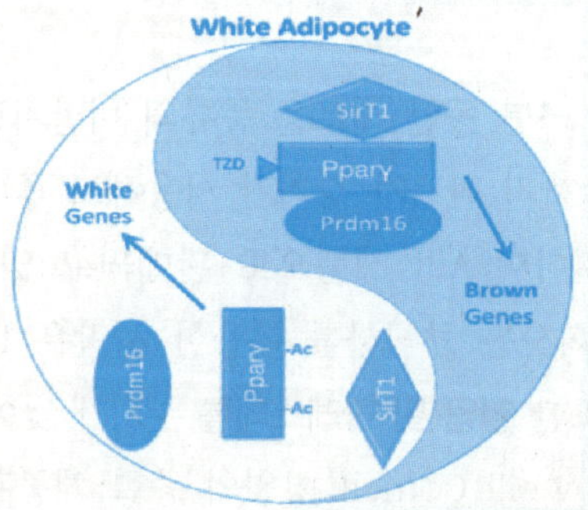

그림 6-2 • 비만과 당뇨치료의 희망(백색지방을 갈색지방으로)

① 콜럼비아대학 메디컬센터(CUMC)의 연구진은 Cell 8월 2일호(온라인판)에 기고한 논문에서 백색지방(에너지를 저장하는 지방)으로 하여금 갈색지방(에너지를 연소시키는 지방)의 특징을 가지게 하는 방법을 발견했다고 보고하였다. 마우스와 인간의 조직을 대

상으로 실시된 이번 연구는 비만과 2형 당뇨의 새로운 치료전략을 개발하는 데 기여할 것으로 보인다.

② 인간은 두 가지 유형의 지방조직, 즉 백색지방과 갈색지방을 보유하고 있다. 백색지방은 과잉의 에너지를 중성지방(triglycerides)으로 저장하는 역할을 하며, 갈색지방은 저장된 에너지를 열로 소모시키는 역할을 한다. 신생아는 체온저하를 막기 위한 메커니즘의 일환으로 갈색지방을 비교적 풍부하게 보유하지만, 성인이 되면 대부분의 과잉 에너지는 백색지방으로 저장된다. 따라서 성인의 백색지방을 갈색지방으로 전환시키는 것은 비만을 치료하는 매력적인 치료전략이라고 할 수 있으나 문제는 그 효과와 안전성이다.

백색지방을 티아졸리딘디온(TZDs : thiazolidinediones, 인체의 인슐린 감수성을 높이는 약물)이라는 계열의 약물을 이용하여 갈색지방으로 전환시키는 것이 가능하다. 그러나 TZDs는 많은 부작용을 초래할 수 있는데, 그 중에는 간독성, 골(骨)손실, 그리고 체중증가가 포함되어 있다. 따라서 TZDs를 이용하여 백색지방을 갈색지방으로 전환시키는 전략에는 한계가 있을 수밖에 없다.

③ CUMC의 연구진은 '백색지방의 갈색지방화'라는 궁극적 목적을 달성하기 위한 노력의 일환으로, TZDs의 기능을 보다 잘 이해하기 위해 이번 연구를 시작하였다. 과학자들은 TZDs가 ppar-γ(peroxisome proliferator-activated receptor-γ)라는 수용체를 활성화시킴으로써 백색지방의 갈색지방화를 촉진한다는 사실을 이미 알고 있었지만, 그 정확한 메커니즘은 아직 밝혀지지 않은 상태였다.

CUMC의 연구진은 이 메커니즘을 심층적으로 이해하기 위해 서투인(sirtuins)이라는 효소군의 일종인 SirT1을 연구하기로 결정하였다. 서투인은 NAD 의존성 탈아세틸화제(NAD-dependent deacetylase)로서 대사를 포함한 다양한 생물학적 과정에 영향을 미치는 효소군인데, SirT1은 특히 노화를 억제하는 것으로 유명하다).

④ CUMC의 연구진은 마우스를 대상으로 한 선행연구에서 SirT1의 활성이 증가하면 대사활동도 증가한다는 사실을 밝힌 바 있다. 연구진은 이번 연구에서는 한 걸음 더 나아가 SirT1이 '백색지방의 갈색지방화'를 촉진함으로써 대사활동을 증가시킨다는 사실을 발견하였다. 그런데 연구진은 SirT1이 백색지방의 갈색지방화를 촉진하는 메커니즘을 분석하는 과정에서, SirT1과 TZDs로 인한 효과 사이에는 많은 유사점이 있다는 사실을 깨닫게 되었다.

SirT1은 탈아세틸화(deacetylation), 즉 아세틸기와 단백질 사이의 화학결합을 절단함으로써 작용한다. 그렇다면 다음 문제는 SirT1이 ppar-γ로부터 아세틸기를 떼어낼 것인가 말 것인가의 문제였다고 연구진은 술회했다.

⑤ 연구진은 'ppar-γ의 탈아세틸화'가 백색지방의 갈색지방화에 필수적인지를 확인하기 위

해 ppar-γ의 돌연변이 버전(아세틸기가 없는 ppar-γ, 아세틸기가 있는 ppar-γ)을 만들었다. 그 결과 아세틸기가 없는 ppar-γ는 백색지방 세포에서 갈색지방의 표현형을 유도하는 반면, 아세틸기가 있는 ppar-γ는 그러지 못하는 것으로 나타났다. 이는 'ppar-γ의 탈아세틸화'가 백색지방의 갈색지방화에 필수적인 과정이라는 것을 의미한다. 우리의 연구는 두 가지 중요한 시사점을 내포하고 있다.

첫째, 'TZDs는 그 작용을 적절히 조절하는 방법을 개발할 수만 있다면–생각했던 것만큼 해롭지 않다'는 것이다.

둘째, SirT1 효능제(SirT1 agonist)를 사용하면, TZDs의 작용을 조절하는 것이 가능하다는 것이라고 연구진은 말했다.

⑥ 이번 연구의 핵심은 다음과 같다.

㉠ SirT1은 백색지방의 갈색지방화를 촉진한다.

㉡ SirT1은 ppar-γ의 LYs268과 Lys293에서 아세틸기를 떼어낸다.

㉢ SirT1과 ppar-γ는 함께 백색지방조직의 갈색지방화를 유도한다.

㉣ TZD와 SirT1 효능제를 결합하면 비만을 치료할 수 있다.

⑦ ppar-γ의 SirT1 의존성 탈아세틸화(SirT1-dependent deacetylation)는 Prdm16(PR domain containing 16)을 ppar-γ로 동원하는 데 필수적이다. Prdm16은 갈색지방 세포의 유전자를 선택적으로 유도하고 백색지방 세포의 유전자를 억제한다.

⑧ 이번 연구의 의의는 'ppar-γ의 SirT1 의존성 탈아세틸화'가 백색지방의 리모델링(갈색지방화)을 유도하는 핵심 메커니즘이라는 사실을 밝힘으로써, SirT1을 비만 및 2형 당뇨 치료의 표적으로 제시함과 동시에(그동안 부작용 때문에 주춤했던) TZD의 새로운 활용방안을 제시했다는 데 있다.

연구진의 다음 과제는 SirT1을 활성화시키는 SirT1 효능제(SirT1 agonist)를 개발하는 것이다. 사실, 현재의 기술수준으로 SirT1 효능제를 만든다는 것은 매우 어렵다. 그러나 우리는 현재 SirT1의 활성을 나타내는 바이오마커를 갖고 있는데 그것은 바로 'ppar-γ의 탈아세틸화'이다.

⑨ ppar-γ에서 아세틸기를 떼어낼 수 있는 물질은 무엇이든 백색지방의 갈색지방화를 촉진할 수 있기 때문에 유익한 대사효과를 갖는다고 말할 수 있다고 연구진은 말했다.

04 미 FDA, 13년 만에 새로운 비만치료제 벨비크(로카세린) 승인

효과적인 비만치료제를 개발하는 것은 매우 어렵기로 정평이 나 있다. 식욕에 관여하는 뇌의 회로는 다른 중요한 기능을 주관하는 회로(예 기분)와 중첩되기 때문에 부작용을 일으킬 위험이 높기 때문이다. 또한 비만환자는 오랫동안 약물을 복용해야 하는 관계로 개발에 소요되는 시간이 너무 길면서 수많은 환자를 연구대상으로 삼아야 한다는 문제와 맞물려 개발 비용을 증가시키는 요인으로 작용하다 보니 많은 제약사들이 아예 손을 들어 버리는 경우가 많았다. 이러한 와중에서 미 FDA가 13년 만에(유행병처럼 번져 가고 있는) 비만을 퇴치하는 데 도움이 될 수 있는 신약을 승인하여 세간의 주목을 받고 있다(그림 6-3).

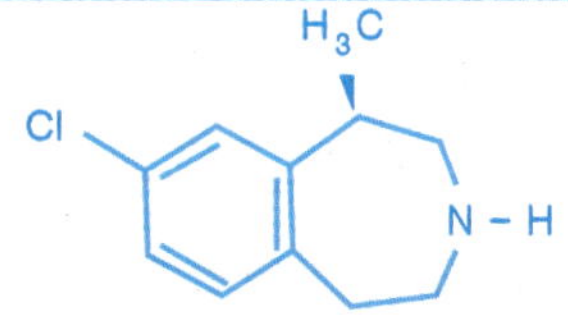

(1R)-8-Chlor-1-melhyl-1,2,3,4,5-tetrahydro- 1h-3-benzazepin

$C_{11}H_{14}ClN$ CAS 846589-98-8

Lorcaserin

그림 6-3 • 비만치료제 벨비크(로카세린)

① 이번에 승인받은 벨비크(성분명 : 로카세린)는 엄청난 효과를 가진 약물은 아니지만, 식이요법 및 운동요법과 병행할 경우 체중의 3~4[%]를 감량하는 데 도움이 된다고 한다. 벨비크는 체질량지수(BMI)가 30 이상인 사람들을 위해 승인되었으며, BMI가 27 이상인 과체중 환자로서 고혈압, 고지혈증, 2형 당뇨를 앓고 있는 사람들도 사용할 수 있다.

② 캘리포니아주 아레나 파마슈티컬사에 의해 개발된 벨비크는 '안전성'이라는 높은 벽을 넘기 위해 천신만고를 겪어야 했다. 1997년 체중감량제인 펜플루라민(fenfluramine)이 심장판막증을 일으킨다는 이유로 미국 시장에서 퇴출된 바 있고, 지난 2년 동안 미 FDA는 안전성 또는 효능부족을 이유로 총 3개의 비만치료제에 대한 승인을 취소했다. 지난 3월, FDA 자문위원회는 모든 비만치료제는 심혈관질환의 위험을 증가시키지 않는다는

것을 입증하기 위한 테스트를 거쳐야 한다고 권고함으로써, 긴 임상시험 기간을 더욱 연장시키는 결과를 초래했다.

③ 벨비크는 펜플루라민과 마찬가지로 뇌 안에서 세로토닌의 작용을 흉내냄으로써, 음식섭취량을 줄이고 포만감을 증가시키는 작용을 한다. 그러나 벨비크는 뇌에 있는 세로토닌 2C 수용체만을 활성화시키고 심근(heart muscle)에 존재하는 세로토닌 2B 수용체는 건드리지 않기 때문에(이론적으로) 심혈관질환의 위험을 증가시키지 않는다는 장점이 있다. 하지만 FDA는 2010년 9월, 아레나사가 제출한 벨비크에 대한 첫 번째 승인신청서를 기각한 바 있다.

④ 벨비크는 랫트를 대상으로 한 동물실험에서 종양을 초래할 가능성이 있는 것으로 나타났으며, 통계학적으로 심장판막증의 발병위험을 증가시킬 수 있다는 위험을 배제할 수 없었기 때문이다. 그러나 아레나사가 8,000명의 환자들을 대상으로 실시한 심장초음파(echocardiogram) 검사를 근거로 하여 벨비크를 복용하는 동안 심장판막의 이상이 발생하지 않은 것으로 밝혀졌다고 설명하자, FDA의 강경한 입장은 한결 누그러졌다.
아레나사는 여세를 몰아 6회의 판매 후 연구(post-marketing studie)를 실시하고, '울혈성 심부전을 앓는 환자는 벨비크를 복용하지 마시오'라는 경고사항을 첨부해야 한다는 FDA의 요구사항을 받아들여 벨비크의 시장판매를 승인받았다.

⑤ 미국 성인의 1/3이 비만이라는 점을 감안할 때, 정부 당국은 새로운 비만치료제를 승인할 때 이익과 위험을 비교하여 신중히 판단해야 한다. 나는 벨비크의 이익이 위험을 상회한다고 생각한다고 FDA 자문위원회의 소비자측 대표이자 사우스캐롤라이나 의대의 당뇨병 전문가인 아이다 존슨 스프루일 박사는 논평했다. 벨비크의 위약 대비 효능은 오를리스타트(제니칼, 1999년에 처음 승인되었으며, 지방흡수를 차단하는 작용을 함)와 비슷한 것으로 평가된다.

⑥ 벨비크를 복용한 체중 90[kg]의 환자들은 1년 후 평균 3[kg](6~7파운드)이 감량된 것으로 나타났는데, 이에 대해 전문가들은 실망감을 드러내고 있다. 적정한 체중감량 수준은 10~15파운드라고 볼 수 있으며, 5~8파운드로는 부족하다고 미 국립 심장·폐·혈액 연구소의 피터 새비지 박사(내분비학)는 논평했다.
하지만 약 20[%]의 환자들은 10[%] 이상의 체중감소율을 기록한 것으로 나타나 한 줄기 희망의 빛을 던져 주고 있다. 이에 대해 헨리포드 병원의 내분비과장이며 FDA 내분비 및 대사약물 자문위원회(Endocrinologic and Metabolic Drugs Advisory Committee) 회장을 맡고 있는 에이브러햄 토마스 박사는 '일부 환자들에게 큰 효과가 있는 신약을 승인하지 않는다면 큰 실수를 범하는 것이다.'라고 말했다.

⑦ 한편 벨비크는 2형 당뇨병에도 효과를 보이는 것으로 밝혀진 바 있는데 벨비크를 복용

한 환자는 위약을 복용한 환자에 비해 혈당을 유지할 확률이 두 배나 높다고 한다(O'Neil, P. M. et al. Obesity 20, 1426~1436). FDA는 12주 동안 벨비크를 복용해도 체중이 5[%] 이상 감소하지 않으면 복용을 중단하라고 권고하고 있다.

또 사우스캐롤라이나 의대의 임상심리학자인 패트릭 오닐 박사는 약물요법에만 의존하지 말고, 식이요법, 운동요법, 생활습관 변화 등을 병행해야 한다고 충고하고 있다. 벨비크는 식이요법, 운동요법, 생활요법을 대체할 수는 없지만, 이러한 프로그램의 효과를 증강시킬 수는 있다고 그는 말했다.

⑧ 벨비크가 FDA의 승인을 받았다는 것은 고무적인 소식임에 틀림없지만, 진퇴양난에 빠진 비만치료제 시장의 활력소가 되기에는 부족하다는 것이 전문가들의 대체적인 견해다. 전세계적으로 번져나가고 있는 비만이라는 유행병은 기존의 틀을 깨는 코페르니쿠스적 발상을 요구하고 있다.

즉, 지금까지 대부분의 제약회사들은 식욕을 억제하는 약물 하나만을 고집해 왔지만, 이제는 새로운 아이디어가 필요하다. 그러나 현재 초기 임상시험에 계류되어 있는 10여 개의 비만치료제들의 면면을 들여다보면, 전망은 그리 밝아 보이지 않는다. 상당수의 약물들은 이미 다른 제약사들이 시험해 본 경로를 표적으로 하고 있으며, 일부 약물들은 기존에 효과가 없었던 약물들을 재구성한 것에 불과하기 때문이다.

⑨ 전문가들은 일부 제약회사들이 개발하고 있는 새로운 기전의 비만치료제에 주목할 필요가 있다고 말한다. 노보노디스크가 개발 중인 2형 당뇨치료제 빅토자(리나글루티드)는 위장 관호르몬(glucagon-like peptide 1)을 흉내내어 인슐린 감수성을 증가시키고 위 비움(gastric emptying)을 지연시킨다고 한다.

05 여성의 화장 피부를 분석하는 광학측정 장치개발

카오 주식회사 미용연구센터는 도쿄 농공대학 공학연구원 생물 시스템 응용과학부와 공동으로 가시광선을 사용하여 비파괴로 피부표면의 요철형상과 표면 및 내부에서 빛의 반사를 이미징(영상화)하는 장치(RGB-Optical Coherence Tomography : 이후 RGB-OCT)를 개발했다. 또한, 이 방법을 화장한 피부의 광학 특성 분석에 응용해 화장한 피부가 맨살과 같이 자연스러운 마감이 보이게 하는 연구를 실시했다(그림 6-4).

① 지금까지 화장의 상태를 조사하는 방법으로 피부표면의 파운데이션 분포를 표면에서 정성

적으로 관찰하는 것이 일반적이고, 파운데이션의 두께가 피부의 어떠한 부분에 어느 정도일지 등 부착상태를 피부의 단면 방향에서 정확하게 관찰하는 방법은 없었다.

또한, 파운데이션을 개발하는데 화장한 피부의 마감을 결정하는 요소 중 하나인 피부의 깊이 방향으로의 빛의 정보가 중요하다. 그러나, 기존 기술에서는 빛을 파랑 · 초록 · 적색으로 나누고, 피부 내부에 어느 정도 투과되는지를 조사하는 것이 곤란했다.

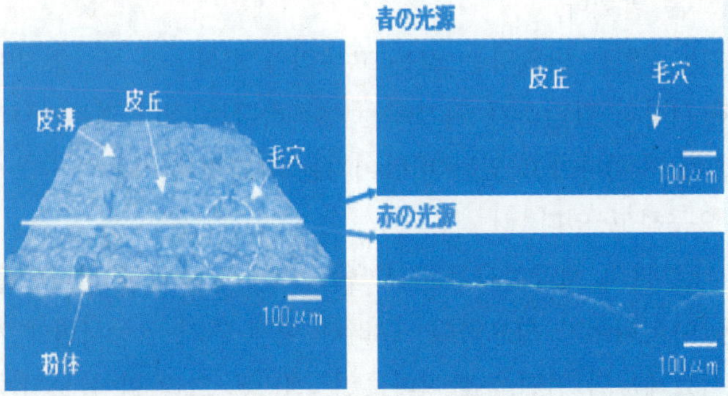

(a) 화장상태와 파운데이션 분체의 부착상태 (b) 화장피부가 맨살과 같이 자연스러운 마감

그림 6-4 • 가시광선을 사용하여 피부표면의 요철 형상과 내부에서 빛 반사를 동시에 측정할 수 있는 장치개발

② 개발된 해석 기술에 의해 피부표면의 살결이나 모공 등 요철형상에 대해 파운데이션 분체가 어떠한 두께로 부착되어 있는지를 처음으로 측정할 수 있게 되어 화장상태와 파운데이션 분체의 부착상태의 관계가 밝혀졌다(그림 6-4(a)).

③ 50대 이상의 화장한 피부를 얼룩이 적고 자연스러운 마감이 될 수 있도록 피부에 들어오는 파랑 및 초록 빛을 억제해 붉은 빛을 효과적으로 투과시키는 광학 특성을 가진 분체의 개발을 진행했다. 이 분체를 포함한 파운데이션을 도포해 이 장치에 의해 피부 내부의 파랑 · 초록 · 적색의 빛 반사를 측정했다.

그 결과, 개발한 분체는 피부 내부에 붉은 빛을 보다 많이 투과시키는 효과가 있어 화장피부가 맨살과 같이 자연스러운 마감을 보인다는 것을 검증할 수 있었다(그림 6-4(b)).

④ 이 성과는 새로운 베이스 메이크 기술의 개발에 응용하고 있다. 또한, 이 연구성과를 Optics & Photonics Japan 2011 : 일본 광학회(2011년 11월 28일~30일)에서 발표했다.

06 스마트폰으로 피부의 상태를 측정하는 기술

일본의 후지츠연구소는 스마트폰의 카메라를 이용하여 사람의 피부상태, 특히 피부의 색을 정확하게 측정하는 기술을 개발했다고 밝혔다. 지금까지 피부의 상태를 측정하기 위해서는 소비자가 전문점을 방문하여 전문가가 가지고 있는 전용기기를 이용해야 할 필요가 있었다. 하지만, 최근 그 성능이 크게 향상되고 있는 스마트폰의 카메라를 이용하면 사용자가 손쉽게 가정에서 피부의 상태를 측정할 수 있는 가능성이 제시되고 있다.

그러나 피부의 색의 경우 각 가정에 있는 조명 등의 영향에 의해 본래의 색과는 다른 색으로 측정되는 문제가 있었다. 이번 연구에서는 최근 개발한 기술을 이용함으로써 스마트폰을 이용하여 피부의 색을 정확하게 측정하는 것이 가능하다. 또한 이 기술을 이용하면 피부의 얼룩이나 변색 정도, 모공의 상태를 측정할 수 있다. 따라서 사용자는 전문점을 방문하지 않고 가정에서 손쉽게 피부의 상태를 알 수 있게 될 전망이다(그림 6-5).

그림 6-5 • 스마트폰으로 피부의 상태를 측정하는 기술

피부의 상태를 측정하는 경우, 소비자가 화장품 업체 등의 전문점을 방문하여 전용기기를 이용하여 측정을 수행하는 것이 일반적인 방법이다. 그러나 소비자에게는 전문점을 방문해야 하는 번거로움 때문에 가정에서도 손쉽게 피부의 상태를 측정하고 싶은 요구가 있다.

또한 기업에게 있어서도 전문점 방문자 이외의 신규고객을 확보하기 위한 요구가 있다. 이를 위해 소비자가 가정에서 스마트폰에 탑재된 카메라를 이용하여 피부를 측정하는 기존의 방법으로는 실제의 피부의 색과 다른 색으로 촬영되어 정확한 측정이 어렵다는 문제가 지적되어 왔다. 따라서 이번 연구에서는 스마트폰의 카메라를 이용하여 가정에서도 손쉽게 피부의 색이나 그 밖의 피부상태를 측정하는 기술을 개발하였다. 이번에 개발된 기술의 특징은 다음과 같다.

1. 피부색 보정기술

각 가정의 조명의 영향 등에 의해 실제 피부색과는 다른 색으로 촬영이 되는 경우라도 이번에 새로 고안한 컬러패치를 이용함으로써 정확한 색으로 보정하는 기술을 개발하였다. 소비자는 컬러패치를 피부에 대고 스마트폰으로 피부를 촬영한다. 이 때 촬영된 피부의 화상은 이미 색 정보를 정확히 알고 있는 컬러팻치 안에 배치된 담황색 패턴과 함께 촬영되기 때문에 피부색과 기준색과의 색의 차이 정도를 이용하여 피부색을 정확하게 보정할 수 있게 된다.

또한 기준색 패턴을 4가지 패턴으로 다양한 각도에 배치함으로써 조명의 각도 등에 의해 색의 분포가 발생하는 경우에도 정확하게 보정하는 것이 가능하다.

2. 컬러패치의 기준색 패턴 자동영역 추출기술

색의 보정을 수행하기 위해서는 컬러패치 안의 기준색의 패턴을 정확하게 추출할 필요가 있다. 촬영한 화상으로부터 기준색 패턴의 윤곽을 추출하여 각 색의 영역을 자동적으로 추출하는 기술을 개발하였다. 촬영 시에 머리카락 등이 컬러팻치 안의 기준색 패턴에 들어가는 경우에도 정확하게 각 색의 영역을 추출할 수 있다.

이번에 개발한 기술을 이용함으로써 스마트폰을 이용하여 피부상태를 정확하게 측정할 수 있게 된다. 따라서 사용자는 가정에서도 손쉽게 피부상태를 파악할 수 있으며, 기업들도 이 기술을 이용한 비즈니스 솔루션을 제공할 수 있을 것으로 보인다. 앞으로 연구팀은 촬영방법을 보다 간단하게 하기 위한 연구개발을 진행할 계획이다.

07 피부암 치료에 효과적인 잡초의 성분

정원에서 흔히 자라는 작은 등대불(petty spurge)이라 하는 Euphorbia peplus의 수액이 비흑색종 피부암치료에 효과적이라는 연구결과가 《British Journal of Dermatology》에 발표되었다. 총 36명의 환자들을 대상으로 시험된 이번 결과에 대하여 호주 연구팀은 아직 실험단계이며 일부 환자들에게 피부 과민현상이 나타났다고 지적하였다. 이번 연구에는 호주 Griffith 대학, Mater 방사선 암센터, Queensland 의학연구소, Peplin 바이오텍이 참여하였다(그림 6-6).

① 비흑색종 피부암은 위중하지는 않지만 가장 흔히 발생하는 피부암으로 영국 사람들에게

관측되는 전체 암 중에서 3위를 차지하고 있다고 한다. 이들 암에는 주로 **노인들에게 발생**하는 **기저세포암**(Basal Cell Carcinoma : BCC), **평편세포암**(Squamous Cell Carcinoma : SCC), **표피내암**(Intra-Epidermal Carcinoma : IEC)이 포함된다. 이들 **비흑색종 피부암들은 절제술이나 부분적 냉동치료 및 특정 광선요법 등으로 쉽게 치료 및 완치된다**고 한다. 그러나 일부 환자들의 경우에는 이들 방법으로도 치료가 되지 않거나 치료를 하기에는 어려운 조건에 있다고 한다.

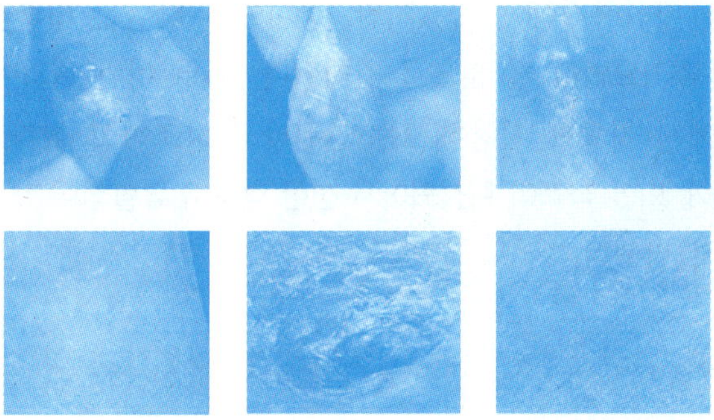

그림 6-6 • **비흑색종 피부암 환자들의 병소에 Euphorbia peplus 수액 투여 전과 투여 후의 효과 비교**

② 이번 임상시험에서는 총 36명의 환자들의 비흑색종 암병소 총 48부위를 대상으로 Euphorbia peplus의 수액 100~300[μl]를 1일 1회 3일간 도포한 후에 효과를 시험하였다. Euphorbia peplus는 수백 년간 민간요법에 이용되어 왔으며, 연구팀은 이 식물을 현대의학에 적용하기 위하여 적절한 임상시험을 진행하게 되었다고 한다. 약 1개월 후에 환자들의 병소 48부위 중에서 41부위가 임상검사에서 암이 흔적도 없이 사라진 것을 의미하는 완전 임상반응을 나타냈다고 한다. 1단계에서 부분 임상반응이 나타나나 환자들은 2단계 시험이 실시되었다.

③ 이들 1단계 및 2단계 치료에서 반응한 환자들은 이후 2~31개월까지 상태가 추적 조사되었다. 평균 15개월의 추적 조사기간 중에 48부위 중에서 68.5[%]에 해당하는 30부위에 암이 완전히 사라진 완전 임상반응이 확인되었다고 한다.
암종별로 분류를 해보면 1개월 후에 완전 임상반응이 나타난 비율이 BCC 825, IEC 945, SCC 75[%]였다. 15개월에서 이들의 수치는 각각 57[%], 75[%], 50[%]를 기록하였다. 암병소가 16[mm] 이하인 환자들의 반응률은 IEC에서 100[%], BCC에서 78[%]를 기록했다.

④ 연구팀은 Euphorbia peplus의 수액에 존재하는 Ingenol mebutate 이라는 활성성분이 효과의 핵심임을 확인하였다. 추가 시험에서 Ingenol mebutate가 적용된 피부에서는

암세포가 사멸되었을 뿐만 아니라 암병소에 백혈구가 소집되어서 남아있는 암세포를 파괴시킴으로써 암의 재발위험을 줄여주었다고 한다. 그러나 연구팀은 이 물질이 새로운 피부암치료 옵션이 될 수 있을지를 보기 위한 대규모 임상시험이 필요하다고 강조했다.

⑤ 영국 피부과의사 연합의 Kimberley Carter는 "이번 연구는 시험된 환자규모가 작지만 매우 흥미로운 결과를 제시하고 있다. 때문에 Euphorbia peplus 수액의 활성성분의 효과를 보다 대규모 시험에서 확인할 필요가 있다. 이 방법은 침습성 피부암이나 흑색종에 대해서는 수술을 대신하지는 못하겠지만, 상피에 나타나는 비흑색종 피부암에 대해서는 효과적인 대안 및 추가요법이 될 것으로 기대된다. 특히 이번 결과에 대해서 이들 성분을 환자 자신이 집에서 치료에 사용해서는 안된다고 강조하고 싶다. Euphorbia peplus 수액이 눈에 접촉하게 되면 점액이 형성되어서 심한 염증이 유발되어 병원을 찾게 될 수 있기 때문이다."라고 설명했다.

08 피부 속을 조망할 수 있는 가상 뷰 기술개발

신체 내의 해부학적 이미지를 투사할 수 있도록 만드는 디바이스가 개발되어 환자들로 하여금 자신들의 상처를 직접 살펴보고 필요한 조치를 취할 수 있도록 하는 새로운 방법이 개발되었다. 미국 굴지의 소프트웨어 기업의 연구진들이 이번에 개발한 휴대용 디바이스 장치는 물리적 치료가 필요한 환자들에게 피부 속의 상황을 가상 뷰의 형태로 제공하여 내부의 손상된 부분들을 살펴볼 수 있도록 지원하게 되었다.

① 이 디바이스를 개발한 소프트웨어 기업의 컴퓨터 사용자 그룹을 담당하고 있는 관계자는 일반인들이 자신들의 질병을 치료하는데 있어서 물리적 테라피 요법을 따르는 것이 중요한데, 만성상태의 환자들 중 30[%]에서 50[%] 정도가 의료진이 추천한 테라피 요법을 통하여 자신의 질병을 치료하는데 실패를 경험하고 있고, 결과적으로 치료 자체를 답보상태에 만들거나 악화시키는 결과로 초래하게 된다고 말한다.

② 연구진들은 이와 같은 문제점을 해결하기 위하여 환자 자신들이 자신의 질환에 대하여 보다 스스로 잘 파악할 수 있도록 필요로 하는 정보를 제공하는 것이 중요하다고 말하면서, 이러한 정보들을 더 많이 알면 알수록 환자들이 의료진의 치료법을 보다 더 잘 따르도록 만드는 효과로 연결된다고 말하고 있다.

③ AnatOnMe라는 명칭의 새로운 도구는 환자들에게 필요한 부가정보를 제공할 목적으로 개발되었는데, 특히 환자들 몸 속의 뼈구조, 근육조직, 힘줄, 신경상태에 관한 가상 이미지를 투영할 수 있는 기능을 제공하고 있다. 환자들은 이를 통하여 상처나 치료과정 자체를 보다 더 잘 이해하고 이를 통하여 치료에 대한 의지 및 의료진의 조언을 더 많이 따를 수 있도록 지원할 수 있게 된다.

④ 프로토타입 기기는 두 가지 부분으로 이루어져 있는데, 첫 번째 부분은 휴대용 피코, 혹은 프로젝터, 디지털 카메라, 적외선 카메라로 구성되어 있고, 두 번째 부분은 이를 지원할 수 있는 레이저 포인터와 제어 버튼으로 구성되어 있다. 테크놀로지 자체는 다소 로우테크 형태의 기술로 간주될 수 있다고 2011년 5월 두 번째 주, 캐나다 밴쿠버에서 개최된 컴퓨팅 시스템에 있어서 인간요소에 대한 컴퓨터에 대한 컨퍼런스(Computing Machinery's Conference on Human Factors in Computing Systems : CHI)에서 관계자가 프레젠테이션을 통하여 제시하기도 하였다.

⑤ 기기개발이 가지는 의미 중의 하나는 환자들의 내부 질환을 정밀하게 이미지를 통하여 살펴보기 위하여 복잡한 형태의 자동조절장치를 사용하는 대신에, 실제 시각에 의존하여 해당 프로젝터를 살펴보고 이를 리스트화시키는 것이 가능하게 된 것으로 평가된다. 이 프로토타입을 사용하게 되면 디스플레이된 이미지가 환자들로부터 스캔을 통하여 직접적으로 획득되지 않고, 여섯 개의 서로 다른 형태의 유형들을 사용하여 그래픽 이미지를 추출하여 제공하는 형태로 이루어지게 된다.

⑥ 두 가지 유형의 기존 물리적 테라피 기반방식을 통하여 수행된 디바이스에 대한 조절 가능한 부분들을 바탕으로 이루어진 실험에서는 디바이스가 환자들로 하여금 치료방법에 보다 몰입할 수 있도록 만드는데 매우 효과적이라고 실증적으로 증명되었다.

⑦ 연구진이나 테라피리스트들은 AnatOnMe를 사용하여 벽에 이를 투영하여 보기도 하였는데, 사용자 인터페이스 측면에서도 유사한 방법으로 작동되고 있으며, 해당 메뉴 옵션들이 표면에 투영될 때, 올바른 형태를 이루면서 나타남이 관찰되었다. 해당 옵션들은 레이저 포인터를 통하여 선택할 수 있고, 이를 적외선 카메라를 통하여 올바로 탐지할 수 있게 된다.

⑧ 미국 메릴랜드 볼티모어 메디컬 스쿨의 관련 전문가는 환자들로 하여금 물리적 치료방법을 어떻게 하면 따르게 할 것인지에 관한 부분이 매우 중요한 문제라고 제시하고 있는데, 여기에는 부분적으로는 운동요법과 더불어 생활습관이나 행동적인 부분들에 대한 변화가 수반되어져 이루어질 필요성이 있음을 말하고 있다.

⑨ 대부분의 환자들은 자신의 신체 내에서 발생하고 있는 부분에 대하여 실제 이해하는 것이 매우 중요한데, 가상화를 통하여 얻을 수 있는 부분들이 실제로 환자들에게 이익

이 된다는 것을 환자들이 이해하는 것이 필요하고, 향후에 실버계층을 중심으로 한 사용자를 중심으로 상세한 부분들과 내장질병과 같은 부분에 폭넓게 작용하도록 만드는 것이 필요하다고 말한다.

09 피부로 느끼는 냉감을 증강 · 지속시키는 메커니즘과 성분발견

일본의 화장품업체인 시세이도는 양이온계 성분인 디알킬형 양이온을 배합하면, 피부신경에 존재하는 온도수용체 중 하나인 "냉감 센서(TRPM8, 그림 6-7(a))"의 주위에 있는 딱딱한 라프트(raft) 영역(그림 6-7(b))을 효과적으로 유연화시켜(그림 6-8(a)), 냉감 센서의 기능을 높인다는 메커니즘과 대응 성분을 세계 최초로 발견했다.

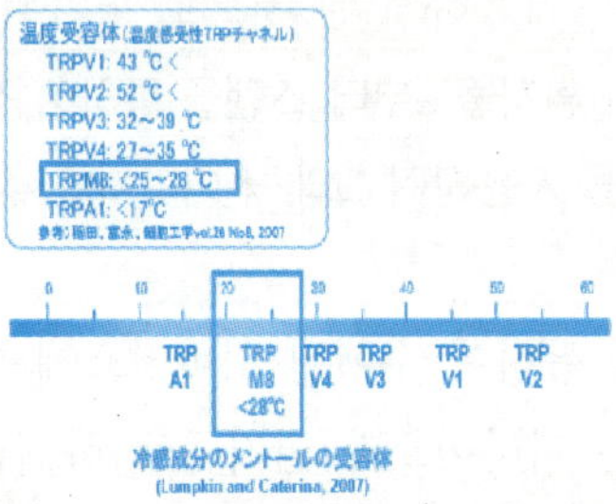

(a) 냉감 센서

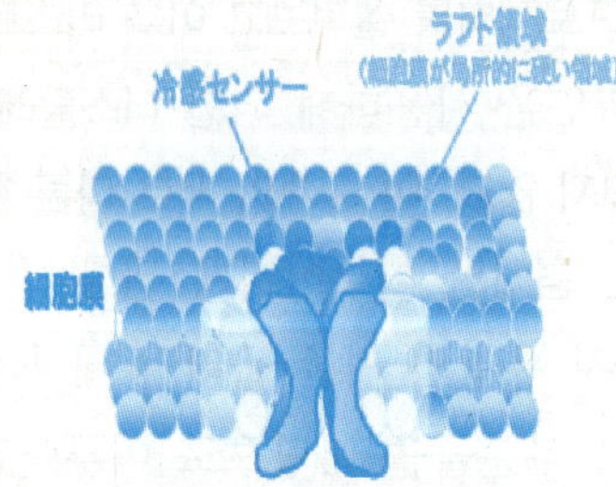

(b) 라프트 영역

그림 6-7 • 냉감 센서와 라프트 영역

① 멘톨 등의 냉감 성분을 느끼는 효과를 측정하면 결과는 다음과 같았다.
   ㉠ 차가움을 1.4배 강하게 느끼게 한다(그림 6-8(b))
   ㉡ 차가움을 느끼는 시간을 1.4배 길게 한다(그림 6-8(b))
   ㉢ 일반적인 경우보다 2[℃] 높은 온도로도 차가움을 느끼게 한다(28.5 → 30.5[℃]).
   시세이도는 에너지 절약 · 절전 시대의 요청에 대응할 수 있도록 이 신기술을 응용한 데오도런트 제품의 개발을 추진해 나갈 예정이다.

② 지금까지 냉감기술과 냉감효과를 높이는 한계 : 데오도런트 제품은 더운 여름철에 가장 많이 사용되어 땀이나 냄새를 억제하기 위한 냉감효과는 중요한 기능의 하나이다. 냉감 성분으로서는 멘톨이나 알코올을 배합해 대응하고 있다. 멘톨은 피부에 침투해 냉감 센서에 결

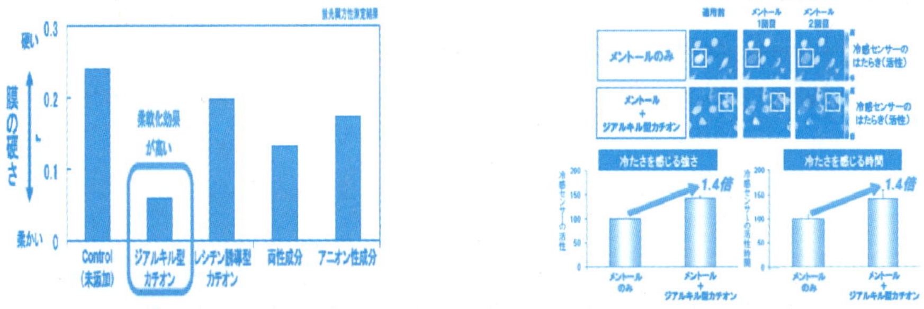

(a) 라프트 영역을 효과적으로 유연화　　　　(b) 차가움을 느끼는 시간

그림 6-8 • 라프트 영역을 효과적으로 유연화와 차가움을 느끼는 시간 그래프

합되면 냉감 센서가 작동(활성화)하고 전기신호가 흘러 신경을 거쳐 뇌에 전달되어 냉감을 느낀다.

한편, 휘발성이 있는 알코올은 휘발할 경우에 피부의 열도 빼앗기 때문에 냉감을 느끼게 된다. 이 멘톨이나 알코올을 많이 배합하면 냉감효과는 높아지지만, 피부자극 등을 고려해 배합할 수 있는 상한이 있다. 이 때문에 냉감효과를 높이는 기술적인 한계가 있었다.

③ 새로운 냉감을 높이는 메커니즘과 대응 성분의 발견 : 냉감 센서(TRPM8)에 대해서는 온도수용체 연구의 세계적인 권위자 중 한 사람인 Dr.Morenilla–Palao 등의 연구논문 속에서 냉감 센서는 라프트막(영역)으로 불리는 딱딱한 세포막에 둘러싸여 존재해 라프트막의 유연화가 냉감 센서의 기능에 관계하고 있는 것으로 나타나고 있었다.

한편, 샴푸나 린스 제품을 개발하고 있는 연구원들 사이에서는 냉감 성분인 멘톨을 샴푸와 컨디셔너(린스)에 동량 배합했을 경우, 양이온성 성분을 포함한 컨디셔너 쪽이 냉감을 강하게 느낀다는 것을 경험적으로 알고 있었다. 이러한 두 가지 사실로부터 양이온계 성분은 냉감 센서의 주위에 있는 딱딱한 라프트 영역을 부드럽게 해 냉감 센서의 기능을 높여 냉감 효과를 증강시키는 것은 아닌가하는 가설을 세웠다.

여기서, 실험적으로 냉감 센서의 효과를 측정하기 위해서 라프트 영역 모델과 냉감 센서 모델을 이용해 냉감 센서의 기능을 높이는 성분과 그 효과에 대하여 연구를 진행시켰다.

④ 우선, 라프트 영역 모델을 이용한 교토 대학과의 공동연구에 의해 복수의 양이온성 · 음이온성 · 양성 성분에 대해 라프트막의 유연화 효과를 검증했다. 그 결과, 양이온성 성분 중에서도 디알킬형 양이온은 라프트막의 유연화 효과가 높고, 냉감 센서의 기능을 증강시키는 것을 과학적으로 실증했다.

⑤ 다음에 냉감 센서 모델에 의해서 디알킬형 양이온이 냉감 센서의 기능을 어느 정도 높이는가 하는 연구를 진행시킨 결과 다음과 같은 증강 · 지속 효과를 발견했다.

㉠ 차가움을 1.4배 강하게 느낀다.

㉡ 차가움을 느끼는 시간을 1.4배 길게 한다.

㉢ 일반적인 경우보다 2[℃] 높은 온도에서 차가움을 느끼게 한다(28.5 → 30.5[℃]).

10 피부염을 조절하고 기생충 감염에 대항하는 Basophils

Basophils은 알러지성 질환들과 장내 기생충(helminth)과 같은 Thelper 2(Th2)로 편향된 면역반응들과 연관되어 있다. 타입 2면역에 대한 Basophils의 역할을 직접적으로 밝혀내기 위해 독일 Ludwig-Maximilians-University의 David Voehringer 박사 연구팀은 Basophils이 구조적이고 선택적으로 탈락된 유전자변형 생쥐를 개발하여 발표했다(Immunity, 2010, 33 : 364).

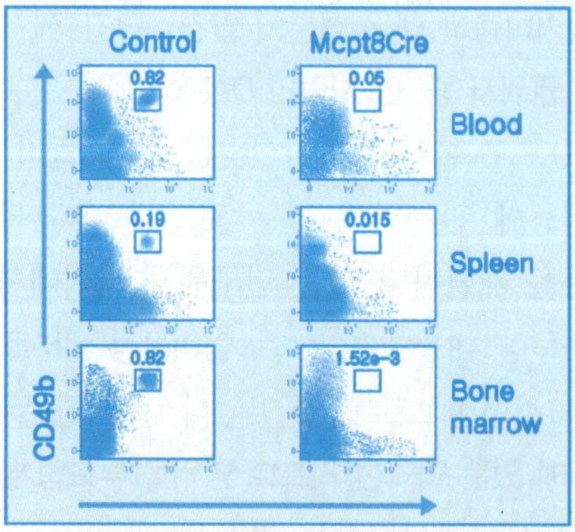

그림 6-9 • Mcpt8Cre와 컨트롤 생쥐에서 분리된 혈액, 비장과 골수 세포들에서 basophils를 CD49b와 IgE로 염색한 결과

① Th2의 분화와 축적, 호산구 증가증(eosinophilia)과 엘러젠이나 기생충 Nippostrongylus brasiliensis에 의한 감염에 의해 유도된 혈청의 IgE나 IgG1의 증가는 호염기성 세포(basophil)에 독립적이었다. 또한 Basophils는 수동적인 IgE나 IgG1가 매개하는 전신성 과민반응(anaphylaxis)에 요구되지 않는다.

그러나 Basophils은 IgE가 매개하는 만성 알러지성 피부염과 N. brasiliensis로 인한 2차

감염에 대한 보호에 필수적이다. 이러한 결과는 Basophils이 기생충에 대한 보호적 면역과 만성적 알러지성 염증을 조절하는데 중요한 역할을 하는 반면 1차적인 Th2 세포 반응들은 이러한 Basophils 세포의 부재 시 효과적으로 운영될 수 있음을 암시하고 있다.

② 타입 2면역은 엘러젠이나 장내 기생충으로 인한 감염에 대한 반응에서 선천성과 적응작용 기작들의 상호작용으로 발생된다. Thelper 2(Th2) 세포들은 일반적으로 타입 2 면역반응을 조절하는데 필수적이다. 그러나 Mast cells, Eosinophils과 Basophils과 같은 선천성 면역세포들은 기생충에 대한 보호에 최소한 부분적으로 기여하고 알러지 반응과정에서 염증성 작용기작들을 억제한다.

③ Mast cells과 Basophils은 IgE(Fc3RI)에 대해 높은 친화성을 갖고 Histamine, Lipid Mediators과 IL-4, IL-5, IL-13와 같은 Th2와 연관된 사이토카인을 분비하기 때문에 이 두 세포들은 기능적으로 밀접하게 연관되어 있다. 이러한 기능적인 유사성에도 불구하고 이 두 세포들의 발달은 명확하지 않다.

④ Mast 세포들은 골수를 미성숙 세포상태로 떠나 피부에서는 Tissue mast cells(CTMCs)로, 점막조직에서는 Mucosal Mast Cells(MMCs) 세포로 분화된다. 반대로 Basophils은 60시간의 생존기간을 가지고 골수를 성숙한 상태로 떠나 작용기능을 매개하는 조직으로 호출된다. 타입 2 면역에서 Basophils의 역할은 지난 3년 간 많은 진전이 있었지만 아직도 명확하지 않다.

⑤ 생쥐에서 항체가 매개하는 Basophils의 제거는 만성 알러지성 피부염이 말기상태를 완하한다고 보고되었다. 이 보고서에서 Basophil이 제거된 생쥐는 IgG가 매개하는 수동적 과민반응에 저항적임을 보여주고 있다.

⑥ 다른 보고서는 Basophils를 IgE 면역복합체, 알러지성 Protease papain나 Schistosoma mansoni 알을 주사한 생쥐에서 Th2 세포들을 유도하는 항원 제시 세포로 동정했다. 또한 Basophils은 생체 내에서 IL-4를 분비하고 기억 Th2 세포반응을 향상시킨다. 마지막으로 Basophils은 장내 기생충에 대한 보호적 면역에 기여하는 것으로 알려져 있다.

⑦ 생체 내에서 Basophils의 기능에 관한 이해의 발전에도 불구하고 현재 호염기성 세포(basophil)를 제거하는 생쥐는 Fc3RIa, CD200R3나 Thy1을 목표로 항체가 매개하는 세포제거 전략을 이용한 결과다. 그러나 항체가 매개하는 특정 세포의 제거는 목표물 이외 물질에 부착되는 현상, Complement 활성화와 Mast나 Macrophages 세포들의 활성화와 같은 Bystander 작용을 유도할 수 있다.

⑧ 연구팀은 이러한 문제들을 극복하기 위해 컨트롤 생쥐보다 Basophils 이 약 90[%] 이상이 제거된 BAC(Bacterial Artificial Chromosome) 유전자변형 생쥐를 생산했다.

⑨ 연구팀은 이 생쥐를 이용하여 Basophils 이 수동적 전신 과민반응(passive systemic

anaphylaxis)과 엘러젠이나 N. brasiliensis 이 유도하는 타입 2 면역에 필수적이지 않음을 밝혀냈다. 그러나 Basophils은 IgE-CAI(IgE-mediated Chronic Allergic Inflammation)과 2차 기생충 감염에 대한 보호적 면역반응에 필수적이었다.

⑩ 이번 연구는 피부염과 기생충 감염에 대항하는 Basophils의 새로운 기능을 밝혀냈다는데 의미가 있다.

제 7 장

개인건강 관련 의료기기

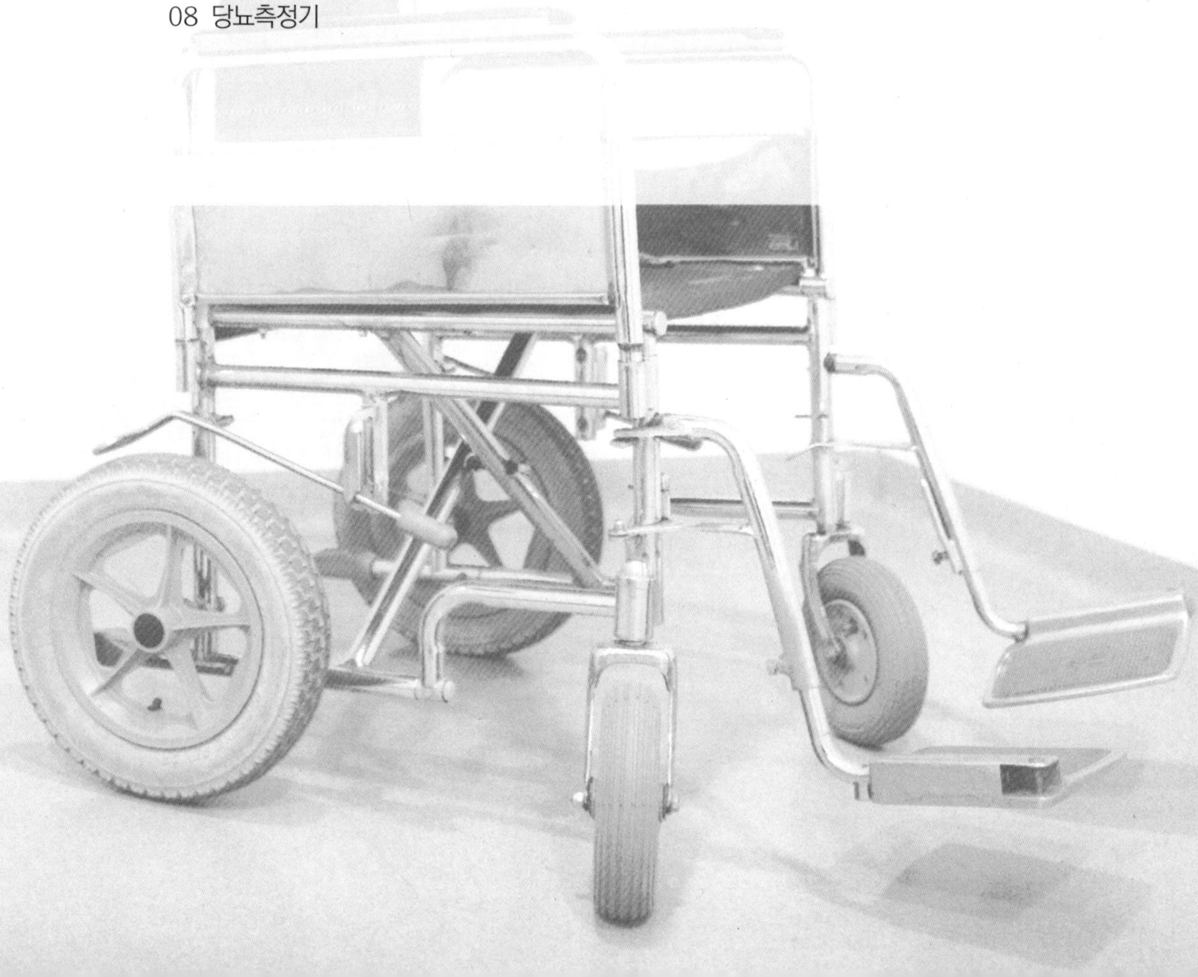

01 가정용 안마기

한방 뜸이나 침술처럼 번거로움이나 통증 없이 간편하고 효과있게 가정에서 마사지할 수 있으며 또한 여러 가지 봉으로 신체 각 부위의 지압효과가 있다(그림 7-1).

그림 7-1 • 가정용 안마기

① 경혈봉 : 몸 전체의 경락·경혈부위에 사용할 경우 두드림봉의 기본적인 성능과 통증완화를 느낄 수 있다.

② 단전봉 : 단전, 외음부, 경락혈 등 특정지압용으로 사용 가능하며, 뭉친 근육을 풀어주는 효과가 있다.

③ 근육봉 : 팔, 다리, 목 등의 근육을 풀어주며, 다리, 허벅지 등의 다이어트용으로 효과가 좋은 일반적인 안마기용 봉이다.

④ 안면봉 : 머리, 얼굴 등의 근육부위를 부드럽게 마사지해 주는 봉이다.

⑤ 지압봉 : 손바닥, 발바닥 등의 경혈점을 자극하여 건강증진의 효과가 있는 봉이다.

02 개인용 마사지기

안마치료의 원리로는 노폐물을 제거하고 자율신경을 조절하며 혈액순환과 신진대사를 촉진시켜 세포기능을 활발하게 하여 인체의 불균형 현상을 교정해준다. 그리고 자율신경 실조, 고혈압, 류마티스성(rheumatism) 질환, 당뇨병 등의 성인병과 세균에 의하지 않는 내인성 질환을 예방하는데 중요한 역할을 한다. 신경계 최고 중추인 뇌에서 보내는 신경 에너지가 말초부까지 원활하게 소통되도록 신경계 회로와 통로상에 일어나는 제반문제들을 제거해 주는 것이다.

반대로 말초부로부터 신경 에너지가 정확하고 충분하게 뇌까지 전달되도록 한다.

또, 근육계, 신경계, 내장계, 내분비계 등 각 계통이 조화를 이루도록 하여 스트레스(stress)를 예방하고 치료하는데 탁월한 효과가 있다. 따라서, 안마치료는 장시간의 컴퓨터 사용으로 인해 발생하는 '반복적 긴장장애'와 같은 각종 직업병을 예방할 수 있는 적절한 의료수단이다. 안마치료의 효과로는 통증완화, 혈액순환개선, 신진대사촉진, 피로회복, 자연치유현상, 집중력향상, 스트레스 해소, 집중력향상, 비만해소 등이 있다.

1. 안마의자

안마의자는 등받이, 패드 좌석, 팔걸이, 온열기능, 발거치대 및 에어 펌프를 갖춘 의자형이고 본체와 조절기로 구성되어 있으며, 인체의 진동 및 압박을 가하여 경미한 근육완화에 사용된다. 또한 주무름, 강약 두드림, 진동기능이 개별 또는 복합적으로 쾌적하게 할 수 있고 롤러방식이며 사람의 손이 마사지를 해주는 것처럼 주무름, 롤링기능과 전체자동, 부분자동, 수동의 다양한 기능이 있다(그림 7-2).

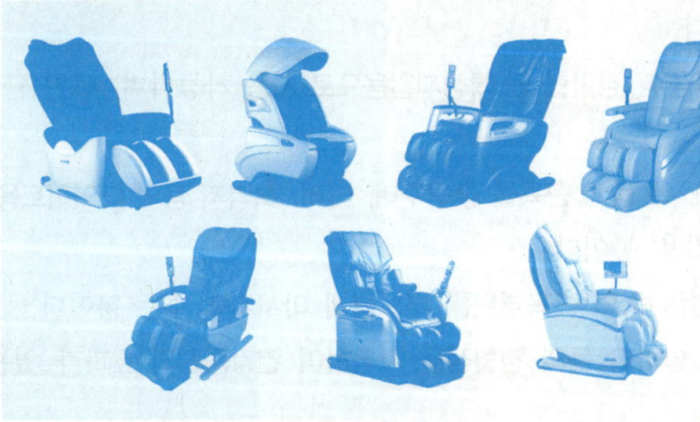

그림 7-2 • 안마의자

2. 마사지 쿠션

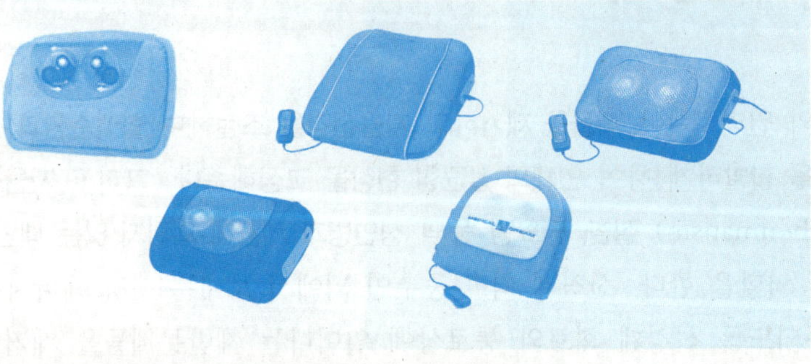

그림 7-3 • 마사지 쿠션

부분적 집중선택 마사지 기능 및 온열기능과 3D입체안마로 좀 더 깊고 시원한 마사지를 할 수 있다. 마사지 쿠션은 다양한 부위에 활용할 수 있는데 목, 허리, 배, 손목, 팔, 종아리, 발, 허벅지 등 마사지를 할 수 있다(그림 7-3, 7-4).

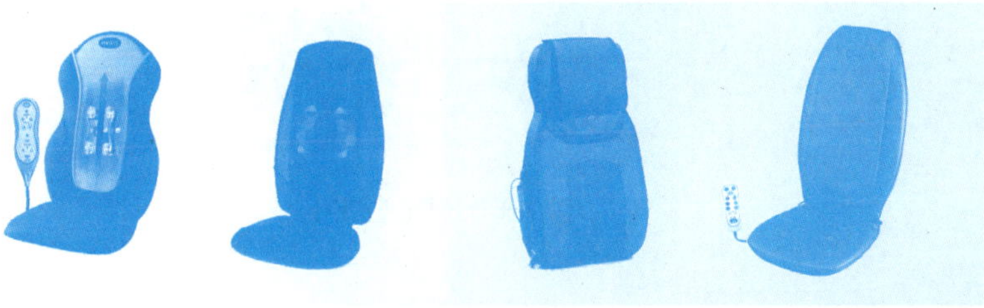

그림 7-4 • 의자형

3. 복부 마사지기

복부 마사지의 효능은 우리 몸에 굳어 있는 근육을 마사지를 통해 풀어주며 신진대사와 혈액순환이 원활해지고 만병의 근원인 혈액순환 문제를 개선하므로 병을 예방, 치유하는 건강관리 수단이 되고 있으며, 뱃살을 빼줄 뿐만 아니라 탄력있게 만들고 뱃속의 장기에 자극을 주어 장기를 튼튼하게 만들어 숙변과 변비를 개선하여 복부건강에 좋다. 또한 다이어트에도 도움이 되고 있는데 림프관을 자극시켜 기혈순환과 신진대사를 활발하게 하면서 우리 몸의 체지방을 태우고 분해하여서 다이어트 효과를 크게 얻을 수 있다(그림 7-5).

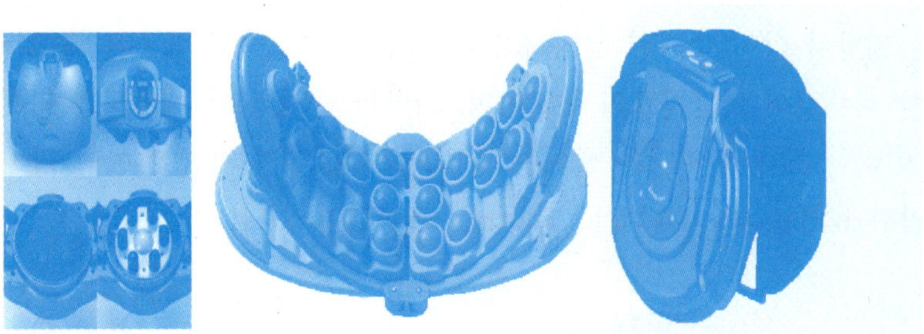

그림 7-5 • 복부 마사지기

4. 어깨 안마기

어깨가 결리고 아픈 증상은 대부분 기가 소통되지 않아 생긴다. 따라서 기의 소통을 원활하게 해주고 혈액순환이 잘 되게 하는 것이 치료의 근간이다. 어깨가 결리고 뻐근할 때 지속적으로 견정을 자극하면 어깨와 목의 통증이 완화된다(그림 7-6).

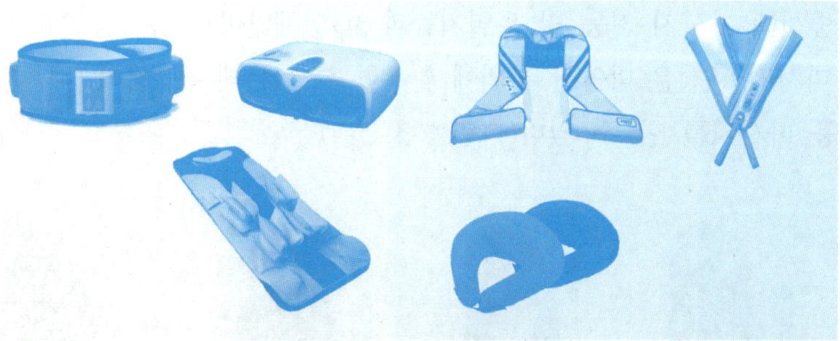

그림 7-6 • 어깨 안마기

03 개인용 조합자극기

비만은 우리 몸에 지방세포수가 증가하거나 크기가 커져 피하층에 지방이 과잉 축적된 상태이다. 즉, 체지방량이 일정한 기준을 초과한 상태로 유전적, 영양학적, 환경적, 사회적 여러 요인들이 관여하는 복잡한 증후군을 비만증이라고 할 수 있다.

일반적으로 여성은 체지방률이 20~25[%]이면 정상, 25~30[%]이면 과체중, 30~40[%]이면 비만, 40[%] 이상이면 과비만이라 판정하고, 남성의 경우 체지방률이 15~20[%]이면 정상, 20~25[%]이면 과체중, 25~35[%]이면 비만, 35[%] 이상이면 과비만이라고 판정한다.

비만은 지방이 많이 축적된 상태이기 때문에 치료도 역시 체중을 줄이는 것보다 체내의 지방을 줄이는 것이 비만치료의 목표이며, 지방이 줄게 되면 체중도 따라서 줄어들게 되는 것이다. 이러한 체내의 지방을 줄이는 방법으로 한 가지 자극이 아닌 다기능 다중 자극에 의한 **지방분해법**(Lipoltic Multiple Therapy : LMT)이 있다(그림 7-7).

그림 7-7 • 개인용 조합자극기

1. 다중 자극에 의한 지방분해법

멀티 초음파의 입체적 진동 및 마이크로마사지 효과와 초음파 심부열 발생으로 인한 셀룰라이트(cellulite) 감소와 지방분해를 촉진한다.

① 특수밴드 3D Spherical Wave의 효과로 세포막에 직접 자극이 전달되므로 혈류개선과 림프대사를 촉진함으로써 단순음압 작용으로 인한 표피나 셀룰라이트에만 자극을 주는 것과는 달리 피하 깊숙이 뭉친 지방세포덩어리에 작용하여 지방을 체외로 배출시키는 작용을 한다.

② 비만에 의한 과잉 축적된 지방세포를 초음파로 용해하고, 세포 간 결집력을 저하시키는 작용으로 지방분해를 촉진시키고 전기자극을 통하여 전신의 운동성을 증가시켜 칼로리 소모의 효과와 함께 근육의 힘을 증가시켜 피부의 탄력을 갖게 한다.

2. 다중 자극에 의한 지방분해법의 종류

다중 자극에 의한 지방분해법의 종류에는 입체파 자극, 나선파 자극, 복합파 자극, 저주파 자극, 중주파 자극, 다중 초음파 자극, 진동파 자극 등이 있다.

① 입체파 자극(3D spherical wave stimulation) : Velcro circular conducting rubber band의 특수 전극(special electrode) 방식으로 3D 전기자극(electro-stimulation)을 적용하여 심부투과층(deep scattering layer)을 형성하며, 뇌의 운동 호르몬 분비와 효소활성화로 지방대사율을 증진 및 촉진시키는 효과가 있다.

② 나선파 자극(twisted wave stimulation) : 근육의 수축과 비틀림을 통한 혈류개선 및 에너지 소비로 셀룰라이트 분해와 배출 및 연소촉진을 강화시킨다.

③ 복합파 자극(synthetic wave stimulation) : 초저주파(Very Low Frequency : VLF), 저주파(Low Frequency : LF), 중주파(Medium Frequency : MF), 초음파(Uultrasonic : US)의 복합 및 다중 처리(complex & multiple treatment)이다.

④ 저주파 자극(VLM, LF wave stimulation) : 근육 및 피부활성화를 통한 근육운동 및 탄력을 강화시킨다. 저주파를 이용해 지방을 제거하면서 탄력을 유지시켜주는 비수술적 방법으로 지방을 분해하고 신진대사를 원활히 해주며 피부재생 효과도 있다. 특정 부위의 지방이나 근육에 자극을 줌으로써 조직액을 제거하거나 혈액순환을 촉진시켜서 지방을 배출한다. 또한, 단백질의 일종인 콜라겐을 합성시켜 주며 산성도와 밸런스를 조절해주는 화학적 효과, 세포활성화와 피부탄력을 증가시키는 물리적인 효과 등을 나타낸다.

⑤ 중주파 자극(MF wave stimulation) : 부드러운 필링(feeling)으로 분해와 신진대사를 촉진한다. 중주파 자극을 통해 모세혈관을 확장함으로써 체지방을 감소시킨다. 지방분해의 원리는

지방세포 내·외부의 전위차를 생성하여 전해질이 이동하면서 세포 내의 저장된 중성지방이 지방산과 글리세롤로 분해한다. 지방층이 밀집하여 분포된 피부표피 세포층에 초음파 중주파형 복부벨트를 사용하여 지방분해를 위한 특별한 초음파형으로 지방을 분해한다.

⑥ 다중 초음파 자극(multi powerful ultrasound stimulation) : 다중 변환기(transducers)로써 초음파의 출력과 파워를 안정적으로 넓은 부위(복부, 대퇴부)에 조사하여 피하 및 심부지방층을 집중 분해시킨다.

⑦ 진동파 자극(vibration stimulation) : Mechanical stimulation으로 초음파 심부지방분해 시너지(synergy) 효과를 가지며 배출을 극대화한다.

3. 저주파 지방분해 효과

지방분해(lipolysis)는 일반적으로 지방세포에 포함되어 있는 중성지방을 분해하며 호르몬 감수성 리파아제의 작용에 의해서 일어나고, 호르몬이나 자율신경에 의해서 조절된다.

저주파 지방분해(electro stimulation)는 근육세포나 지방세포에 인체에 미약한 저주파 자극(운동전류)을 주어 직접 작용하고 흔들어줌으로써 운동성을 주어 세포의 크기를 줄여주는데 그 목적이 있다. 또한 근육의 반복적인 수축과 이완, 비틀기 운동을 통해 피부와 근육에 탄력을 실어주는 효과가 있어 최근 비만치료에 많이 이용되고 있다.

(1) 지방분해

전류자극으로 세포막의 탈분극현상이 일어나면서 지방입자를 에너지로 사용, 전기통과 시 피부세포에 자극으로 인해 혈액순환과 에너지 대사원활, 특정부위 지방, 근육에 자극을 줌으로써 조직액이 감소 또는 제거된다(그림 7-8).

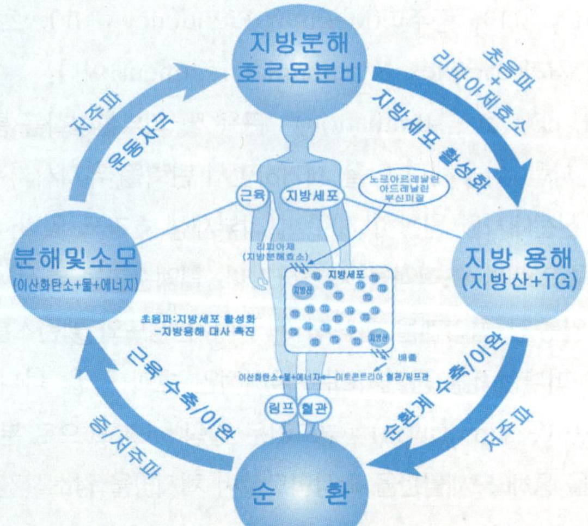

그림 7-8 • 지방분해 절차

(2) 저주파의 생리적 효과

온열 효과, 물리적 효과, 화학적 효과 등 3가지 효과가 있다.

① 온열 효과 : 혈액순환이 촉진되면 혈관이 강화된다. 혈관확장에 의한 국소 및 원격 혈류량이 증진된다.

② 물리적 효과 : 세포가 활성화, 피부탄력이 증가한다. 대사과정이 촉진하고 세포막의 투과성이 변경된다. 정상적인 운동신경 자극으로 근수축이 유발된다.

③ 화학적 효과 : 콜라겐이 합성, 산성도 밸런스가 조절된다.

(3) 저주파 시술특징

통증이 없으며 환자의 특성에 맞는 치료가 가능하다. 운동과 휴식의 적절한 배열로 요요현상을 방지하고 수면 중에도 시술이 가능하며, 요통, 근육통에도 효과가 있다. 또한 내장지방에 효과가 있으며 장운동을 활성화시킨다. 지방분해 복합치료기(lipolytic multiple technology)를 사용하는 제품과 같다(그림 7-9).

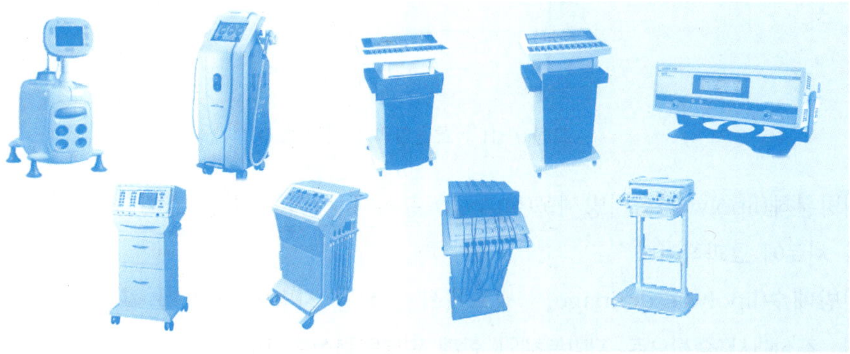

그림 7-9 • 지방분해 복합치료기

① 지방분해 복합치료기는 저 · 중주파를 이용한 전기자극과 초음파 기능을 갖춘 복합파 치료기로서 피하지방조직과 근육조직에 최대 전기자극 효과를 주는 것과 동시에 피하지방 깊숙이 침투하여 지방을 분해, 분산시키는 데 탁월한 효과가 있다.

② 지방분해 복합치료기는 1대의 기기로 2명을 동시에 시술할 수 있다는 장점이 있으며, 6개의 채널과 각각 다른 효과를 얻을 수 있는 6타입의 치료(treatment) 프로그램이 내장되어 있어 부위에 따라 전신, 부분(엉덩이, 허벅지, 종아리, 팔뚝, 손목) 치료가 가능할 뿐만 아니라 환자에게 가장 적합한 치료모드를 설정해 줄 수 있다.

③ 지방분해 복합치료기의 다기능(multi-functions)과 자동모드 프로그램은 비만으로 인한 체중감량과 체형관리를 체계적으로 치료하는 특수 시스템이라 할 수 있다.

(a) 복합시술(중주파, 저주파, 초음파) (b) 전신시술(중주파, 저주파) (c) 복합 및 힙업 시술

그림 7-10 • 지방분해 복합치료기 시술 모습

(4) 초음파 지방분해 효과

초음파 지방분해 효과(ultrasonolse)는 크게 지방분해와 지방배수로 나뉜다(그림 7-11).

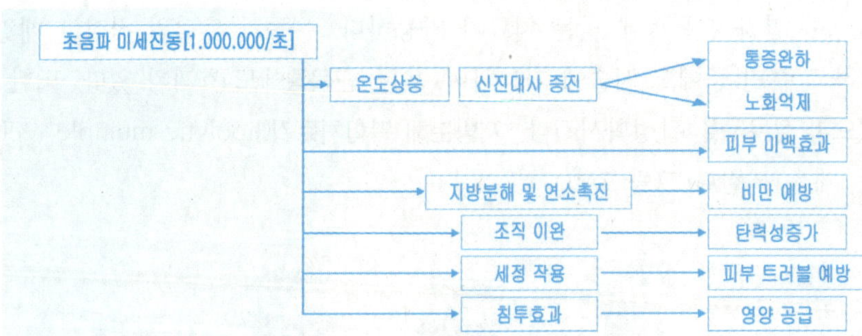

그림 7-11 • 초음파의 생리적 효과

① 지방분해(lipolysis) : 지방세포(fat cell) 분해에 있어 강력한 효과를 발휘하며 셀룰라이트 치료에 효과적이다.

② 지방배수(lipolysis drainage) : 세포에서 분해된 지방이 혈관과 림프로 배출되도록 촉진, 조직대사 증진으로 지방분해와 함께 피부탄력성이 향상된다.

04 개인용 피부 · 바디마사지기

바쁜 일상에 깨끗하고 탄력있는 피부, 아름다운 몸매를 위한 초음파 저주파 자극을 한 기기에 모두 내장한 개인용 피부 · 바디마사지기이다. 초당 100만[Hz]회의 미세한 진동으로 피부조직인 표피층에서 피하지방층까지 침투하여 지방조직분해, 피부조직을 활성화시키며, 저주파 자극으로 리프팅 효과를 주는 전문 복합자극 피부관리기이며, LCD창이 있어 사용이 간편하고 자극상태를

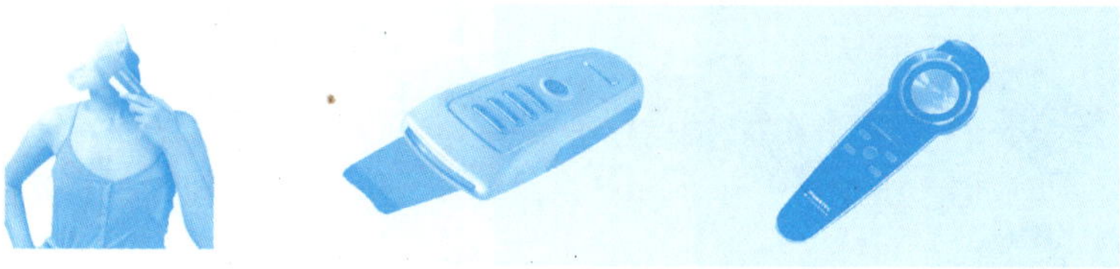

그림 7-12 • 개인용 피부 · 바디마사지기

즉시 확인할 수 있다. 또한 초음파 진동자 부분이 넓어 얼굴뿐만 아니라 온몸에도 사용하기 편리하며 효과는 다음과 같다(그림 7-12).

① 크린싱(cleamsing : 세정작용) : 1초에 100만 번 이상 진동하는 초음파의 미세진동을 표피, 진피, 피하조직까지 깊숙이 전달한다(모공의 노폐물 배출, 표피기능의 정상화).

② 마사지(thermotherapy : 온열작용) : 초음파로 인한 기계적 진동으로 긴장된 피부 또는 근육을 풀어준다(마이크로마사지 피부미백효과).

③ 영양(absorption : 흡수작용) : 초음파가 화장품의 물질을 피부 깊숙이 전달하여 항상 촉촉하고 매끄러운 피부를 유지시켜 준다(피부의 신진대사 증가 영양공급).

④ 리프팅(lifting : 탄력증대) : 전기자극이 주름살과 손상된 피부에 탄력을 주고 얼굴선을 뚜렷하게 해주는 역할을 한다(피부탄력강화, 피부노화예방).

⑤ 비만관리(keep obesity : 림프 순환, 셀룰라이트, 분해효과, 근육이완효과) : 혈관에 탄력을 주어 혈관 벽에 붙은 콜레스테롤을 떼어내므로 혈액순환을 촉진시킨다. 또한 근육 속에 박혀 있는 노폐물을 빨리 배설시켜 혈액순환을 노와준다(셀룰라이트 감소, 국소지방 감소).

05 개인용 혈압계

개인용 자동혈압계(sphygmomanometer)는 크기가 작고 다른 사람의 도움없이 혈압을 쉽게 측정할 수 있어 개인이 휴대하고 다니기 편리하여 자기 자신의 건강을 시간과 장소에 구애없이 체크할 수 있는 장점이 있다.

또한 올바른 사용방법을 준수하지 않을 경우 혈압측정결과의 편차값과 측정혈압의 신뢰도가 떨어지게 되므로 평소 혈압계의 올바른 사용방법 및 관리요령을 숙지한 후 사용이 필요한 기기이다. 사용 전 혈압계의 튜브에 갈라진 틈이 없는지 확인하고 보관 시에는 튜브가 꺾인 상태로 보관하지 않도록 주의가 필요하며, 정기적으로 수은혈압계와 비교 후 정확성을 체크하여 주는 것이 필요하다(그림 7-13).

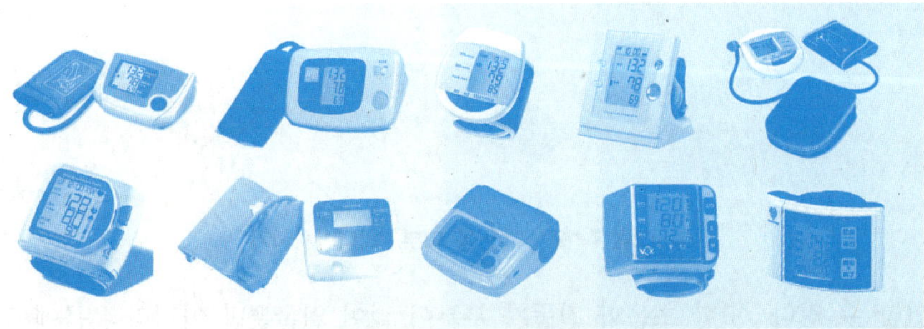

그림 7-13 • 개인용 혈압계

1. 팔뚝형 혈압계

혈압을 표시, 심박수 및 최저 및 최대혈압을 알려준다. 혈압(blood presure)을 통한 심박수를 측정할 때에도 타이머(timer)를 이용한 카운트 작업이 필요가 없다(그림 7-14).

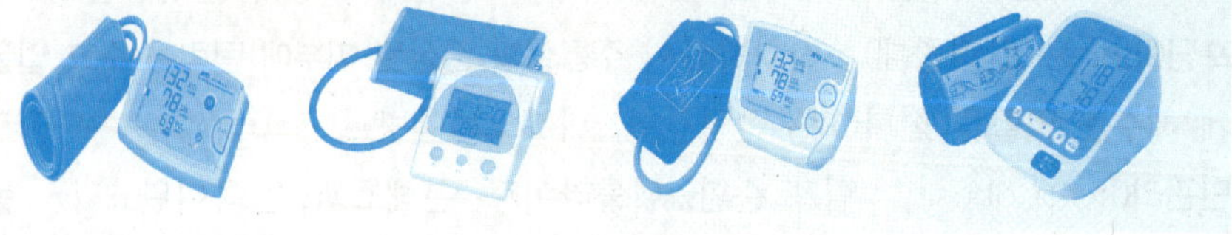

그림 7-14 • 팔뚝형 혈압계

2. 가정용 전자혈압계

(1) 혈압계 측정법

측정 스위치를 누르면 비프음과 함께 커프가 가압이 된다. 이후 서서히 기압이 낮아지면서 혈압 및 심박계를 측정하는 비침습적(NIBP)* 방식이다. 이러한 측정방식의 특성 때문에 이동간의 혈압측정이나 대화 중의 측정 같은 경우에는 정확한 수치측정이 어렵다. 따라서 평소 혈압을 측정하기 위한 기구로서 사용 전에 사용법에 대한 충분한 숙지와 사전에 커피나 담배 등의 혈압을 높일 수 있는 위험성이 있는 기호품은 삼가고 측정하여야 한다.

* 비침습적(NIBP) : 인체에 고통을 주지 않고 실시하는 검사. X-선, 에코-EKG, EEG, EMG 등이 있고 고통을 주지 않는다고 하는 점에서 일상 진료에서 자주 이용되고 있다. X-선 검사에는 단순한 것으로 단층이나 요즈음 개발된 CT 스캔(단층촬영) 등이 있다. 단지 뢴트겐은 체내에 영향을 미치기 때문에 소아, 임부 및 반복촬영은 주의를 요한다. 에코는 초음파를 이용한 것으로 그 이외는 전기를 이용한 것이다.

(2) 비침습적 치료법 및 특징

비침습적 치료법은 보통 경막외 통증치료법, 신경·근 통증치료법, 미추 경막외 통증치료법, 경피적 척추체 성형술, 수핵성형술, 디스크 오존 주사법으로 치료하는 방식이 있다.

1) 경막외 통증치료법(Epidural block)

척추강 내의 경막외 공간으로 약물을 주입하여 신경·근에 직접 침투시키는 것으로 주로 스테로이드제제와 국소 마취제를 혼합하여 사용하는데 스테로이드 제제는 추간판탈출증의 자극으로 염증을 일으킨 신경·근에 대하여 항염증 효과와 부종완화 효과가 있으며 국소 마취제는 통증차단 역할을 한다.

2) 신경·근 통증치료법(Nerve root block)

허리 및 목 디스크로 인해 다리나 팔로 내려가는 신경·근을 누를 때 그 신경·근만 선택적으로 약물을 주입해 통증을 해결하는 방법으로 특수한 영상증폭장치(C-arm)를 이용해 조영촬영 후 주사를 하는 방식으로 원인이 되는 한 두개의 신경에만 약물이 도달하므로 통증차단의 효과가 있다.

3) 미추 경막외 통증치료법(Caudal block)

미추공이라는 꼬리뼈 위의 구멍을 통해 경막외로 약물을 투여하는 방법으로 보통의 경막외 차단술보다는 부작용이 적고 안전하다.

4) 경피적 척추체 싱형술(Percutaneous vertebroplasty)

골다공증성 척추체 압박골절 환자는 대부분 심한 통증과 운동장애가 나타나므로 골절된 척추뼈에 골시멘트라는 인조 뼈를 삽입 고정시킴으로써 급성기 통증감소와 조기보행을 하게 한다.

5) 수핵성형술(Nucleoplasty)

국소마취를 한 다음 0.8[mm]짜리 미세 주사바늘을 통증원인 척추디스크 안으로 삽입한 후 척추신경을 압박하는 디스크 수핵을 저온에서 고주파로 만든 고밀도 이온화장이 디스크 내의 수핵의 분자를 빠르게 분해하고 녹여서 제거하고 나오면서 수핵을 수축 응고하여 치료하게 된다.

6) 디스크 오존 주사법

오존가스를 디스크 내에 주사하게 되면 오존의 강력한 산화력이 통증의 원인인 염증을 중화시키고, 빠져 나온 디스크의 분자결합을 깨뜨려 디스크의 크기를 줄임으로써 수술하지 않고 디스크 제거효과가 있다. 또한 오존은 압박된 신경부종을 감소시켜주고, 디스크 자체에서 나오는 신경독 작용을 중화시켜 신경세포의 기능을 회복시켜 준다.

06 공기 매트리스

패드의 각 공기방에 교대로 가압과 배기를 반복(5분 간격)하므로 접촉부위를 교대로 바꾸어 주어 혈액순환을 도와줌으로써 욕창방지 효과를 얻을 수 있는데 여기에서 욕창(decubitus)은 장기간 누워 있는 환자, 특히 마음대로 움직이지 못하는 환자에게 있어서 신체의 한 부분이 오랫동안 압박을 받아 혈액순환과 영양공급의 장애가 생겨나게 되어 조직이 파괴됨으로써 생기는 각종 증상이며, 피부가 외부의 압력 때문에 썩어 들어가는 질병으로 증세가 더욱 심해지면 '드릴로 뼈를 깎는' 것과 같은 고통을 느껴야 함은 물론 혈액이 세균으로 득실대는 패혈증으로 숨지게 되는 원인이 될 수도 있다(그림 7-15).

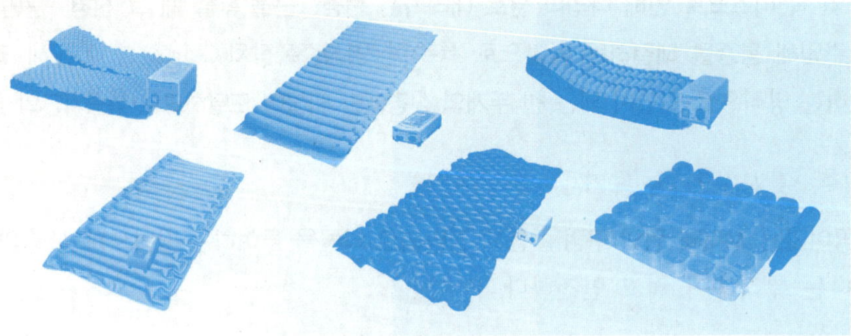

그림 7-15 • 공기 매트리스

욕창은 꼼짝 않고 누워 있는 사람에게만 생기는 것으로 아는 사람이 많지만 2시간만 똑같은 자세로 있으면 생길 수도 있다. 이러한 욕창을 예방하기 위해 달걀처럼 올록볼록한 매트리스를 사용하는 경우도 있지만 욕창을 막을 만큼 피부에 대한 압력을 줄이지는 못하기 때문에 침대 옆에서 매트리스를 부풀리고 공기를 빼는 작업을 할 수 있는 공기 매트리스(air mattress)가 욕창을 방지할 수 있는 가장 좋은 방법이다.

07 귓속형 체온계

고막은 체온을 조절하는 뇌의 시상하부와 동일한 혈액을 공급하므로 정확한 내부의 온도를 가지고 있기 때문에 고막을 통한 체온측정은 가장 빠르고 정확한 측정치가 될 수 있다(그림 7-16).

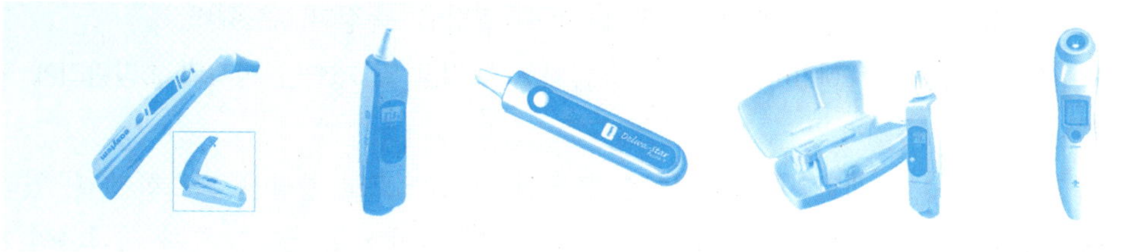

그림 7-16 • 귓속형 체온계

측정방법으로는 고막과 고막을 둘러싼 피부에서 적외선을 이용하여 체온을 측정하며, 이때의 정확도를 높이기 위해 1초에 12번의 체온을 순간적으로 측정 후 그 중 가장 높은 온도를 화면에 나타낸다. 또한 체온계에 일회용 커버가 부착된 경우 동일한 종류의 일회용 커버를 씌워서 사용하고, 일회용 커버가 부착되지 않은 경우에는 청소나 소독 후 체온계를 사용하는 것이 바람직하다.

귓속형 적외선 체온계를 사용할 때에는 체온계가 고막이 아닌 귀의 외벽을 향할 시에 정확한 측정결과를 얻기 어려우므로 귀를 약간 잡아당겨서 귓구멍을 펴서 측정하는 것이 좋다.

08 당뇨측정기

당뇨병(糖尿病)은 인슐린 작용의 부족에 의한 만성 고혈당증을 특징으로 하면서 여러 특징적인 대사 이상을 수반하는 질환군이다. 인슐린은 주로 탄수화물 대사에 관여하므로, 당뇨병은 탄수화물 대사의 이상이 기본적인 문제이나, 이로 인해 체내의 모든 영양소 대사가 영향을 받게 되므로, 또한 총체적인 대사상의 질병이라고 할 수 있다. 당뇨병은 현대에서 가장 중요한 만성 질병으로 꼽히며 특히 선진국일수록 발생빈도가 높다. 당뇨측정기(diabetograph)는 소량의 혈액을 이용하여 혈액 속에 포함되어 있는 포도당의 농도를 신속 정확하게 측정하는 기기이며 당뇨측정기의 특징은 다음과 같다(그림 7-17).

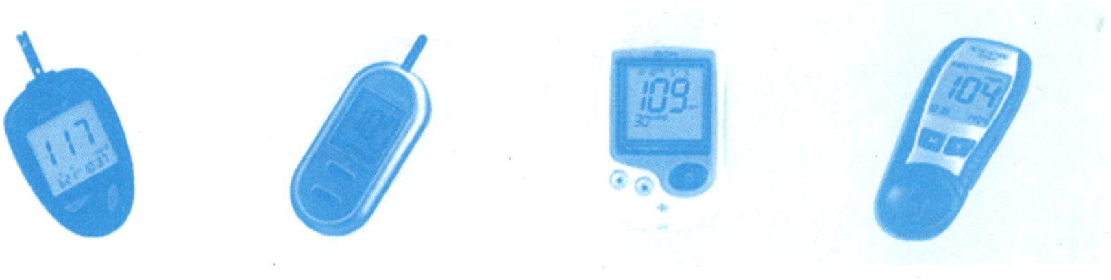

그림 7-17 • 당뇨측정기

① **소량의 혈액 사용** : 최소의 혈액량(1.5[μL])으로 혈당을 측정할 수 있다.

② **넓은 측정범위** : 10~600[mg/dL]의 측정범위로 **고혈당 및 저혈당 환자의 혈당관리**에 편리하다.

③ **침의 깊이조절** : 11단계로 채혈의 깊이를 조절할 수 있으므로 통증을 최소화할 수 있다.

④ **기능** : 200개의 시간, 날짜 메모리 저장기능과 코드 칩의 사용으로 코드를 입력하여 검사용 시험지 분리로 혈액점적이 가능하며, PC로 적외선 데이터를 전송하여 혈액점적 후 혈액량이 부족할 경우에 추가 점적 가능 시험지 뒷면의 색깔변화로 결과를 재확인할 수 있는 기능이 있다.

⑤ **좋은 혈당측정기** : 정확하고 혈액이 적게 필요하며, 빠른 시간 내에 측정되고, 코팅작업이 없이도 시험지에 혈액도포가 가능한 측정기를 의미한다.

09 샤워트롤리

장애인, 중환자 및 노약자 위생을 위한 목욕 보조장비이다. **수직수압 이동기둥**(vertical hydraulic lift pillar) 구조로 환자이동 시 침대와 샤워대가 상하로 겹치게 되고 **스트레쳐**(stretcher)는 수직으로 세우는 **틸팅**(tilting) 기능이 있어 **매트리스**(mattress) 세척 및 건조에 용이하다.

또한, 유압식레버로 상, 하 높낮이 조절 및 간병인이 리모컨 조절이 가능하며 물빠짐이 용이하고 전동 높낮이를 이용하여 환자목욕 시 간병인의 신체적 부담감을 최소화시킬 수 있다(그림 7-18).

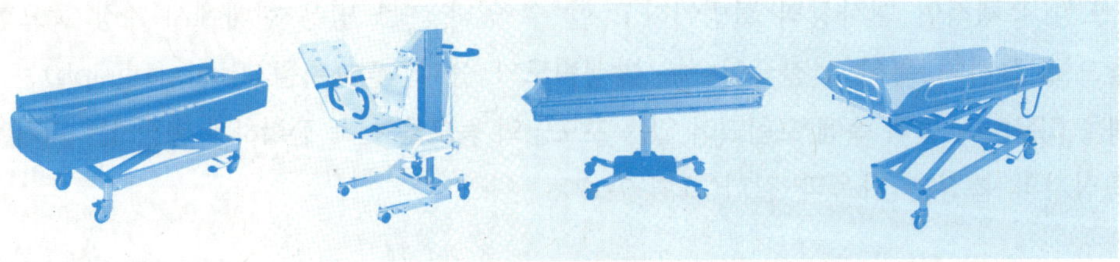

그림 7-18 • 샤워트롤리

10 온열기

우리고유의 문화인 온돌에서 착안한 토르마늄을 이용해 온돌효과를 낸 토르마늄 디스크인 온돌방, 의료용 마그네틱의 내장으로 무릎이나 어깨에 온열을 가해주는 개인용 온열기(superheater), 원적외선 토르마늄 세라믹매트, 천연옥 소재의 투광기를 척추지압점을 따라 지압, 뜸, 온열을 할 수 있는 온열수동 치료기, 척추롤링 마사지기로 지압, 뜸, 온열의 기능이 하나로 통합된 개인용 온열 조합자극기 등이 있다(그림 7-19).

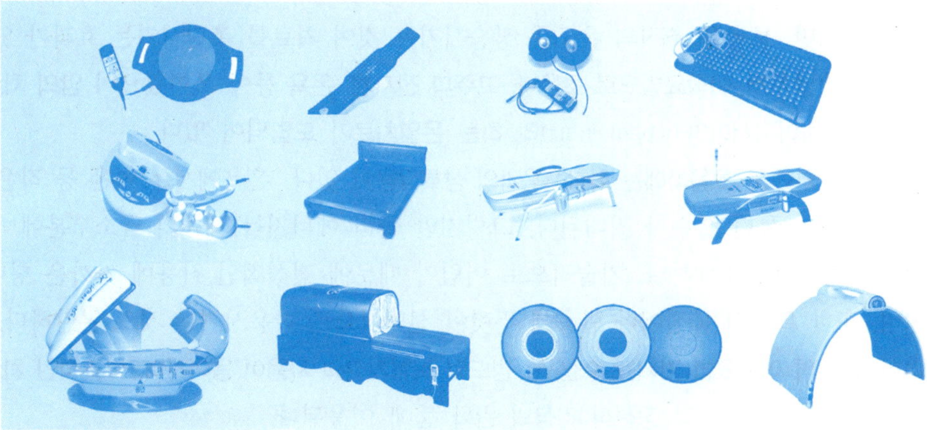

그림 7-19 • 각종 온열기

온열요법은 물리 에너지의 일부는 열로 전환된다. 생체도 스스로 열을 생성하는 동시에 환경으로부터의 온도의 영향을 받아 스스로의 체온을 일정하게 유지하는 등 외부로의 열작용에 대한 자구책을 가지고 있다.

① 근 및 피하조직 등의 생체조직에 적당한 열전달은 근육통 및 신경통 등의 경감에 효과가 있고, 피로를 감소시키며 오한도 예방할 수 있다. 이러한 이유로 생체의 일부 또는 전신을 가온하는 요법을 온열요법이라 하여 오래전부터 온천욕 등이 행하여 왔다.

② 생체 자체의 자기수복작용을 온전하게 지원하는 치료가 종래에는 환경을 개선하고 효과적인 약제의 작용에 의해 이루어졌다. 보다 국소적인 온열치료를 위해서는 해당 부위에 자극을 주어 조직을 활성화하며 발열효과를 만든다. 물론, 치료효과를 평가하기 위해서 측정기기가 전체적으로 응용된다. 최근에는 기기기술과 약제기술이 결합하여 고도의 약제투여법이 시도되고 있다.

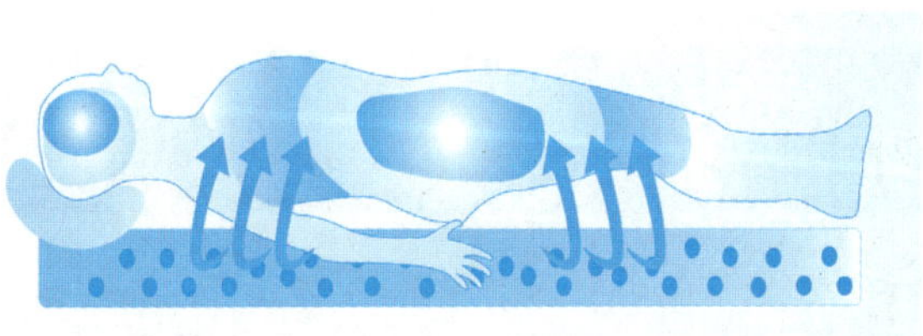

그림 7-20 • 온열요법

③ 일반적으로 화학반응은 온도와 밀접한 관계가 있는데 온도가 10[℃] 상승하면 속도가 2~3배로 증가한다. 온도가 상승하면 막의 물질투과계수는 증대하여 일반적으로 생체의 활동을 왕성하게 한다. 그리고 산소 등은 어떤 일정 온도범위 이상에서는 증대하고 생체의 활동을 왕성하게 하며 이와 반대로 어떤 일정 온도범위 이하에서는 반응하지 않을 때도 있지만, 보통은 조직의 온도를 상승시키는 것이 치료를 촉진시키는 효과가 있다. 이것은 옛날부터 이학요법으로 초음파, 고주파 전자계, 온욕 등이 쓰여왔으며 암의 치료법으로서도 하이퍼서미아(hyperthermia)라 하는 온열치료가 도입되어 있다.

④ 열작용 이외에도 초음파에는 화학작용과의 상호작용이 있다. 온욕에서는 이온 등 작은 분자가 피부를 통한 흡수가 기대된다. 그렇지만 물리 에너지를 체내의 국소부분에 집중하게 하는 것이 중요하나, 기술적으로 어렵기 때문에 전신적인 작용에 가까운 형태가 되며, 또한 특정의 물질이나 반응에 뚜렷이 선택적으로 작용시키는 것도 곤란하다. 이러한 종류의 이학요법 기기는 수십[W] 정도의 소형기기의 사용이 용이하며, 보조적인 치료수단으로 통증의 경감이나 정신적 긴장의 완화 등에 이용된다.

11 인공와우

내이(속귀)에 분포되어 있는 순감각신경인 청신경은 살아 있으나 중이와 내이에서 소리를 감지하는 소리감지 기구에 이상이 있는 경우 내이의 고실계(scala tympani)에 여러 개의 전극을 삽입하여 달팽이관의 중심을 따라 내이의 와우곽(cochlear) 중심을 따라 전류가 흘러 전기적인 자극을 주어 어느 수준의 청력을 회복시키는 것이다. 외부의 장치(external unit)인 신호처리장치와 마이크로폰에 의해 자극신호가 주어진다.

인공와우(inplant : 인공내이, 인공달팽이관 : 보청기, 청각보조)장치는 체내에 이식되어 있는 내부장치와 외부장치로 구성된다. 청각신경에 전기적 자극을 주어 손상되거나 상실된 유모세포의 기능을 대행하는 전기적 장치이다. 양쪽 귀가 모두 고도의 감각신경성 난청인 사람 또는 전혀 들을 수 없는 사람에게 청각을 제공하는 인공전자장치이다(그림 7-21).

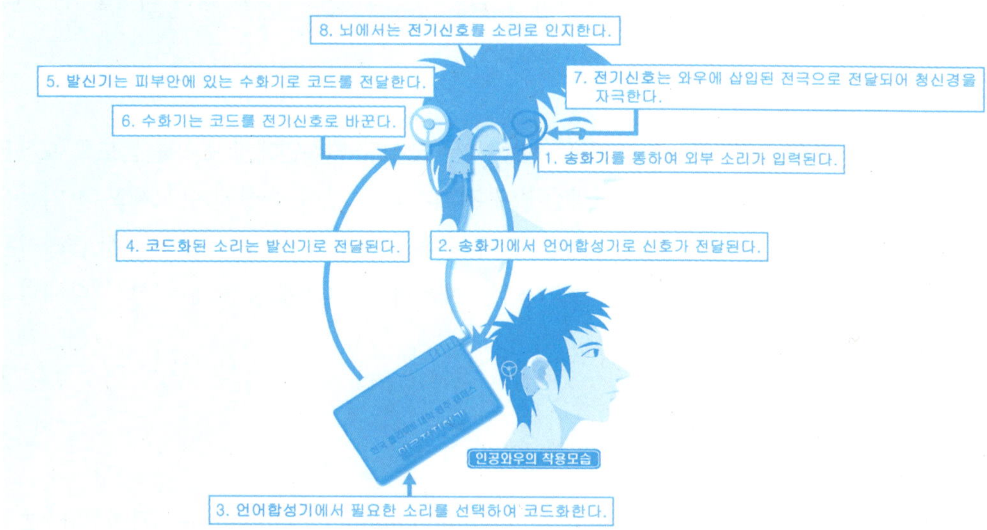

그림 7-21 • 인공와우의 원리

1. 인공와우의 청력기능

청력손실이 90[dB](데시벨) 이상의 고도난청으로 보청기나 촉각기 등 청각 보조도구를 착용하고도 잘 듣지 못하는 2세 이상의 어린이부터 성인들까지 시술 대상이다. 그러나 8번 뇌신경에 이상이 있거나 심각한 정신질병이 있는 사람, 달팽이관이 심한 기형이거나 그 이후 단계의 질병이 있는 사람에게는 시술할 수 없다.

(1) 시술방법

외부에서 들려오는 소리를 전기적 자극으로 변환하여 청각신경을 자극하는 전극을 달팽이관에 이식한다. 이 장치를 이식한 사람들은 마이크로폰을 귀에 걸고 안테나는 머리에 붙이며, 어음처리기로 장치를 켜거나 끄면서 조정한다.

(2) 내부장치

영구적으로 바깥쪽 귀 뒤, 유양돌기 안에 저장한다. 전극들은 일반적으로 달팽이관 안에 있는 고실계단에 있다. 전극을 감싸고 있는 재질은 세라믹 또는 티타늄이다. 인공와우를 삽입하더라도 정상인처럼 들을 수는 없다. 또 언어를 습득하기 전에 청력을 잃게 된 경우에는 수술 뒤에 특별한 교육을 받아야 한다. 따라서 선천적으로 청각장애가 있거나 수막염(뇌막염) 등으로 인해 청력을 잃은 경우에는 언어습득을 위해 될수록 빨리 이 장치를 삽입하는 것이 좋다. 수술후유증으로 내이염, 안면신경마비, 수막염, 급성중이염, 외림프액 유출 등이 나타날 수 있다.

(3) 보청기

보청기로도 도움을 받지 못하는 양측성 전농 혹은 고심도 난청인에게 소리를 듣도록 도움을 주기 위하여 개발된 인공 달팽이관이다. 청신경에 전기자극을 주어 손상된 유모세포의 기능을 대신한다. 현재 국내에서 이식되고 있는 인공와우 종류는 호주산 뉴클레우스, 미국산 클라리온, 오스트레일리아 메드-이엘 등이 있으며, 초기 단일 채널에서 최근에는 16개 이상의 다채널을 사용할 수 있다.

2. 인공와우의 극복한계

청각장애를 극복하기 위해 인공와우 시술이 한 대안으로 사용되는데 이는 가청주파수범위(16~20000[Hz])로 청각이 발달한 동물들이 감지할 수 있는 영역까지는 미치지 못한다. 최근 지구 곳곳에 큰 재앙으로 다가 온 지진이나 쓰나미 등은 인간의 과학기술로 미리 예측하는 데는 한계가 있다.

이에 비해 인간의 예측보다도 먼저 지진을 감지하고 대피하는 동물들의 사례는 여러 번 뉴스에 보도된 바 있으며, 동물들이 가진 청각능력은 우리가 상상하는 것보다 훨씬 탁월한 특성을 보이고 있음을 알 수 있다. 코끼리는 사람보다 낮은 주파수의 소리를 잘 들을 수 있어 대형 지진 시 사람보다 먼저 대피하는 능력을 보여주고 있으며, 개도 탁월한 청력을 바탕으로 사람에 앞서 대피하는 사례가 보고되고 있다.

(1) 달팽이관 메커니즘

달팽이관의 메커니즘 구조에 의해 인간의 청각기구는 귓바퀴에서 소리를 모아 외이도를 통해 고막을 진동시키는 외이, 고막의 진동을 증폭시켜 달팽이관을 울려주는 이소골(중이), 그리고 소리를 적절히 구분하여 청신경에 전달해 주는 달팽이관(와우)의 내이로 구성되어 있다.

(2) 달팽이관 기저막

달팽이관 내에는 기저막이라는 얇은 막이 소리의 진동수에 따라 반응하는 위치가 바뀌게 되어 고음과 저음이 구분되며, 머리카락의 수천분의 일의 굵기를 가진 부동섬모의 흔들림에 따라 청신경을 자극하는 신호가 발생하게 된다.

(3) 인간의 청각능력

인간의 청각능력은 현재 개발되어 있는 어떠한 음향 센서나 진동 센서들보다도 좋은 성능을 보이고 있다. 인간의 청각기구는 초소형이며 넓은 영역의 신호를 고감도로 감지할 수 있으며, 고효율의 최적화된 구조를 가지고 있다.

(4) 달팽이관 단면구조

달팽이관의 단면구조의 경우 선천적이거나 후천적인 청각장애의 원인이 대부분 달팽이관의 이상으로부터 오고 있으며, 이를 극복하기 위해 인공와우 시술을 하게 된다. 기존의 인공와우는 체외에 이식되어야 하는 마이크와 송신기, 늘 휴대해야 하는 어음처리기와 전원장치, 그리고 체내에 이식되는 수신기와 신경자극을 위한 전극 등으로 구성된다.

이에 반해 달팽이관 속의 얇은 기저막과 부동섬모를 모사한 신개념의 '생체모사 인공와우'는 장치가 간단하며 귀속에 완전이식이 가능한 기술로서 현재 미래유망 융합기술 파이오니아사업으로 연구개발 중에 있다.

3. 청각기관 구조

청각기관의 귀의 구조상 외이, 중이, 내이 거쳐 소리에너지 전달 사람의 귓바퀴와 외이도(귓구멍)는 소리를 모으는 역할을 하며, 전달된 소리에너지는 고막을 통해 진동운동으로 변환된다. 고막과 달팽이관 사이에는 세 개의 뼈, 즉 망치뼈(추골), 모루뼈(침골), 등자뼈(등골)로 이루어진 중이가 있으며, 이 중이는 공기 중의 진동에너지를 체액으로 채워진 달패이관 속의 기저막을 진동시키기 위해 음압을 증폭시켜 주는 역할을 한다(그림 7-22).

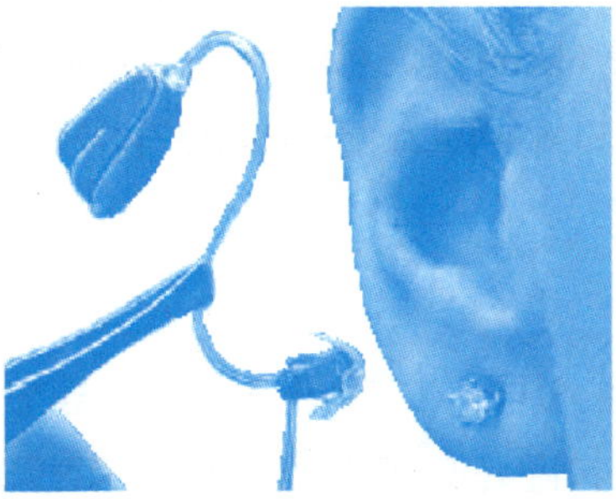

구분	단위	제원
전체제원	mm	40(길이)×15(폭)×10(높이) 이내
인공기저막 형식		기저막형, 튜브형, 캔틸에버형
제작 공정		MEMS.NEMS
주파수 분리 범위	Hz	500~20,000
Sell-powering 소재		압전 나노와이어, 압전박막
인공기저막 패키징		세라믹
전극		달팽이관 삽입형 전극
자극 채널		12개 이상
이식 형식		완전 체내 이식형

그림 7-22 • 인공와우 귀의 구조와 구조 사양

(1) 고막의 면적

고막의 면적은 55[m^2], 등자뼈가 연결된 달팽이관 난원창의 면적은 3.2[mm^2]으로서, 17배의 차이가 난다. 등자뼈의 움직임은 망치뼈 움직임의 3/4로서 힘은 1.3배 정도 커지게 된다. 따라서 난원창에 전달되는 음압은 고막에 전달되는 음압의 약 22배가 된다. 고막과 이소골계는 공기 중의 음파와 달팽이관 내의 액체 사이의 임피던스 정합을 이루어지게 하여 에너지 전달을 극대화한다.

(2) 달팽이관 외곽

달팽이관의 주파수 분리모형에 의해 달팽이관 외곽은 딱딱한 뼈성분으로 되어 있으며, 3개의 튜브가 2 3/4바퀴 꼬여져 있는 형태로서 단면은 전정계, 중앙계, 고실계로 구성되어 있다. 전정계와 중앙계는 전정막으로 구분되어 있으며, 고실계와 중앙계는 2~3만 개의 기저섬유로 이루어진 기저막으로 구분되어 있다.

(3) 전정계와 고실계

달팽이관 끝에 있는 소공으로 연결되어 있다. 기저섬유는 난원창에서 소공쪽으로 갈수록 약 0.04~0.5[mm]로 점점 길어지지만, 굵기는 감소하여 전체적으로 강성이 100배 이상 감소한다. 난원창 근처의 기저섬유는 고주파에 잘 공명되며, 소공쪽에서는 길고 유연한 기저섬유가 있어 저주파에 잘 공명된다.

(4) 코르티 기관

기저막의 표면에 놓여 있으며, 기저막의 진동에 반응하여 청각신호를 발생시키는 청각수용기인 유모세포로 구성되어 있다. 내측 유모세포는 한 줄로 약 3천500개, 직경은 약 12[μm]이며, 외측 유모세포는 3~4줄로 약 1만2천개, 직경은 약 8[μm] 정도이다. 유모세포에서 발생된 청각신호는 나선신경절을 통해 뇌의 중추신경계로 전달되어 비로소 소리를 인지하게 된다.

(5) 유모세포

유모세포 끝에는 부동섬모가 있으며 덮개막에 닿아 있다. 기저막이 진동하면 덮개막과의 사이에 있는 부동섬모가 움직이게 되며, 200~300개의 양이온 전달채널이 열리어 신경전달물질이 분비되어 청각세포를 자극하게 된다.

4. 인공와우의 전력소모

기존 인공와우는 전력소모가 많아 불편하였으며 생체모사 인공와우의 개념도는 청각장애의 원인은 선천성, 소음성, 노인성 및 신경성 난청 등으로 구분되며, 대부분 외이보다는 중이나 내이 또는 청각 중추에 병인이 있는 경우가 많다. 중이에 이상이 있는 경우 치료와 보청기를 이용하여 청력을 회복하고 있으며, 내이에 이상이 있는 경우는 인공와우 시술을 하게 된다.

5. 인공와우의 전기적 신호

인공와우는 소리를 전기적 신호로 바꿔주는 마이크와 이 신호를 코드화해 주는 어음처리기, 변환된 코드를 귓속에 전달해 주기 위한 송신기와 수신기, 그리고 청신경을 자극하는 전극 등으로 구성되어 있다. 이러한 인공와우장치는 어음처리, 신호의 송수신 및 청신경 자극을 위한 큰 전력이 소모되는 단점이 있다. 또한, 어음처리기와 배터리의 휴대, 그리고 측두골에 매식해야 하는 송수신기로 인한 장애노출 등의 이유로 최근 완전이식형 인공와우의 개발이 적극 관심이 고조되고 있다.

6. 인공와우의 구성부품

인공와우의 구성부품의 경우 기존 형식의 인공와우는 미국과 호주 제품이 전세계 시장의 대부분을 점유하고 있으며, 최근에 국내에서도 국산화 개발에 성공하여 선진국과 동등한 기술수준에 도달하였다.

7. 인공와우의 최신 개발방향

인공와우의 최신 기술개발 방향은 마이크 및 음성처리기의 체내 이식과 충전식 배터리 사용을 통한 완전이식형에 초점이 맞추어져 있으나, 이 기술은 기존기술의 일부 개량기술에 불과하며 생체모사를 통한 신개념의 인공와우기술에 비해 한 단계 뒤처진 기술로 알려져 있다.

(1) 이식형 인공와우

완전이식형 생체모사 인공와우 개발로 인해 인공기저막의 주파수 분리특성 유한요소 해석결과 달팽이관 속의 얇은 기저막과 부동섬모를 모사한 신개념의 '생체모사 인공와우'는 장치가 간단하며 귓속에 완전이식이 가능한 기술로서 교육부의 미래유망 융합기술 파이오니아사업으로 연구개발 중에 있다.

(2) 인공기저막의 기능

달팽이관 내의 유모세포 및 기저막의 기능을 생체모사하기 위하여 MEMS 구조의 인공기저막을 제작하고 유모세포의 기능을 수행하는 압전 나노필러 어레이를 그 위에 성장시킨다. 음파가 발생하면 인공기저막이 진동하고 그에 따라 그 위에 있는 압전 나노필러를 변형시킴으로서 전류가 발생되게 된다. 여기에서 구현되는 인공유모세포 및 인공기저막의 구조물을 무전원 인공기저막이라고 정의하고 이는 신개념 생체모사 인공와우의 핵심기술이 된다.

(3) 기저막의 역할

아연 산소 나노필러의 변형, 전압발생 해석결과로 인해 생체모사 인공기저막은 기저막의 주파수 분리특성이 공진원리에 있음을 이용하여 가청주파수 대역을 모두 포함하면서 동시에 특정 주파수 대역에서 공진하도록 설계된 공진기저막 또는 튜브형 기저막 등의 개념을 도입한다.

(4) 인공기저막의 차별성

인공기저막은 기존의 마이크로폰의 역할과 음성처리기의 역할을 동시에 수행할 뿐만 아니라 완전 무전원으로 동작하는 특징을 갖는다. 기존 인공와우와의 차별성은 차세대 와우 임플란트의 최대 문제인 마이크로폰을 없애고 소비전력이 큰 전자 어음처리기에 사용되는 주파수 분리소자 대신에 기계적인 주파수 분리기인 인공기저막을 사용하는데 있다. 신경자극 전류의 파형에 대한 컨트롤을 자극기를 통하여 저전력으로 수행할 수 있을 것으로 기대된다.

8. 인공와우 외부기기

인공와우의 경우 인공와우 이식기는 몸 안에 이식하는 내부기기와 몸 바깥에 있는 외부기기로 나눌 수 있다. 내부기기는 영구적으로 귀 뒤에 위치시키고 전극을 와우 내로 삽입시킨다. 외부기기로는 마이크로폰과 어음처리기, 전파코일로 구성된다.

(1) 소리전달 과정

소리가 전달되는 과정을 보면 주위의 소리가 마이크로폰을 통해 감지가 되면 이는 어음처리기로 보내어져 소리를 코드화시키며, 코드화된 소리는 전파코일을 통해 피부를 가로질러 내부기기인 수용/자극기로 신호를 보낸다. 내부기기는 이를 전기적인 자극으로 전극을 통해 달팽이관 내를 적절히 자극하게 된다.

(2) 인공와우 이식 대상

인공와우 이식 대상의 경우는 성인의 경우, 순음청력검사상 70[dB] 이상의 고도, 심도난청이 있으며 보청기를 통해 적절한 음자극을 시도한 경우로서, 수술할 귀의 문장인식능력 검사상 50[%] 이하이거나 양측 검사상 60[%]이하인 경우를 적응증으로 하고 있다. 물론 청신경과 대뇌의 병변이 없고 수술에 있어서 금기증이 없어야 한다.

소아의 경우는 최근에 난청의 조기발견이 빨라짐에 따라서 미국 FDA에서는 12개월 이상의 소아에서 양측 심도 감각신경성 난청에서 적절한 보청기로도 청력회복에 도움이 되지 않는 경우에 와우이식을 승인하였다.

(3) 12개월 미만 소아

12개월 이하인 경우도 뇌막염 후에 와우의 골화가 진행하는 경우는 수술을 허용하고 있다. 현재 인공와우에 대한 요양급여 기준은 2세 미만인 경우는 양측 심도(≥90[dB]) 이상의 난청환자로서 최소한 3개월 이상 보청기 착용에도 청력능력 발달에 진전이 없는 경우이다. 단, 뇌막염의 합병증 등 시급히 시행되지 않으면 수술시기를 놓치는 경우는 예외적으로 시행할 수 있다.

2세 이상 15세 미만인 경우는 양측 고도(≥70[dB]) 이상의 난청환자로서 최소한 3개월 이상의 보청기 착용 및 집중교육에도 어음변별력과 언어능력의 진전이 없을 경우이다. 15세 이상의 경우는 양측고도이상의 난청환자로서 문장언어평가가 50[%] 이하인 경우를 기준으로 하고 있다. 단, 수술 후 의사소통수단으로 인공와우를 사용하지 못할 것으로 예상되는 경우는 제외한다.

9. 인공와우 이식술

인공와우 이식술의 경우 전신마취가 필요한 수술이므로 전신마취에 필요한 기본검사를 시행해야 한다. 소변검사, 혈액검사, 흉부 X-ray, 심전도검사가 필요하며, 전신적인 질환이나 중이염 등의 이과적 질환여부를 확인해야 한다. 청각검사와 말언어평가검사를 수술 전에 확인하고, CT는 측두골의 함기화나 내이기형, 해부학적 구조를 확인하기 위해 필요하며, MRI* 는 청각신경의 상태와 내이의 확인을 위해 시행한다.

(1) 수술방법

수술은 전신마취 하에서 진행하므로 전날 밤 12시부터는 금식을 해야 하며, 물론 물도 마시

* MRI 검사 : 자기장을 이용한 검사이므로 추후 다른 질환으로 인하여 MRI를 촬영할 경우가 생길 때에는 사전에 담당 주치의 선생님과 꼭 상담을 해야 한다. 아동의 경우에는 수술부위에 충격을 받지 않도록 과격한 운동은 삼가해야 한다. 퇴원 시 퇴원약과 외래예약을 확인하고 기타 의문사항이 있으면 이비인후과에 연락하도록 한다.

면 안 된다. 수술시간은 마취시간을 제외하고 약 2시간이 소요되며 더 길어질 수 있다. 수술 전에 귀 뒤로 7~10[cm] 정도 머리카락을 잘라내야 하며, 수술 후에는 3일 정도 압박붕대로 수술부위를 압박한다. 대개 수술 후 5일 정도면 퇴원을 한다.

(2) 수술 합병증

타 전신마취수술과 같이 전신마취에 따른 합병증이 있을 수 있으며 이외에도 인공와우 시술에 따른 다음과 같은 합병증이 있을 수 있다. 주 합병증으로는 이식기감염, 전극의 위치이상, 피판 합병증(피부의 발적, 심하면 괴사), 외부안테나가 피부에 잘 붙지 않는 현상, 기기의 작동이상이 있다. 기타 합병증의 경우 평형감각이상, 이명증, 수술 후 감염, 고막천공, 일시적 안면신경마비, 피판종창, 혈종, 중이염이 있고 주 합병증은 재수술을 요하며, 기타 합병증은 보존적 치료로 해결이 가능하다.

(3) 수술 후 주의사항

인공와우 수술은 일반인처럼 듣게 만드는 수술이 아니다. 어떤 사람들은 로봇이 말하는 것과 비슷하다고 하기도 하고 어떤 사람들은 비교적 명료하게 들린다고 하기도 한다. 수술 후 얼마나 잘 듣는가는 청각장애가 말을 배우기 전에 생긴 경우와 말을 배우고 난 후 생긴 경우가 서로 다른데 후자의 경우에 결과가 좋다.

(4) 인공와우 이식술 이후 조건

언어평가 및 재활을 위하여 최소 6개월 이상의 기간이 필요하며, 환자의 연령과 청력소실기간에 따라 길어질 수 있다. 대부분의 경우 한번의 수술로 충분하지만, 와우에 이식된 전극이 올바른 위치에서 벗어나거나 감염, 기계적 고장이 있을 경우에는 재수술이 필요할 수도 있다.

인공와우는 기본적으로 전기적인 자극을 가하는 기계이며 서로간의 정보를 몸 속과 밖에 부착되는 자석에 의해서 전달하게 된다. 따라서 수술 후 정전기 현상이 일어나지 않도록 하고, 플라스틱 원통의 놀이기구나 공항의 검색기 등을 통과할 때에도 주의를 해야 한다. 수술을 받은 사람은 머리를 감은 후 헤어드라이어, 전기면도기는 사용하지 않는 것이 좋다.

10. 인공와우 재활시술

소리를 들어야 말의 의미를 이해하고 대답을 할 수 있다. 수술을 받은 경우 이전에 듣던 소리와 다른 형태로 들려 수술 후에도 소리를 듣는 훈련을 해야 한다. 그러므로 인공와우 이식술 후 어느 정도 훈련이 되어야 의사소통이 가능하다.

(1) 수술에 따른 경과

수술 후 4~6주 정도 경과하면 어음처리기(외부장치)를 착용하게 된다. 어음처리기를 착용하는 순간부터 각 개인에게 맞는 프로그램 내용을 만드는데 이를 맵핑이라고 하며 어음처리기에 저장되어 사용된다.

(2) 수술 후 관리

인공와우 사용자는 지속적으로 청각관리를 받아야 하며 재활과 의료적인 관리 역시 지속되어야 한다. 또한 청력검사를 정기적으로 받아, 수술 후 소리와 말의 인지능력향상 정도를 확인해야 한다. 특히 어린이들의 경우는 인공와우장치를 사용하여 최대한의 효과를 얻을 수 있도록 교육훈련을 받아야 하고 이러한 재활은 듣기능력을 다양하게 개발할 수 있도록 하는데 그 목표가 있다.

12 전신 밴드 시술

전신 밴드 시술(BioLipo)은 밴드 전체에 출력되는 중저주파로 완벽한 체형관리효과(부분, 전신)를 주며, 초음파와 저주파 바이브레이션이 단시술로 가능하다. 5가지 모드의 다양한 치료 프로그램으로 수혜자에 따른 효과를 극대화할 수 있으며, 치료 시 통증이 없다(그림 7-23).

또한, 반영구적 전극을 사용하고 다양한 주파수 모드로 크기 감소 및 지방대사를 촉진한다. 그 외 효과로 셀룰라이트 감소, 혈액순환촉진, 국소지방감소, 전신균형효과, 피부탄력증가 등이 있다(그림 7-24).

그림 7-23 • BioLipo

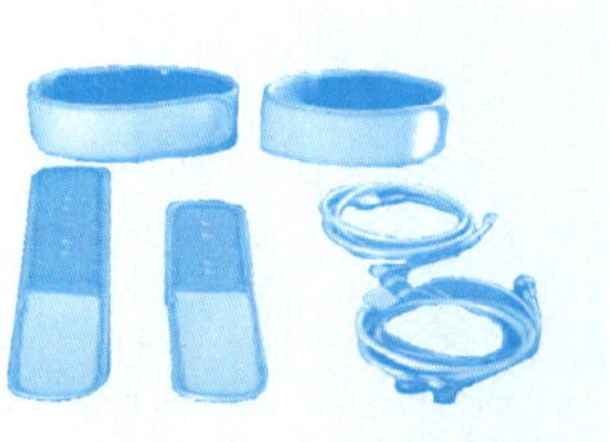

그림 7-24 • BioLipo 저주파 전극 패드

1회 시술 시 Size 감소효과를 줄 수 있으며, CD 패널을 채택하여 사용자 인터페이스를 강화시킨다. 특수밴드 방식으로 소모품이 전혀 소요되지 않으며 사용이 간편하고 초음파, 중저주파, 진동파 자극을 동시에 사용하여 편리하다. 또한, 터치스크린으로 시술준비가 간편하며 최단시간에 준비할 수 있다(그림 7-25).

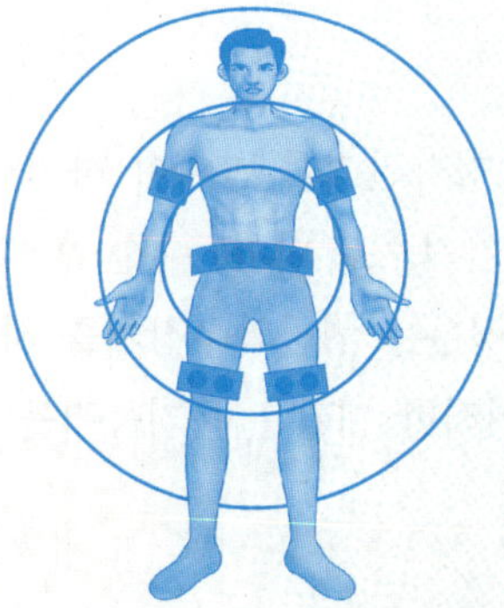

그림 7-25 • 전신 밴드 시술

13 체온계

보통 인체에 열이 발생하는지를 알아보기 위하여 체온을 측정할 때 사용하는 온도계로서 검온기라고도 한다. 체온계(thermometer)의 종류로는 수은체온계 및 전자체온계가 있으며, 요즘은 수은체온계 대신 사용 및 관리가 편리한 전자체온계가 많이 보급되어 있다. 체온계는 체온의 대표값이라고 인정되어 있는 일정조건하의 온도를 정확하게 측정할 수 있으나, 정확한 구간(겨드랑이, 귀, 구강 등)에 특정 시간이상 열이 축적되는 것을 기다린 후 측정을 하여야 정확한 체온값을 측정할 수 있다(그림 7-26).

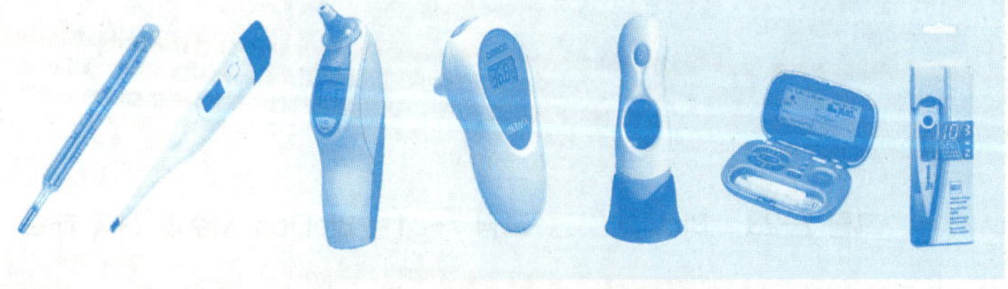

그림 7-26 • 체온계

또한 한국에서는 섭씨(기호는 [℃])를 사용하고 있는데 비해, 외국에서는 화씨(기호는 [°F])를 사용하는 곳도 있으며, 체온계의 종류로서는 사용하는 부위에 따라 겨드랑이나 구강 내(혀밑), 귀에서 검온하는 보통의 것 외에 직장(直腸) 내의 체온을 재는 항문체온계, 기초체온을 측정하는 여성체온계, 체온이 낮은 미숙아용 체온계(32[℃] 정도까지 눈금이 매겨져 있다) 등이 있다.

1. 체온계의 역사

16세기 갈릴레오에 의해 온도계가 등장하였지만, 온도를 측정하는 장치가 나온 것은 16세기 갈릴레오에 의해서이다. 하지만 그 당시의 온도계는 실용성이 부족한 상태로, 매우 조잡한 모양이 였다. 온도계의 출현은 자연히 체온의 측정으로 이어졌는데 갈릴레오의 온도계를 향상시켜 1614년 파두아 대학의 산토리오(Santorio)가 체온을 포함한 통계의학기술을 저술하면서 체온과 의학에 대한 관심이 집중되었다.

그러나 그후 17세기에도 온도계의 눈금이 통일되지 못해 30개 이상의 서로 눈금이 다른 온도계가 생기는 등 온도와 체온을 측정하는 것에 대한 기준이 명확하지 못하였는데, 암스테르담에서 활동한 독일의 기기제조가인 화렌하이트(Daniel Fahrenheit)가 후에 이를 통일하게 되었다. 그는 1709년 알코올 온도계, 1714년 수은온도계를 제작 및 공급하였는데 이것이 오늘날의 화씨온도계로서, 화씨온도계가 나온 후 네덜란드의 식물학자며 의사인 부르하베(Hermann Boerhaave)가 이를 열환자의 체온측정에 사용하면서 체온계의 발달이 가속화되기 시작했다.

그후 19세기 라이프치히 의과대학 교수인 분더리히(Carl Wunderlich)에 의해 체계적으로 질병과 체온에 관한 자세한 연구가 진행됨으로서 그는 2만 5,000명의 환자의 자료에 기초하여 1868년 '질병에서의 체온'을 출판하였다. 그 당시의 체온계는 길이가 1[ft]였으며 한번 측정에 20분이 소요되던 등 여러 가지로 문제가 많았지만, 1867년 영국의 올벗(Thomas Clifford Allbutt)이 6[inch] 체온계를 만들어 정확도와 측정시간에서 체온계를 획기적으로 향상시키면서 오늘날의 수은체온계와 비슷한 모습으로 발전시켰다.

2. 체온계의 종류

체온계는 측정방식에 따라 크게 수은방식과 디지털, 적외선방식으로 나뉜다. 예전에는 일반적으로 가격이 싸고 측정이 정확했던 수은체온계를 많이 사용하였으나, 최근에는 보관 및 사용이 간편하고 환자들의 불편함을 최소화 하기 위하여 측정시간이 빠른 디지털 체온계 및 적외선 체온계를 많이 사용하고 있다.

(1) 수은체온계

일상적으로 그 동안 우리가 많이 사용해 오던 체온계이다. 겨드랑에 끼워 체온을 체크하는게 일반적이고 입안, 또는 항문 등에도 넣어 사용하기도 한다. 현재까지의 체온계들 중 가장 정확한 체온을 측정할 수 있으며 값이 저렴하다는 장점이 있으나, 수은이 사람의 몸속에 들어갈 경우 축적되어 치명적일 수 있으므로 사용과 보관에 특별한 주의가 요구된다. 또한 유리관을 사용하여 만들어졌고 눈금을 읽기가 불편하며 체온측정에 수분 이상의 시간이 걸린다는 단점이 있다(그림 7-27).

그림 7-27 • 수은체온계

(2) 디지털 체온계

수은체온계와 마찬가지로 센서 부분이 수은체온계와 유사하게 만들어진 것도 있고 여러 형태로 측정하기 편리하게 구부러지거나 납작한 형태도 있는데, 디지털 기능이 장착되어 있어 체온을 빠르고 정확하게 측정할 수 있으며 측정값이 숫자로 표시되므로 읽기가 쉽다.

또 비교적 값이 저렴하며, 사용법과 발열기준 온도는 수은체온계와 같고 측정시간은 약 30~40초 정도이다. 수은체온계보다 읽기 쉽고 안전하지만 측정하는 사람에 따라 차이가 많이 나며, 센서의 신호를 디지털로 나타내는 방식이므로 제조사의 정밀성에 따라 허용편차가 달라지는 경우도 있으므로 주의하여야 한다(그림 7-28).

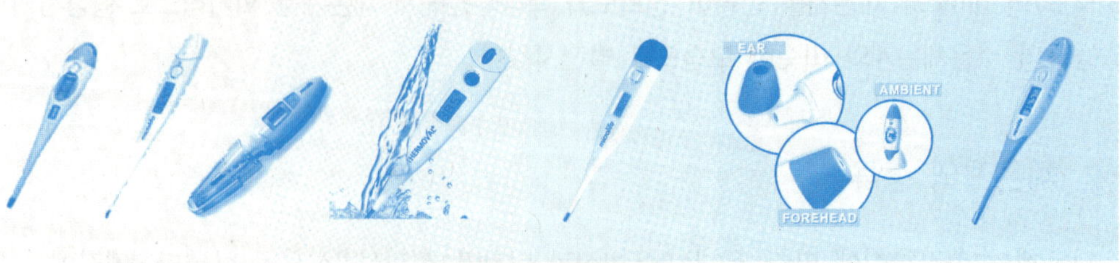

그림 7-28 • 디지털 체온계

(3) 적외선 체온계

피부에 접촉하지 않고 적외선을 쏘아 피부의 체온을 체크해내는 방식이다. 사용이 편리하므로 환자에게 불편함을 최소화할 수 있으며 1초 이내에 즉시 체온체크가 가능하여 유아 또는 소아들의 체온측정에도 유용하다. 그러나 노출된 피부를 비롯한 각 측정부위에 따라 심한 온도편차를 보이므로 충분한 사용법을 숙지해야 정확한 판단이 가능하다는 단점이 있으며, 가격도 고가인 편이다(그림 7-29).

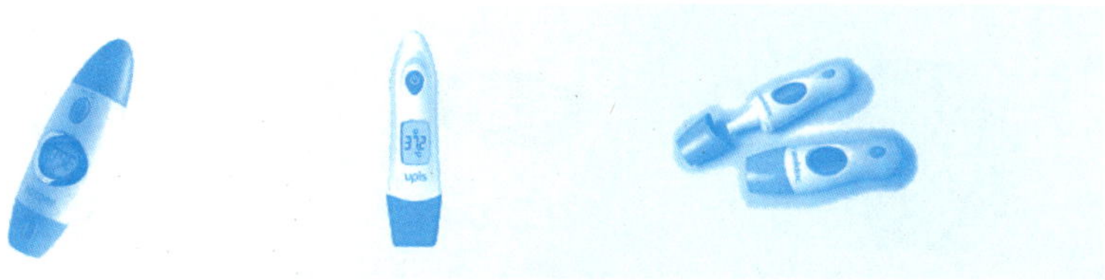

그림 7-29 • 적외선 체온계

(4) 적외선 고막체온계

적외선 체온계의 일종으로 수은의 팽창을 이용한 일반체온계와는 달리 적외선 램프와 이를 감지하는 센서로 구성된다. 적외선을 환자 귀에 쏜 다음 반사되는 열을 센서로 감지해 파장의 변화를 온도로 바꿔주는 방식이다. 체온측정 시 5분 정도 걸리는 수은체온계와는 달리 1초 정도만 귀에 대고 있으면 체온을 쉽게 잴 수 있다. 이런 간편함 때문에 간단한 체온 체크나 사스같은 전염병 환자를 가려내는데 자주 이용한다(그림 7-30).

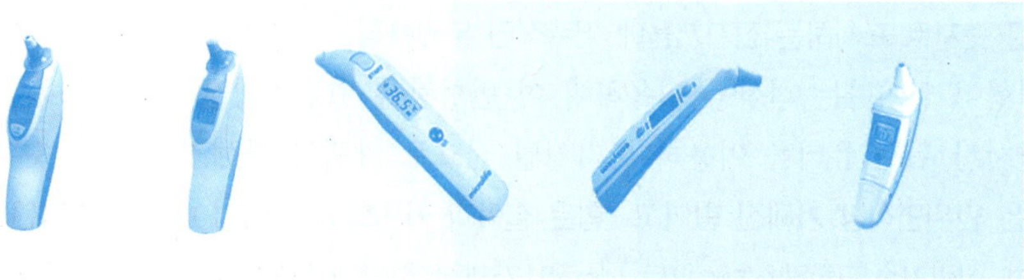

그림 7-30 • 적외선 고막체온계

고막체온계의 원리는 고막을 지나는 혈관이 간뇌의 사상하부로 이어진다는 점에 착안되었다. 시상하부는 체온을 조절하는 기관이기 때문에 몸에 이상이 생기면 그 부위 온도가 정상 때와 달라져서, 다른 부위보다 먼저 고막에서 먼저 온도변화를 감지할 수 있게 된다. 하지만, 귀에 귀지가 많으면 정확한 온도측정이 어렵고 가격이 매우 비싼 편이라는 단점이 있다.

(5) 붙이는 밴드형 체온계

보통 소아용으로 많이 사용되는 체온계로서 이마, 귀밑 또는 팔 등의 피부에 직접 부착하여 체온을 체크해 낸다. 이 체온계는 액정 또는 감온 변색 색소 등을 이용하여 색변환으로 온도를 체크해 내는데, 다른 온도계에 비하여 체크온도 단위가 비교적 크거나 측정범위가 한정되어 있어 정밀성과 정확성이 다소 떨어진다. 하지만 신체부위에 언제든 직접 대어 보기만 하면 온도를 체크해 낼 수 있고 사용에 크게 불편함이 없기 때문에 소아용으로 많이 사용된다(그림 7-31).

그림 7-31 • 붙이는 밴드형 체온계

14 체중계

1. 체중계의 무게측정소자(로드셀)

무게를 숫자로 표시하는 전자저울에 필수적인 무게측정 소자이다. 원리는 압력이 가해지면 물체에 변형이 일어나는 현상을 이용하여 이 변형량을 변형측정장치가 측정한 다음 전기신호로 전환시킨 뒤 컴퓨터를 이용하여 디지털 신호로 바꿔서 가해진 압력을 숫자로 표시한다.

압력은 단위면적당 가해진 힘이고, 힘은 질량과 가속도의 곱이기 때문에 측정된 압력을 힘으로 전환하여 질량가속도(9.8[m/sec^2])로 나누면 가해진 압력에 해당하는 무게를 구할 수 있다(그림 7-32).

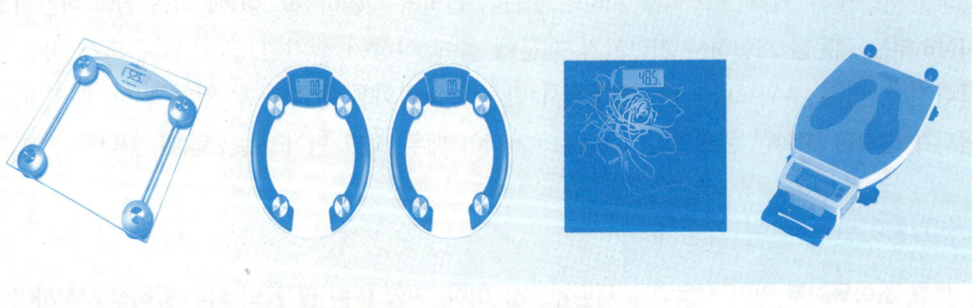

그림 7-32 • 디지털 체중계

① 로드셀(load cell) : 이렇게 압력이나 힘, 또는 물체의 무게를 측정하는 데 많이 응용되며, 특히 전자저울에는 필수적인 요소이다. 일반적으로 로드셀은 스트레인 게이지식 로드셀을 의미한다.

② 스트레인 게이지(strain gauge) : 금속 탄성체에 하중이 가해졌을 때 탄성체의 변형량을 전기저항의 변화를 이용하여 측정하는 것으로써 탄성체의 변형량은 하중의 크기에 비례하고 탄성체의 전기저항은 그 변형량에 비례하는 원리를 이용한다.
이때 저항값의 변화는 변형량에 의해서만 나타나지 않고 온도나 습도에 따라 변할 수도 있으므로 이에 대한 보정이 반드시 필요하며, 이러한 보정 기술이 로드셀의 좋고 나쁨의 기준이 된다.

③ 로드셀의 핵심 기술 : 변형측정장치는 1930년경 미국에서 처음으로 개발되었는데, 이것을 무게측정용 로드셀에 응용하기 시작한 것은 1960년대 중반이며 다시 로드셀이 전자저울에 응용된 것은 1980년경 일본에서이다. 한국에서는 1985년 한국과학기술원 생산공학연구실에 의해 독자적으로 개발되었다.

2. 로드셀의 종류 및 장 · 단점

로드셀(측정소자)의 종류에는 기둥형, 환상형, 휨형, 전단형 등이 있다.

① 기둥형 로드셀 : 원통형으로 생겼으며, 위에서 아래로 하중을 가하는 종류로 2장의 스트레인 게이지를 종과 횡으로 부착하여 측정하는 방식으로 대용량의 로드셀 제작에 용이한 장점이 있으나, 정밀도가 낮으며 비스듬하게 가해지는 하중에 대해 오차가 크다.

② 환상형 로드셀 : 둥근 원형의 내면에 4장의 스트레인 게이지를 부착한 형태로 원통형보다 정밀도가 높은 장점이 있고 방향도 인장, 압축형 모두 사용이 가능하지만 대용량 및 소용량의 제작이 어려운 단점이 있다.

③ 휨형 로드셀 : 사각 막대의 한쪽이나 양쪽을 지지하여 휘어지는 양을 측정하는 방식으로 부착하기가 용이하고, 정밀도가 높은 장점이 있는 반면 대용량의 제작이 어렵고 구조상 밀봉하기 어려워 사용환경의 제약을 받는 단점이 있다.

④ 전단형 로드셀 : 스트레인 게이지를 45[°] 방향으로 부착하여 전단응력을 측정하는 방식으로 횡 하중측정이 좋고 내력이 강한 반면, 가공이 어렵다는 단점이 있다.

15 혈당계

혈당을 측정해주는 의료기기이며 혈당(blood sugar)은 혈액 속에 포함되어 있는 포도당이다. 혈당은 간의 화학적 작용에 의해 혈액 내에서 적절한 농도를 유지하게 되는데 이때 혈액 100[ml]에 들어 있는 포도당의 농도를 혈당량이라 하며, 혈액 속의 혈당량이 제대로 조절되지 않는 경우 당뇨병의 원인이 되어 여러 가지 합병증이 발생하게 된다.

당뇨병이나 당뇨증상이 있는 환자들의 경우 혈당을 수시로 측정한다. 혈당계(glucometer)는 그림 7-33과 같이 소형화되어 가정에서 환자가 혈당을 측정하거나 여행이나 외출 시에도 수시로 혈당을 측정할 수 있다.

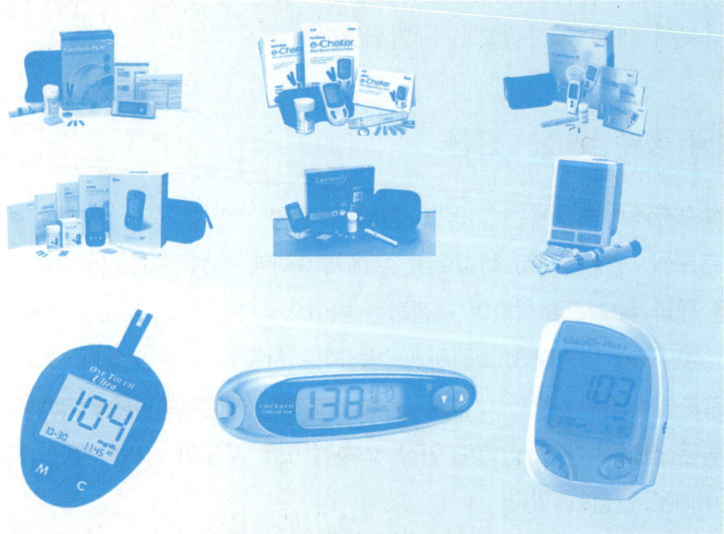

그림 7-33 • 혈당계의 종류

병원에서 혈당을 측정할 때는 정맥혈을 사용하며 적혈구나 백혈구의 혈소판을 제거한 혈장에서 혈당을 측정하고, 우리가 흔히 사용하는 혈당계의 경우에는 모세혈을 이용한 혈액에서 직접 혈당을 측정하는 방식이다. 따라서 병원 측정방식과 자가 측정방식 사이에 오차가 발생되고, 지속적인 자가측정 시에도 오차가 생길 수 있다.

그러나 최근에는 기술이 발전하여 혈당계가 기존보다 더 소형화되고 모세혈을 이용한 혈당측정 시에도 좀 더 정맥혈에 가까운 측정치를 나타낸다.

1. 혈당계의 종류

혈당계는 측정되는 성분에 따라 당특이혈당계와 당비특이혈당계의 2가지 종류로 나눈다.

(1) 당특이혈당계

포도당 산화효소법을 이용하는 방법으로서, 포도당 산화효소가 포도당의 산화반응의 촉매로 작용해 과산화수소를 포함하는 생성물을 형성하고, 이 과산화수소가 반응혼합물 속에 들어 있는 염료를 산화시켜 혈액 내의 혈당을 측정하게 된다. 혈액 내의 당류 중 단당류에 해당하는 포도당(glucose)만을 구분하여 이용하는 방법으로서, 혈당계의 대부분이 당특이방식을 사용하고 있다(그림 7-34).

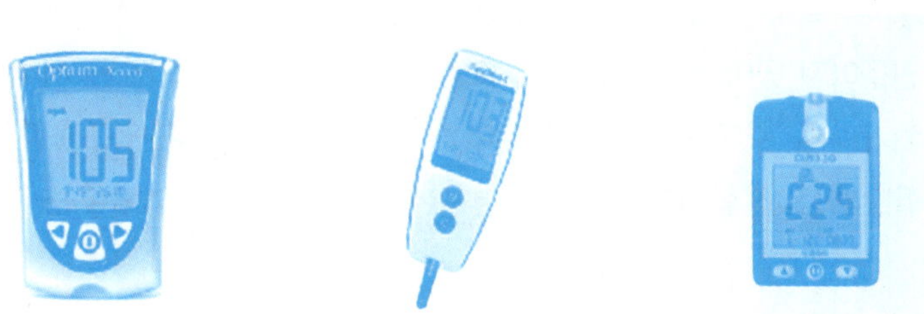

그림 7-34 • 당특이혈당계

(2) 당비특이혈당계

포도당 PQQ 탈수효소법(GDH-PQQ 방식)을 사용하는 방법이며, 단당류인 포도당 이외에 이당류 등의 다른 당에도 반응하게 된다. 따라서 복막투석이나 병원에서 검사를 받았던 환자의 경우에는 검사 시 사용하였던 검사용액에 따라 혈당을 측정할 때 실제보다 높은 측정결과가 나타날 수도 있기 때문에 사용 시 주의한다(그림 7-35).

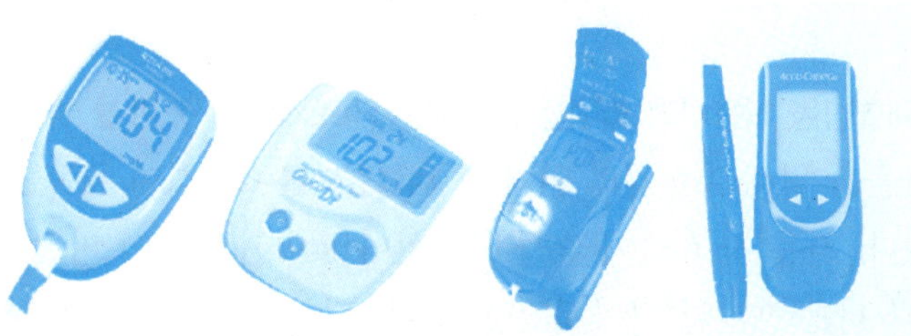

그림 7-35 • 당비특이혈당계

2. 혈당계의 구성

혈당계는 크게 혈당기, 혈당측정지(strip), 채혈기(blood collecting equipment), 채혈침(lancet)으로 구성되며 각각의 용도는 다음과 같다.

(1) 혈당기

혈당측정지에 담긴 혈액을 분석하여 액정화면에 해당 혈당을 디스플레이 해주는 기능을 한다. 분석방식에 따라 효소분해방식(광도측정방식)과 전극분해방식(전기화학방식)으로 분류된다.

(2) 혈당측정지

혈당을 측정할 때 쓰이는 시험지로서 일회용으로 한번 측정 후 재사용이 불가능하다. 다소 민감한 재질로 만들어져 있어 관리부주의 시 오염이 될 수 있으며, 오염된 시험지를 그대로 이용하면 잘못된 수치가 나올 수 있으므로 주의한다. 시험지마다 제공되는 유효기간이 있으며 최근에 출시되는 혈당계는 시험지가 오염된 경우 에러 메시지를 보여주는 기능이 있다(그림 7-36).

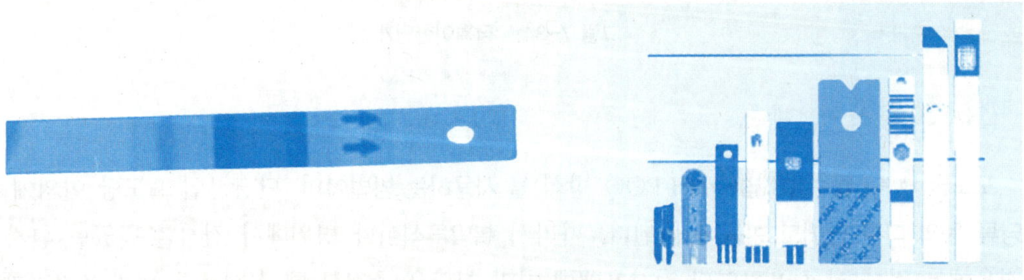

그림 7-36 • 혈당측정지

(3) 채혈기

혈당측정 시 채혈침을 이용하여 혈액을 채취하는 의료기기로서 바늘 공포증이 있거나 아픔을 무서워하는 환자들을 위해 채혈침의 굵기 및 채혈깊이를 조절하여 통증을 감소시킬 수 있는 기술이 이용되고 있다. 사용 시 바늘이 흔들리면 살이 찢어져 통증이 커질 수 있기 때문에 바늘이 살에 들어갔다 나올 때 흔들림이 없어야 한다. 바늘의 순간속도가 빠르며 흔들림이 없으므로 채혈기의 가장 큰 장점이다(그림 7-37).

그림 7-37 • 채혈기

(4) 채혈침

채혈기에 꽂아 **혈액을 채취**할 때 사용하는 바늘로서 종류별로 각각의 굵기가 틀려 환자에게 맞게 선택이 가능하며, 감마선 등의 여러 가지 방법으로 멸균처리가 되어 있기 때문에 한번 사용 후 재사용이 불가능하다(그림 7-38).

그림 7-38 • 채혈침

3. 혈당계의 측정원리에 따른 분류

혈당계의 혈당 측정원리는 크게 **효소분해방식**(reflectance photometers : 광도측정방식)과 **전극분해방식**(전기화학방식)으로 나누어지며 각각의 원리는 다음과 같다.

(1) 효소분해방식(광도측정방식)

혈당기에 혈액을 묻힌 시험지를 넣게 되면 **광센서가 피의 탁도 및 점도로 인한 샘플 혈액으로부터의 빛의 반사도를 감지하여 측정하는 방식**, 광원과 신호감지기를 포함한 부분인 광학부(optics)와 신호를 모아 결과로 전환해주는 **전자부**로 이루어져 있으며, **포도당 반응을 통한 색 변화의 양과 반사되는 빛의 양으로 검출되는 색의 강도를 전기신호로 바꾸어 피속의 혈당치를 계산**하게 된다.

이때 광센서는 빛의 유무를 측정할 뿐만 아니라 명암과 채도도 측정이 가능하며, 피속의 혈당에 의해 변화된 색상은 혈당이 적을 때는 연한 녹색으로, 혈당이 많아지면 짙게 변하여 아주 많으면 포도색과 같은 짙은 자주색으로 변한다.

전극분해방식(electrochemical)에 비해 비교적 많은 양의 혈액이 필요하며 측정의 오차를 막기 위해 주기적으로 광학부를 청소해 주어야 한다.

(2) 전극분해방식(전기화학방식)

혈당계의 대부분에 사용하는 방식으로 스트립에 혈액을 묻히면 혈액을 흡수하면서 빨려 들어가 전극선을 통해 전기적으로 혈액을 분해해서 측정하는 방식이다. 매개체를 통한 포도당 반응 시 일어나는 전자의 이동을 결과로 나타내어 주므로 정확성이 높고 적은 양의 혈액만 필요하다. 광도측정방식과 달리 광학부가 없으므로 주기적으로 청소할 필요가 없으며, 전자신호의 측정반응으로 생성된 전류를 측정 후 바로 화면에 숫자로 디스플레이한다.

4. 무혈혈당계

아직 상용화되지 않고 개발단계에 있는 방식으로 혈당측정 시 채혈을 하지 않고도 측정이 가능한 방법이다. 채혈로 인한 환자의 공포심과 통증을 최소화하여 줄일 수 있다. 무혈혈당계(non-invasive blood glucometer)의 원리로 여러 가지 방식이 개발되고 있으며, 약한 적외선이나 유사 적외선을 손가락 피부 안으로 침투시켜 혈관 내 여러 성분 가운데 진동을 통해 글루코스 성분을 확인하여 혈당수치를 측정하는 방법, 혈액에 있는 포도당 분자간의 상호 반응에서 발생하는 에너지 차이 등을 특수 센서로 측정하여 혈당을 분석하는 방법 등 여러 가지 방법의 측정방식이 개발되고 있다. 그림 7-39는 무혈혈당계 중에 하나인 손목 스트랩형 혈당계이다.

그림 7-39 • 손목 스트랩형 혈당계(무혈식)

제 8 장

개인건강 관련 해외의료기기

01 1회용 인슐린 나노펌프
02 7일 연속 혈당 체크시스템
03 가려움 제거기
04 가정용 건강관리 시스템
05 개인용 건강 모니터
06 개인용 건강 모니터링 기기
07 개인용 로봇트레이너
08 건강 체크센서
09 고혈압 조절기
10 광선 치료기
11 근육관리 마사지기
12 냉온찜질기기
13 모바일 건강지원 서비스
14 목걸이형 심전계
15 손 마사지기기
16 손목형 혈중산소농도 측정기
17 숨쉬기 운동기구
18 심박동 모니터
19 심장박동감지 혈압 모니터링 기기
20 알레르기 완화기
21 알츠하이머 환자용 모니터 팔찌
22 암감지 스캐너
23 약물투여 시스템
24 에어 마사지기
25 요당측정기
26 욕창예방 행동 체크시스템
27 원격-건강 체크장치
28 유방암 자가진단기
29 인슐린 공급장치
30 체온계
31 초음파 스캐너
32 코골이 치료기
33 터치스크린 보청기
34 통증치료기
35 포도당측정기
36 혈당 체크기
37 혈당측정기
38 혈압계
39 혈압측정기
40 환자위치추적 손목밴드
41 활동감지 시스템
42 휴대용 심전도기기
43 휴대용 혈액검사기
44 e-헬스 의료단말기
45 LED 통증완화기
46 USB 혈당측정기
47 USB 혈당측정 모니터

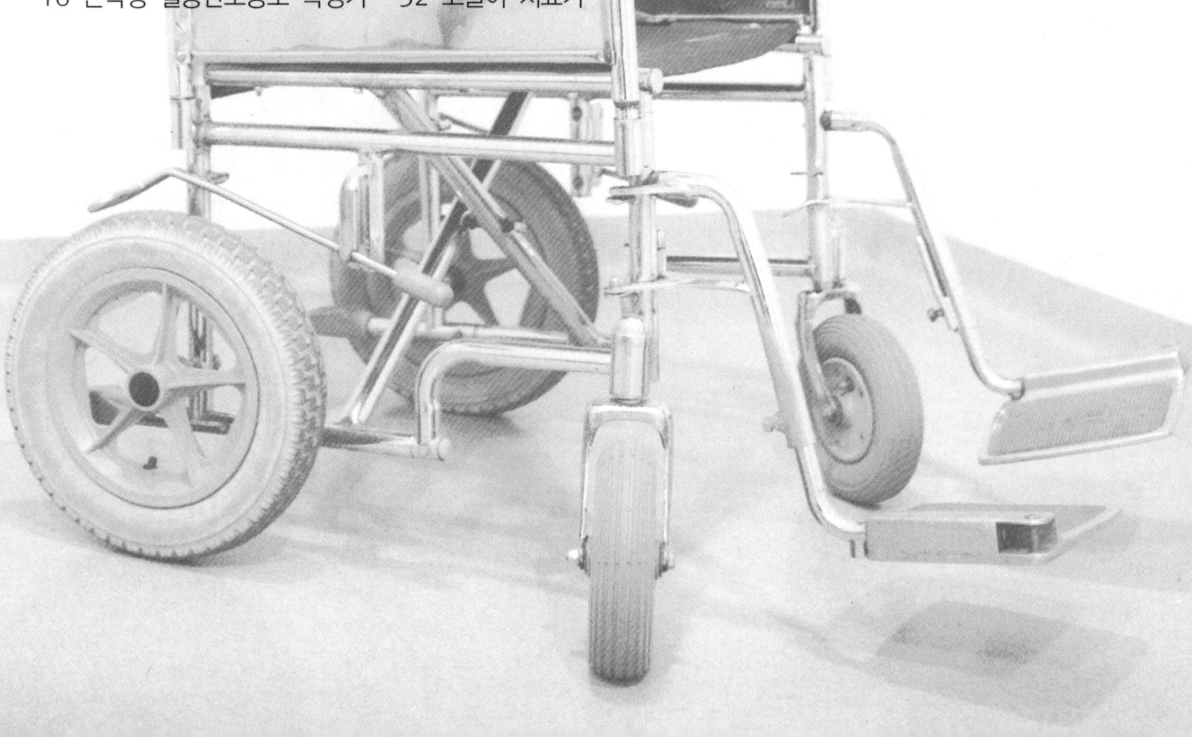

01 1회용 인슐린 나노펌프

디바이오텍(Debiotech)과 ST마이크로일렉트로닉스(www.st.com)는 독자적인 소형 인슐린 주입 펌프의 첫번째 평가용 시제품을 출시하였다(그림 8-1).

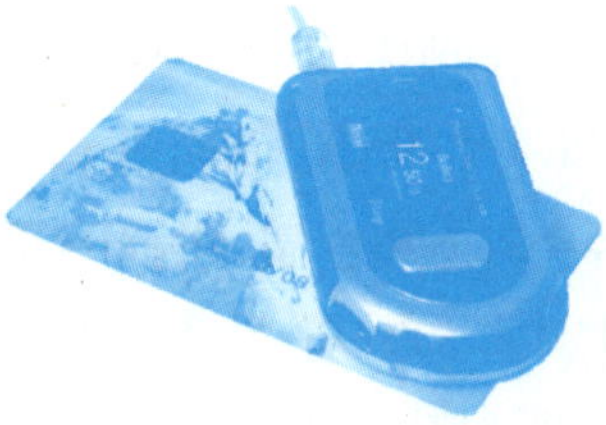

그림 8-1 • 인슐린 나노펌프

① 소형 디바이스는 지속적으로 인슐린을 주입할 수 있도록 피부에 부착할 수 있는 1회용 패치로서 활용성, 치료효율성, 당뇨병 환자의 삶의 질을 상당히 향상시킬 수 있다.

② 나노펌프(nanopump)는 미세유체 MEMS(Micro-Electro-Mechanical System) 기술에 기반하며, 1단계 테스트에 성공하고 현재 양산준비를 마쳤다. 나노펌프의 크기는 65[mm]×38[mm]×11[mm]로 27[ml]의 인슐린을 담을 수 있다. 이는 기존의 펌프보다 4배 정도 작은 크기이지만 오히려 2배 많은 인슐린을 담을 수 있도록 설계되었다.

③ 매우 소형화된 1회용 인슐린 펌프는 실리콘 기반 미세유체 소자를 대량 제조해온 ST의 강점과 함께 디바이오텍사의 인슐린 공급 시스템 부문 전문기술이 결합된 제품이다.

④ 나노펌프는 기존의 인슐린 펌프 디바이스의 1/4 미만 크기이며, 피부에 부착된 패치는 거의 보이지 않는다. 또한 미세유체 기술은 향상된 인슐린 투여량 관리를 제공함으로써, 췌장에서 자연적으로 분비되는 인슐린과 거의 비슷한 양의 인슐린을 투여함과 동시에, 환자를 더욱 보호하기 위해 펌프의 잠재적 오작동을 감지한다.

⑤ MEMS 기반 나노펌프는 대량 반도체 공정기술을 사용해 제조된 1회용 디바이스로써, 훨씬 더 경제적이다. 따라서 환자나 헬스 시스템들이 현재의 펌프 솔루션에 상당히 소요되는 선행 투자비용을 피할 수 있게 한다. 인슐린 펌프 치료방식인 CSII(Continuous Subcutaneous Insulin Infusion)는 개별적으로 하루에 수차례 주입해야 인슐린 주입방식을 대체하기 위한 더욱 각광받는 치료방식이다.

⑥ CSII를 이용하면 환자는 개인별로 프로그램화된 개별요건에 따라서 하루 동안 피하 조직에 주입되는 인슐린 저장고를 내장한 프로그램화된 펌프를 부착한다.

⑦ 디바이오텍이 개발하고 ST가 산업화한 인슐린 나노펌프는 당뇨병치료에서 미세유체 MEMS 기술을 가장 최첨단 방식으로 적용한 것이다.

⑧ ST의 MEMS 및 헬스케어, RF 트랜시버 및 센서 사업부를 총괄하는 베네디토 비냐(Benedetto Vigna) 그룹 부사장 겸 총괄 매니저는 "초기 시제품 테스트의 성공은 혁신적인 인슐린 나노펌프의 시장상용화를 한 단계 더 앞당겼다. ST의 핵심 협력사인 디바이오텍과 작업함으로써 우리는 전세계 수백만명의 당뇨병 환자들에게 획기적인 변화를 선사할 수 있는 매우 소형의 실리콘을 위한 준비를 마쳤다"라고 말했다.

⑨ 디바이오텍의 대표 및 CEO인 프레데릭 네프텔(Frederic Neftel) 박사는 "이번 인슐린 나노펌프의 산업화를 위한 획기적 작업을 통하여 이전에 환자가 경험하지 못했던 수준의 편리함과 안전성과 최고 수준의 신뢰성 및 성능이 결합된 새로운 약물주입 디바이스를 성공적으로 출시할 수 있게 되었다. ST와의 협력은 시간 및 실적달성면에서 매우 효율적임이 입증되었으며, 이를 통해 시장에 제품을 출시하는 역할을 담당하는 선도적인 의료기기 업체들과 향후 협력관계에 더욱 집중할 수 있게 되었다"라고 말했다.

⑩ 전세계적으로 당뇨병으로 고통을 받고 있는 사람들은 거의 2억 5,000만명에 이르며 이 수치는 인구증가, 노령화, 생활방식에 따라 앞으로 10년간 더욱 증가할 것으로 예측된다.

⑪ 적절한 치료를 하지 않을 경우 당뇨병은 심장질환, 신장질환, 시력상실, 신경손상 및 궁극적으로 사망에 이르게 한다. 당뇨병은 대부분 선진국의 주요 사망원인이 되고 있다.

⑫ 인슐린 펌프 치료시장은 급격히 팽창하고 있다. HSBC1에 따르면 전세계 인슐린 펌프 치료시장은 2004년 8억 달러에서 2009년 16억 달러 규모로 증가하였다.

02 7일 연속 혈당 체크시스템

당뇨병 환자들의 가장 큰 고충 중의 하나는 항상 혈당을 체크해야 한다는 것이다. 다양한 혈당 측정기가 나와 있지만 일일이 따로 혈당검사를 하지 않아도 내장된 센서를 통해 지속적으로 혈당을 모니터링해 주는 시스템이다. 환자는 그냥 이 기기를 차고 있기만 하면 된다(그림 8-2).

① 미국 샌디에고에 위치한 덱스컴(DexCom)사는 7일간 연속 혈당을 모니터링할 수 있는 시스템을 개발해 미국 식품의약국(FDA)의 승인을 얻었다. 최근에는 유럽의 승인까지 획득했다.

그림 8-2 • 혈당 체크시스템

② 7일 연속 착용이 가능한 이 시스템에는 피하이식 센서가 달려 있다. 무선 리시버로 스크린에 혈당의 변화를 디스플레이해 준다. 따라서 시간에 따른 혈당의 변화를 한눈에 확인할 수 있다.

③ FDA 승인을 받은 센서 중 7일 연속 사용할 수 있는 유일한 센서이다. 다른 브랜드들은 3일~5일 정도 사용이 가능하다.

④ 7일 연속 혈당 체크시스템 특징 및 장점 : 7일 연속 혈당 체크시스템 특징 및 장점은 다음과 같다.

㉠ 사용하기 간단한 버튼과 기능들이 특징이다.

㉡ 매달 배터리를 교체해야 하는 다른 브랜드들과 달리 이 제품에는 충전용 리시버가 있다.

㉢ 결과를 한 눈에 볼 수 있는 디스플레이가 장착되어 있다.

㉣ 방수 센서/트랜스미터로 일상생활에 방해받지 않는다. 샤워할 때도 빼지 않아도 된다.

㉤ 24/7로 글루코스 알람(24/7 low glucose alarm)이 있어 저혈당에 빠지면 경고를 해준다. 따라서 잠 든 사이에 자신도 모르게 저혈당에 빠지는 걱정은 하지 않아도 된다.

03 가려움 제거기

여름을 나기 위해 꼭 필요한 제품이 나왔다. 벌레에 물린 부분을 진정시켜 주는 최첨단 기기 '가려움을 제거해주는 USB 기기(USB Itching Removal Instrument)'이다(그림 8-3).

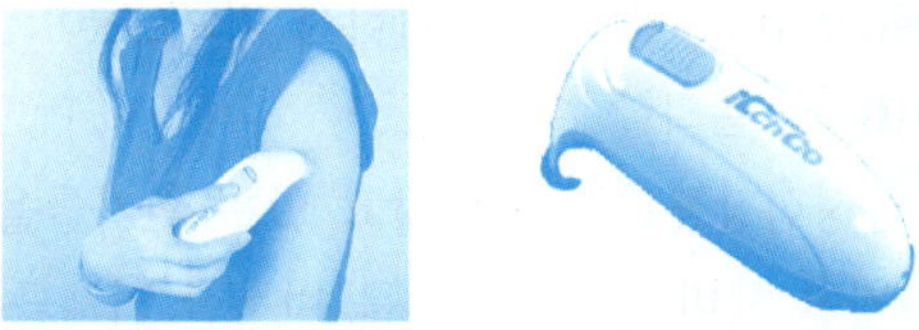

그림 8-3 • 가려움 제거기

① USB 기기에는 박테리아와 바이러스를 제거하기 위한 화학물질이 들어있지 않고, 전자 광학 스펙트럼 기술이 탑재되어 있다. 따라서 독성반응이나 부작용이 없어 인체에 무해하다.
② 어른, 아이 누구나 사용할 수 있는 간편하고 효과적인 제품이다.
③ 모기, 벌, 벼룩, 이 등에 물린 후 이 제품을 사용하면 쓰라리고 아프기 전에 부어오른 부분이 바로 가로 앉는다.
④ 여행갈 때나 야외에서 일할 때뿐 아니라 집에서 사용하기에도 아주 좋은 제품이다.

04 가정용 건강관리 시스템

만성질환 환자를 담당하는 헬스케어 전문가들을 겨냥해 인텔(Intel)사가 케어 관리제품인 '인텔 헬스 가이드(Intel Health Guide)'를 발표했다. 헬스 가이드는 오늘날 출시 중인 환자의 원격 모니터링 시스템을 넘어선 개인용 건강관리 시스템의 새로운 카테고리에 선보이는 인텔의 첫 모델이다(그림 8-4).

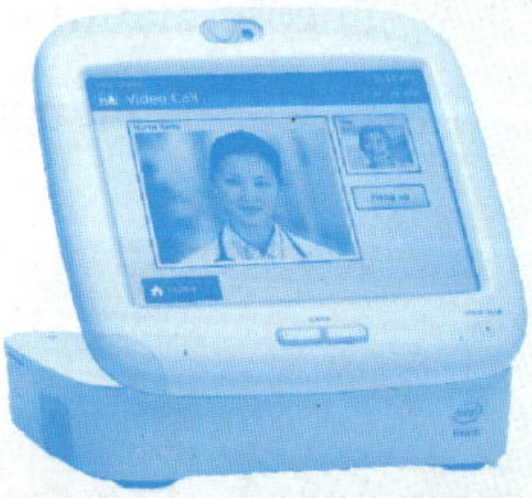

그림 8-4 • 인텔 헬스 가이드

① 미국 식품의약국(FDA)로부터 시판 승인을 획득한 인텔 헬스 가이드는 종합적인 개인용 건강관리 시스템으로 환자들이 가정 내에서 자가 관리할 수 있는 인텔 헬스 가이드 PHS6000과 온라인 기반의 인터페이스 인텔 헬스 케어 매니지먼트 슈트(Health Care Management Suite)를 통합한 제품이다. 따라서 의료진들이 집안에 머무는 환자를 원격으로 모니터링하거나 치료 및 관리할 수 있다.
② 돌연사를 일으키는 급성심장혈관증상을 앓고 있는 환자들을 모니터링하고 있는 헬스케어 발견제품 및 웹기반 서비스 제공업체를 비롯한 업체들은 인텔 헬스 가이드를 사용해 심장혈관 관련 질환의 발병률이 높은 은퇴한 운동선수나 외상 후 스트레스 장애

를 겪는 참전용사 등과 같이 특정그룹을 대상으로 원격으로 접속, 건강관리할 수 있다.

③ 헬스 가이드는 양방향의 개인용 건강관리 기기로서 환자의 혈압, 체온, 맥박수, 호흡 등과 같은 생명징후를 비롯해 멀티미디어 교육용 자료, 비디오 컨퍼런스와 같은 커뮤니케이션 기능, 환자 알람기능 등을 제공한다.

④ 특히, 치료진은 언제나 환자상태에 관한 최신 정보를 확인할 수 있어 비록 환자가 집안에 머물더라도 환자상태에 맞춘 최적의 효과적인 치료관리가 가능하다.

05 개인용 건강 모니터

무선기술이 발달함에 따라 각종 무선기기들이 나오고 있다. 최신기술이 총집합된 이러한 기기들은 엔터테인먼트에만 제한된 것이 아니다. 현대인의 건강지킴이 역할을 하는 기기도 속속 나오고 있다. 개인용 건강 모니터기이자 비상호출 시스템 마이할로(MyHalo)도 그러한 기기 중 하나이다(그림 8-5).

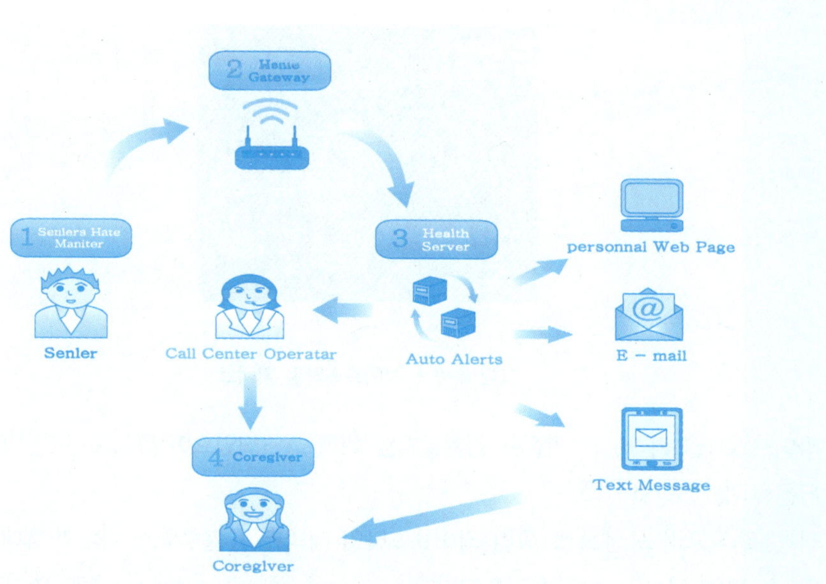

그림 8-5 • 비상호출 시스템

① 목에 걸고 다니는 목걸이 스타일의 마이할로는 심박수, 체온 같은 바이탈 사인을 무선 라우터로 보내고 원격지에 있는 의사나 간호사 혹은 가족에게 실시간으로 정보를 보낸다.
② 보호자가 이동 중에 환자상태를 알 수 있도록 아이폰(iPhone) 전용 애플리케이션도 나온다.
③ 마이할로를 착용하고 다니는 사람이 쓰러지면 알람 시스템이 8초 이내에 작동한다. 그리고 보호자와 교환에게 경고를 보낸다. 이때 마이할로는 가벼운 흔들림이나 쓰러짐과 진짜로 정신을 잃고 쓰러지는 것을 구분할 수 있어 거짓말하는 양치기소년이 될 우려도 없다.

06 개인용 건강 모니터링 기기

2년 전 좀(Zomm)사는 '와이어리스 리쉬(Wireless Leash)'를 출시하면서 사람들의 눈길을 끈 바 있다. 그리고 올해 CES에서는 '라이프스타일 커넥트(lifestyle connect)'라는 개인용 건강 및 안전 모니터링 기기를 새롭게 선보일 예정이다(그림 8-6).

그림 8-6 • 라이프스타일 커넥트

① 라이프스타일 커넥트는 안전한 생활유지를 위해 고안되었으며 특히 건강이 약한 사람들에게 유용할 것으로 보인다.
② 작은 열쇠고리 모양으로 생긴 라이프스타일 커넥트는 블루투스 기능의 휴대폰과 연결되며 단 한 번의 터치로 개인별 안전지킴이(personal safety concierge)로 넘어간다.
③ 개인별 안전지킴이는 곧바로 사용자가 필요한 서비스를 제공한다. 즉 친구나 앰뷸런스, 경찰 등 필요한 사람들에게 전화를 건다.

④ 라이프스타일 커넥트의 진정한 혁신은 혈당측정기나 심박동 센서 등 사용자의 건강 관련 센서와 연결하여 상태를 모니터하고 클라우드에 데이터를 업로드할 수 있다는 점이다.

⑤ 업로드된 데이터는 위급상황일 경우에 믿을 수 있는 친구나 의사, 응급구조대가 볼 수 있으며 이러한 모든 기능은 단 한 번의 터치로 가능하다.

07 개인용 로봇 트레이너

개인 피트니스 트레이너가 제대로 당신의 식단과 운동 스케줄을 통제하기 힘들 때, 이제 소비자들은 대신 좀 더 철저한 로봇 트레이너를 통한 관리를 받을 수 있다(그림 8-7).

그림 8-7 • 개인용 로봇 트레이너(아톰)

① 인튜이티브 오토마타(Intuitive Automata)사가 홍콩에서 출시하는 15[inch] 높이의 이 작은 로봇 '아톰(Autom)'을 통해서 소비자는 완벽한 다이어트 성공을 기대해 볼 수 있다.

② LCD 터치 스크린과 음성지원을 통해 사용자의 다이어트 식단과 운동량에 맞춘 스케줄과 권고사항을 알려주고 이를 통해 사용자가 목표한 양만큼 몸매조절에 성공하도록 돕는다.

③ 제조사측은 "이 로봇은 언제나 소비자에게 다양한 권고사항과 조언을 할 준비가 되어 있기 때문에 같은 대화를 반복할 일은 없을 겁니다"라며 우수한 음성지원기능을 강조했다.

④ 제조사측은 아톰(Autom) 로봇을 통한다면 사용자가 다른 다이어트 방법보다 두 배에 가까운 다이어트 효과를 누릴 수 있을거라 장담한다. 이 로봇은 눈을 깜빡이는 귀여운 동작이 눈에 띄며 친근한 디자인을 선보인다.

08 건강 체크센서

발렌셀(Valencell)이 센서기술을 바탕으로 귀의 중요한 기능을 재해석하여 CES 2012에서 선보였다. 귀에 있는 독특한 생리적 기능을 주요 건강정보를 얻는 채널로 활용할 수 있게 한 것이다(그림 8-8).

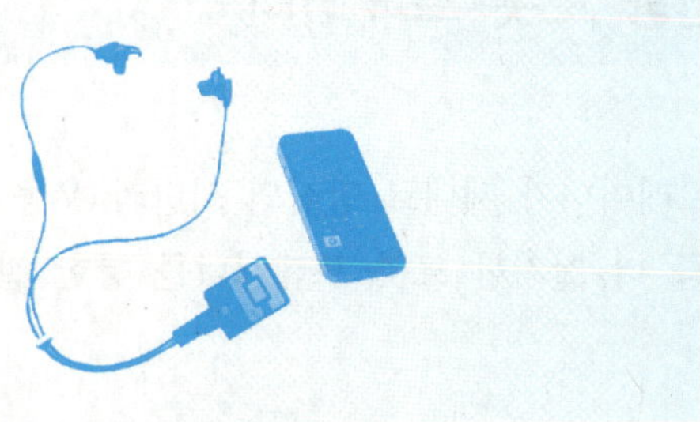

그림 8-8 • V-링크 기술인 CES 2012

① 'V-링크(V-LINC)'라고 하는 이 기술제품은 매일 음악을 들을 때 사용하는 이어폰처럼 생겼다.

② 발렌셀은 'V-링크' 기술이 귀를 통해 어떤 환경, 어떤 조건에서든 모든 운동 중에 지속적으로 심장박동을 모니터할 수 있는 유일한 이어버드 베이스 기술이라고 밝혔다.

09 고혈압 조절기

일반적으로 고혈압을 앓고 있는 사람들은 좀 더 건강한 식단으로 바꾸고 운동을 하여 체중을 줄이며 여러 가지 약을 복용하도록 권장받는다. 한편 현재 영국에서는 이외에 고혈압 환자들에게 또 하나의 색다른 처방이 내려진다(그림 8-9).

① 바로 '레스퍼레이트(RESPeRATE)'라고 하는 새로운 시스템이다. 레스퍼레이트는 환자의 호흡을 모니터하고 소리를 사용하여 환자가 좀 더 길고 느리게 숨을 쉴 수 있도록 해준다. 결과적으로 몸의 긴장을 완화시키는 역할을 한다.

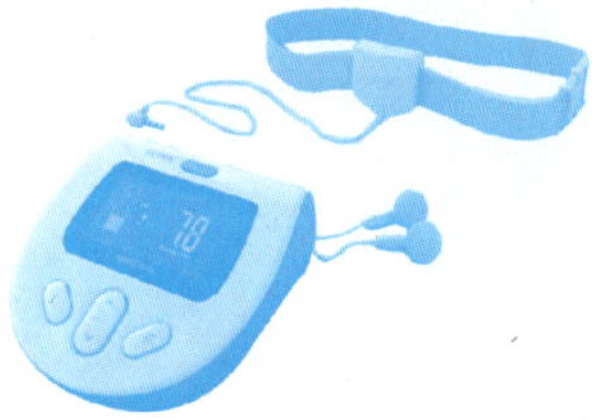

그림 8-9 • 고혈압 조절기(레스퍼레이트)

② 레스퍼레이트 제조업체에 따르면 이미 여러 차례의 임상실험을 통해 고혈압 감소에 지속력이 뛰어나고 중대한 영향을 미친다는 결과를 얻었다고 한다. 레스퍼레이트는 끈으로 고정된 호흡 센서와 작은 헤드폰이 달린 컴퓨터 방식의 컨트롤 장치로 구성된다.

③ 호흡 센서는 환자의 복부 위쪽에 놓이며 실시간으로 들숨과 날숨을 모니터한다. 레스퍼레이트 시스템은 호흡을 두 가지 다른 톤으로 전환시켜 헤드폰을 통해 내보낸다. 따라서 환자는 현재 호흡수를 나타내는 톤에 맞춰 호흡을 시작하며 조금씩 날숨을 길게 늘이게 된다. 이는 환자가 일명 '치료 수준'에 도달할 때까지 지속되며 호흡수는 분당 10번 이하가 된다.

④ 연구에 따르면 느리고 깊은 호흡을 몇 분 동안하고 나면 체내의 좁은 혈관을 둘러싼 근육이 풀어지며 혈액의 흐름이 자유로워지고 결과적으로 혈압이 낮아지기 시작한다.

⑤ 레스퍼레이트를 하루 15분간, 최소 일주일에 네 번 이상 사용하면 환자의 혈압을 상당한 수준으로 낮출 수 있으며 일상적인 호흡상태에서도 그대로 유지된다.

⑥ 물론 레스퍼레이트에 대한 비판적인 의견도 존재한다. 그러나 영국의 NHS에서는 열 번의 임상실험 결과와 기타 데이터를 바탕으로 레스퍼레이트가 합법적인 의료기기라고 발표했다.

10 광선 치료기

메디노우즈(Medinose)는 만성적인 건초열과 알레르기를 치료하는 방식에 혁신적인 돌파구를 예고했다. 이 제품은 광선요법을 사용해 약 2주 정도면 충혈, 콧물, 두통, 눈물 등을 비롯한 알레르기 증상을 제거해준다(그림 8-10).

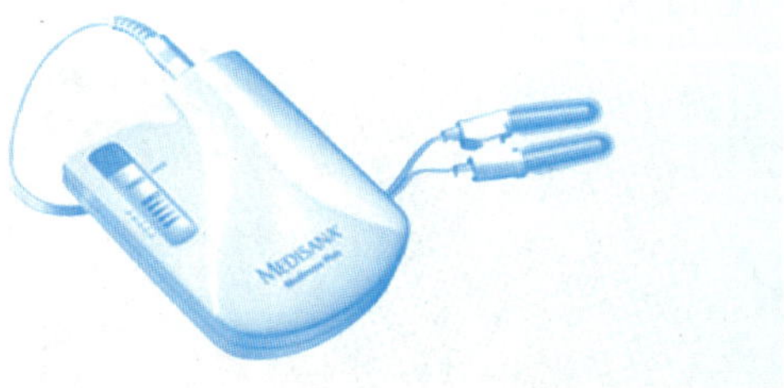

그림 8-10 • 광선 치료기(메디노우즈)

① 광선요법을 채택한 메디노우즈는 히스타민의 사용을 억제하고, 자연스런 방식을 통해 알레르기 반응과 증상을 경감시키거나 완벽히 없애준다.
② 광선요법은 알레르기 반응을 치료할 목적으로 병원에서 개발된 방법이다. 이 요법은 세포의 신진대사에 영향을 미치는 가시적인 붉은 광선을 사용하며 면역반응을 낮춰 코점액질 막의 염증을 감소시킨다.
③ 광선은 알레르기 반응 및 증상에 있어 전반적인 경감효과를 야기한다. 약복용에 따른 신체부담이 없기 때문에 메디노우즈는 부작용도 없다.
④ 메디노우즈는 소형 전원함과 두 개의 콧구멍 삽입용 탐침으로 구성되어 있다. 메디노우즈가 제공하는 각 치료 세션은 약 4~5분이며, 하루 2~3회 실시한다.
⑤ 메디노우즈는 집안, 길거리, 일터 등의 어떤 장소에서도 사용할 수 있다. 심각한 증상일 경우 수차례 반복해서 사용할 수 있으며, 어떠한 부작용도 발생하지 않는다. 다만, 증상이 가라앉으면 치료횟수를 줄이면 된다. 메디노우즈는 예방기기로도 적합한 제품이다.

11 근육관리 마사지기

얼굴근육 마사지 전문가가 개발한 '조간킨(ZOGANKIN)'이라는 제품은 리드미컬한 EMS 자극이 마치 따뜻한 손으로 마사지하는 느낌으로 한 단계 업그레이드된 미용체험을 가능하게 한다(그림 8-11).

초당 1[MHz] 고주파 온열과 표정 근육을 자극하는 EMS 자극이 동시에 발생하는 이 제품은 신경쓰이는 부분에 젤을 묻힌 후 3분 동안 대고 있으면 모든 여성이 원하는 동안 얼굴을 만드는 데 도움을 줄 수 있다.

그림 8-11 • 근육관리용 마사지기(조간킨)

12 냉온찜질기기

근육 혹은 관절의 통증을 단숨에 완화시켜주는 휴대용 냉온찜질기인 리차저블 컴프레스(Rechargeable Compress)가 출시되었다. 이 제품은 최고 43.3[℃]에 달하는 열기와 최저 4.4[℃]의 냉기가 방출되는 기기로 통증경감을 위한 온열 및 저온 요법에 이상적이다. 특히, 단 45초 만에 열기 혹은 냉기를 배출해 즉각적인 통증완화 혹은 혈액순환을 용이하게 하는데 효과적이다(그림 8-12).

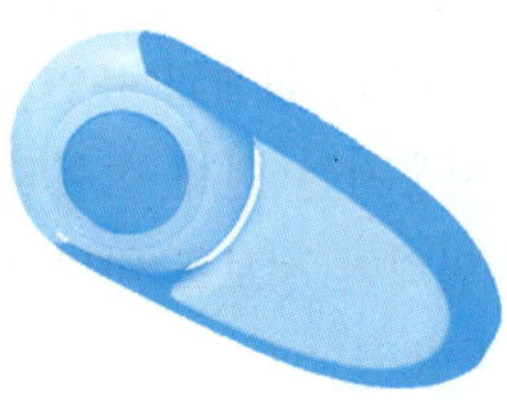

그림 8-12 • 휴대용 냉온찜질기(리차저블 컴프레스)

① 리차저블 컴프레스 하나면 번거롭게 핫팩을 부착하거나 냉찜질 팩을 얼릴 필요가 없으며 TV 리모컨보다 아담한 크기로 휴대도 간편하다.
② 한편, 냉온기가 배출되는 알루미늄 헤드는 90[℃]로 회전되기 때문에 어떤 신체부위라도 사용이 편리하다.
③ 버튼 하나로 냉온을 조절할 수 있으며 4개의 AA배터리 혹은 AC어댑터로 작동시킬 수 있다.

13 모바일 건강지원 서비스

NTT 도코모(NTT Docomo)사가 '아이 바디모(i Bodymo)' 모바일 건강관리 서비스 제공을 일본에서부터 시작했다(그림 8-13).

그림 8-13 • 모바일 건강관리 서비스 시스템(아이 바디모)

① 이 모바일 서비스는 매일 매일의 운동과 식사 섭취에 관한 정보를 휴대폰을 통해서 관리할 수 있도록 한다. 이 서비스는 사용자가 입력한 정보에 입각해서 매일 치의 운동에 관련한 조언과 정보들을 제공해 준다. 이 서비스를 통해 사용자의 일일 걷는 양을 측정하며, 조깅/걷기 코스의 거리와 시간 등을 파악할 수 있다.

② '가속계 기능'을 통해서 사용자는 본인 신체의 유연도, 균형 등을 점검할 수 있다. 새로운 아이 바디모 서비스를 통해 사용자는 현재 섭취되는 칼로리와 소비되는 칼로리의 양을 알 수 있고, 식단에 관해서 입력한 정보를 바탕으로 영양분배와 식단에 관해 안내받을 수 있다.

14 목걸이형 심전계

일본의 국립 정보통신기술연구소는 요코하마 시립대학과 환경보건의학연구 및 혁신연구소의 도움으로 옷처럼 착용할 수 있는 심전계를 개발하는 데 성공했다. 이 심전계는 인체통

신망 'BAN(Body Area Network)'을 이용한다. BAN은 인체 가까이에 있는 장비와 체내 감지장치 사이의 통신에 사용되는 근거리 무선통신기술이다(그림 8-14).

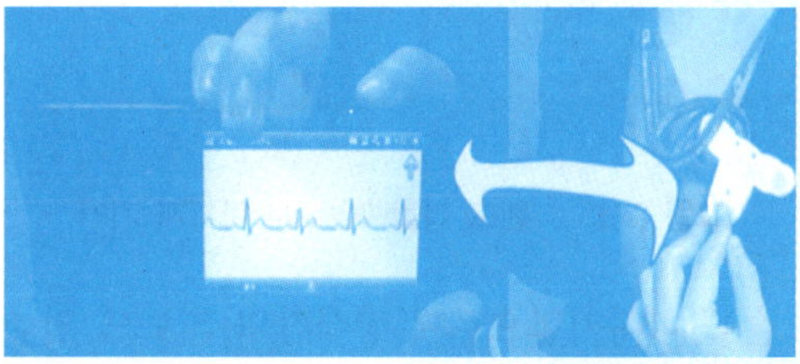

그림 8-14 • BAN 목걸이형 심전계

① 새로운 심전계는 목걸이처럼 목에 걸어주기만 하면 24시간 지속적으로 심전도 측정을 수행할 수 있고, 측정된 데이터를 무선으로 전송할 수 있다.

② 국립 정보통신기술연구소(NICT)는 이 심전계가 일상생활 속에서의 개인 건강관리 및 환자의 원거리 모니터링 등에 사용될 수 있게 되기를 기대하고 있다. 이 심전계는 심전도검사를 수행하는 것 이외에도 체표면온도 및 자세변화도 측정할 수 있다.

③ 20[g]에 불과한 가벼운 중량과 젤을 바를 필요가 없는 전극봉을 사용해 심전계를 단순히 목에만 걸어주면 되기 때문에 상당히 편리하다는 것이 연구소측의 설명이다. 뿐만 아니라 이 새로운 심전계는 절진 보완기능(low-power security function)을 가지고 있다.

④ 이는 자세 및 생물학적 데이터의 변화는 개개인의 고유한 특징이라는 사실을 이용해서 역동적으로 암호키를 생산하는 보안기술이다.

⑤ 이 심전계를 개발한 연구소에 따르면 이 기술은 암호키를 생산하는 데는 연산작업이 많지 않기 때문에 전력소비를 줄이는 데 도움이 된다고 한다.

15 손 마사지기기

해마허(Hammacher)사는 반사요법을 사용, 손을 지압하고 마사지해주는 손전문 마사지기기, '핸드 리플렉솔로지 마사저(Hand Reflexology Massager)'를 출시했다(그림 8-15).

① 제품은 손등과 손바닥의 지압점을 누르고 주물러줌으로써 손의 불편함과 통증을 효과적으로 풀어준다.

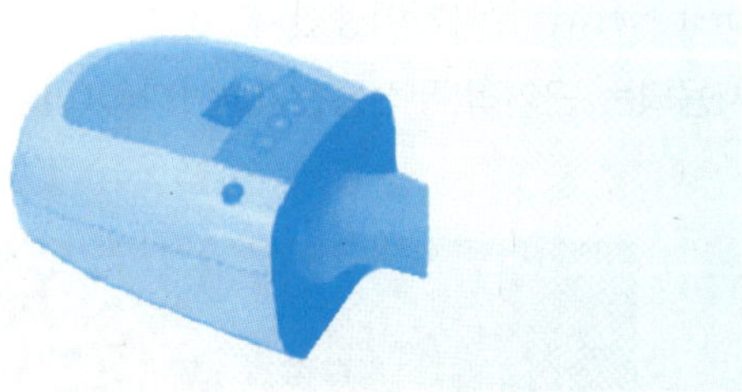

그림 8-15 • 핸드 리플렉솔로지 마사저 기기

② 부드러운 리듬으로 손을 마사지함으로써 장시간의 키보드 및 마우스 사용으로 인한 손의 긴장과 스트레스, 피곤을 풀어준다.

③ 리플렉솔로지 마사저 안에 손을 넣고 버튼을 누르면 5분, 10분 혹은 15분 동안 마사지가 지속된다.

④ 마사지의 세기도 4가지 레벨 중 선택 가능하며 혈액순환을 돕도록 적외선 열기도 쪼여준다.

16 손목형 혈중산소농도 측정기

최근 노닌 메디컬(Nonin Medical)사는 손목형 혈중산소농도 측정기 'WristOx2 Model 3150'을 미국과 캐나다 시장에 출시했다. 이 블루투스 무선 기능의 컨티뉴아(Continua^{TM}) 인증 제품은 다른 인증 기기와 호환이 간편하다(그림 8-16).

그림 8-16 • 손목형 혈중산소농도 측정기

① 컴팩트한 손목형 무선 모니터링 기기로 만성폐쇄성 폐질환 또는 폐쇄성 수면무호흡증 같은 질환환자의 혈중산소농도와 맥박을 정확하게 모니터링한다.

② 노닌 사의 PureSAT SpO_2 기술이 적용된 이 제품은 환자움직임과 저관류(low perfusion)

같은 민감한 정보뿐 아니라 다양하고 정확한 정보를 제공한다.

③ WristOx 3100과 4100을 대체하는 싱글 플랫폼이 독립형과 OEM 애플리케이션 모두에 적용된다.

④ 실시간 데이터 전송을 위한 **컨티뉴아 인증**(Continua™-certified) **블루투스 기술**과 USB 연결, 배터리 교환 중 데이터 손실을 막는 **비휘발성**(non-volatile) 메모리, 2개의 AAA 배터리로 최고 48시간 사용 가능 등 성능 업그레이드가 이뤄졌으며, 장시간 착용에도 편안함을 높여주는 전용 소프트 센서가 탑재된다.

17 숨쉬기 운동기구

고혈압의 경우 규칙적이며 올바른 '**치료성 유효호흡**'을 하면 혈압을 저하시킬 수 있다는 과학적 증거가 오랫동안 확인되고 있다. 그러나 이런 호흡운동을 개개인의 몸상태에 맞게 지속적으로 하는 것은 쉽지 않다(그림 8-17).

그림 8-17 • 숨쉬기 운동기구(레스퍼레이트)

① 미국의 인터큐어사가 개발한 **레스퍼레이트**(RESPeRATE)는 개인에 따른 **지속적인 치료성 유효 호흡운동을 할 수 있도록 도움을 주는 고혈압치료 보조기이다.**

② 레스퍼레이트는 **환자의 호흡 패턴을 분석해 헤드폰으로 멜로디를 들려줌으로써 숨을 길게 내쉬게 하여 느리게 호흡할 수 있도록 유도한다.**

③ 레스퍼레이트를 **연속적으로 사용하게 되면 호흡수가 분당 10회 이하로 조절되는데**, 이를 '**유효운동**'이라고 한다.

④ **환자의** 유효운동을 통해 **심폐 평활근 확장으로 교감신경의 활성을 감소시켜 말초혈관 주위의 근육을 이완하고 혈관을 확장, 혈압강하 및 혈류개선 효과를** 발휘한다. FDA에서 인증 및 허가를 받았다.

18 심박동 모니터

수영하는 동안 심박동수를 측정하여 알려주는 '스위머스 토킹(Swimmer's Talking)' 심박동 모니터가 새로이 출시되었다(그림 8-18).

그림 8-18 • 심박동 모니터(스위머스 토킹)

① 심박동계를 손목에 차게 되면 측정치를 보기 위해 수영을 멈추어야만 한다. 그러나 이 기기는 적외선 기술을 사용 심박동을 측정하므로 손목 대신 귓불과 수영모자에 연결하여 사용한다.

② 사용자의 광대뼈를 통해 고막으로 소리를 전달하는 전도기술을 사용하여 심박동수를 주기적으로 알려주므로 수영을 멈출 필요가 없으므로 매우 편리하다.

19 심장박동감지 혈압 모니터링 기기

해머커 슐레머(Hammacher Schlemmer)사에서 고혈압뿐만 아니라 불규칙적인 심장박동까지 감지해주는 혈압 모니터링 기기를 출시했다(그림 8-19).

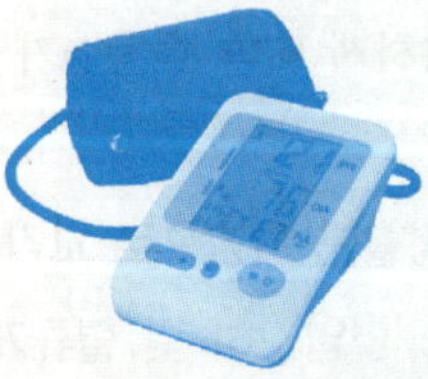

그림 8-19 • 심박동 및 혈압 모니터링 기기

① 사용자의 심장박동수가 평균치에 비해 25[%] 느리거나 빠르면 부정맥을 알리는 경고신호를 대형 LCD 화면에 표시해주는 아이템으로 오실로메트릭(oscillometric) 방식을 채택했다.
② 오실로메트릭 방식은 부정맥과 고혈압을 감지하는 것으로 임상적으로 증명된 것으로 3번 연속으로 혈압을 측정, 평균 결과를 화면에 나타낸다.
③ 4명 기준으로 최대 30번의 측정결과를 저장할 수 있는 통합형 메모리를 탑재하고 있으며 각 측정결과마다 시간과 날짜가 표기된다.
④ 기기의 상단에는 $3\frac{1}{3}$(가로)×2(세로) 인치의 대형 LCD 액정이 장착되어 있으며 4개의 AA배터리로 구동된다. 한편, 사용 중 부정맥이 반복될 때에는 의사와 상의할 필요가 있다.

20 알레르기 완화기

약물이나 주사를 사용하지 않고 알레르기 증상을 빠르게 완화시키는 방법이 개발되었다. 건초열을 비롯한 여타 알레르기에 효과가 있을 뿐 아니라 기존 약물 치료방법에 비해 효과가 좋다는 것도 장점이다. 이 방법은 바로 라이트 테라피를 이용한 것이다(그림 8-20).

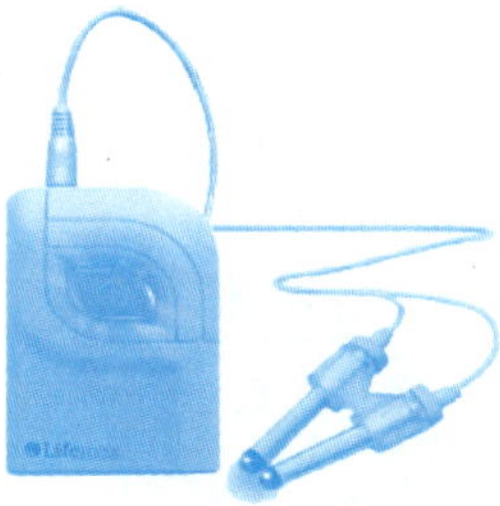

그림 8-20 • 알레르기 완화기(스니저빔)

① '스니저빔(Sneezer Beam)'이라고 하는 기기로 비침투성 광선을 쬐면 충혈, 콧물, 눈물, 두통 등의 알레르기가 빠르고 효과적으로 완화된다.
② 스니저빔의 효과가 꼭 만병통치약을 선전하는 것처럼 과장되게 들릴지도 모르겠지만 사실이다.
③ 스니저빔의 라이트 테라피가 알레르기 증상의 온상인 코 속에서 히스타민을 만들어내는 세포를 억제하기 때문에 가능한 것이고 사용법도 매우 간단하며 두 개의 LED 조명 끝부분을 콧속에 하루 두 번씩 3분 동안 넣고 라이트 테라피를 받으면 된다.

④ 스니저빔은 의료기기로서 필요한 검사와 테스트를 마쳤다. 또한 알레르기 비염을 앓고 있는 40명의 환자를 대상으로 임상실험을 거쳤다.

⑤ 20명에게는 스니저빔과 동일한 양의 라이트 테라피를 적용했고 다른 20명에게는 라이트 테라피를 하는 것처럼 하기는 했으나 실제로 광선을 쪼인 것은 아니다. 결과는 라이트 테라피를 사용한 환자들의 72[%]가 증상이 크게 개선되었고, 실제로 사용하지 않은 환자들은 24[%]가 개선된 것으로 나타났다.

⑥ 이 실험결과는 의학잡지《알레르기, 천식, 면역(Annals of Allergy, Asthma and Immunology)》에 상세하게 실렸다.

⑦ 약물도 사용하지 않고 부작용도 없으며 알레르기 증상이 있는 곳을 만질 필요도 없는 스니저빔 라이트 테라피는 대기오염 속에 갈수록 늘어나는 알레르기 환자들에게 큰 도움이 될 것으로 기대된다.

21 알츠하이머 환자용 모니터 팔찌

이스라엘의 디매텍(Dmatek)은 시계처럼 생긴 대형 팔찌를 개발했다. 이 팔찌는 알츠하이머와 치매를 앓고 있는 환자를 수시로 체크할 수 있는 기능을 제공한다(그림 8-21).

그림 8-21 • 알츠하이머 환자용 모니터 팔찌

① '홈 프리 엘리트(Home Free Elite)'는 팔목에 착용할 수 있는 것으로 무선 통신 플랫폼에 기반하고 있어 실시간으로 환자를 추적하는 것이 가능하고, 전문 의료진이 계속해서 환자를 추적하고 있는 모니터링 센터로 신체 센서에서 수집된 정보를 지속적으로 전달한다.

② 이 착용 가능한 형태의 장비는 환자가 있는 장소를 알려주는 신호를 방출하고, 환자가 시설물 안에 있는지 혹은 밖으로 나갔는지, 또는 환자가 주의를 요하는 위험에 빠져 있는지에

대한 정보를 간호사나 의사에게 알려준다.

③ 실시간으로 정보를 받는 전문 의료진은 응급상황에 신속하고 우선적으로 대응할 수 있다.

④ 현재 이 장비에는 GPS 기능이 지원되지 않고 있다. 그러나 새롭게 생산될 장비는 GPS 신호를 송출할 수 있도록 맞춤형으로 제작이 가능하다.

22 암감지 스캐너

과학기술개발에 대한 인간의 끊임없는 상상력과 노력에 박수를 보낸다. 이러한 맥락에서 하버드대학교와 MIT가 손을 잡고 만들어낸 기술이 전세계 암환자 혹은 잠재 암환자들에게 이번에 개발된 기술은 다름 아닌 인체 내에 있는 암세포를 한 시간 안에 감지하는 스캐너로, 제조에 필요한 부품이 200달러 밖에 되지 않는 저렴하고 획기적인 기술이다(그림 8-22).

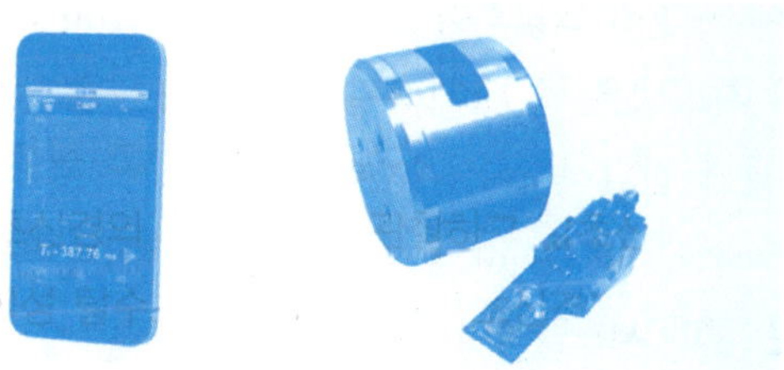

그림 8-22 • 암감지 스캐너

① 이 스캐너는 소형 휴대용 기기로서 항체와 자기입자를 사용하여 암세포를 찾아내는데, 악성종양 여부를 판단하기 위해 커다란 조직을 떼어내는 대신 작은 바늘로 세포를 추출하는 방식으로 작동한다.

② 모든 진단결과는 전용 앱(app)을 사용하여 스마트폰으로 보내지며 조직검사처럼 일주일이나 기다릴 필요 없이 1시간이면 결과를 알 수 있다. 조직검사 결과를 기다리는 일주일은 지옥을 왔다 갔다 하는 마음이다.

③ 현재의 조직검사는 정확도가 84[%] 정도 된다. 하지만 이번에 개발된 스캐너는 정확도가 96[%]까지 올라간다는 것도 큰 장점이다. 따라서 암이 의심되는 경우에 이 스캐너를 사용하면 밤잠을 설치며 삶과 죽음을 오가는 고민 같은 것을 하지 않아도 될 뿐 아니라 거의 완벽하게 정확한 결과를 얻을 수 있다. 보다 신속하게 후속조치를 취할 수 있다는 뜻이기도 하다.

23 약물투여 시스템

리히텐슈타인에 소재한 팬텍 바이오솔루션(Pantec Biosolution)은 최근 P.L.E.A.S.E.라는 이름의 레이저를 기반으로 한 상피 내부 약물투여 시스템을 공개했다. 이 시스템은 주사바늘이 없기 때문에 환자에게 고통을 주지 않는 것이 특징이다(그림 8-23).

그림 8-23 • 약물투여 시스템(LEDDT)

① 미국 샌디에고에서 열린 약물투여 관련 컨퍼런스(Drug Delivery Partnership 2008)에서 처음 소개된 이 시스템은 특수 제작된 레이저 극소 충격기술을 사용해 고분자량 약물을 효과적으로 인체에 전달하도록 디자인되었다.

② LEDDT(Laser Easy Drug Delivery Technology)라는 이름의 이 기술은 고분자량 약물을 투약하는 새로운 경피 시스템이다.

③ 손으로 들고 사용하는 이 레이저 기기는 표피에 미세한 구멍을 내어 약물을 전달한다. 이 기기의 특수 기능으로 인해 이 구멍은 신경과 핏줄이 흐르는 진피까지는 미치지 않는다.

④ 사용방법 또한 이해하기 매우 쉽도록 그래픽으로 제공되므로 의료인이나 환자 모두 안전하고 편리하게 사용할 수 있을 것이다.

24 에어 마사지기

장시간 앉아서 일한 후 퇴근할 무렵이 되면 다리가 너무 아파 집에 가기 어려웠던 적이 있을 것이다. 이제 새로 출시된 휴대용 에어 마사지기 '퓨티피노(Putifino)'를 사용하면 하루종일 책상 아래 다리를 두더라도 편안한 상태로 아름답게 유지하는 것이 가능하다(그림 8-24).

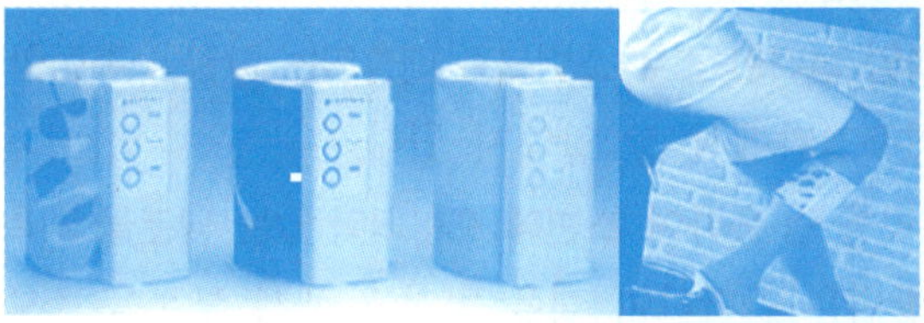

그림 8-24 • 에어 마사지기(퓨티피노)

① 휴대용으로 자가 팽창이 되는 퓨티피노는 여권 크기보다 작은 사이즈로 손쉽게 접을 수 있어 어떤 종류의 가방이나 지갑에도 쏙 들어간다.
② 섬세하고 조밀한 벨루어 천으로 안감을 대어 부드럽고 편안한 느낌을 제공한다.
③ 스타일시하고 깔끔한 퓨티피노를 이용해 다리에 활력을 불어넣어주는 일은 누구나 한번쯤 시도해볼 만하다.
④ 색상은 핑크, 노랑 및 검정 세 가지로 출시되었고, 무게는 155[g] 크기는 22×45[cm]이다.
⑤ 라이트, 중간 및 혈액순환 모드라는 세 가지 마사지 기능을 갖추었다.
⑥ 나일론 테이프를 사용하는 게 아니므로 섬세한 재질의 스타킹이나 치마에 전혀 손상을 주지 않는다.

25 요당측정기

타니타(Tanita)는 소변 안에 있는 미량의 당분을 계측함으로써 과식인지 아닌지를 판정할 수 있는 다이어트 체커 'QM-300' 모델을 개발했다. QM-300은 식사와 소변 속에 포함되어 있는 당분의 관계에 착안한 것이다(그림 8-25).

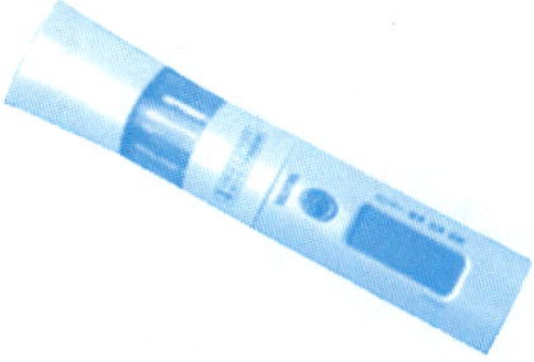

그림 8-25 • 요당측정기(다이어트 체커 QM-300)

① 식사에서 섭취한 당질은 일정한 한도를 넘으면 지방으로 변하지만 그 이하는 변하지 않는다. 당질을 과잉 섭취한 경우 소변으로 배출되는 당질을 측정함으로써 과식을 판정하는 것이 지금까지 연구결과에서 잘 알려져 있다.

② QM-300은 이 원리를 응용하여 소변에 포함되어 있는 당분을 계측함으로써 과식을 판정한다. 사용하는 방법은 간단하여 캡을 벗기고 센서 부분을 소변에 넣기만 하면 된다. 소변에 포함된 당분을 3극식 4층 박막기능층으로 이루어진 싱글칩 바이오센서로 감지하고, 타니타의 독자적인 알고리즘으로 해석하여 과식인지 아닌지 수치와 5단계의 아이콘으로 표시한다. 또한 과식인지 아닌지를 판정하는 새로운 지표로서 밀(meal)이라는 단위를 설정했다.

③ QM-300은 0~1,000밀의 범위를 측정, 표시한다. 식후 약 2시간 후에 소변을 측정하여 밀 값이 일정수준 이하이면 당질이 원인이 되어 살이 찌는 일은 없다. 이 경계치에 대해서는 조정을 하고 있으며, 더욱 더 많은 연구가 필요하다고 보고 있다.

④ 모델은 당분을 베이스로 측정하고 있지만 제품화를 위해서는 소변 속에 포함되어 있는 여러 가지 성분을 측정하고 이들을 종합적으로 분석하여 표시할 계획이다.

⑤ 과도한 당을 섭취하는 경우 소변으로 배출되며 이렇게 배출되는 요당은 효소층에서 과산화수소로 변화하여 전극으로 측정가능하게 된다. 6초 안에 결과를 얻을 수 있으며 수돗물로 세척하므로 휴대와 보관이 편리하다.

26 욕창예방 행동 체크시스템

얼리센스(EarlySense)의 '에버온 터치(EverOn Touch)' 시스템을 미 식품의약국 승인획득을 발표했다. 기존 '에버온(Everon)'은 비접촉식 환자감시 시스템에 수 개의 기능이 추가된 것이다(그림 8-26).

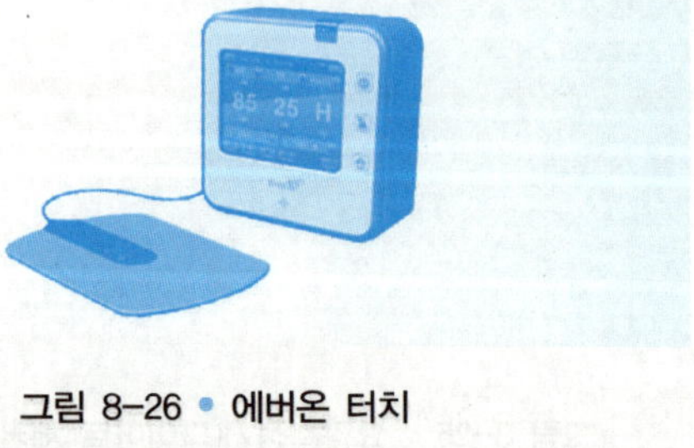

그림 8-26 • 에버온 터치

① 온라인 디스플레이 기능은 의료진에 환자의 움직임 정보를 제공하며, 간호사 지시대로 환자 몸이 움직여지는지 확인한다. 환자의 움직임이 저조한 것은 욕창의 주 원인이며, 욕창은 미국 병원에서 많은 비용과 환자 안전 관련 문제를 야기한다.

② 많은 병원들은 환자 욕창방지 관련한 비용과 대대적인 인력소모 문제를 호소해 왔으며, 이에 얼리센스는 신제품을 개발하게 되었다. 또한, 바이탈 사인감지와 침대 이탈신호가 추가되어 완벽한 비접촉식 환자 안전제품으로 거듭났다.

③ 기존 모델 '에버온'도 FDA 승인을 획득했으며, 이 비접촉 환자감시 시스템은 병원 환자 침대 매트리스 밑에 장착된 센서를 사용한다.

27 원격-건강 체크장치

주로 병원이나 가족과 멀리 떨어져 지내는 노인들에게 유용하게 사용할 수 있는 원거리 생체신호 모니터링 장치가 개발되어 눈길을 끌고 있다(그림 8-27).

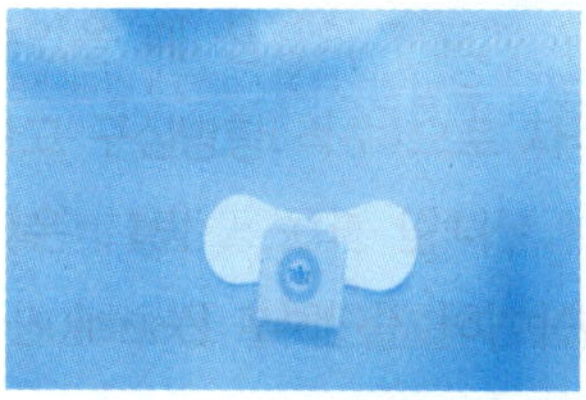

그림 8-27 • 가슴에 부착한 HRS-I 모습

① 노령화가 빠르게 진행되는 가운데 일본만큼 생체신호 원거리 모니터링 분야에서 발전을 이룬 나라도 드물다.

② 일본은 앞으로도 생체신호 원격조정 텔레메트리(telemetry) 분야를 선도하는 나라가 될 것으로 보인다. 건강 관련 정보를 모아 무선으로 휴대폰이나 PC로 전송해 몸상태를 체크해주는 'HRS(Human Recorder System)-I'이다.

③ HRS-I는 가슴에 부착된 작은 센서를 통해 정보를 모은다. 즉 심전계 신호와 체온은 물론, 3축 센서를 통해 인체활동도 측정한다. 또한 스트레스 정도와 심장박동 기능이 정상인지도 체크한다. 이렇게 모아진 정보는 무선으로 휴대폰이나 PC로 전송되어 원거리에 있는 건강

전문가나 가족들에게 보내진다.

④ HRS-I는 CR2032 배터리를 사용하며 길게는 삼사일동안 수명이 지속된다. 장치의 크기는 1.2×1.2×0.2[inch](30×30×5[mm])이며, 신체에 큰 불편을 초래하지 않고 부착가능하다. 특히, 원거리에 거주하는 노인들의 건강관리에 유용하다.

28 유방암 자가진단기

여성을 위한 건강 아이템인 '브레스트라이트(Breastlight)'가 출시되었다. 이 제품은 유방에 생긴 어떠한 변화라도 정확히 조기에 감지할 수 있도록 도와주는 기기이다(그림 8-28).

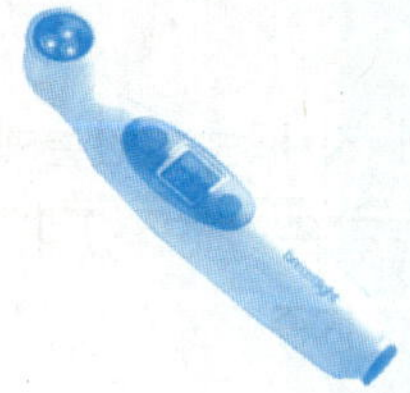

그림 8-28 • 유방암 자가진단기(브레스트라이트)

① 브레스트라이트는 유방세포에 무해한 붉은 광선을 비춰 유방 내부를 보다 세밀하게 관찰할 수 있도록 도와준다. 특히, 사용법이 간단하고 안전해 가정에서 규칙적으로 유방건강을 체크하며, 이상 여부를 자가진단할 수 있다.

② 브레스트라이트를 사용하기 위해서는 가능한 어두운 공간을 확보한 뒤 피부에 윤활제를 바른다. 브레스트라이트의 전원을 ON한 뒤 유방 아래에 대고 피부를 촘촘히 비추면 된다. 이때 관찰되는 유방 속 검은 선은 정맥이나 다른 혈관이므로 정상적인 현상이다. 다만 유방 내부에 검은 점이나 덩어리가 발견된다면 곧장 병원에서 정확한 진단을 받아야 한다.

③ 브레스트라이트로 유방뿐만 아니라 팔 아래, 가슴 위쪽 등을 비롯한 모든 부위를 세밀하게 체크하면서 건강을 진단할 수 있다.

④ 브레스트라이트의 상단에 위치한 버튼을 눌러 밝기를 총 4단계로 제어할 수 있다. 일반적으로 유방의 크기가 클수록 보다 강한 밝기의 광선이 요구된다.

29 인슐린 공급장치

수년간의 연구개발 과정 끝에 개발된 '피코슐린(PicoSulin)'은 플라스틱 마이크로 펌프를 사용해 인슐린을 체내에 전달한다. 이 펌프는 매우 정밀한 기계 시스템에 연결되어 있어 25[nl](0.0025[U])의 볼루스(bolus)를 전달할 수 있다(그림 8-29).

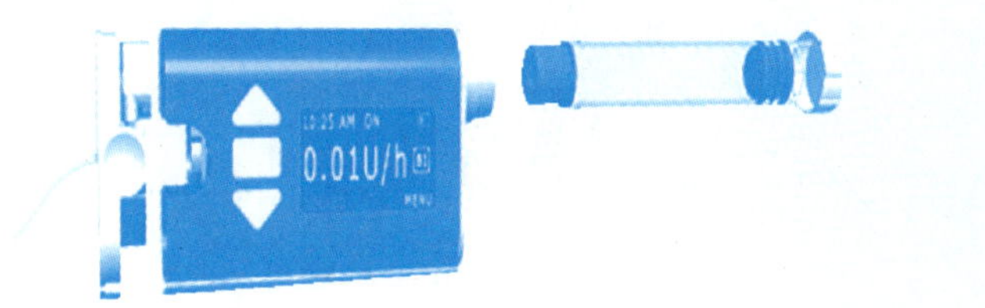

그림 8-29 • 인슐린 공급장치(피코슐린)

① 기존의 제품이 500[nl](0.05[U])를 전달하는 것에 비하면 20배나 더욱 정밀해진 셈이다.

② 사용법은 간단하고 마이크로 펌프 안에 인슐린 펜필(PenFill) 카트리지를 넣는다. 다음 일회용 패치를 펌프안에 연결한 다음 피부에 패치를 붙이면 환자는 주사의 고통 없이 인슐린은 공급받을 수 있다.

③ 마이크로펌프는 부피측정 펌프 방식을 사용해 모든 타입과 모든 브랜드의 펜필 카트리지로부터 인슐린을 곧바로 흡출할 수 있다.

④ '피코패치(Pico Patch)'의 두께는 15[mm] 밖에 되지 않아 쉽게 부착 가능하다. 사용자는 3[ml] 인슐린 용량의 펜필 카트리지를 사용할 수 있다.

⑤ 피코패치는 한번 쓰고 버리는 부품이 적어 환경친화적이고, 낭비되는 인슐린의 양도 적다.

⑥ 패치를 교체할 때는 인슐린 카트리지를 새 패치 안에 넣으면 된다.

30 체온계

최근 출시되는 의료기기에는 안전요소와 미적 감각, 간단한 조작법 그리고 스마트 기능이 결합되어 출시되는 추세이다(그림 8-30).

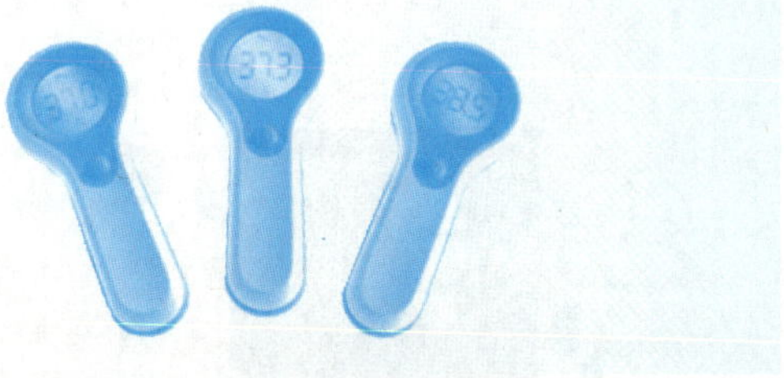

그림 8-30 • 스마트 기능 체온계

① 의료장비의 부품소형화와 컴퓨터 디스플레이 가격하락으로 의료기기도 소형화와 스마트 트렌드를 추구하고 있으며, 장소에 구애받지 않고 어디에서나 원하는 기능을 사용할 수 있는 스마트 제품들이 많다.

② 체온계 센서를 자녀의 관자놀이에서부터 이마 중앙 부분에 스캐닝하면 환자의 몸에 삽입하지 않고도 체온을 측정할 수 있다.

③ 이마 동맥에서 발생하는 열을 분석하는 방식의 이 제품은 사용자가 읽기 쉽도록 색깔로 체온을 표시한다. 정상 체온에는 녹색, 중간 체온에는 노란색, 그리고 심각한 열인 경우에는 붉은색이 표시된다.

④ 이 신제품은 구강, 귀, 항문 체온계보다 광범위하게 사용될 수 있으며, 다른 체온계에 비해 체온측정 결과를 훨씬 빠르게 제공한다.

⑤ 빅스 체온계에는 귀체온계처럼 적외선 기술이 사용되었으나, 이마 동맥 스캔을 위해 변형된 기술이 적용되었다.

⑥ 체온계 센서 주변에는 열가소성 고무(ThermoPlastic Rubber : TPR)가 사용되었다. 이로 인해 피부에 닿는 느낌이 훨씬 부드럽고, 제품이 사용되지 않을 때는 체온계 입구를 커버하는 역할을 한다.

31 초음파 스캐너

이제 어디서나 간편하게 초음파 스캔을 할 수 있는 시대가 열렸다. 그동안 병원에 가서만 할 수 있었던 초음파 스캔이 간단한 휴대용 장치를 통해 가능해진다(그림 8-31).

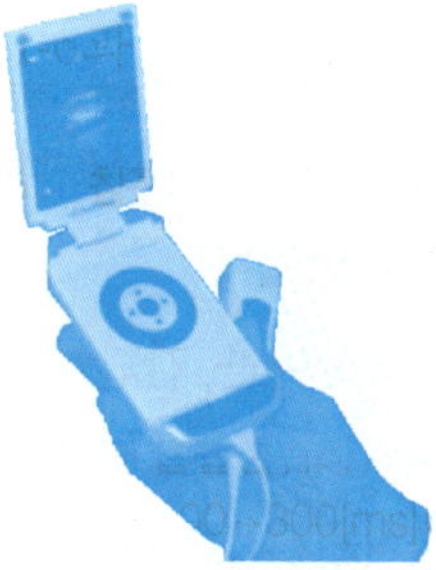

그림 8-31 • 초음파 스캐너(Vscan)

① 'Web 2.0 서밋(Summit)'에서 제너럴 일렉트릭(General Electric)사의 CEO 제프 이멜트(Jeff Immelt)는 저렴하고 휴대기능이 뛰어난 초음파 스캐너 'Vscan'을 발표했다.
② Vscan의 크기는 블랙베리만하다. 플립형 휴대폰처럼 중간에서 접힌다. Vscan 기기의 윗부분은 초음파 이미지가 나타나며, 아랫부분은 조종 버튼이 장착되어 있다.
③ 신제품 Vscan은 이 삼년 전에만 해도 $250,000을 호가했던 초음파 장치와 동일한 성능을 지녔다.

32 코골이 치료기

모든 사람들이 편안한 숙면을 원하지만 이를 방해하는 것이 바로 코골이다. 코골이는 보통 타인의 잠을 방해한다는 이유로 치료해야 한다고 생각하기 마련이지만 최근의 연구결과에 따르면 코골이하는 자신이 도리어 가장 숙면을 취하지 못한다고 한다. 코골이는 어떻게든 해결해야 할 문제이다(그림 8-32).

그림 8-32 • 코골이 치료기(스노어메즈)

① 코골이가 심하거나 수면무호흡증이 동반될 경우 복합적인 치료가 불가피하고 당뇨, 고혈압 등 성인병에 악영향을 줄 수 있는 만큼 치료시기를 놓치지 않기 위한 환자의 적극적인 노력이 필요하다고 전문가들은 말한다.

② 기존의 수술이나 치료 말고도 코골이를 간단히 치료할 수 있는 간단하고도 획기적인 제품이 출시되었다. 스노어메즈(SnoreMeds)라는 마우스피스형의 이 제품은 입에 물고만 자면 되므로 사용하기가 쉽고 안전하다. 임상실험 결과 85[%]의 사용자들이 스노어메즈로 큰 효과를 얻었다는 점이 이에 대한 방증일 것이다.

③ 스노어메즈의 작동원리 또한 과학적이다. 코골이의 원인은 콧구멍에서 시작되는 숨통로의 좁아진 부위에 떨림이 발생하는 것으로 대개의 경우 코와 목이 만나는 부위와 목구멍 안의 점막에서 발생한다. 이 점에 착안하여 스노우메즈 마우스피스는 수면 중에 아래턱을 조금더 앞으로 잡아당기는 기능을 하도록 디자인되었다.

④ 혀 뒷부분을 앞으로 잡아당김으로써 호흡할 수 있는 공간을 보다 넓게 확보해 주는 것이다.

⑤ 수면 중에도 보다 자유롭게 호흡을 할 수 있도록 코골이 치료가 가능해진다.

33 터치스크린 보청기

세계적인 보청기 전문회사 스타키 레보러토리스(Starkey Laboratories, Inc.)는 터치 기술로 볼륨과 메모리를 조절하는 스위프 기술(sweep technology)을 탑재한 새로운 보청기, 'S 시리즈 BTE(Behind The Ear : 귀걸이형 보청기)'를 출시했다(그림 8-33).

그림 8-33 • 터치스크린 보청기(BTE)

① 기존의 모든 보청기 버튼과 다이얼을 혁신적인 터치 기술로 대체함으로써 사용자들이 손가락을 갖다 대기만 하면 볼륨과 메모리를 변형시킬 수 있게 했다. 손을 자유자재로 사용하지 못하는 환자들도 쉽게 보청기를 제어할 수 있다.

② 'S 시리즈 BTE'는 스위프 기술을 채택함으로써 기존의 기계적인 조작을 위한 버튼이 필요 없게 되었다. 따라서 볼륨제어 휠 사이에 먼지나 습기가 차는 일도 없어 보청기 관리도 더 용이해졌다.

③ 보청기 표면 전체가 터치 제어기이므로 환자들이 언제든 볼륨, 메모리, 대기상태 등을 조절할 수 있다. 최신 기술을 이용해 환자들의 삶을 더 편리하게 해준 신제품이다. 게다가 'S 시리즈 BTE'는 귀에 꽂는 형태의 표준 보청기와 얇은 관모양의 보청기에도 적용할 수 있다.

34 통증치료기

메디팩스(Medfaxx)사는 만성통증 해결을 위한 세계 최초 FDA 승인, 보험금청구 가능한 제품, 인프렉스 플러스(Infrex Plus)를 발표했다(그림 8-34).

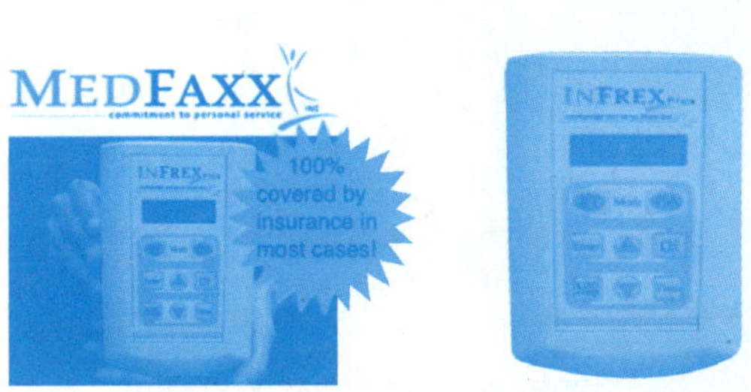

그림 8-34 • 통증치료기(인프렉스 플러스)

① 이 제품은 전기치료와 경피신경자극치료(Transcutaneous Electrical Nerve Stimulation : TENS)를 결합한 것이다.

② 예전에는 통증해결을 위해 병원을 방문하는 방법 이외에는 없었지만, 가정용 휴대기기인 인프렉스 플러스 개발로 더 이상 병원에 드나들 필요가 없어졌다. 이에 따라 환자들은 교통비와 치료비를 줄일 수 있게 되었다.

③ 허리통증, 좌골신경통, 추간판탈출증, 추간판팽륜, 척추협착증, 신경압박, 척추통증, RSD, 관절염까지 다양한 통증완화에 도움을 준다.

④ 인프렉스 플러스는 약이나 기타 치료없이 만성적 통증을 줄여주는 기능을 한다. 제품을 착용하고 운동하면 운동시간과 움직임을 확대할 수 있다.

⑤ 최근 특허를 획득한 엔지니어링 기술이 적용된 제품이며, 충전 배터리 사용 가능한 휴대용 제품이다. 사용자들은 배터리 하나를 가지고 2가지 치료를 받을 수 있다.

35 포도당측정기

타니타 재팬(Tanita Japan)이 세계 최초의 휴대용 소변검사 포도당측정기 'UG-201'을 개발했다. UG-201은 소변에 있는 글루코즈인 포도당 레벨을 측정함으로써 혈액 속의 포도당 레벨을 간접적으로 체크한다. 잘 알려진 바와 같이 혈중 포도당 레벨은 대사증후군의 진단에 활용된다(그림 8-35).

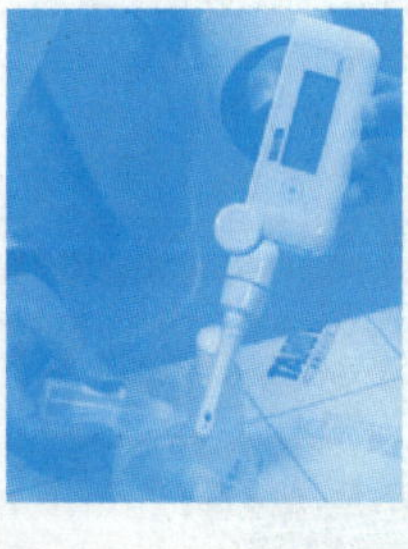

그림 8-35 • 포도당측정기(UG-201)

① 타니타 UG-201은 센서에 소변을 적시는 간단한 방법으로 포도당을 체크한다. 게다가 휴대용 포도당 모니터이기 때문에 외식을 할 때도 소변 속의 포도당 레벨을 체크할 수 있다.

② UG-201이 혈당 레벨을 직접 체크할 수는 없지만 소변 속의 당 레벨을 측정할 수 있으므로 혈당량과 직결되어 있는 대사증후군과 당뇨병을 모니터하는 데 도움을 준다.
③ UG-201은 효소전극(enzyme electrode) 방식을 기초로 한 바이오센서를 사용한다.
④ 센서 부분을 소변에 잠시 담가 놓으면 포도당 레벨이 체크된다.
⑤ 사용 전에 캡을 벗기고 센서에 직접 소변을 적신 후 본체 커버에 있는 구멍에 캡을 끼우면 소변이 넘쳐흐르지 않아 센서가 소변에 잠겨 있게 되는 것이다. 측정은 약 6초면 완료된다.

36 혈당 체크기

당뇨병은 하루도 빠짐없이 생명의 위협을 받는 상황과 너무나 엄격해야 하는 식이생활, 그리고 고통스러운 혈당 체크 등으로 환자를 힘들게 한다(그림 8-36).

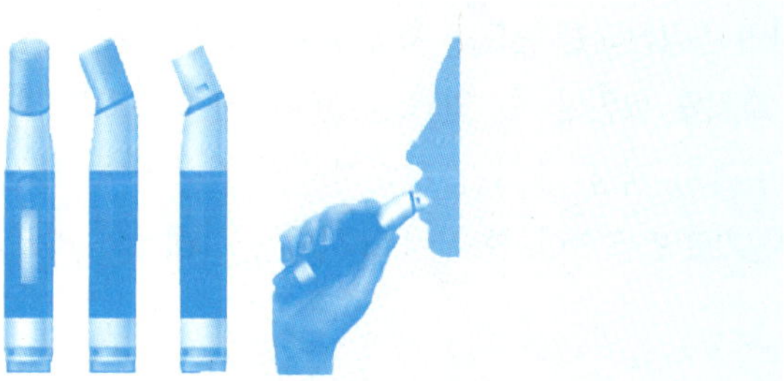

그림 8-36 • 혈당 체크기(니노스 GL)

① 디자이너 사샤 모라웨츠는 기존의 혈당 체크기에 세련된 디자인을 더한 혈당 체크 도구 두 가지를 개발했다. 혈당을 모니터링하는 기능뿐 아니라 처방에 관련된 시스템도 있어 더욱 유용하다.
② '니노스 AS(Ninos AS)'라고 하는 흡입기는 보통의 인슐린 펜을 대신하여 인슐인 에어졸을 발생시키고 특수 바늘이 정확한 인슐린 투여량을 측정하는 기능을 한다. 그리고 글루코스(포도당) 측정 시스템을 결합한 니노스 GL(Ninos GL)은 측정 데이터를 저장할 수 있어 최적의 처방을 위한 통계 데이터를 모으는데 유용하다.
③ 니노스 GL은 소니-에릭슨(Sony-Ericsson)의 휴대폰처럼 멋진 디자인을 자랑한다.

37 혈당측정기

프리스타일 내비게이터 시스템은 맞춤형 조기경고 기능을 통해 저혈당 및 고혈당이 일어나기 전에 10, 20, 30분 앞서 경고해준다. 또한 실시간 혈당정보를 제공하므로 매분 지속적인 혈당수치를 확인할 수 있다(그림 8-37).

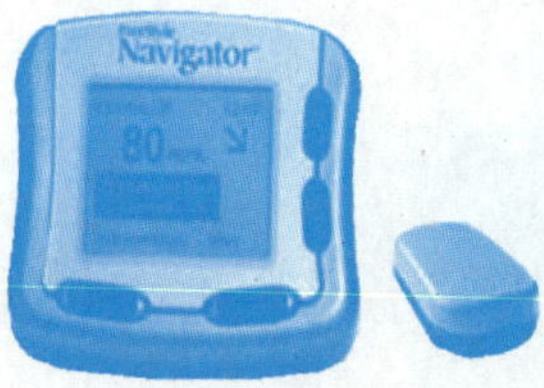

그림 8-37 • 혈당측정기(프리스타일 내비게이터)

① 정확히 혈당경향과 변화율을 알려주므로 운동, 목욕, 수영 등을 비롯한 활동을 하는 동안 자신의 건강상태를 눈으로 확인할 수 있다. 또한 내장 프리스타일 미터기를 장착하여 편리하게 수치를 확인할 수 있으며 혈당확진 테스트도 할 수 있다.

② 최대 5일까지 착용 센서가 지속적으로 작동하며, 무선 송신기는 혈당수치를 0피트 거리 내의 수신기로 전달한다. 화면에 표시되는 그래프와 리포트로 혈당 패턴을 확인할 수 있다.

38 혈압계

오므론 헬스케어(Omron Healthcare Co.)사는 기존의 의료기기에 통합할 수 있는 혈압계 M3600 모듈을 출시했다. 이 모듈은 환자에게 부담주지 않는 진동계 방식을 채용해 어른, 어린이 및 신생아 모두 사용할 수 있어 편리하다(그림 8-38).

① 오므론의 특허 받은 기술을 사용한 이 모듈은 완벽하고, 편안하며, 효율적인 혈압측정을 가능하게 해주는 하드웨어 및 소프트웨어로 이뤄져 있다.

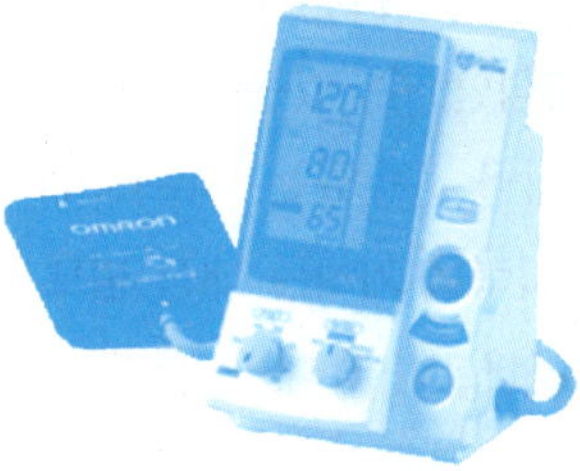

그림 8-38 • 혈압계(M3600)

② 오므론 M600은 스마트 인플레이션(smart inflation) 기술을 사용해 자동으로 개인의 필요에 맞추어 팽창압을 조정하고, 팽창률을 제어해 편안한 측정이 가능하다.
③ 특허 받은 '다이나믹 리니어 디플레이션(dynamic linear deflation)' 기술은 환자의 맥박에 맞추어 수축률을 조정하여 측정시간을 단축시켰다. 이 방식은 정확한 측정에 필요한 적절한 수의 진동횟수 판독을 보장해 재측정이 거의 필요 없으며 따라서 환자의 스트레스를 줄여준다.
④ M3600은 듀얼 CPU 프로세서와 듀얼 변환기를 갖추어 제품의 안전성을 높였다. 즉, 내부 시스템 에러가 감지되면 에러 상황이 없어질 때까지 안전준비 모드로 자동 변경된다.

39 혈압측정기

오므론 헬스케어(Omron Healthcare Co.)사는 가정용 혈압측정기 신형 모델 2종을 출시했다. 대다수 원통형 혈압측정기들은 두께가 32[cm] 이상인 팔에는 측정이 불가능하지만 오므론 헬스케어사의 신형 모델은 피측정자의 팔두께 22[cm]에서 42[cm]를 수용할 수 있도록 종전의 측정기보다 입구가 30[%]정도 더 넓다(그림 8-39).

그림 8-39 • 혈압측정기

① 오므론 헬스케어가 새로 출시하는 혈압측정기는 팔두께가 두꺼워서 기존 모델로는 측정할 수 없었던 사람들의 혈압을 측정할 수 있는 장비이다.
② 휴대용 혈압측정기는 팔을 감을 수 있는 시트(sheet)처럼 생겼다.
③ 오므론 헬스케어는 커프스에 압력을 가하는 내장 펌프 등을 개선해서 가로 157[mm], 세로 74[mm], 두께 34[mm], 중량 270[g]의 휴대가 간편한 혈압측정기를 생산할 수 있게 됐다.

40 환자위치추적 손목밴드

편안하게 착용한 후 일상생활을 해도 지장이 없는 손목밴드 태그가 선을 보이며, 실시간 위치파악이나 위기상황을 알릴 필요가 있는 사람들의 높은 관심을 끌고 있다(그림 8-40).

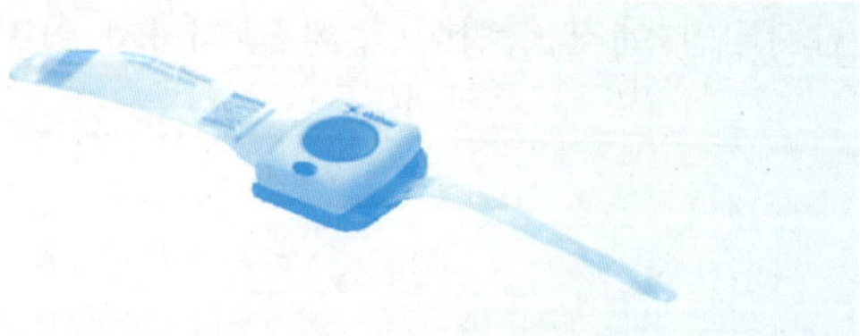

그림 8-40 • 최초의 Wi-Fi 손목밴드(Ekahau T301W)

① 'Ekahau T301W'는 병원의 환자와 종업원, 아이들, 기타 개인사용자를 위해 고안된 업계 최초의 Wi-Fi 손목밴드다. 이 장치를 통해 착용자의 정확한 위치를 실시간으로 볼 수 있으며, 제공되는 위치정보는 신뢰할 만한 정확도를 지닌다.
② T301W는 병원 표준규격의 손목밴드를 사용하므로 환자는 자신의 손목이나 발목에 편안한 상태로 착용할 수 있다. 또한, 장치의 양쪽 슬롯 모두를 이용해 부착이 가능하다. 무엇보다 방수기능을 지녀 사용 후에 철저한 세척이 가능하며, T301W 손목밴드 태그를 착용한 상태에서 자유롭게 목욕이나 샤워를 즐길 수 있다.
③ T301W 손목밴드 태그는 두 가지 색상의 LED 기능과 착용자를 위한 진동 알람 기능을 지니며 응급상황이나 상태 정보전송을 할 수 있는 호출 버튼을 고객 맞춤용으로 설정할 수 있다.

41 활동감지 시스템

미 실리콘에 위치한 웰코어(Wellcore)사는 소비자의 건강, 안전, 보안 기능 솔루션을 개발하는데 주력하고 있으며, 최근 CES에서 사용이 간편하고 최신 기술이 장착된 '개인응급 응답 시스템(Mobile Personal Emergency Response System : M-PERS)'을 선보였다. 이 제품은 노인들이 안전하고 더욱 활동적이며 독립적인 생활을 영위할 수 있도록 돕는 제품이다(그림 8-41).

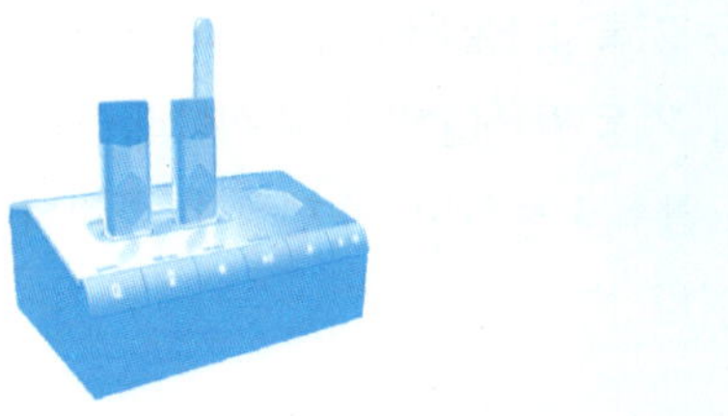

그림 8-41 • 개인응답 시스템(M-PERS)

① 움직임 감지와 최신 패턴 인식 기능의 웰코어 시스템(Wellcore System)은 자동 낙상감지, 온라인 모니터링, 텍스트 말하기 기능(text-to-speech)이 탑재되어 있다.
② 웰코어 시스템은 사용자의 움직임을 낙상과 구별하는 기능이 탁월하다. 만약 노인이 활동 중 낙상으로 도움이 필요한 경우, 자동으로 응급 서비스를 요청하고 지정된 간병인이나 가족에게 응급신호를 발송한다.
③ 기존의 개인응급 응답 시스템은 사용자가 버튼을 눌러야 했고, 기기가 파손되었는지 표시하지 못했으며 집안에서만 작동했다. 그러나 이 웰코어 제품은 버튼을 누르는 여부와 무관하게 도움을 요청할 수 있고 웰코어 호환 핸드폰에 연계되어 집 안팎에서 작동한다.

42 휴대용 심전도기기

대만의 MSI가 개발한 'MyECG E3-80'은 최초의 전문가용 24시간 휴대용 심전도(ECG) 리더기 / 분석기이다. MyECG E3-80은 MSI가 의료시설에서 근무하는 의사, 간호사들과 함께 작업하면서 개발했기 때문에 의료 및 연구환경을 적극 지원할 수 있도록 설계되었다(그림 8-42).

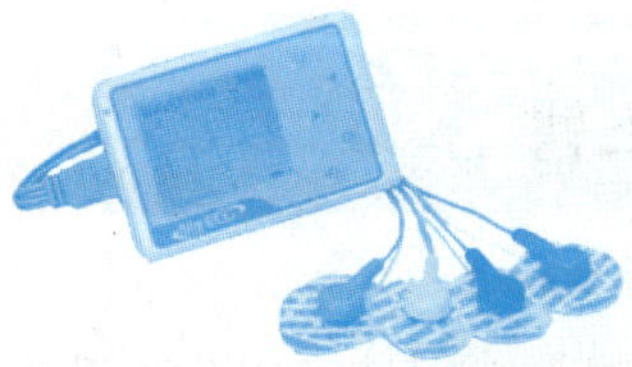

그림 8-42 • 휴대용 심전도기기(MyECG E3-80)

① 대만 보건부의 승인뿐 아니라 유럽 CE(Conformite Europeene), 미국 식품의약국(FDA), ISO13485 인증까지 획득했다.

② MyECG E3-80은 기록시간설정이 자유롭고 심장박동변이도(HRV)와 부정맥 분석도 제공한다. 이러한 분석 기능은 심장학과, 마취학과, 정신의학과, 신장학 등의 분야에서 의사들을 위한 임상도구로 활용 가능하며, 수면장애 클리닉과 같은 다양한 의료서비스 기관에도 도움을 줄 수 있다.

43 휴대용 혈액검사기

집안에서 혈액검사를 할 수 있는 소형 혈액검사기의 등장에 이어 이제 이동 중에 언제, 어디서나 스스로 혈액검사를 행할 수 있는 휴대용 혈액검사기가 선보여져 관심을 모으고 있다(그림 8-43).

그림 8-43 • 휴대용 혈액검사기

① 휴대 가능한 이 혈액검사기는 혈액수치를 측정하거나 피검사 용도로 사용되는 제품으로 누구나 스스로 손쉽게 자신의 혈액검사를 할 수 있도록 고안되었다.

② 사용법은 간단하다. 우선 소형 플라스틱 디스크에 혈액을 묻힌 뒤 분석기 내로 집어넣으면 된다.

③ 기존 소형제품과 달리 이 제품은 휴대 및 보관이 간편해 여행 중에 있는 사람들이나 병원시설이 부족한 산간 및 외딴지역의 거주민들에게 매우 유용할 것으로 전망된다.

44 e-헬스 의료단말기

스마트 카드 솔루션 분야의 세계적인 기업인 젬알토(Gemalto)에서 독일 의료시장을 겨냥하여 '실리스(Sealys)'라는 상업용 e-헬스 단말기를 출시하였다. 독일 게마틱(Gematik)의 최종 승인을 받아 독일의 전자(e)의료보장 시스템 구축에 있어 한 축을 담당할 것이다(그림 8-44).

그림 8-44 • e-헬스 의료단말기(실리스)

① 게마틱은 독일 내 의료분야 기반을 이끌어 가고 관련 제도를 정비하는 곳으로 '실리스'는 독일 연방정부가 추진하고 있는 전자의료보장 시스템의 엄격한 안전성을 충족시켰기에 e-헬스 단말기 사업자로 선정될 수 있었다.

② 독일이 추진하고 있는 새로운 의료보장 시스템은 한 마디로 모든 데이터의 전자화이다. 이는 기존의 종이로 된 차트가 아닌 환자의 모든 데이터가 전자화됨을 의미한다.

③ 혈액형, 알레르기, 현재 치료받고 있는 상태 등의 환자와 관련된 모든 정보가 전자적으로 저장되면, 언제 어디서나 이를 쉽게 확인할 수 있다. 의사는 전자처방전을 발행하며 이는 곧바로 약국에 전송되어 불필요한 문서업무를 줄이고 서류위조도 방지할 수 있다.

④ 실리스의 가장 큰 특징은 전자의료보장 시스템 구축에 맞도록 사용의 편의성을 최우선으로 하였다. 또한 휴대가 간편하도록 크기를 최소화하였으며, 커다란 디스플레이창을 채택하여 판독이 용이하다.

⑤ 현재의 의료보장 시스템과도 완전 호환이 가능하여 도입 후 곧 바로 사용할 수 있다. 또한 2010년에 도입될 텔레매틱(telematik) 인프라스트럭처와 호환될 수 있도록 온라인 모드 기능도 지원할 뿐만 아니라 생체정보를 저장하고 송출할 수 있어 의사들은 자신의 지문을 전자처방전에 서명으로 사용할 수 있다.

45 LED 통증완화기

우주비행사들의 부상을 치료하기 위해 미국항공우주국(NASA)이 개발한 기술이 채용된 LED 통증완화기가 출시되었다(그림 8-45).

그림 8-45 • LED 통증완화기

① 60개의 LED를 탑재한 이 제품은 신체에 안전한 적외선 열을 발생시켜 혈액순환을 촉진하고 관절의 붓기를 완화하며 경직된 근육을 풀어주는 효과를 지닌다.
② 밀워키에 위치한 위스콘신 어린이병원(Children's Hospital of Wisconsin)의 연구에 따르면 LED 기술로 최대 37[%]까지 염증을 감소시킬 수 있다.
③ 피부의 표피 저층을 치료하는 발열패드와 달리 LED 광선은 근육통의 지속적인 완화를 위해 피부조직으로 깊게 침투할 수 있다.
④ LED 통증완화기는 피부에서 1/4[inch] 떨어진 위치에서 사용하며 경량의 브러시 모양의 디자인으로 신체 어느 부위의 통증도 손쉽게 치료해준다.

46 USB 혈당측정기

독일의 혈당측정기 공급업체인 바이엘 다이아비티스 케어(Bayer Diabetes Care)사가 최초로 컴퓨터에 꽂아 바로 사용하는 플러그앤 플레이 기능을 탑재한 '콘투어(Contour)' USB 혈당측정기를 선보였다(그림 8-46).

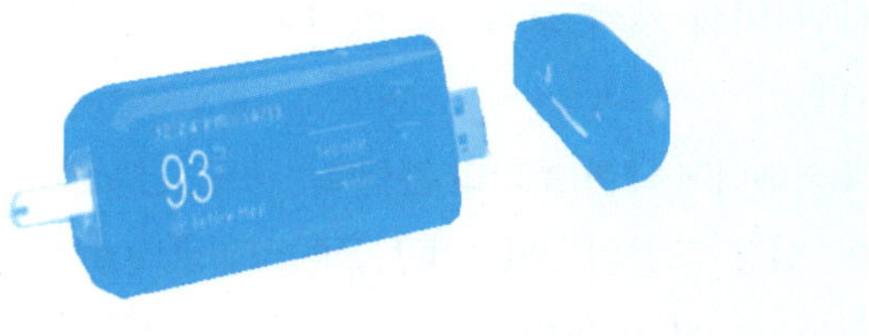

그림 8-46 • USB 혈당측정기(콘투어)

① 당뇨병 환자의 건강관리를 위한 최적의 정보를 즉각적으로 체크할 수 있도록 도와주는 콘투어 USB 혈당측정기는 손쉽게 데이터를 복구하고 장기간의 정보를 추적, 혈당 테스트 결과를 분석해주는 글로코팩트 디럭스(Glucofacts DELUXE) 소프트웨어가 통합되어 있다.

② 별도의 설치과정 없이 PC 및 MAC 컴퓨터에 직접 접속해 사용할 수 있는 최첨단 프리미엄급의 혈당측정기로 혈당 수치의 패턴과 동향을 손쉽게 확인하며 최대 2,000회에 달하는 혈당측정 결과를 저장할 수 있다.

③ 콘투어 USB 혈당측정기는 당뇨관리의 핵심인 혈당수치의 추적과 정확한 정보공유를 제공, 데이터 관리를 한층 수월하게 도와줌으로써 의사뿐만 아니라 환자 본인에게도 유용하다.

47 USB 혈당측정 모니터

USB와 의료기기를 결합한 제품들이 속속 개발되면서 환자들의 편의가 증진될 것으로 예상된다. 전문의의 의료행위를 수혜받지 못하는 외지에는 제때 치료를 받지 못해 병을 키우고 있는 사람들이 많다. 그러나 이제 마을에 컴퓨터 한 대만 보급되어 있다면 USB 의료기기를 통해 정기적으로 건강을 체크할 수 있는 시대이다(그림 8-47).

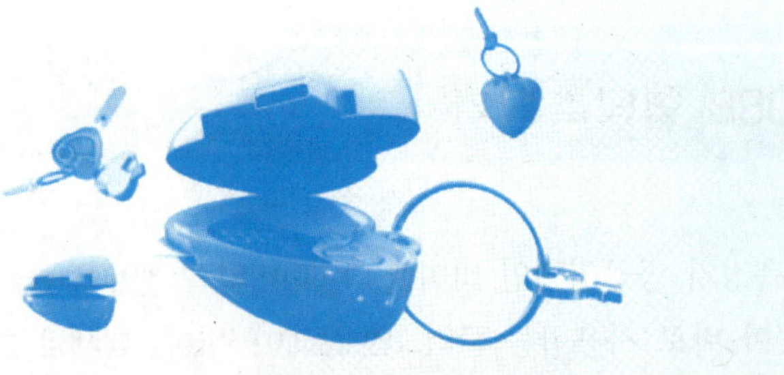

그림 8-47 • USB 혈당측정 모니터(글루코메터)

① 당뇨병 환자라면 이제 케니 호퍼(Kenny Hopper)의 새로운 발명품으로 삶에 변화를 가져올 수 있다.

② 혈당측정기 글루코메터에 대한 호퍼의 콘셉트는 모든 당뇨병 환자가 사용할 수 있을 정도로 쉽고 간단하다. 심장 모양의 USB 기반 글루코메터(Heart USB-powered Glucometer)를 사용하면 병원에 갈 필요 없이 정기적으로 혈당수준을 모니터할 수 있다.

③ 혈액샘플을 채취하여 테스트판에 올려놓고 글루코메터 안으로 집어넣으면 곧바로 결과를 보여준다. 여기까지만 보면 기존의 제품과 다를 바 없지만 USB로 컴퓨터에 연결해 모든 수치를 기록한다는 점에서 차별을 보인다.

④ 테스트가 끝나자마자 컴퓨터에 연결하면 온라인이나 출력을 통해 건강전문가들과 결과를 공유할 수 있다. 게다가 이런 기능이 심장 모양의 작고 편리한 기기 안에 모두 들어있다는 점에서 더욱 눈길을 끈다.

제 9 장

개인건강 관련 해외의료기기 기술

01 새로운 발병을 알려주는 휴대전화
02 새로운 온라인 개인건강 정보관리 서비스
03 유비쿼터스 헬스 모니터링 시스템 개발현황
04 질병을 탐지할 수 있는 휴대용 센서
05 차세대 휴대용 의료진단기기 개발방향
06 혈액 속 리튬 농도 모니터링 기기개발

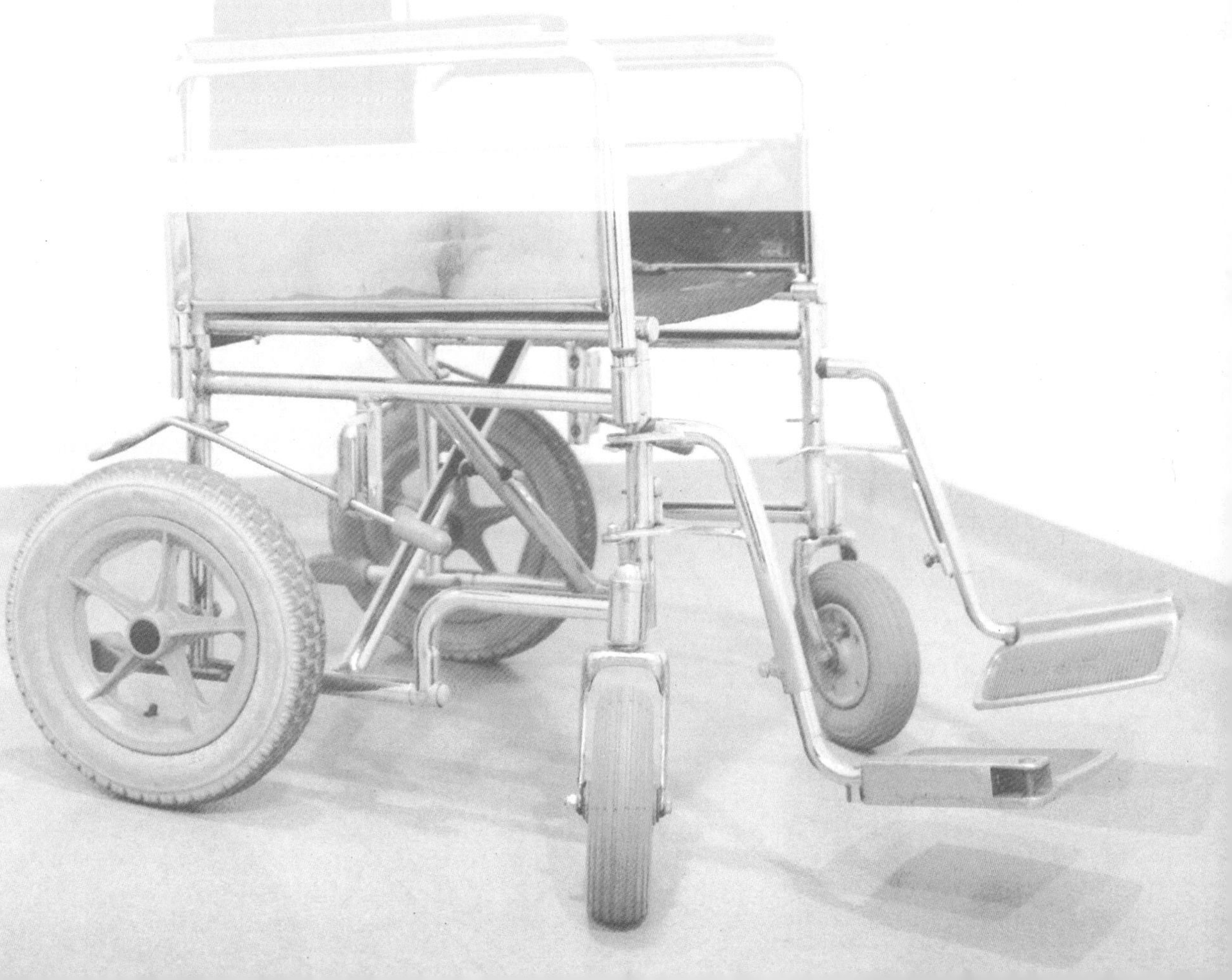

01 새로운 발병을 알려주는 휴대전화

휴대전화는 새로운 발병을 모니터링하는 의사와 기관들에게 병의 징후를 전달함으로써 질병에 대항하여 싸우는데 있어 중요한 도구가 될 수 있다.

① 이 기술은 조기경보 시스템이라고 Massachusetts Institute of Technology(MIT)의 Anmol Madan은 말한다. 그의 연구팀은 감염된 사람들의 동작과 통신 패턴의 변화를 조사함으로써 감기환자를 알아낼 수 있다는 것을 결론내었다. 기술은 인플루엔자의 발병을 감지할 수 있는 조기경보 시스템이 될 수 있다.

② 역학자들은 발병이 이동성 패턴을 바꾼다는 것은 알지만 현재까지 세부적으로 이러한 패턴을 추적하지 못했다. 따라서 Madan과 그의 동료들은 대학생 기숙사의 70명에게 휴대전화를 주었다. 휴대전화는 학생의 움직임, 전화통화, 문자 메시지에 대한 익명의 데이터를 팀에게 제공하는 소프트웨어를 탑재했다. 학생들은 또한 그들의 정신적 · 육체적 건강상태에 대한 일일 보고를 수행했다.

③ 발병의 특정 징후는 2009년 초 10주 기간 동안 얻어진 데이터로부터 나타났다. 열병 또는 본격적인 독감에 걸린 학생들은 덜 움직이고 늦은 밤과 이른 아침에 전화통화가 거의 없는 경향을 보였다.

④ Madan이 휴대전화 데이터로부터 이러한 징후를 추적하도록 수정했을 때, 일일 체크는 전체 시간의 90[%] 동안 감기환자를 정확히 인지하였다.

⑤ 이 기법은 혼자 사는 사람들의 건강상태를 모니터하는데 사용될 수 있다. Madan은 특정인의 통신과 움직임 패턴들이 병에 걸렸다는 것을 알려주는 경우 친척 또는 의사와 같은 특정 연락처에 경보를 해줄 스마트폰 애플리케이션을 개발 중이다.

⑥ 공공의료 관계자는 또한 이 기법을 오늘날 의사들에 보고나 바이러스 검사실험실에 의존하는 기존 감지 시스템 대신에 발병을 감지하기 위해 사용할 수도 있다.

⑦ 대규모 그룹과 다른 단체들에서의 비슷한 실험들이 물론 선행되어야 할 것이다. 영국의 University of Warwick의 Leon Danon은 대규모 인구로부터 병의 징후를 만들어내기 위해 약 10,000명의 건강기록에 대한 익명의 휴대전화 기록을 통합하는 프로젝트에 대하여 북유럽 국가들의 보건복지부와 협상을 진행 중이다.

⑧ 연구원들은 휴대전화 데이터에서 발견되는 변화의 원인들에 대해 더욱 깊이 고민할 필요가 있다고 Danon과 함께 연구하는 MIT의 Nathan Eagle은 2006년과 2009년 간의 Rwanda에서의 일련의 콜레라 발병으로부터 휴대전화 데이터를 조사했다.

⑨ 그는 사람들의 움직임에 있어 명백한 감소를 발견했는데, 이는 병 때문인 것으로 생각되었다. 그러나, 발병은 홍수에 의해 야기되었는데 홍수가 또한 이동성을 제한하였다. 휴대전화 데이터를 기반으로 두 개의 가능한 원인들을 구분하는 것은 불가능했다고 그는 말한다.

02 새로운 온라인 개인건강 정보관리 서비스

미국의 MSN사는 이번주 새로운 온라인 건강정보관리 서비스를 시범적으로 선보여 관심있는 사람들의 주목을 끌어 그 자세한 내용을 알아보려 한다(그림 9-1).

그림 9-1 • 온라인 개인건강 정보관리 서비스

① 사용자가 자신의 건강기록을 살펴볼 수 있도록 각종 건강기록 데이터들은 HealthVault 계정을 통해 저장된 데이터들을 취합하여 상기 웹 서비스에 업로드 하는 방식을 기본적으로 사용하고 있다.

② '나의 건강정보'라 하는 이번 서비스는 일상에 바쁜 업무로 지친 부모들, 나이든 부모들을 돌봐야 하는 성인들, 또는 정기적·복합적 의과치료가 필요한 상황에 놓인 사람 모두를 대상으로 고안되었다고 한다.

③ 인터넷을 사용하며 매일같이 전자메일, 금전정보, 주식거래 등을 온라인으로 사용하고 있음에도 불구하고, 건강기록과 관리분야는 이들 서비스에 비해 한참 뒤떨어져 있는 것이 현실일 것이다.

④ 새로이 도입된 서비스는 사용자들이 꾸밀 수 있는 간편한 툴을 제공함과 동시에 개인 페이지를 본인 취향대로 장식할 수 있으며, 이로 인해 본인이 원하는 건강정보를 선택적으로 화

면에 배치시킬 수 있는 것이 장점 중 하나라고 한다.

⑤ 혈압량을 비교해보고 싶다거나 알러지 혹은 신체질량지수의 실험결과 확인 등 자신이 확인하고 싶은 특정 서비스만을 골라서 손쉽게 확인할 수 있게 해준다는 것이 특징이라 할 수 있겠다. 뿐만 아니라 가족구성원들의 병력관리도 가능해져 보다 다양한 정보공유의 장도 마련했다는 평가도 받고 있는 상황이다.

⑥ 서비스 개발 및 도입을 주도해온 미국 책임자인 Scott Moore씨는 사람들의 건강에 대한 폭발적인 관심 및 호기심으로 인해 '나의 건강정보'와 같은 서비스를 구상하고 디자인하게 되었다는 점을 밝혔으며, 이번 서비스의 사용으로 인해 보다 손쉽게 정보와 서비스, 그리고 다양한 툴이 한데 어우러져 삶의 질을 보다 편리하게 만들 수 있을 기대를 하고 있는 상황이다.

⑦ 2년 전 Microsoft사가 온라인으로 고객정보를 관리할 수 있는 HailStorm이라는 프로그램을 선보인 적이 있는데, 당시엔 데이터 보안문제와 사생활침해 논란으로 인해 궁극적으로 폐기되는 참사가 벌어지기도 했었다. 이러한 점과 비교했을 때, 이번 건강정보를 제공할 HealthVault사의 경우는 이미 사회보장국(Social Security Administration)과 조약을 체결한 상태이지만, 경쟁사인 Google사와 Dossia사와 같은 기업들의 새로운 건강정보관리 서비스들과 경쟁을 벌여야 한다는 부담도 갖고 있는 상황이다.

⑧ 해외의 경우 건강관리의 온라인화 이슈는 비단 어제오늘의 일이 아니다. 건강관리시스템 및 서비스에 대한 해외 대기업들의 발빠른 기술개발은 국가정책과 맞물려 경쟁적으로 이루어지고 있으며, 주도적인 입지를 차지하기 위한 경쟁이 날로 치열해져가고 있어 그 귀추가 주목되는 시점이라 할 수 있겠다.

03 유비쿼터스 헬스 모니터링 시스템 개발현황

유비쿼터스 헬스 모니터링 시스템이 개발되어 환자의 바이탈 정보에 있어서 심각한 변화가 발생할 경우 자동으로 환자의 가족이나 의료진에게 이를 통보할 수 있는 시스템이 일본 연구진에 의하여 개발되었다. 연구결과는 《International Journal of Web and Grid Services(웹과 그리드 서비스에 대한 국제 저널》에 게재되었다(그림 9-2).

① 야마가타 대학의 아키오 코야마 교수와 연구진들은 야마가타 대학의 산업공학과와 후쿠오카 기술연구소와 공동으로 이러한 기술을 개발하였는데, 선진국에서 노령화 현상

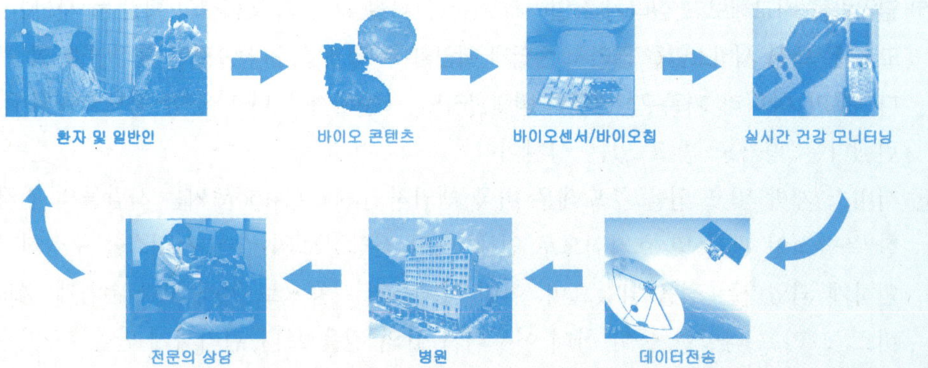

그림 9-2 • 유비쿼터스 헬스케어 모니터링

이 지속적으로 발생하고 있고, 이에 비례하여 의료비가 증가하고 있으며 이러한 실버 세대의 각종 질환에 대한 준비가 충분하지 않은 부분에 있어서 새로운 기술적인 보완책이 될 수 있을 것으로 평가되고 있다.

② 기술개발을 통하여 원격 모니터링 기기를 통하여 입원상황이 요구되는 질병발생 시 위험요인을 줄일 수 있는 옷과 같이 착용할 수 있는 바이탈 센서를 개발하였는데, 실버계층이나 이들의 가족이 손쉽게 착용할 수 있도록 개발된 것이 주요 특징으로 나타나고 있다.

③ 연구팀에서는 환자들의 일상생활을 방해하지 않는 범위에서 장소에 구애받지 않고 사용될 수 있는 본 기기를 개발한 것으로 전문가들은 평가하고 있다.

④ 바이탈 모니터는 환자건강에 대한 특정 세목들을 또한 체크하는데, 바로 체온, 맥박, 허리 사이즈 등이 모니터링 되어 셀룰러폰 기반 네트워크를 통하여 전송되어 웹 데이터베이스에 저장되어 웹 브라우저를 통하여 검색할 수 있도록 지원하고 있다. 필요상황 발생 시 바로 환자의 가족이나 의료진들에게 발생한 문제들을 통보할 수 있도록 지원하고 있는 것이다.

⑤ 일반적으로 환자의 건강지표를 나타낼 때 가장 중요한 부분 중의 하나가 바로 체온으로, 정상적인 허용범위에서 크게 벗어나게 된다는 것은 환자의 몸에 이상신호가 발생하였다고 볼 수 있는 부분으로 바로 해석되어 관련 정보를 전송한다. 또한 맥박 센서가 심장의 부정맥에 대하여 파형형태와 맥박을 측정하여 정보를 관련 이해관계자에게 전송하는 형식을 취하게 된다.

⑥ 허리에 부착된 센서는 환자의 보다 장기적인 관점에서 건강상태를 모니터링하는데 사용된다. 의료진으로 하여금 환자가 체중을 어떻게 관리하여 나가야 하는지에 대하여

의사결정할 수 있도록 자동으로 허리 사이즈를 측정할 수 있도록 지원하고 있는 것이다.

⑦ 기술 솔루션을 개발한 연구팀에서는 고유 센서기술을 개발하였을 뿐 아니라, 셀룰러 기반 네트워크에서 효율적으로 사용할 수 있는 데이터 전송 프로토콜을 또한 개발하였다.

⑧ 연구팀은 이번에 개발한 연구 컨셉을 확장하여 신진대사작용 시 필요한 증후군에 대한 연구와 당뇨병에 대하여도 포괄적으로 적용할 수 있는 새로운 솔루션을 개발하고자 향후 연구를 추진하고 있다.

04 질병을 탐지할 수 있는 휴대용 센서

미국 스토니브룩대학교(Stony Brook University)의 연구진은 최근에 호흡기를 통해 즉시 질병을 감지하고 모니터링할 수 있는 개인휴대용 의료장비를 저렴하게 제조할 수 있는 새로운 기술을 개발했다. 연구진은 새로운 나노센서 기술을 개발하여 이를 시스템화하는 데 성공하였다(그림 9-3).

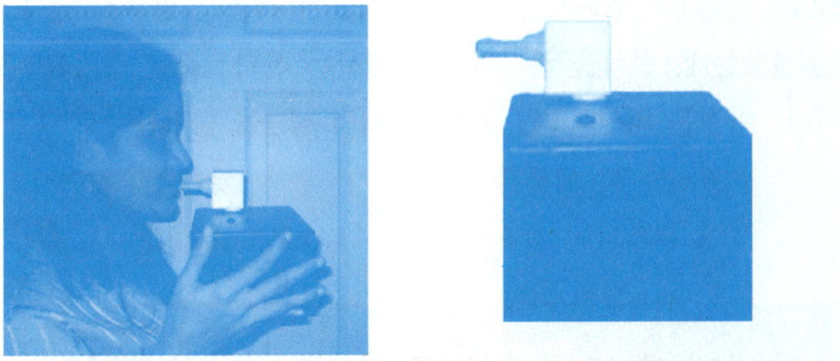

그림 9-3 • 음주측정기와 같이 단지 숨을 내쉬는 행위를 통해서 질병을 검출할 수 있게 하는 나노센서 검출기

① 호흡기 속의 아세톤을 검출하는 나노센서 장치에 대한 새로운 연구는 저널 《Sensor Letters》에 2010년 10월에 게재될 예정이다.

② 연구진은 이런 새로운 나노의학 장치가 날숨 속에 포함된 아세톤 등과 같은 가스를 검출하여서 질병 유무를 알 수 있는 저렴하고 비침습적인 방법이 될 것이라고 보고 있다. 이것은 콜레스테롤 농도, 당뇨병, 심지어 폐암 등을 검진할 수 있는 단일 호흡분석 진단도구이라고 연구진은 설명했다.

③ 폐암은 매우 진행되었을 때 비로소 감지되지만 호흡 속의 표지(marker)검출을 통해서 손쉽게 감지할 수 있다.

④ 발병 초기에 가스를 포집해서 질병 유무를 검출할 수 있는 능력을 이용하면 자신의 건강을 쉽게 조사할 수 있을 것이다. 그리고 이것은 당뇨병과 같은 질병을 모니터링하는 프로세스를 간단하게 할 것이다.

⑤ 현재의 당뇨병 검사는 혈액이 필요하지만 이 새로운 프로세스는 장치에 숨을 내쉬는 간단한 행위를 통해서 당뇨병을 검사할 수 있다. 이 나노의학장치는 강유전성 폴링 감지(poling sensing) 원리로 작동하는 선택적 아세톤 나노탐침으로 구성되어 있다.

⑥ LED 신호로 결과가 표시되고 실제 센서 신호와 미리 계산된 임계값을 비교하는 마이크로 전자장치 회로를 가지고 있다. on/off 타입의 비침입형 진단 플랫폼 기술은 나노기술을 기반으로 하고 있고, 빠른 검출을 가능하게 하며, 작동이 간단하고, 저렴한 비용으로 제조할 수 있다.

⑦ 호흡을 통해 검출할 수 있는 성분은 300여 가지가 된다. 이러한 성분 중에 특정 성분을 선택적으로 감지하고 구별할 수 있는 기술은 매우 어려운 일이다.

⑧ 이번 연구진이 개발한 센서는 특정 가스를 저농도상태에서 감지할 수 있는 능력을 가지고 있다. 연구진은 한 개의 특정 가스 또는 한 개의 특정 가스군을 식별할 수 있는 저렴한 센서를 만들 수 있었다.

⑨ 특정 질병을 검출하기 위해서는 독특한 센서들이 사용될 필요가 있다. 천식에 걸리면 산화질소가 발생하는데, 천식을 검진하기 위해서는 산화질소를 측정할 수 있는 센서를 사용해야 한다. 이것은 비선택적인 음주측정기의 성능을 능가한다.

05 차세대 휴대용 의료진단기기 개발방향

필립스 전자와 바이오매릭이라는 바이오 기업이 공동으로 실시간으로 병원 등에서 사용이 가능한 차세대 자동화된 휴대용 진단 테스팅기기를 개발하기로 합의하였다고 발표하였다. 이를 통하여 환자들에게 보다 밀착된 실시간 서비스 제공이 가능하게 될 것으로 풀이되는데, 이번의 공동개발 방향은 병원 내의 응급실이나 심장 관련 치료센터 내의 긴급상황에 효과적으로 대처하고 이를 관리할 수 있는 새로운 전지가 될 것으로 기대된다.

① 이 솔루션 개발을 준비하고 있는 기업들은 이러한 실시간 테스팅 솔루션이 환자상태를

개선시키고 헬스케어 관련 비용을 절감하는데 커다란 기여를 할 수 있을 것이라고 말하고 있으며, 이 솔루션을 생산하는 기업으로 하여금 시장에서의 지위와 전체적인 환자 케어 접근방법에서의 역할을 확고히 할 수 있도록 하는 계기가 될 것이라고 말하고 있다.

② 솔루션 개발을 위하여 의학 기술과 바이오 메이커사의 분석평가기술, 의료 워크플로우가 통합되어 만들어지게 되는데, 관련 산업에 대한 전체적인 이해가 필요하고, 이를 통하여 중요한 의료행위 시 이루어지는 의사결정에 있어서 주요한 패러다임 변화를 가져오게 할 것이라고 전문가들은 말하고 있다.

③ 환자 케어를 혁신하는데 있어서 전통적으로 강한 포지션을 가지고 있는 기업들의 훌륭한 제품생산으로 이어지는 협력을 통하여 병원기관들에게 중요한 의학적 가치향상이 가능하게 되므로 본 산업을 한층 더 업그레이드할 수 있을 것으로 전문가들은 기대하고 있다.

④ 솔루션 개발에 참여하는 기업들의 전문지식과 참여전자기업의 고유 엔지니어링과 기술능력 간에 커다란 시너지 효과가 창출될 수 있을 것이라고 기대되고 있으며, 새로운 포인트 오브 케어 테스팅 기기산업은 매년 10[%] 이상의 성장세를 구사할 수 있을 것으로 기대되고 있다.

⑤ 기술개발은 필립스 전자가 현재 보유하고 있는 메디컬 기술, 환자 모니터링과 헬스케어 IT 분야에서의 진문기술지식이 의료진에게 의료행위 수행에 있어서 보다 진문화된 의사결정을 가능하게 함에 있어서 바이오 기업이 지니고 있는 바이오 분야의 광범위한 지식과 심장질환과 전염병에 대한 다양한 지식들이 결합되어 추진방향을 가지게 되는 것이다.

⑥ 병원 내 응급실과 같은 헬스케어 관련 기술이 필요한 부서에서는 현재 지속적으로 의료진단 솔루션에 대한 수요가 확산되고 있는데, 보다 신속하고, 보다 정확한 환자관리를 위함이다. 심장병과 같은 환자의 관상동맥 관련 증후군을 정확하고 신속하게 진단 및 치료를 수행하기 위하여 이와 같은 기기개발이 지속적으로 요구되어 온 것이 사실이었다.

⑦ 완전 자동화된 휴대용 테스팅 기기는 참여 전자기업의 새로운 바이오센서 플랫폼을 채택하게 되며, 바이오 기업의 면역 관련 전문지식들이 결합될 예정이다.

⑧ 실시간으로 의료진들을 지원하면서 실험실 테스팅과 같은 부분에 있어서의 시간낭비를 제거하게 될 것으로 기대되고 있고, 참여 전자기업의 바이오센서 플랫폼 기술로 하여금 정확성과 감수성 측면에서 실험실이라는 시스템만이 가지는 분석적인 수행결과와 결합되어 새로운 가치창출을 할 것으로 기대하고 있다.

⑨ 솔루션을 개발하는 전자기업과 바이오 기업은 이미 병원환경에 있어서 헬스케어 솔루션

을 공급하는데 있어서 주도적인 역할을 수행하고 있다.

⑩ 파트너십을 통하여 기대되는 새로운 제품 솔루션들은 기존 제품들을 보완하기도 하면서 산업을 성장시킬 것으로 기대된다.

06 혈액 속 리튬 농도 모니터링 기기개발

네덜란드 과학자들이 모세관 전기영동(capillary electrophoresis)과 전도성 탐지(conductivity detection)를 이용해 혈액 속 리튬 농도를 모니터링할 수 있는 기기를 개발했다. 휴대가 가능하며 집에서 환자들이 쉽게 사용할 수 있을 것으로 기대된다(그림 9-4).

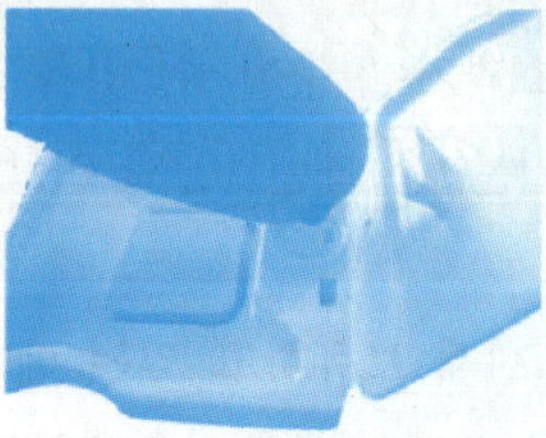

그림 9-4 • 혈액 속 리튬 농도 모니터링 기기

① 리튬은 우울증과 조울증 같은 정신질환으로 고생하는 환자의 50[%] 이상을 치료하는데 사용되는 매우 중요한 물질이지만, 치료에 사용될 수 있는 농도범위가 매우 좁다. 만일 리튬의 농도가 너무 낮으면 아무런 효과가 없고, 리튬 농도가 너무 높으면 독성이 있다. 따라서 혈액 속에서 리튬의 농도를 측정하는 것은 효과적인 치료를 위해 중요하다.

② 기존 방법은 작동과정이 복잡해 훈련된 사람만이 할 수 있었다. 이번에 개발한 방법은 당뇨환자가 집에서 혈당을 검사하는 것과 같이 쉽게 피 속 리튬 농도를 모니터링할 수 있게 되었다.

③ Albert Van Den Berg(University of Twente) 연구팀이 개발한 기기는 소형 리더기(reader)와 일회용 유리칩으로 구성되어 있으며 사용하기가 매우 간단하다. 한 방울의 피를 미세유체 칩이 있는 카트리지에 넣고, 리더기 안에 넣은 다음 측정하면 된다.

④ 작동방법은 새로운 것은 아니지만 지금까지는 전기영동 분리를 이런 기기에 적용하지는 않았다. 칩에는 분석을 하기 위해 필요한 모든 것이 미리 채워져 있으며, 고온으로

인한 액체팽창으로 카트리지에서 새는 것을 방지하기 위한 공기방울이 포함된 **온-칩(on-chip) 소형 용기를 사용**한다.

⑤ Van Den Berg 박사는 "이번 연구는 랩-온-칩 기기개발에서 중요한 단계이며, 앞으로 약물치료에서도 중요할 것이다. 또한 이 기기는 제약회사에서 개인치료제 개발에서도 유용하게 사용될 수 있다."고 말한다.

⑥ 마이크로 칩 기술분야의 전문가인 Andreas Manz(유럽 KIST, 독일) 박사는 이번 연구는 유망한 프로젝트로, 칩 디자인이 잘 되었으며, 작동도 잘 되는 것 같다고 평가했다.

⑦ 연구팀은 다른 주요 대사물질에 칩을 확대 사용하는 연구와는 별도로, 전기와 컴퓨터 힘을 모두 제공하는 iPhone을 개발하기 위해 연구를 시작했다. 이것은 측정을 할 수 있을 뿐 아니라 통신수단이기 때문이다.

⑧ 휴대전화에 이번에 개발한 기기를 접목하면 **인프라 구조**(infrastructure)가 발달하지 못한 개발도상국에서도 보다 많이 활용할 수 있을 것으로 기대된다고 Van den Berg 박사는 말했다.

부 록

Ⅰ. 임상과별 분류와 특징

Ⅱ. 의학용어

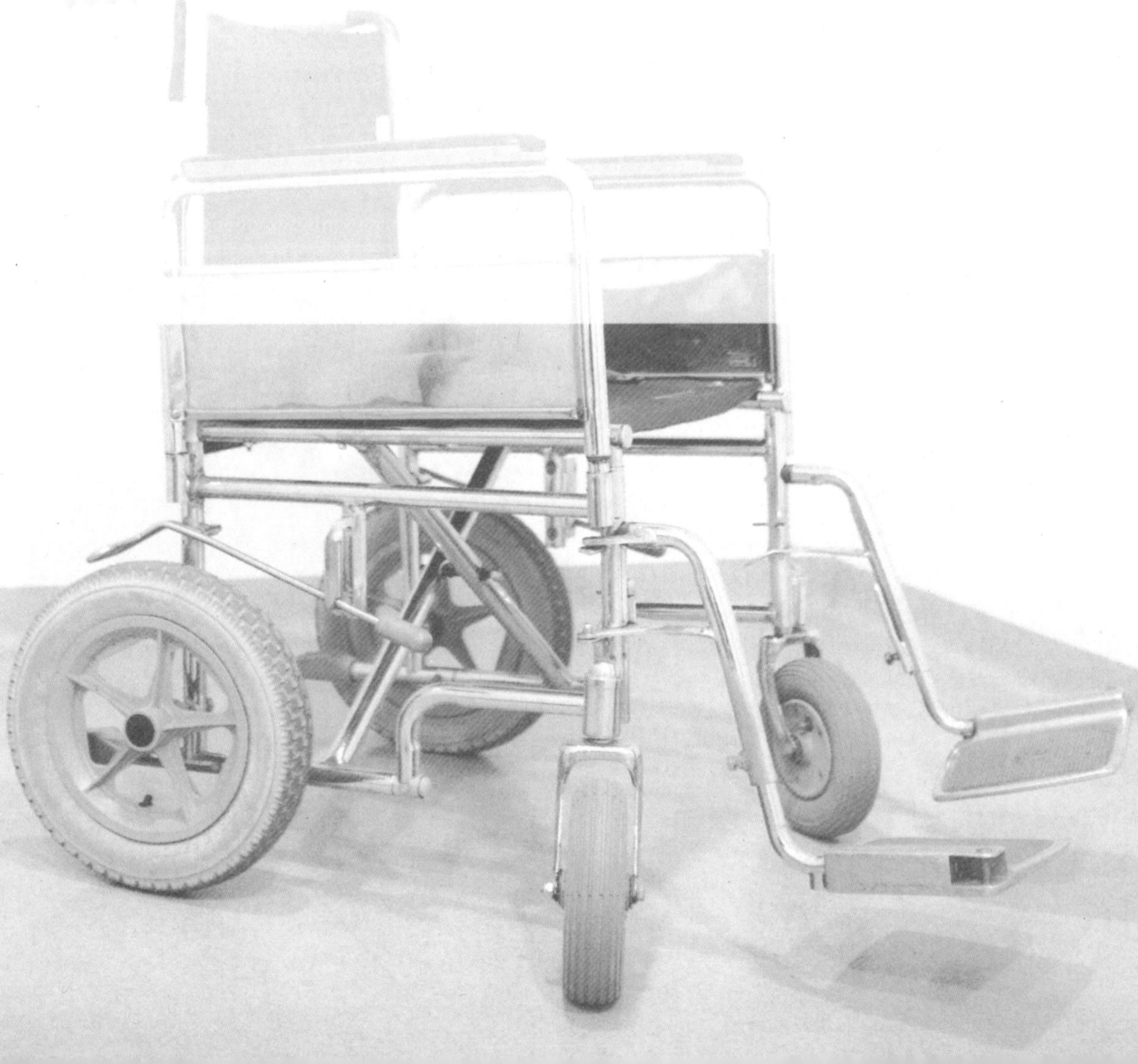

Ⅰ. 임상과별 분류와 특징

1. 가정의학과

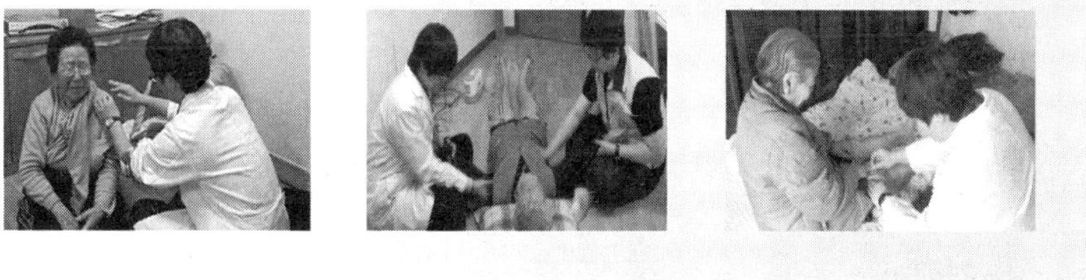

그림 1 ● 가정의학과 방문진료

가정의학과 의사는 현재 질병이나 불편한 증상의 유무와 관계없이 전 연령에 걸쳐 환자와 가족에게 개별적이고 지속적이며 포괄적인 의료를 제공하며, 환자와 친밀하고 신뢰있는 관계를 형성하면서 종합적인 건강상의 요구를 다루는 데 책임이 있다(그림 1).

가정의학은 의학적인 지식과 기술의 요체로서 환자와 가족에게 적용되는 의학적 훈련을 통해 가정의료의 전문성을 획득하고, 종합적인 의료에 대한 책임을 강조하여, 환자와 처음 접촉 시 첫 평가에서부터 만성적인 문제들의 관리 전반까지 다루고 있다. 특히 예방과 질병의 조기 발견이 가정의학과의 필수 요건이다. 모든 의학적 자원을 조율하고 통합함으로써 가정의학과 의사들은 대부분의 의학적인 문제들에 대해 비용 효과적인 의료를 제공하고 있다.

가정의학과(family medicine)의 주요 진료는 건강증진 클리닉, 건강검진 클리닉, 노인의학 클리닉, 스포츠 의학, 갱년기의학 클리닉 등이 있다.

2. 개인용 치료보조기

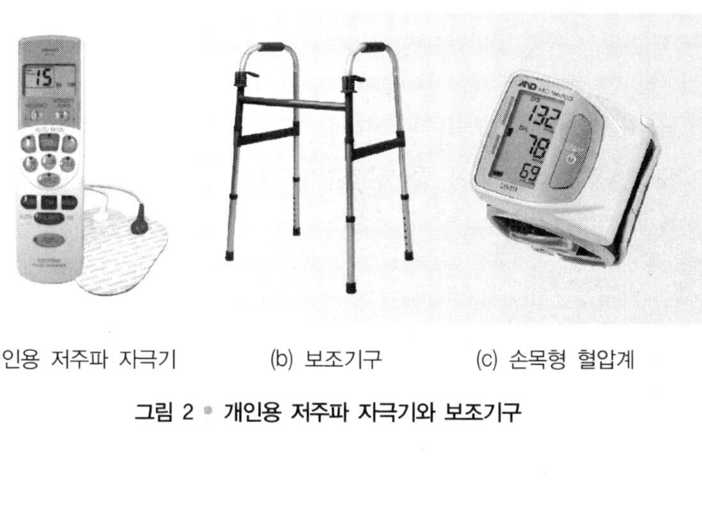

(a) 개인용 저주파 자극기 (b) 보조기구 (c) 손목형 혈압계

그림 2 ● 개인용 저주파 자극기와 보조기구

의학기술이 발전함에 따라 많은 병의 치료가 가능하게 된 지금은 개인의 건강에 대한 관심이 상대적으로 더 높아지게 되었다(그림 2).

개인용 치료기, 보조기는 그러한 추세를 반영하여 조금 더 효과적인 치료와 재활, 병의 예방 등을 위해 개인용으로 사용할 수 있는 의학품을 의미한다.

단순한 연고, 반창고 등도 넓은 의미에서 보면 개인용 치료기와 보조기에 해당되며, 조금 더 세부적으로 살펴보면 휴대가 가능한 휴대용 치료보조기, 집에서 사용할 수 있는 자택형 치료보조기 등이 있다.

병원에서보다 정밀하고, 정확한 측정 및 치료가 불가능하다는 단점이 있기 때문에 어디까지나 치료보조나 예방에 그 목적이 있다고 할 수 있다.

3. 결핵과

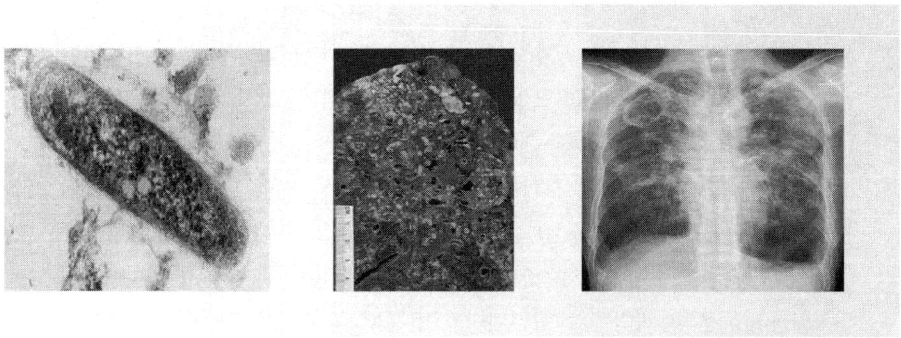

(a) 결핵균 (b) 결핵균에 의해 파괴된 폐 (c) 폐결핵 환자의 흉부 X-ray 사진

그림 3 ◉ 결핵균

결핵과 관련된 질병을 치료하는 임상과이다(그림 3). 결핵(tuberculosis)은 결핵균 감염에 의한 전염병으로 대부분 폐를 통해서 걸리는 폐결핵이지만 우리 몸의 다른 여러 장기(림프절, 관절, 뼈, 신장 등)에도 발생할 수 있다.

결핵균이 몸 안에 들어와 감염될 위험은 결핵환자와 같은 방에서 거주하는 경우 가장 높은 편이다. 환자와 접촉하는 횟수가 많거나 집이나 방 크기에 비하여 많은 사람이 거주하는 밀집된 주거환경, 위생불량, 영양결핍 등 감염위험이 증가한다.

미열과 식은땀, 발열, 피로, 전신무력감, 체중감소 등의 전신 증상이 초기에 나타나며 증상이 오래 지속될 때는 병원 진찰을 요한다. 증상은 진찰, X-ray 결과와 가래, 결핵균 검사로 대부분 진단을 한다.

치료는 정해진 약물을 규칙적으로 일정한 기간 동안 복용하며, 간혹 증상이 없거나, 치료하고 증상이 없어졌어도 몇 개월 더 투약을 하는데 투약을 소홀히 하고 복용약을 미리 끊으면 재발할 확률이 증가하므로 조심해야 한다.

4. 가정용 의료기기

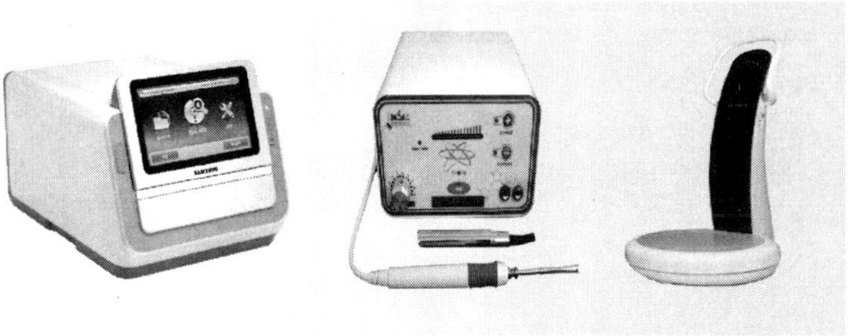

그림 4 ● 가정용 의료기기

의학 분야는 단순히 병의 진단뿐만 아니라 사람이라는 복잡한 유기조직의 원리를 규명하고, 여러 가지 병의 원인을 밝히고 이를 예방하는데 최대의 목적이 있다(그림 4).

의학의 각 분야는 편의상 여러 분야로 나뉘어져 있으나 이는 각각 공통점을 지니고 있고, 또한 동일한 목적을 지니고 있다. 이러한 상호 유기적인 관계를 맺고 있는 여러 의학 분야들에 있어서 공통적으로 사용되는 장비들의 종류를 알고, 이해하는 것은 상당히 중요하다. 각 분야에 공통적, 보편적으로 사용하는 장비의 경우 인체의 특성에 대해 잘 나타내고 있는 경우가 많다.

5. 구강내과

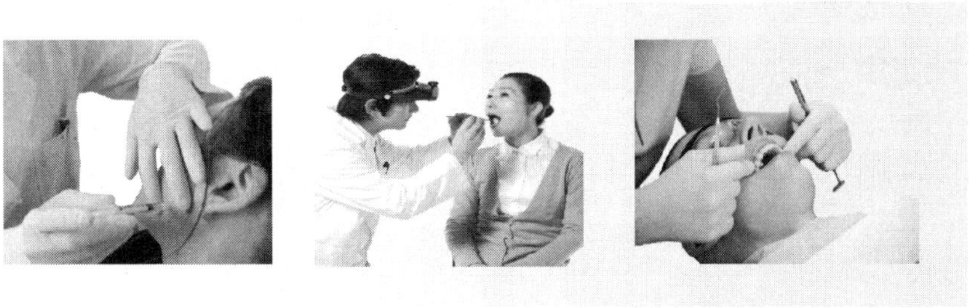

그림 5 ● 구강내과 진찰장면

전신 및 국소적 원인에 의해 발생한 구강 및 악안면*의 질환을 종합적으로 진찰하여 정확한 진단을 함으로써 합리적이고 적절한 치료계획을 수립하고 환자와의 상담을 통해 환자가 양질의 치과 치료를 받을 수 있도록 하는 임상과이다(그림 5).

구강내과(oral medicine)의 진료과목은 구강안면 통증, 턱관절질환, 구강안면통증, 코골이와 수면무호흡증(snoring & sleep apnea), 구취(halitosis)**, 이갈이(bruxism), 보톡스 치료 등이다.

* 악안면 : 턱과 얼굴을 이루는 부분이다.
** 구취(halitosis) : 박테리아가 단백질을 분해하면서 생기는 부산물로 인해 입안에서 냄새가 나는 증상이다.

6. 구강병리과

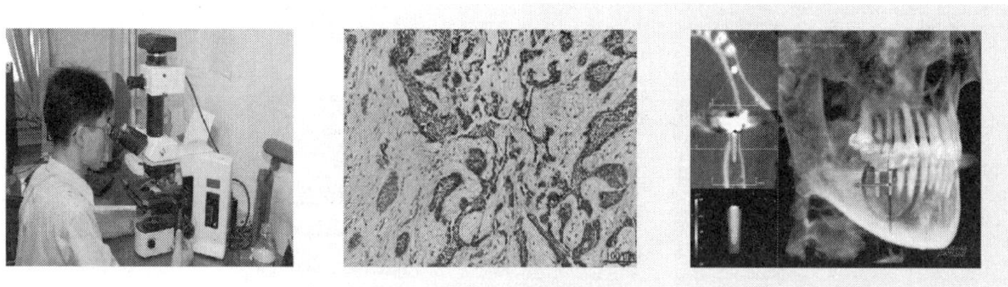

(a) 면역조직검사 (b) 생검절제로 얻어진 조직을 현미경으로 확대 (c) 구강 CT, 3D 영상으로 분석

그림 6 • 염색을 이용한 면역조직 검사

현미경 관찰 및 다양한 검사를 통하여 치과병원 각 과로부터 의뢰받은 생검(biopsy)조직에 대해 정확한 진단을 내림으로써 신속하고 적절한 치료가 이루어질 수 있도록 한다(그림 6).

구강병리과(oral and maxillofacial pathology)는 진단활동을 통해 얻어진 새로운 학문적 지식은 과내 회의 및 타 과와의 정기적인 세미나를 통해 더욱 확장되고 정립되어 다른 과의 진료계획수립에 대한 자문, 전공의 및 학생교육, 기초 및 임상 치의학 연구 등에 적용되고 있다.

7. 구강악 안면방사선과

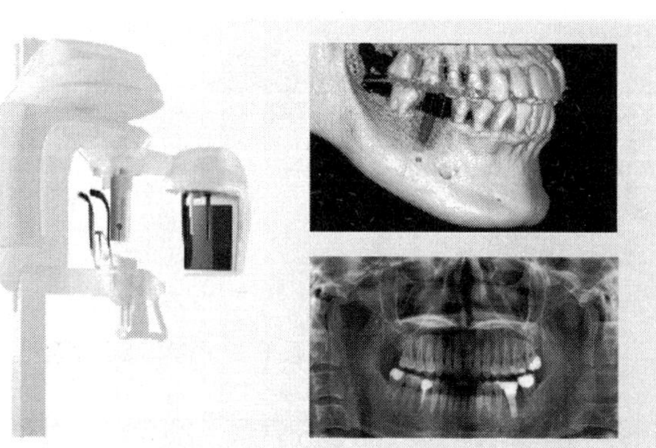

그림 7 • 임플란트 CT

다양한 의료영상을 통하여 치아, 구강, 턱, 얼굴 및 목 영역에서 발생하는 각종 질환을 진단하는 진료부서이다(그림 7).

구강악안면 방사선과(oral and maxillofacial radiology)는 의료영상을 이용하여 치아우식증(충치), 잇몸질환(치주질환), 부정교합, 뼈질환, 낭종(물혹), 종양(양성 및 악성), 골절, 침샘질환, 턱관절질환, 연조직질환 및 각종 선천성/후천성 질환 등을 검사하여 병의 진단 및 치료를 하고 있다.

치아가 손실된 부위에 인공치아를 식립*할 때 턱뼈의 정확한 상태를 평가할 수 있는 임플란트 전산화단층검사(implant CT)를 시행하고 있다. 그리고 PACS(Picture Archiving and Communication System)를 도입하여 모든 진단영상을 디지털화함으로써 필름이 없는 병원(film-less hospital)으로 거듭나고 있다.

치과병원은 방사선 촬영 대기시간을 줄이고, 방사선 필름의 운반 및 보관의 번거로움을 줄여 편의를 향상시킬 수 있게 되었다.

8. 구강악 안면외과

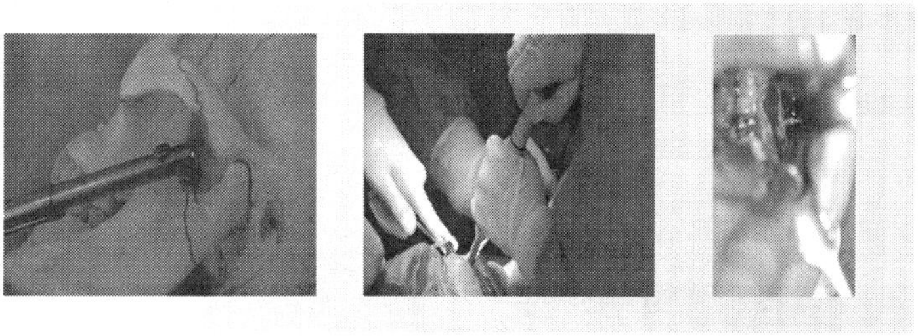

그림 8 ◦ 구강내 소수술

악구강계 질환, 즉 턱과 얼굴 부위에 관련된 전문적인 진료를 하는 과이다. 각종 기초 및 임상연구를 통하여 구강악 안면외과학(oral and maxillofacial surgeons)(턱, 얼굴외과)**의 발전에 기여하고 있다(그림 8).

진료분야로는 구강암의 예방 및 치료, 악골(위턱, 아래턱, 얼굴뼈) 재건술, 얼굴기형증(두개악안면기형, 주걱턱 기형) 성형술, 안면골(위턱, 아래턱, 얼굴뼈 등) 골절치료, 구순구개열(언청이) 수술, 악관절증(턱관절질환)의 치료, 인공치아(임플랜트)식립, 골은행(연골은행 포함), 구강내 제반 질환, 안면 미용 성형수술, 침샘질환, 구강 및 안면신경질환, 보철 전 성형수술, 사랑니 발치 등이 있다.

9. 내 과

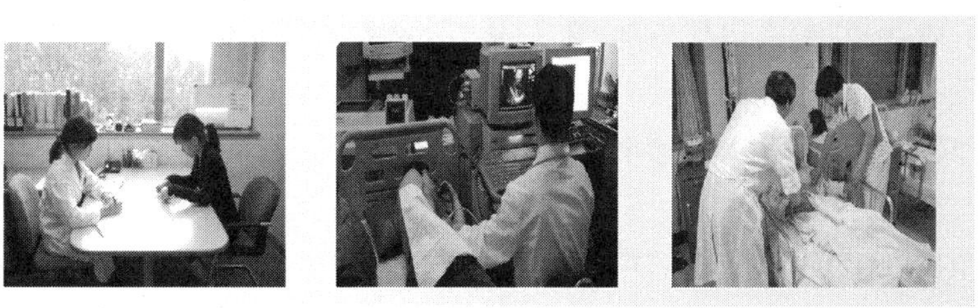

그림 9 ◦ 진찰 및 회진

* 식립 : 인공물을 잇몸과 잇몸 뼈에 심는 것이다.
** 구강악 안면외과학(oral and maxillofacial surgeons) : 턱과 얼굴외과이다.

의료 영역에서 가장 근간이 되고 범위가 넓으며 과거부터 이어져왔던 분야이다(그림 9).

외과와 비교되어 수술적인 치료 없이 약물 등을 통해 질병을 진단, 치료하는 것으로 널리 인식되어 있지만 오늘날 그 경계는 많이 허물어져서 내과(internal medicine)에서도 수술적인 치료를 직접 수행함으로써 그 정의가 다소 퇴색되었다.

내과가 담당하는 신체 부위는 머리에서 발끝까지 그 영역을 제한하기 힘들고, 신체의 어느 곳이나 내과의 영역이 되므로 다른 전문 분야와 많은 부분에서 중복될 수 있다.

현재 대한내과학회에서는 9개의 분과로 영역을 나누고 있다. 소화기내과, 순환기내과, 호흡기내과, 내분비내과(내분비내사내과), 신장내과, 혈액종양내과, 감염내과, 알레르기내과 그리고 류마티스내과가 있다. 대형병원(대학병원, 종합병원 등)에서는 더욱 세분화되어 진료가 이루어지고 있다.

10. 내분비학과

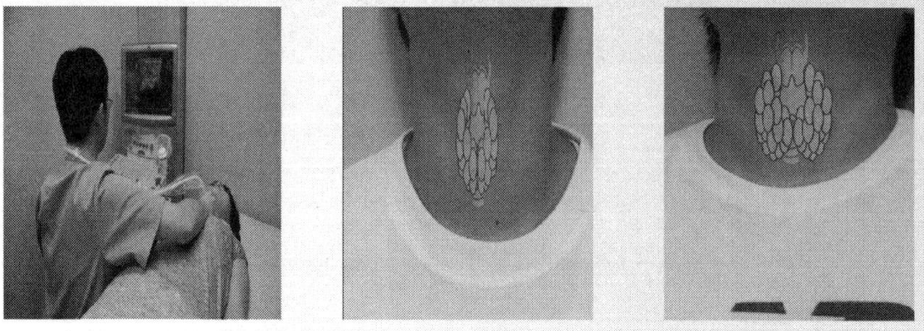

(a) 갑상선 초음파 진찰 (b) 갑상선 질환(전) (c) 갑상선 질환(후)

그림 10 • 갑상선 질환

인체의 몸 속에서 호르몬이 분비되는 현상. 즉, 내분비샘과 분비 및 호르몬의 영향 등을 연구하는 학문이다(그림 10). 호르몬의 구조와 작용, 그 상호 관련, 그리고 분비선의 구조나 기능을 연구하는 생리학의 한 분야로, 20세기에 들어와서 학문으로서 체계가 세워졌다.

BC 4세기에 아리스토텔레스가 정소와 2차성징에 대하여 관찰한 이래 내분비에 관한 관찰은 적지 않았지만 과학적인 연구는 19세기에 들어와서부터 본격화되었다. 1849년 독일의 A.A.베르톨트는 닭의 정소에서 어떤 물질이 분비된다는 것을 처음으로 알아냈다.

1895년 올리버와 셰퍼는 부신의 배출물에 혈압상승 작용이 있다는 것을 알아냈고, 1901년에는 일본의 다카미네 조키치[高峰讓吉]와 T.B.올드리치가 동시에 부신에서 아드레날린을 발견하였다.

1902~1905년 사이에 W.M.베일리스와 E.H.스탈링은 십이지장 점막세포에서 만들어지는 세크레틴을 발견하였다. 어떤 특수한 선(腺)에서 만들어지는 화학물질이 혈액 속에 방출되어 떨어져 있는 다른 기관이나 조직에 작용한다는 내분비의 개념을 확립하였고, 오늘날까지 이 개념이 내분비학(endocrinology)의 기초가 되고 있다. 내분비학 연구는 내분비기관으로 간주되는 것을 제거

하여 결핍증세를 관찰하는 방법, 분리 · 추출한 호르몬의 생리학적 작용의 연구, 임상관찰과 비교 · 검토 등의 방법 등이 있다.

11. 노인병학과

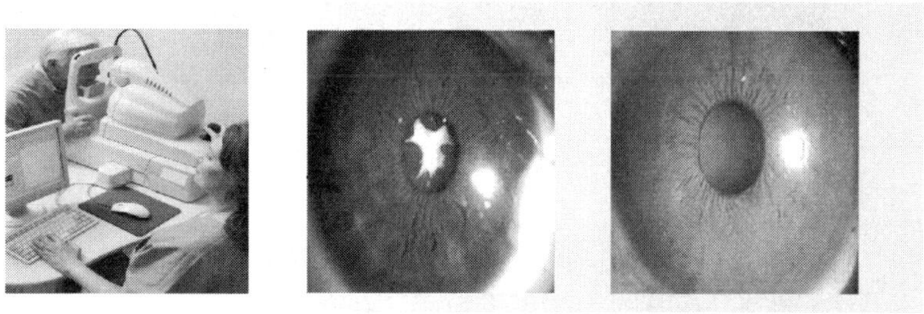

(a) 노인 안과질환검사 (b) 성인백내장 (c) 노인백내장

그림 11 ● 노인성 백내장검사

노인병학은 노년층의 건강과 질병에 관한 의학의 한 분야이며, 노인의학(gerontology)이라고도 한다(그림 11). 시간의 경과와 함께 생체 내에서 일어나는 성장, 성숙, 퇴축, 죽음이라는 일련의 변화과정, 생리적 가령(physiological ageing)[*]의 여러 가지 외적 환경인자에 의해 일어나는 병적 가령(pathololgical ageing) 등에 관하여 그 메커니즘, 상호관계, 제어법 등을 생물학, 기초 및 임상의학, 사회의학 그리고 사회과학적 수단을 이용하여 연구 해명해 가는 학문이다.

좁은 의미로는 가령 현상의 메커니즘을 해명하는데 주안점을 둔 기초노화학(biomedical gerontology), 폭넓은 의학적 견지에서 연구하는 노인의학(geriatric medicine), 노년자 질병의 원인, 증상의 특징, 치료법 등을 연구하는 노인병학(geriatrics), 사회과학적 견지에서 연구하는 노인사회학(social gerontology) 등으로 세분된다.

12. 류마티스학과

관절을 비롯한 근육 및 골격계 질환을 다루는 내과학의 한 분야이다(그림 12).

류마티스는 그리스어인 rheuma는 흐름이라는 의미로 뇌에서 나쁜 액이 신체 각 부로 흘러 들어가서 통증을 일으킨다는 의미인데 그 주된 부위는 관절이며 일반적으로는 만성류마티스성 관절염이다. 그 외에 류마티스열[**], 초년성 강직성 척추염[***] 등이 있으며, 유사한 관절통을 초래하는 경우가 많은 질환으로서 전신성 홍반성 낭창[****], 다발성 근염 등 많은 질환이 있다.

---

* 생리적 가령(physiological ageing) : 생체 내에서 일어나는 성장, 성숙, 퇴축, 죽음이라는 일련의 변화 과정이다.
** 류마티스열(rheumatic fever) : 피하조직과 중추신경계의 염증으로 자가면역질환이다.
*** 강직성 척추염(ankylosing spondylitis) : 전신을 침범할 수 있는 만성 염증성 질환이다.
**** 전신성 홍반성 낭창(systemic lupus erythematosus) : 피부 및 관절 등 여러 장기에서 다양한 증상을 나타내는 원인불명의 자가면역질환이다.

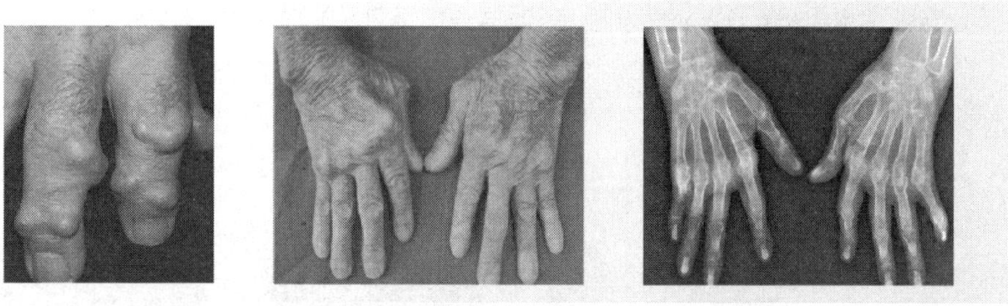

(a) 류마티스 결절 (b) 류마티스 관절염 (c) 류마티스 X-ray

그림 12 • 류마티스 관절염

관절주위조직이나 근육의 염증, 변성, 대사장애가 원인이 된다. 혈침촉진*, RA반응 양성 등이 있어서 교원병**. 알러지성 질환의 하나로 고려되고 있다.

대부분의 류마티스 질환은 면역학적 이상을 동반하는 자가면역질환으로 류마티스학(rheumatology)은 면역학(immunology)과 밀접한 연관이 있으며, 면역학적 병인을 과학적으로 분석하여 원인에 대한 치료를 제공한다. 최근 연구결과를 토대로 여러 염증매개체를 억제하는 새로운 약제들이 개발되어 관절염이 불치병이란 개념이 사라지고 있다.

13. 마취통증학과

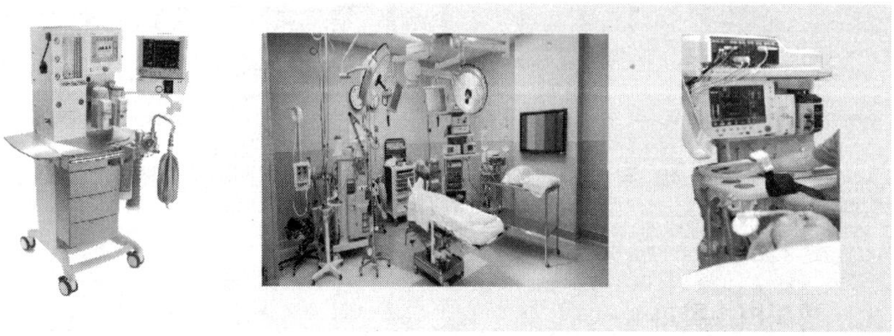

(a) 마취기 (b) 수술실 (c) 마취장면

그림 13 • 마취과

마취는 영어로는 애너스시저(anesthesia)로 표기되며 희랍어의 an(non)과 aesthesia (perception, feeling)의 복합어가 어원으로 문자 그대로의 뜻은 '감각의 상실'이다(그림 13).

마취의 영역은 발전하고 확장되어 현재는 마취를 받는 환자의 평가와 자문, 수술이나 검사 중, 혹은 이후의 통증의 경감이나 예방, 수술 중 생체징후의 감시와 안정화, 중환자에 대한 관리, 급성이나 만성 및 암 관련 통증의 진단과 치료, 심폐소생술의 관리와 교육, 호흡기능의 평가와 호흡기 치료

* 혈침반응(erythrocyte sedimentation) : 적혈구와 혈장이 무게 차이에 의해 분리되는 현상이다.

** 교원병(collagen disease) : 신체의 결합조직질환에서 발견되는 모든 질환이다.

의 적용, 임상 및 기초 연구의 수행, 수술 전후의 치료에 관계된 인원들의 감독, 교육, 평가, 병원이나 의과대학의 행정직 참여 등 광범위한 분야들을 아우르게 되었다.

마취과라는 명칭이 수술실 밖까지 확대된 업무범위를 잘 나타내지 못한다는 의견에 따라 우리나라에서는 2002년 의료법 개정 이후 마취통증의학과라는 명칭을 사용하게 되었다.

14. 물리치료학과

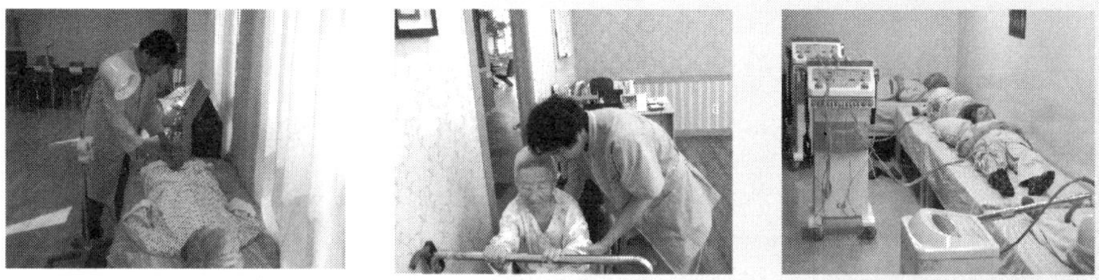

(a) 온열 적외선 치료기 (b) 보행기 치료기 (c) TENS 치료기

그림 14 • 물리치료

물리치료(physical therapy)는 물리적 에너지를 사용할 수 있는 열, 전기, 광선, 물의 성질을 이용하거나, 도수적 방법(manipulation)으로 통증을 조절하고, 근육의 수축 및 이완, 혈액의 순환, 비정상적인 자세 및 운동형태를 개선시킬 목적으로 체계적이고 과학적인 치료 분야이다(그림 14).

질병, 사고 또는 선천적인 질환으로 일시적이거나 영구적인 장애를 가진 사람들의 신체적 능력의 상실 정도를 평가하고 기능을 회복시키고 장애를 관리하여 최소화 하며 나아가 기능을 회복시켜 정상적인 활동을 할 수 있도록 의료적 서비스를 제공하기 위한 학문 분야이다.

15. 병리학과

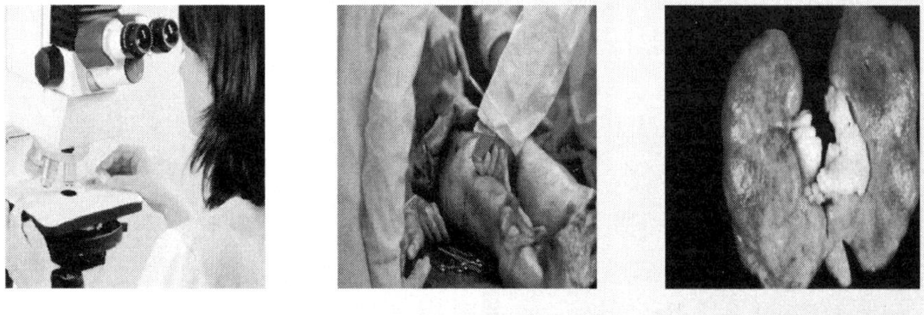

(a) 세포 현미경검사 (b) 인체를 해부하는 모습 (c) 해부하여 적출된 장기

그림 15 • 병리를 파악하기 해부하는 모습과 해부하여 적출된 장기

병의 원리를 밝히기 위하여 병의 상태나 병체(病體)의 조직구조, 기관의 형태 및 기능의 변화 등을 연구하는 기초의학이다(그림 15).

병의 원인 · 발생 · 경과 및 그 변화 등에 관한 연구를 하는 학문으로, 넓은 의미로는 생물체에서 볼 수 있는 모든 이상(질환) 및 기형을 대상으로 한다.

일반적으로 세포, 조직, 장기의 표본을 육안이나 현미경 등을 이용하여 검사해 그것들이 질병에 침범되었을 때에 어떤 변화가 나타나는지를 연구하는 학문으로, 하나로써는 일반에게 알려진 것보다 더 포괄적인 내용을 다루게 된다.

학자에 따라서 병리학(pathology)은 사람을 다루는 인체병리학과 사람이외의 검체를 다루는 실험병리학으로 나누기도 하고, 연구대상에 따라 외과병리학(조직병리학과, 해부병리학), 세포병리학, 임상병리학, 실험병리학으로 나눌 수도 있다. (인체)병리학은 인간을 대상으로 하기 때문에 정상구조에 대한 지식이 있어야 하므로 해부학 및 조직학과 밀접한 관련이 있다.

병원에서 병리의사는 병리학적인 지식을 바탕으로 임상의사에게 병을 알려주는 역할을 하게 된다. 즉 병리학적 진단을 내려주며 종종 의학분야에서 병리학은 기초의학과 임상의학의 중간자라고도 한다.

16. 비뇨기과

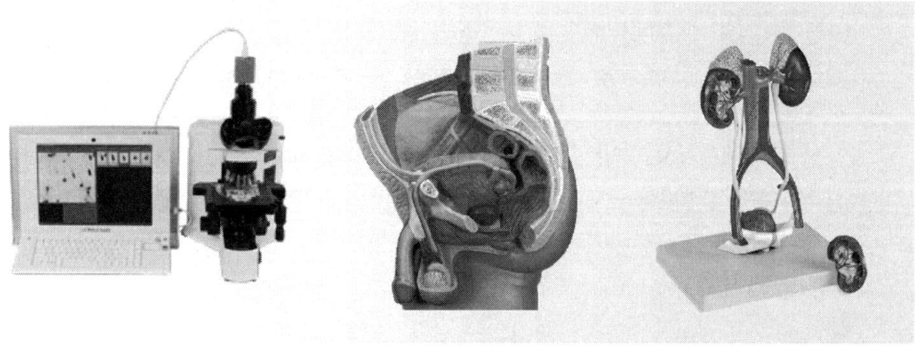

(a) 정자수 측정기기 (b) 남성성기모형 (c) 비뇨모형

그림 16 • 전립선 구조

소변을 만들고 운반하고 배설하는 기능을 담당하는 요로계(신장, 요관, 방광, 요도), 남성생식기관(고환, 부고환, 사정관, 음낭, 음경) 및 부속성선(전립선, 정낭, 구요도선)과 부신에 생기는 질환을 다루는 분야이다(그림 16).

비뇨기과(urology)의 진료 분야 및 질환, 주요 치료법 등은 남성 불임, 남성 성기능장애, 여성 하부 요로질환, 신경인성 방광, 소아 비뇨기계 질환, 전립선 비대증, 부신질환, 비뇨기 종양, 비뇨기 손상, 요로계 감염, 성교 전파성 질환, 외성기 피부질환 등이 있다.

신체검사, 임상병리검사, 영상검사, 요도방광경 검사, 요소 및 잔뇨측정, 요역동학 검사 등을 통하여 병을 진단하고, 도뇨, 경요도수술, 개복수술, 경질수술, 내시경수술, 복강경 및 로봇 수술, 체외충격파 쇄석술 등을 시술하여 증상을 치료하는 비뇨기과는 생리현상과도 관계가 깊은 중요한 학과이다.

17. 산부인과

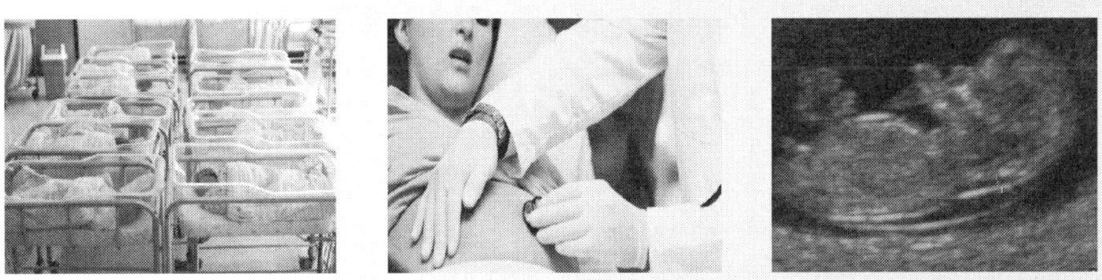

(a) 신생아실 (b) 임산부 진찰모습 (c) 신생아 초음파 사진

그림 17 ◦ 임산부 진찰모습과 신생아 초음파 사진

여성의 생식기능과 연관된 정상 생리 및 질병을 다루는 의학 분야이다. 산부인과(obstetrics and ynecology)는 포괄적으로 분류하게 되면 임신, 출산, 산욕기를 다루는 산과와 부인병을 다루는 부인과로 나눌 수 있다(그림 17).

부인과는 다시 성병을 포함한 양성 생식기 질환을 다루는 일반 부인과학, 악성 생식기 종양을 다루는 부인종양학, 불임, 폐경, 호르몬 이상을 다루는 생식내분비학, 배뇨이상, 골반 장기 탈출증을 다루는 비뇨부인과학으로 나뉜다.

일반적으로 특별한 증상이 없는 여성이 산부인과에 처음 방문하는 시기는 자궁경부암 검진을 위해 21세부터 혹은 첫 성경험 후 3년 이내로 권고되어 왔으나, 성장기의 추세나 백신기술 발전 등을 고려하였을 때 산부인과는 만 9세 이상이면 진단받을 수 있는 포괄적인 분야로 발전하였다.

18. 성형외과

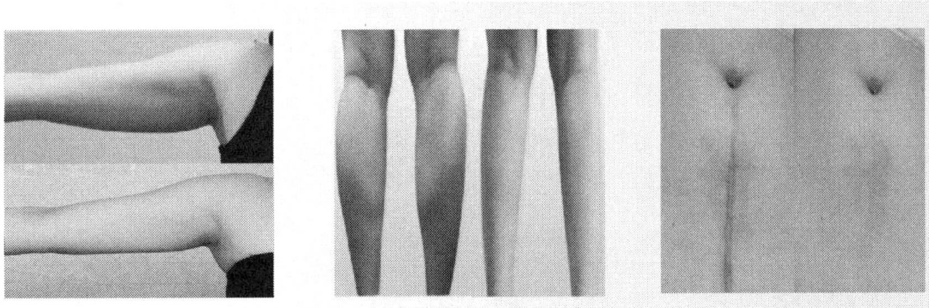

(a) 팔성형 전 · 후 (b) 다리성형 전 · 후 (c) 배성형 전 · 후

그림 18 ◦ 성형 전 · 후 비교사진

현대사회는 채집이나 수렵시대에 비해 삶에 여유가 생기면서 미를 가꾸는데 관심이 높아지는 의학분야가 성형분야인데, 성형의 영어 표기인 '플라스틱(plastic)'은 고대 그리스어인 '플라스티코스(plastikos)'에서 유래하였다(그림 18).

이 단어의 뜻은 '주물이나 조형을 맞춘다'라는 뜻이다. 흔히 성형을 단순히 미용의 수준에서 이해하는 경우가 많지만, 이보다는 신체적으로 가진 구조적인 변형이나 기형을 수정하여 제 기능을 할 수 있도록 결함을 교정한다는 폭넓은 의미로 인식하는 것이 옳다. 성형외과는 이러한 성형을 담당하는 특수 외과 분야이다.

성형외과(plastic surgery)는 신체 외부에 나타나는 선천성 기형, 또는 후천성 변형이나 결손을 그 기능과 모양에 있어서 정상상태에 가깝도록 교정해 주는 외과 분과이다. 성형외과에서 다루는 신체 부위는 머리에서 발끝까지, 우리 몸의 외적인 전체 부분이다.

19. 소아과

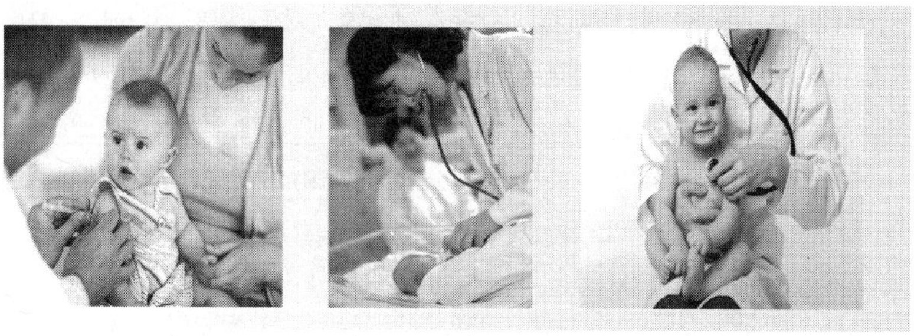

그림 19 • 소아 진단 · 진료

신생아기에서 청소년기(대체로 남자 12~20세, 여자 10~18세)의 환자를 대상으로 진료 및 연구를 행하는 임상의학의 한 분야이다. 대상 연령에 명확한 기준은 없으나 보통 소아라고 하면 유아기를 벗어나고, 청소년기에 접어들기 전을 의미한다(그림 19).

소아심장과, 소아신장과, 소아내분비과, 소아호흡기/알레르기과, 소아감염과, 소아소화기/영양과, 소아혈액/종양과, 소아신경과, 신생아과로 하위분류가 가능하다.

진료하는 곳이 소아과(pediatric)이기 때문에 장비도 다른 분야에서 쓰는 장비와 많이 겹치게 된다. 다만 소아의 경우에는 장비의 안전성을 많이 강조하게 된다.

20. 소아치과

소아치과(pediatric dentistry)는 출생부터 청소년에 이르는 연령층을 대상으로 하며 치과질환 전반의 예방치료, 치아우식증(충치)치료, 구강 및 치아 발육장애 등과 같은 전문진료를 하는 임상치의학의 한 분야이다(그림 20).

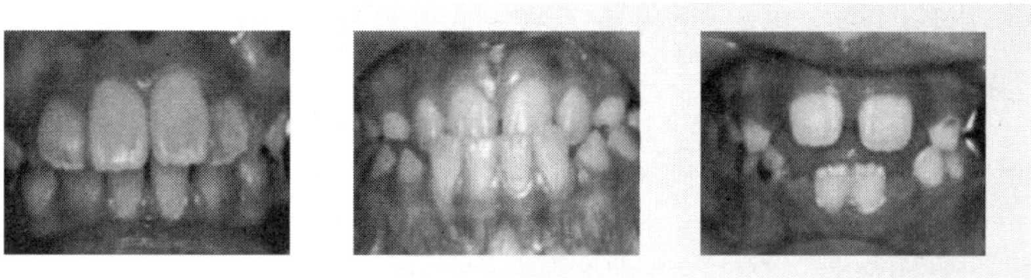

(a) 뻐드렁니　　(b) 반대 교합　　(c) 전치부개교

그림 20 ◦ 비대칭 치아

성인의 치과질환의 대부분은 소아, 청소년 시기의 구강상태와 밀접한 관련이 있으므로 이 시기의 집중적인 관리는 일생을 통해 좋은 구강건강을 유지하는데 있어 매우 중요한 역할을 한다.

소아 청소년기에 육체는 물론 정신적으로도 많은 성장이 이루어지고 이에 따른 신체, 정신적 변화가 빠르게 일어나므로 역동적인 치료의 필요성이 대두된다. 또한 이 시기에는 정신적인 성숙이 완전히 이루어지지 않아 치료 시 환자의 협조를 구하기 어려운 시기이므로 성공적인 치료를 위해서는 적절한 행동조절이 필요하다.

21. 신경과

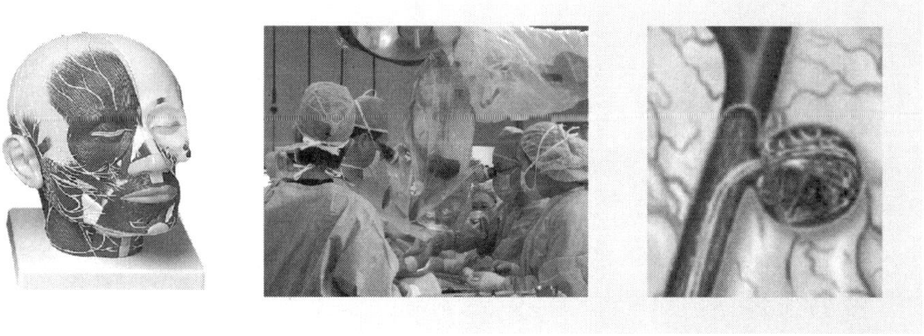

(a) 뇌신경모형　　(b) 신경수술모습　　(c) 뇌동맥 색전술 모식도

그림 21 ◦ 자율신경계

인체의 전체 신경계와 관련된 모든 기질적인 질병을 다루는 과이다(그림 21).

뇌, 척수 및 신경근(root), 신경, 신경접합부, 근육까지의 모든 신경계에 발생하는 기질적인 질병을 다루는 신경과이다.

신경과(department of neurology)의 범위는 광범위하고 다양하여 크게 각각 어느 부위에, 어떤 원인에 의해 질병이 발생하는지에 따라 신경과 안에서도 여러 분야로 나누어지게 된다. 보통 신경정신과와 신경외과를 신경과와 혼동하는데, 신경외과와 신경과는 소위 내과와 외과의 차이이다.

신경과에서는 전체 신경계에서 일어나는 질병을 진단하고 약물적 치료나 대증적인 요법을 이용하여 최상의 결과를 얻을 수 있도록 치료하는 방법을 주로 사용하며, 신경외과에서는 수술적인 치료 방법으로 치료를 한다.

다루는 질환도 많은 부분이 중복이 되나, 주로 수술적인 방법으로 치료가 진행되는 질환인 뇌종양 등의 경우 신경외과에서 좀 더 많이 다루게 되고, 주로 약물치료를 주된 치료법으로 이용하게 되는 뇌경색 등의 경우는 신경과에서 주로 다루게 되는 것이다.

22. 신경외과

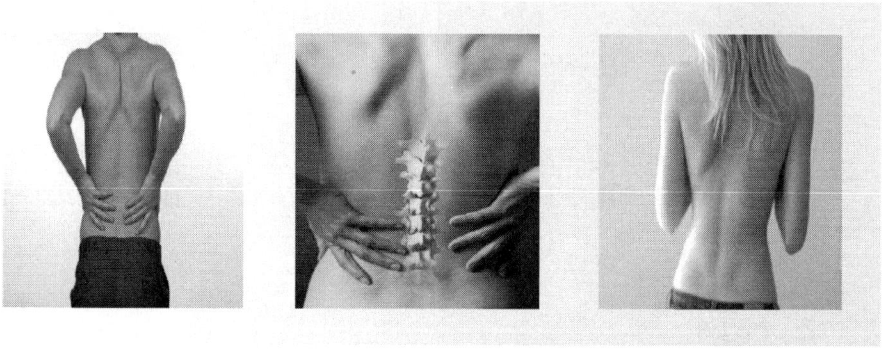

그림 22 • 척추 디스크

뇌, 척수, 뇌신경과 척수신경, 말초신경 등 신경계에 생기는 다양한 질환들에 대하여 수술적 치료를 하는 분야이다(그림 22).

신경은 중추신경과 말초신경으로 구성되어 있다. 중추신경은 뇌와 척수로 이루어져 있으며 말초신경은 중추신경으로부터 나와 신체 구석구석까지 뻗어 있는 신경가지이다.

신경외과는 이러한 조직에서 발생한 질환을 진단하고 수술적 방법으로 치료해 주는 곳이다. 경우에 따라 현미경을 이용한 미세수술(microsurgery)을 하며, 최근에는 내시경을 이용한 수술, 방사선 수술, 혈관 내 수술, 통증치료와 같은 새로운 기술을 이용한 분야들로 확장되고 있다. 신경외과(neurosurgery) 세부 진단분야로는 뇌종양, 뇌혈관 질환, 척수종양, 척추외과(디스크, 퇴행성 척추질환), 신경외상(뇌, 척추 외상성 손상), 말초신경질환, 뇌 정위기능 신경외과, 소아 신경외과, 통증외과 등이 있다.

23. 신장병학과

신장에 생기는 모든 병을 일컫는다(그림 23).

신장병(nephropathy)은 다종다양하여 이것을 정연하게 분류하는 것은 매우 어렵다. 우선 선천성 기형으로는 신장결손 및 과잉, 발육부전 · 변위신(變位腎) · 유주신(遊走腎) · 융합신과 이것에 준하는 것으로 낭포신(囊胞腎)이 있다.

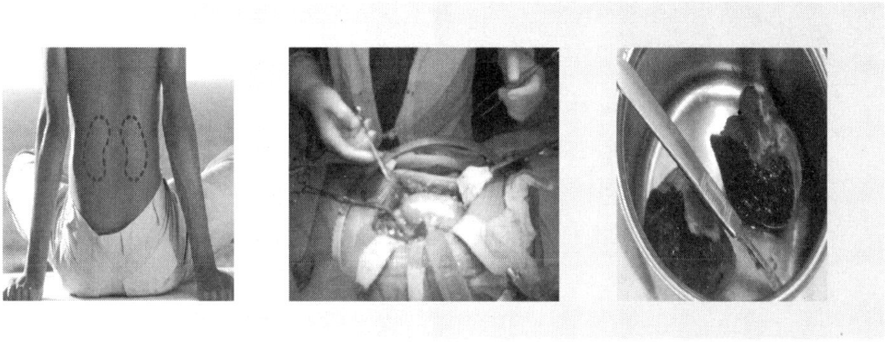

(a) 신장의 위치 (b) 신장이식수술 (c) 적출한 신장

그림 23 ● 신장의 위치와 적출한 신장

주로 신우(腎盂)에 일어나는 신우염(최근에는 신우신염이 중시)·신장결석·수신증(水腎症) 및 신장결핵·신장종양·기생충병은 보통 한쪽에만 일어나므로 수술요법의 대상이 되어 비뇨기과의 영역에 속한다. 그러나 신우신염과 같이 반드시 수술을 필요로 하지 않는 것도 있다.

양쪽에 걸리는 신장염·네프로시스 증후군* 및 신장경화증 등은 내과적 신장질환이라 할 수 있으나, 신장염에서 그 기능이 저하되어 요독증(尿毒症)을 일으킨 경우에는 인공신장이나 신장이식의 필요가 생기면 비뇨기과와 협력해야 한다.

최근에는 교통사고나 공장에서의 외상으로 인하여 신장손상이 증가되고 있다. 따라서 내과와 외과가 신장질환의 경우에 협력해야 할 필요성에서 신장학이라는 명칭도 생겼고, 신장학회도 결성되어 있다. 진료부분으로는 일반신장질환, 전해질이상, 급성신부전, 만성신부전, 신장이식 등의 질환에 대한 진료가 있다.

24. 심장병학과

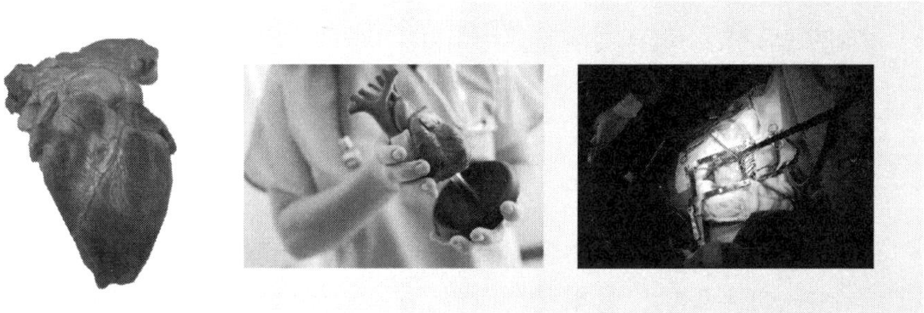

(a) 심장의 실제모습 (b) 심장모형 (c) 심장 수술장면

그림 24 ● 심장의 구조

* 네프로시스 증후군(nephrotic syndrome) : 사구체 질환의 일종이다.

심장의 장애와 질환의 진단 · 치료를 전문으로 하는 의학 분야이다(그림 24).

순환기 질환 중 심장의 질환을 치료하며 일반적으로 관혈관이나 심장(병)학(cardiology)도 포함된다. 병변 부위로는 심내막, 심근, 심막, 그 밖의 것을 들 수 있으며, 각각 심내막염, 심장판막증, 심근염, 심근경색, 심막염, 선천성 심장질환 등이 포함된다.

고주파 등을 이용하는 절제술로 위험요소를 제거하며 이후 심장질환 관리의 필수적인 과정으로 심장재활치료를 포함하여 진행한다. 이외에 심장박동기 시술, 제세동기 시술 등이 있으며 우리 몸의 가장 중요한 부분인 만큼 자가 응급치료법을 발달시켰다.

25. 심혈관 외과학과

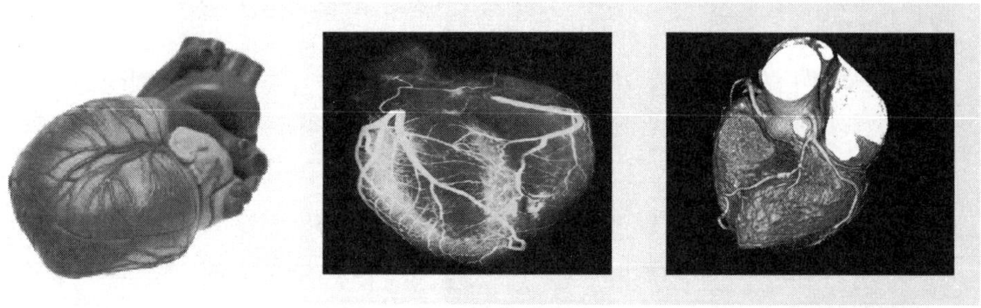

(a) 심장 혈관모형 (b) 심장 혈관조형술 (c) 심장 혈관 CT촬영모습

그림 25 ● 혈관조형검사

향후 1차 진료를 담당하는 의료인으로서 심장혈관질환에 대한 진단 및 치료, 예방과 관련된 업무를 수행할 수 있는 능력을 갖추기 위해 심장혈관계의 구조와 기능을 파악하고 주요 심장질환과 혈관질환의 병태생리를 이해하여 심장혈관 환자진료에 활용할 수 있도록 해주는 학문이 심혈관 외과학과(cardiovascular surgery)이다(그림 25).

심장혈관계 질환을 진단하기 위한 검사방법 및 해석에 대해 경험을 쌓아야 한다. 혈액 및 조혈기관의 정상, 비정상 상태에 관한 기본지식과 병인, 병변, 병태 생리를 이해하여 혈액질환의 진단, 예방, 치료에 활용할 수 있도록 한다.

26. 안 과

눈에 관계된 질환을 연구하고 치료하는 의학의 한 분과이다(그림 26).

눈꺼풀과 눈물기관, 안와, 결막, 각막, 공막, 수정체, 포도막, 유리체, 망막의 질병들과 녹내장, 사시, 굴절이상, 시신경 및 시각경로의 질병들, 그리고 전신질환과 관련하여 눈에 발생하는 이상들과 눈 외상에 이르기까지 눈에 생길 수 있는 광범위한 질환들을 연구하고 치료한다.

안과(ophthalmology)에는 결막, 각막 및 수정체 등 눈의 앞부분에 발생하는 질병들을 연구하고 치료하는 전안부 분과와 망막, 포도막, 유리체 등 눈의 뒷부분에 발생하는 질병들을 연구하고, 치료

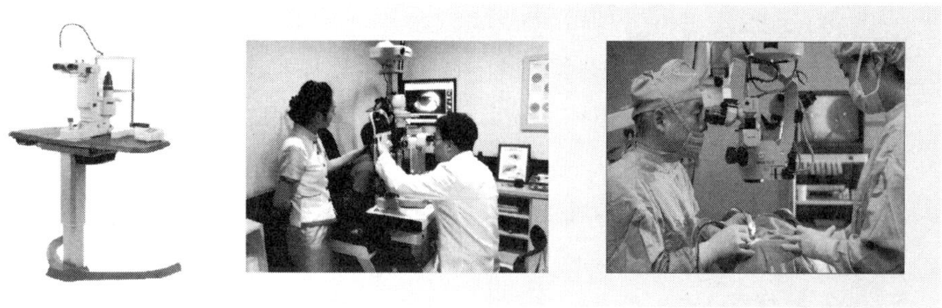

(a) 안과용 레이저 수술기 (b) 안과 진찰장면 (c) 백내장 수술장면

그림 26 ● 안과장비 및 진료

하는 망막/포도막 분과, 눈꺼풀과 눈물기관 및 안와의 질병들을 연구하고 치료하는 안성형 분과, 안압과 관련하여 발생하는 신경손상을 연구하고 치료하는 녹내장 분과, 눈의 위치와 움직임의 장애나 시신경과 시각경로의 이상을 연구하고 치료하는 사시/신경안과 분과가 있다.

27. 알레르기 및 면역학과

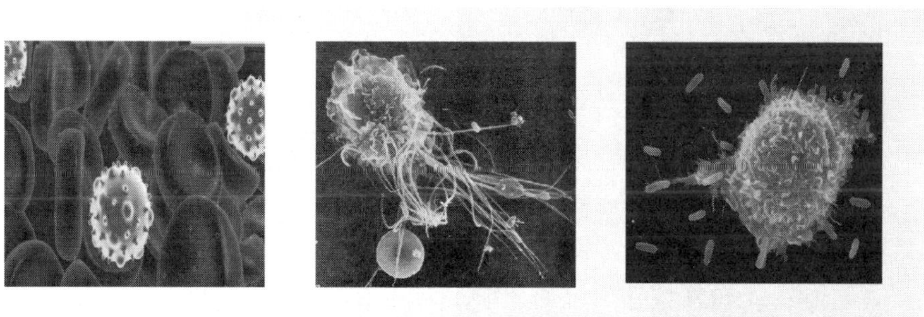

(a) IL-12 면역활성물질 (b) BRM 면역활성물질 (c) 클로렐라 면역활성물질

그림 27 ● 면역활성물질 AHCC

면역과 알레르기는 동전의 양면과 같다. 외부로부터 이물질이 들어오거나 미생물이 침범하게 되면 인체는 어떤 형태로든 반응을 하게 되어 있다. 이렇게 반응을 할 때 좋은 반응이 있을 수 있고 나쁜 반응이 있을 수 있다(그림 27).

인체에 유익하게 작용하는 좋은 반응을 면역(immunity)이라 하고, 세포나 조직에 손상을 일으키는 나쁜 반응을 과민반응이라 한다. 과민반응이 곧 알레르기(allergy)이다.

면역학(immunology)은 여러 가지 면역현상의 성립원리나 메커니즘, 면역반응 그리고 그 조절에 관계하는 세포군 및 생체성분, 이들 유전자 등을 대상으로 하는 분야의 학문으로서, 그 대상은 림프구나 마크로파지(macrophage)* 등의 면역계 세포에는 항원, 항체, 보체성분, 림포킨

---

* 마크로파지(macrophage) : 방어 메커니즘에 관계하여 면역을 담당하는 식균세포이다.

(lymphokine)*, 모노킨(monokine), 매개체(mediator) 등 여러 가지가 있다.

면역현상이 생체의 항상성을 지키는 생물 고유의 기구라는 인식이 확립된 오늘날에는 면역현상의 여러 측면을 해명하는 기초과학으로서, 그리고 면역반응으로 일어나는 여러 가지 병적 현상을 해명하여 치료에 응용하기 위한 임상면역학까지 포함한 종합적인 학문 분야로서 발전하고 있다.

면역학 진료 분야는 혈청학, 면역화학, 면역약리학, 세포면역학, 면역유전학 등이 있으며 면역학에 있어서 이상과 같은 각 분야에 관한 연구를 종합함으로써 면역현상의 본질이 해명될 것으로 기대되고 있다.

28. 영상의학과

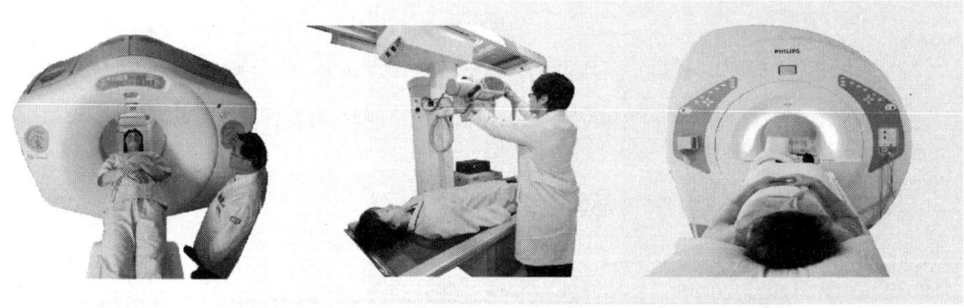

(a) PET-CT (b) X-ray (c) MRI

그림 28 • X-ray와 MRI

방사선과라 하며 2000년대 이후부터 영상의학과(radiology)라 하고 의료용 방사선 촬영을 맡는 의학이다(그림 28).

1982년 10월 대한치료방사선의학회가 창립되었고, 이로써 방사선과는 방사선을 치료적 목적으로 이용하는 치료방사선과와 진단적 목적의 영상획득을 주된 것으로 하는 진단방사선과로 나뉘게 되었고, 현재의 영상의학과는 진단방사선과로 공식 명칭이 개명되었다.

그러나 '진단방사선과'라는 명칭은 영상의학을 인체의 영상을 얻어 진단하는 의학의 분야라고만 생각하게 한다는 자각이 일면서, 의학적 영상을 통한 진단뿐 아니라 영상을 직접 보면서, 종괴의 조직을 얻는다든가 또는 영상을 보며 중재적 시술을 가하면서 미세침습적으로 환자를 치료하는 역할을 강조하여 '영상의학'으로 공식 명칭을 개정하였다.

주요 검사로는 단순 방사선(X-선) 촬영, 컴퓨터단층촬영(CT), 자기공명영상(MRI), 초음파 검사(US), 재적 방사선학 검사 등이 있다.

---

* 림포킨(lymphokine) : T-세포가 항원물질과 반응하여 유약화를 일으켜서 방출하는 화학전달물질이다.

29. 예방의학과

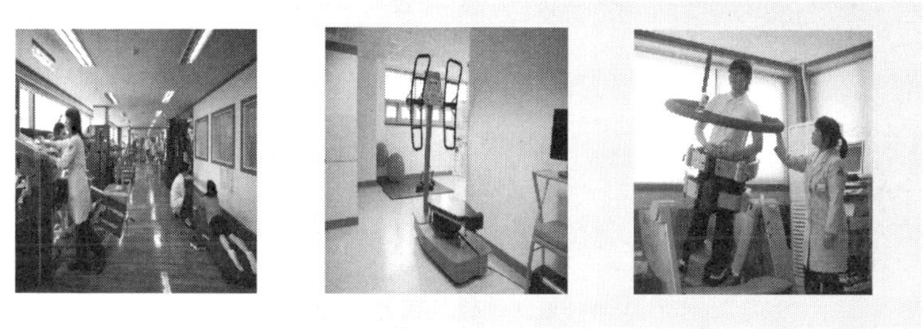

그림 29 ● 척추강화 프로그램을 통한 예방운동

질병예방을 위하여 건강증진과 생활환경개선 등이 목적이며 주로 신체적 · 정신적 · 사회적 질환 및 상해에 관심을 두고 있는 의학이다(그림 29).

보통 치료의학에 대비하여 사용한다. 일반의학이 아픈자와 상해자를 치료하는데 주목적이 있는 반면에 예방의학(preventive medicine)은 목적이 예방에 있으며, 그것도 개인지향적이라는 점에서 집단지향적인 공중보건학과 성격을 달리한다.

요즘은 예방활동이 매우 다양해지고 있다. 박테리아나 바이러스 등 병원미생물에 의한 급성 전염병은 환경과 영양의 개선, 예방접종 등으로 상당히 감소 또는 박멸되었다. 오히려 비감염성 질환, 즉 고혈압 · 당뇨병, 각종 암 등이 문제되고 있다.

한국에서도 성인병과 직업병의 문제가 대두되고 있다. 자동차 · 공장의 배기가스 등 유독한 화학물질이나 유해한 방사선에 대한 폭로, 청소년과 여자 등 흡연인구의 증가와 폐암, 영양 과다로 인한 비만으로 인한 각종 질환 등은 인류가 극복해야 할 과제들이다.

일부는 원인을 알 수 없으므로 계속 규명해야 할 것도 있고, 흡연과 폐암처럼 상호 밀접한 관계에 있다는 것을 알고는 있으나 좀처럼 해결하기 어려운 것도 있다.

30. 외 과

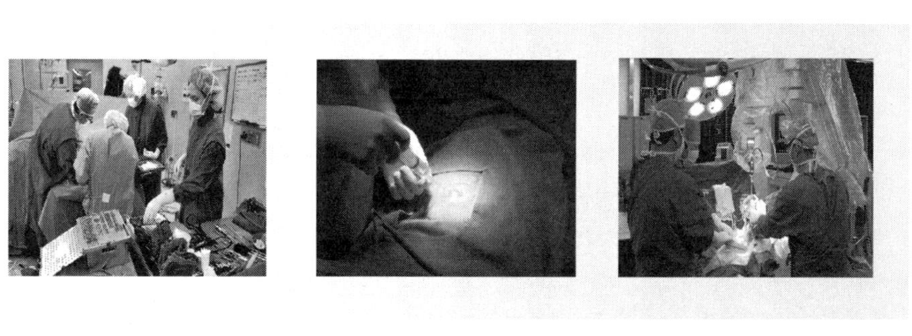

그림 30 ● 외과 수술장면

내과에 대비되는 학문 분야로서 약물치료를 주로 하는 내과와 대비되어 외과에서는 수술로 환자의 질병이나 상태를 치료한다(그림 30).

영어로 외과를 'surgery'라고 하는데 이는 그리스어인 'cheirourgike'에서 기원하였다고 한다. 이를 풀이하면 'hand(손)'+'work(작업)', 즉 손으로 하는 작업이라는 뜻이다.

외과(general surgery)는 현재 일반외과라는 명칭과 혼용되어 사용되고 있다. 1950년대를 지나면서 비약적으로 발전한 의학계에서 외과의 역할은 두드러진다. 특히 외과는 질적, 양적으로 엄청나게 팽창하여 각 부문이 전문성을 가진 별도의 학문영역을 구축하게 되었다.

31. 위장병학과

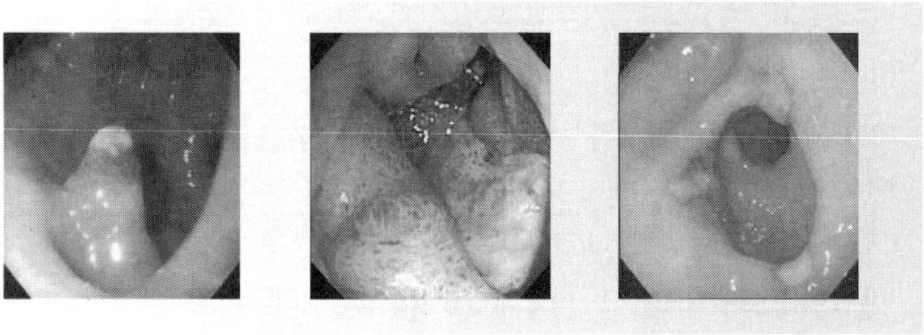

그림 31 • 위궤양

입안, 목 안, 식도, 위, 작은창자, 큰창자와 같은 위창자관과 이자 또는 침샘 따위를 비롯한 여러 가지 소화샘들의 구조나 원리 또는 거기에 생기는 여러 가지 병의 치료와 예방을 전문적으로 연구하는 학문으로 의학의 한 분야이다(그림 31).

위장병(gastroenterology)의 종류는 위궤양, 위염 등이 있다. 발병원인은 주로 불규칙한 식사습관, 지나치게 자극적인 음식 및 잦은 알코올 섭취인데 이러한 병이 계속 될 경우 암유발의 원인이 될 수도 있다.

치료는 가벼운 경우 제산제, 소화제로 해결하지만 심각한 경우 수술을 하기도 한다.

위질환은 크게 세 가지로 나눌 수 있는데 기능적 위질환(공기연하증(空氣嚥下症)* · 유문경련** · 위아토니*** 등)과 기질적 위질환(위암 · 위궤양 · 위염(급성 및 만성) · 위확장 · 위의 양성종양 등), 그리고 위의 형상이나 위치의 이상(선천적 유문협착증**** · 위게실(胃憩室 : 噴門部)***** · 위하수증 등)이 있다. 위질환의 증세는 매우 다양하며, 특히 각종 위질환에는 공통되는 점이 많고 자각증세가 분명하지 않을 때도 있으며, 증세에 의한 진단은 신중을 요하는 일이 많다.

---

* 공기연하증(aerophagia) : 위속에 들어 마신 공기의 양이 많아서 장내에 가스가 차는 질환이다.
** 유문경련 : 위의 한 부분인 유문부에 질병이 없는데도 경련성 수축을 일으켜 구토가 나는 현상이다.
*** 위아토니(gastric atony) : 위의 긴장력이 떨어져 위가 가늘고 길게 늘어져 있는 상태이다.
**** 유문협착증(pyloric stenosis) : 유문부의 통로가 좁아져서 위액이나 음식물이 잘 통과하지 못하는 병이다.
***** 위게실(gastric diverticulum) : 위의 일부가 확장되어 위가 돌출된 상태이다.

위질환의 진단은 증세에 확인뿐만 아니라 시진(視診) · 촉진(觸診) · 타진(打診) · 청진(聽診) · 압진(壓診) 등의 이학적 검사에 이어 위 X-ray검사 · 위내시경 · 위카메라 · 위액검사, 위점막 생검(生檢) 및 세포진단, 혈액검사 · 검변 등을 필요에 따라 행하여 병력이나 이학적 소견과 함께 종합진단을 내린다.

32. 응급의학과

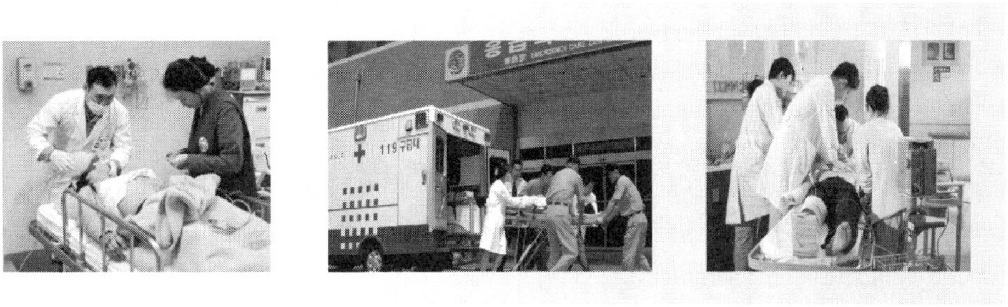

그림 32 ◦ 응급구조, 심폐소생술

일차적인 의료행위로 응급환자에게 보다 포괄적이고 효과적인 치료를 제공하기 위한 학문이다. 응급환자의 치료효과를 높이기 위한 가장 중요한 관건은 신속한 의료 접근성 제공과 적절한 응급처치라 할 수 있고 조직적이고 체계적인 응급 의료체계가 필요하며, 이는 의학과 사회조직의 유기적인 결합으로서 완성된 분야가 바로 응급의학(emergency medicine)이다(그림 32).

응급의학과는 비교적 최근에 인정받은 임상과로 아직은 공식적인 세부 분과는 없다. 그러나 응급의학과 나름의 다양한 관심 영역과 분야가 있으며, 각 분야에서 활발한 연구와 진료가 이루어지고 있다.

응급의학과 의사는 응급실을 방문하는 모든 환자의 진료에 직접 또는 간접적으로 참여한다. 따라서 여러 임상 분야의 다양한 질환을 많이 접하고 그 진단과 치료과정을 잘 이해하고 있어야 하며, 이를 위해 응급의학과 수련과정 중 주요 임상과에 의무적으로 파견되어 근무한다.

응급실에서는 다양한 경증 환자의 진단 및 치료에 참여할 뿐만 아니라, 중증의 환자를 조기에 진단하고, 급성 처치를 수행하여 환자를 안정화시키며, 필요 시 그 해당 분야의 전문가에게 협진을 요청하는 일을 하게 된다. 응급의학과 의사만이 수행하는 특별한 시술은 없으며 타 임상과와 많은 시술을 함께 수행하고 있다.

33. 이비인후과

이비인후과(otorhinolaryngology)는 귀, 코, 목(인두, 후두)에 관련된 질환에 대한 내과적 및 외과적 치료를 하는 전문 진료과이다(그림 33).

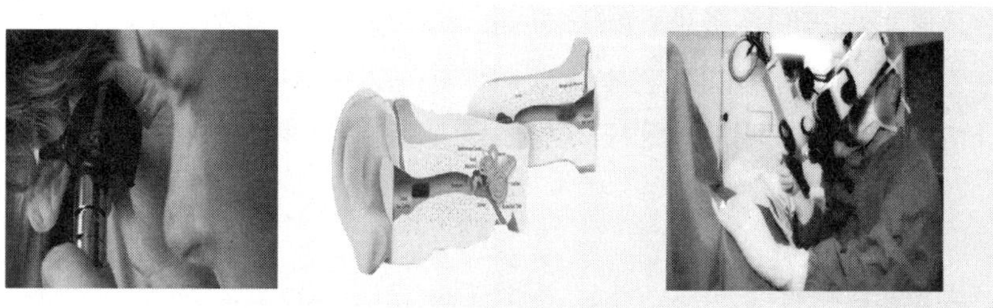

(a) 난청검사 (b) 귀구조 모형 (c) 귀수술장면

그림 33 • 귀의 내부, 귀수술장면

귀(이과), 코(비과), 목(두경부외과)의 3개의 분과 형태로 크게 나누어져 있는데, 최근에는 이과학, 신경이과학, 비과학, 안면성형의학, 수면의학, 두경부외과학, 후두과학, 기관식도과학, 음성언어의학 등으로 점차 세분화되고 있다.

병원마다 분과와 그 역할은 차이가 있으나 크게 이과, 비과, 두경부외과 분과의 세 가지로 나눈다. 순음 청력검사, 자발안진*, 주시안진**, 두위안진***, 전기 성문도 검사, 비강도 검사, 후각검사, 미각 검사 등을 통하여 귀, 코, 목에 관한 세부적인 진단을 하고, 원인을 규명하여 치료하는 데 그 목적이 있다.

34. 재활의학과

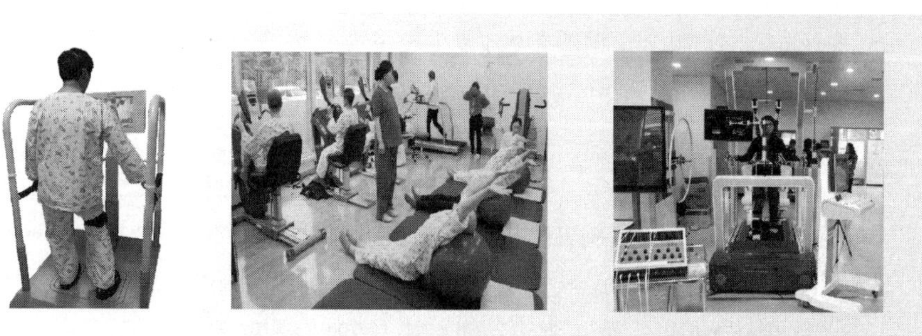

그림 34 • 재활치료

현대의학은 빠르고 정확한 치료를 목적으로 하며, 재활의학(rehabilitation medicine)은 1, 2차 세계대전을 전후로 현대에 들어 출발한 의학의 한 분야로서 다른 의학 분야에 비해 역사가

---

* 자발안진 : 안구의 앞·뒤 축을 중심으로 안쪽이나 바깥쪽으로 안구가 도는 현상이며, 회선안진(torsional nystagmus)이라고도 한다.

** 주시안진(gaze-evoked nystagmus) : 어떤 목표물을 집중해서 볼 때(주시)는 보는 것이 가능하지만 그렇지 않을 때는 보는 것이 구별이 잘 되지 않는 현상이다.

*** 두위안진(positional nystagmus) : 두위의 변화에 따라서 발병되는 안진검사이다.

비교적 짧지만 인간의 생명존중과 삶의 질을 중시하는 현대의학의 특성을 가지고 발전하고 있다(그림 34).

재활은 세계보건기구에서 규정한 장애인을 위한 재활은 "최적의 신체적, 감각적, 지능적, 심리적, 사회적 수준으로 향상시키고 유지하는 과정" 으로 정의하고 있다. 질환, 외상 또는 노인성 변화로 신체적 기능 및 심리사회적 기능이 떨어져 스스로 독립적인 일상생활을 유지할 수 있는 능력이 감소할 때 환자에게 남아 있는 신체적 능력을 최대로 회복시키고자 하는 것이다.

35. 정신병학과

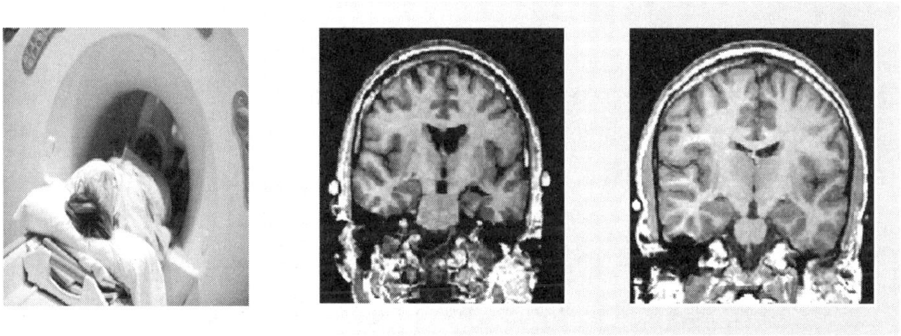

(a) MRI 검사를 받는 환자 (b) 정상인 MRI 사진 (c) 정신분열병환자 MRI 사진

그림 35 ▪ 정신분열병 MRI 사진

정신병학(psychiatry)은 정신(또는 행동의) 질환과 나아가 건강상태와 병적 상태에서의 개인의 행동을 연구하고 치료하는 의학의 한 분야이다(그림 35).

정신질환이 하나의 의학적 병으로 인식된 것은 지난 200여 년 전의 일이다. 초기에는 정신의학이 단순히 정신병을 치료하는 의학으로 인식되어 왔으나, 근대의학이 발전함에 따라 개인의 주관적 생활, 대인관계 및 사회적응 등에 영향을 주는 정상과 이상 사이의 다양한 스펙트럼의 인격장애들이 대상이 되고 있다.

정신현상은 유전 및 분자생물학 등 개인의 신체적 조건, 가족 및 사회적 요인들과 상호 관련이 있으며, 이제는 정신적 원인에 의한 신체적 장애, 신체적 요인에 의한 정신적 장애, 사회문화적 요인과 관련된 지역사회의 정신의학 및 정신보건 문제에 이르기까지 그 대상이 확대되고 있다.

정신의학의 분야에는 임상정신의학, 생물정신의학, 정신병리학, 사회정신의학, 정신신체의학, 행동과학 등이 있으며 현재 정신의학은 생화학적, 면역학적인 연구가 활발해짐에 따라 정신질환의 원인규명에 많은 희망을 던져 주고 있다.

36. 정형외과

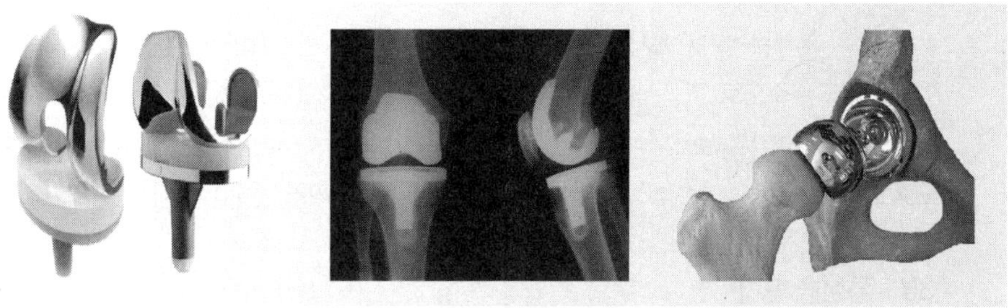

(a) 인공관절 (b) 인공관절 X-ray 사진 (c) 인공관절모형

그림 36 • 인공관절

희랍어의 orthos와 paidos를 합친 복합어로 orthos는 바로잡는다라는 것이며, paidos는 소아를 의미하며 처음에는 소아기의 변형을 교정하고 예방하는 학문을 의미하였다. 하지만 현대적인 의미에서는 사지와 척추 그리고 그 부속기의 형태와 기능을 내과적, 외과적 그리고 물리학적 방법으로 연구하고 보존하며 회복 및 발전시키는 의학의 한 분야로 정의할 수 있다(그림 36).

정형외과(orthopedics)는 팔, 다리 및 척추를 구성하는 모든 해부학적인 구조에 대해 진료를 한다. 하지만 해당 분야가 너무 광범위하기 때문에 질환이 발생한 부위별로 세분하여 진료를 하게 되고, 주요 진료 분야는 수부, 견주관절, 족관절, 무릎, 고관절, 척추, 소아, 종양으로 나누어진다. 정형외과의 주요 치료법은 단순히 생각하는 수술적 치료뿐만이 아니라 크게 보면 약물요법, 물리치료, 보장구요법, 의지 등의 보존적 치료와 적극적인 수술적 치료로 나눌 수 있다.

37. 종양학과

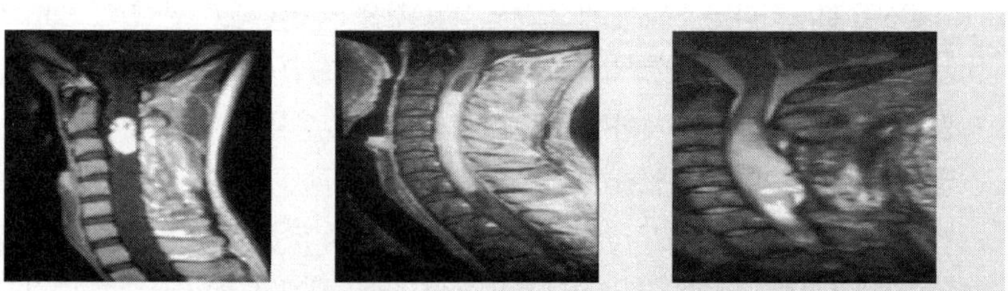

(a) 혈관 모세종 (b) 상의 세포종 (c) 성상 세포종

그림 37 • 척수종양의 분류

종양 및 암의 병태 및 병인론에 대해 연구하는 학문분야이다(그림 37).

종양의 발생원인 및 진전 등의 기작을 연구하여 최종적으로 암의 예방, 진단 및 치료에 유효한 지견을 모은 것을 목적으로 하는 학문이다.

종양학(oncology)에 포함되는 연구영역은 병리학, 생화학, 분자생물학, 면역학, 유전학, 바이러스학, 역학, 내과학, 외과학 등의 의학분야와 각종 생물학 분야를 포함하여 광범위하다.

최근에 암 유전자 및 암 억제 유전자의 존재 증명 등의 분자생물학기법을 구사한 분자종양학 영역이 눈부시게 발전하고 있다.

38. 진단방사선과

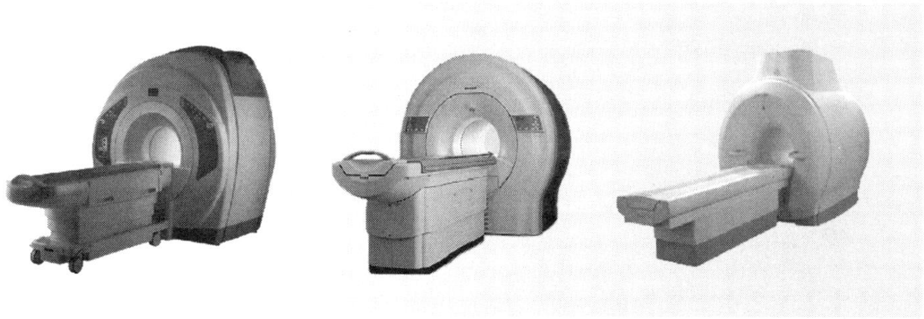

그림 38 ● 자기공명영상장치(MRI)

영상의학과의 종류라 할 수 있으며(그림 38) 치료방사선과는 방사선을 이용한 치료가 주목적이며 진단방사선과(diagnostic radiology)는 방사선을 이용한 신체의 진단에 그 목적이 있다. 신체를 진단하여 신체의 이상유무와 이상원인까지 밝혀내는 고급 진단기술이라 할 수 있다. 진단용 방사선의 종류에는 디지털 X-선 촬영장치(DR), 컴퓨터단층촬영(CT), 자기공명영상진단(MRI) 등의 여러 가지 기법이 사용된다. 이들 기법은 단순히 진단방식에만 차이가 있는 것이 아니라, 측정되는 결과값과 얻어지는 결과값에도 차이가 나게 된다.

39. 진단검사의학과

그림 39 ● 혈액검사, 효소면역측정법

인체에서 유래하는 각종 검체에 대하여 적절한 검사를 시행함으로써 질병진단이나 치료효과 판정 등에 도움을 주는 일을 한다(그림 39).

진단검사의학과에서 시행하는 검사는 그 종류가 매우 다양한데 혈액에 들어있는 각종 성분을 분석하는 것뿐 아니라 소변, 뇌척수액, 체액 등도 검사를 시행한다.

인체의 감염병을 진단하기 위하여 세균, 바이러스, 진균 등 각종 미생물을 분리하여 동정하기도 하고, 암세포를 분리하여 그 암세포의 성상을 밝히는 검사도 한다. 혈액은행에서는 병원 내 수혈이 필요한 모든 곳에 혈액을 공급하는 일을 맡고 있으며, 이와 관련된 각종 검사나 헌혈, 성분헌혈, 혈장교환 및 치료적 혈구성분채집술 등도 시행한다.

최근에는 각종 유전검사를 시행하여 질병과 관련된 최신 유전정보를 제공하며, 유전상담을 통하여 환자들을 돕고 있다. 진단검사의학과의 각종 검사기법은 최신 의학지식 및 기술을 환자 진료에 접목하여 의료진에게 최선의 진료가 가능할 수 있도록 한다.

40. 치 과

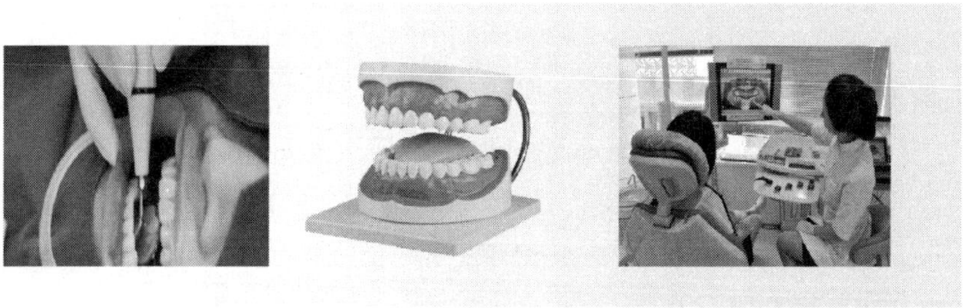

(a) 스케일링 (b) 구강모형 (c) 구강 CT 검사결과 설명

그림 40 ● 치아치료, 구강 CT

치아와 그 주위조직 및 구강을 포함한 악안면 영역의 질병이나 비정상적 상태 등을 예방하고 진단하며 치료를 도모하는 의학의 한 분야이다(그림 40).

일반적인 진료를 담당하는 대개의 치과의사는 구강 위생상태를 개선하고 건강한 치아를 유지하는 데 필요한 진료를 제공한다. 일반 치과의사가 직접 치료하기 어려운 경우에는 일정 기간의 수련과정을 거치면서 각 세부 과목(구강악 안면외과, 치과교정과, 치주과, 치과보철과, 소아치과 등)을 전공한 치과의사에게 의뢰를 하거나 협력 진료를 하기도 한다. 치과(dentistry) 진료는 크게 외과적 처치와 비외과적 처치, 예방적 처치로 나눌 수 있다.

41. 치과교정과

성장기 환자의 치열, 악안면골격 이상발육의 교정치료, 악안면 정형 교정치료와 성인환자의 치열 및 악안면골 이상에 대한 교정치료와 교정-수술 복합치료를 시행한다(그림 41).

컴퓨터를 이용한 3차원 골격진단으로 구순구개열(언청이) 환자를 포함한 다양한 안면부 발육 이상이나 안면기형 환자들의 교정적, 정형적 치료에 대한 종합적인 관리를 시행한다.

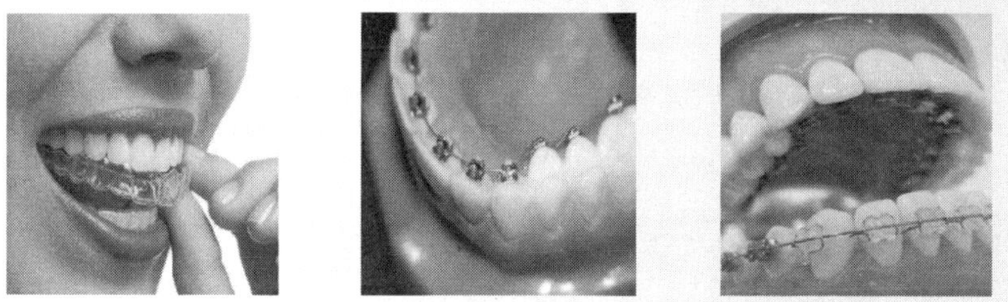

(a) 투명교정　　(b) 설측교정　　(c) 콤비교정

그림 41 ◦ 치성 부정교합

치과교정(orthodontics)치료를 원하는 경우 치료계획을 세우고 필요한 분석을 위한 검사를 실시하는데, 교정진단을 위한 분석은 임상적인 검사와 함께 X-ray 검사, 안모 및 구내 사진촬영, 모형채득 등을 실시하며 환자의 상태에 따라 추가 검사가 필요할 수 있다.

42. 치료방사선과

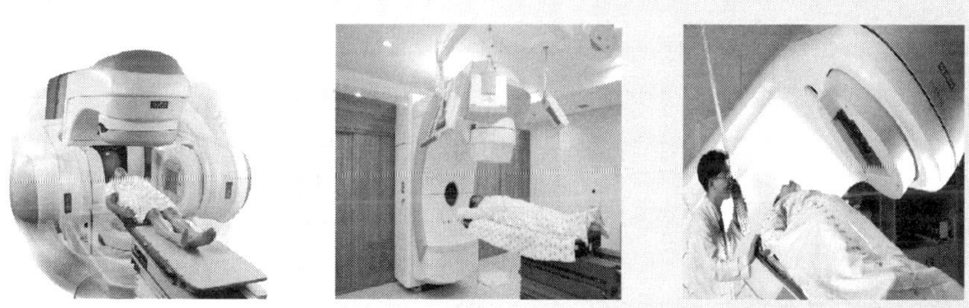

그림 42 ◦ 방사선 치료기

방사선과는 영상의학과(radiology)에서 X-선, 즉 방사선을 이용한 과의 한 종류이다. 뢴트겐(Wilhelm Conrad Roentgen)이 1895년 11월 8일 X-선을 발견하고 이를 'X-선 방사(X-radiation)'라고 명명하였는데 현재도 영상의학 분야에서 이 용어가 쓰이고 있다(그림 42).

우리나라에 영상의학의 씨가 뿌려진 것은 X-선이 발견된 지 16년이 지난 1911년으로서 이후 여러 번의 개편을 거듭함으로서 영상의학과로 개명되었다.

현재 여러 가지 촬영기법이 나왔음에도 불구하고 방사선은 여전히 영상의학과에 있어서 주축을 이루는 핵심 기술이라 할 수 있다.

43. 치과보존과

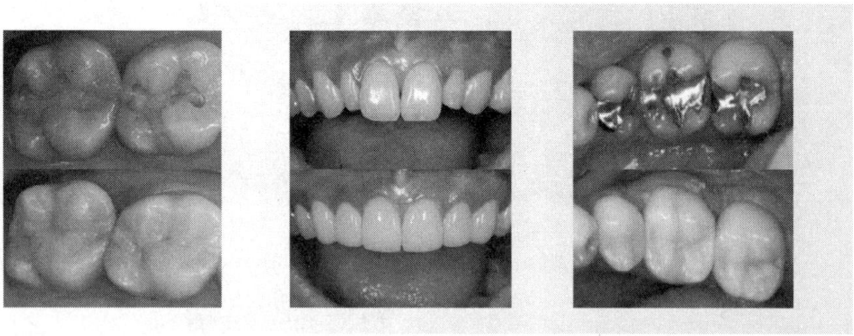

(a) 변색된 치아성형비교 (b) 토끼 치아성형비교 (c) 깨진 치아성형비교

그림 43 • 치아보존 치료

치아의 경조직 손상, 치아의 심미적 부조화, 치수질환 및 치근단질환에 대한 시술을 시행하여 치아와 관련된 동통을 제거하고, 치아의 저작, 발음, 심미기능을 회복시켜 환자를 치료하는 과이다(그림 43).

치과보존과(operative dentistry) 진료분야는 생활치수 보존을 위한 치수진정치료 및 치수복조*, 아말감,** 주조금, 복합레진***, 글라스아이오노머****를 이용한 수복, CAD/CAM을 이용한 도재수복, 치아색조수복 및 변색 치관의 표백, 응급 치수절단술 및 근관치료, 치근단 병소조직의 외과적 적출술과 치근단 절제술, 치근분리 및 치근절단술, 자연치아 및 인공치아의 재식 및 이식, 수술현미경을 이용한 미세근관치료 및 수술 등의 진료를 수행한다.

44. 치과보철과

치아를 뽑게 되는 중요한 원인은 첫째 충치, 둘째 풍치라고 하는 잇몸질환, 셋째 사고로 인한 충격, 즉 외상이다(그림 44). 이러한 후천적인 원인 또는 선천적인 원인에 의한 치아결손으로 한두 개 또는 광범위하게 치아가 상실되면 환자의 음식섭취가 어렵고 소화도 불량하게 되어 전신적인 영양부족, 건강악화를 초래하고 얼굴모습도 흉해지며 대화에 필요한 말도 정확히 할 수 없으며, 정신적인 열등감을 가져 오기도 하여 사회생활을 어렵게 만들기도 한다.

치아를 상실하고 그대로 방치하면 마치 도미노 현상처럼 주변의 치아가 그 공간으로 기울어지게 된다.

---

* 치수복조 : 우식상아질을 제거한 후 치수를 덮고 있는 상아질층이 없고 치수가 노출되었거나 상아질 피복량이 적을 때 약제로 치수를 보호하는 수술식이다.

** 아말감 : 충치치료에 사용되는 치료 재료이다.

*** 복합레진 : 충치치료에 사용되는 재료로써 자연치아의 색과 조화롭다.

**** 글라스아이오노머 : 충치치료에 사용되는 재료이다.

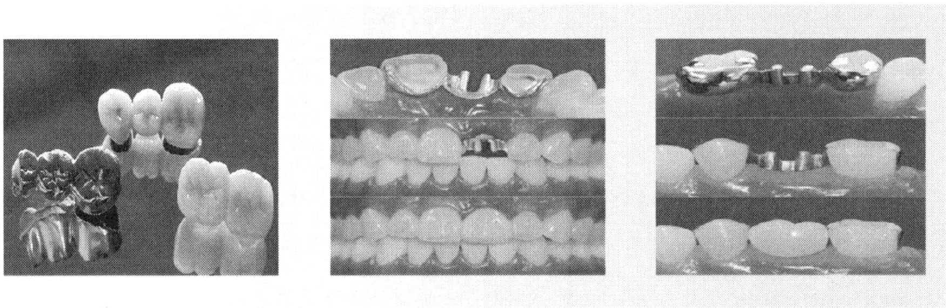

(a) 치아 보철물 (b) 구치 보철물 (c) 전치 보철물

그림 44 ◦ 치아 보철물

대합하고 있는 반대측 치아가 내려오거나 올라옴으로써 치아배열의 균형이 파괴되며, 발생된 빈 공간들 사이로 음식물이 끼이게 됨으로써 부가적인 충치나 잇몸질환이 생겨나고 멀쩡했던 주변 치아와 잇몸조직, 안면부 근육과 턱관절 등에도 영향을 주어 심각한 장애를 일으킬 수 있다.

보철은 치아가 결손된 환자들에게 인공적으로 치아를 대체함으로써 구강과 안면부의 기능회복과 심미적 개선을 가져오기 위한 치의학의 한 가지 치료방법이며, 이것을 담당하는 분야를 보철과(prosthodontics)라고 한다. 보철학의 치료분야로는 일반 보철치료, 심미보철치료, 악안보철치료, 임플란트 보철치료로 나눌 수 있다.

45. 치주과

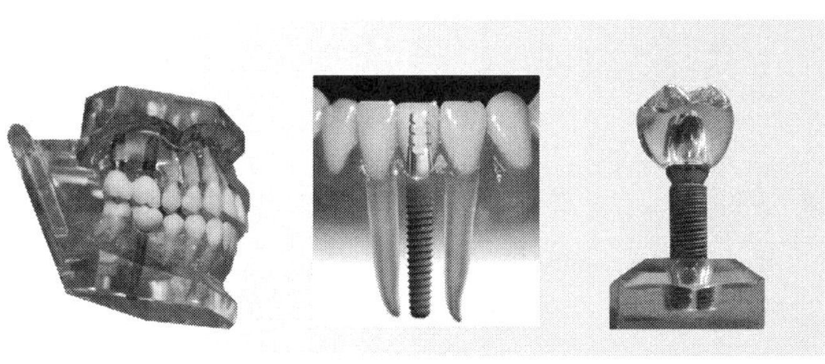

그림 45 ◦ 임플란트

'치주'는 '치아의 주위'란 뜻이다. 치주질환(잇몸병)은 치아주위에 부착하고 있는 조직과 치조골이 세균의 감염으로 파괴되어 발생한다. 따라서 치료하지 않은 채로 방치하면 치아를 잃게 될 수도 있다(그림 45).

치주과(periodontology)는 치석제거, 칫솔질, 잇몸 염증, 잇몸수술, 연조직 수술 등을 하며 치아 및 뿌리 주변을 관리하는 과이다. 임플란트도 원칙적으로는 치주과에 소속된 진료의 한 내용이며 수술하는 부분이 한정되고, 임플란트 위에 이를 올리는 것은 보철과에서 한다.

치주염은 치은염이 진행된 결과로서 치아주위의 치조골 파괴를 동반하는 보다 광범위한 잇몸질환이다. 치주염이 심해지면 이가 흔들리게 되고 결국 이를 잃게 될 수 있다. 치주염의 치료로는 크게 비수술적인 방법과 치주수술로 나눌 수 있다.

치주질환이 많이 진행되지 않은 상태라면 비수술적인 방법으로도 잇몸건강의 회복이 가능하지만, 많이 진행된 상태라면 치주수술을 해야 한다. 치주염 환자의 경우 지속적이고도 정기적인 유지관리 치료가 필요하다. 치주질환의 주된 원인은 치면에 무색으로 덮여 있는 세균덩어리인 세균막(프라그)이다. 그러나 흡연, 약물, 당뇨와 같은 것들도 잇몸의 건강을 해칠 수 있다.

진료분야로는 치은염(잇몸염)이나 치주염(풍치)의 염증성 질환, 염증성 치은비대나 약물에 의한 치은비대증, 외상성 교합이나 부정교합에 의한 치주질환, 치은착색, 구취, 지각과민, 치은퇴축 등의 치료와 인공치아(임플란트) 매식술 등이 있다.

46. 피부과

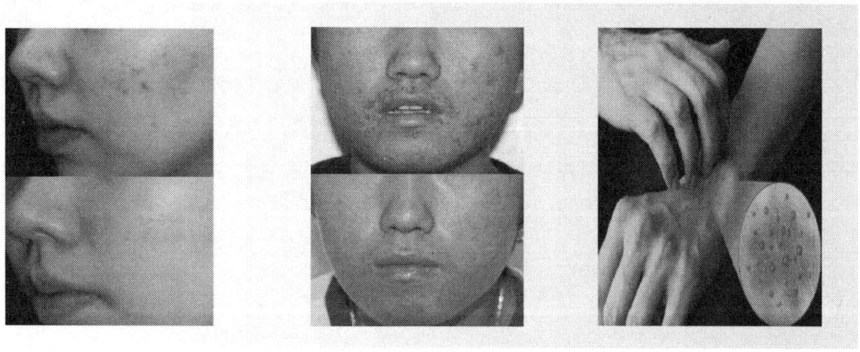

(a) 모공개선 수술비교 (b) 여드름 치료비교 (c) 아토피 피부염

그림 46 • 늘어난 모공개선시술, 아토피 피부염

피부 및 피부부속기에 증상이 나타나는 모든 질환을 진료하고 치료하는 분야이다. 기존의 경구약, 도포제, 냉동치료, 광선치료, 면역치료 등 많은 치료법을 이용해 여러 피부과 질환들을 치료하며, 최근에는 레이저 치료술이 발달하여 많은 피부과 영역에서 레이저 치료가 사용되고 있다(그림 46).

피부과(dermatology)는 단순히 피부의 치료뿐만 아니라 이를 예방하며 관리하는 여러 복합적인 시술들을 시행하는 복합적인 진단과라 할 수 있다. 진료과로는 피부외과, 미용피부외과, 피부병리학, 광의학, 소아피부과로 나뉘게 되며, 이들은 각각 다른 분야의 진단과로 나뉘나 실제 사용되는 장비와 기본 치료원리는 유사하기 때문에 사용되는 치료장비에 대해 이해할 수 있다면 기본적인 피부과의 업무에 대해 이해하는 것과 동일하다 할 수 있다.

47. 한방과

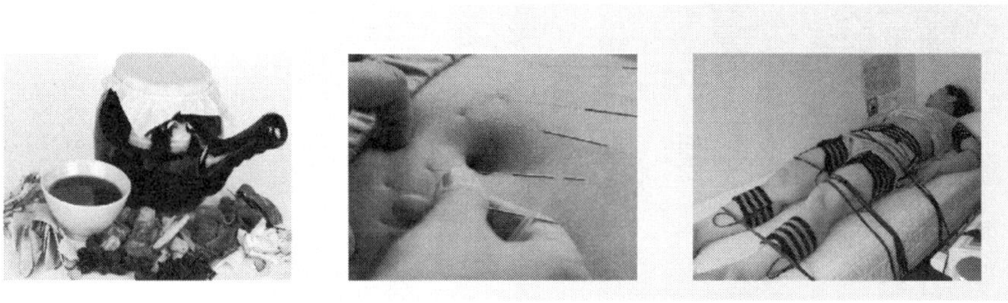

그림 47 • 한방치료

서양의학에 대응하여 동양의학이라고도 하기도 한다. 중국 · 일본 등 한자문화권 지역의 의학과 교류되면서 연구 · 전승 · 발전되어 왔으며 동양철학적인 방법에 근거를 두고 있다(그림 47).

종합적인 생명현상을 동적으로 관찰함으로써 내적 생명력을 근본적으로 배양하고 건강을 증진하는 것이 큰 특징이다. 인체를 소우주로 보기 때문에 한의학의 기초이론은 우주운행원리인 음양을 중심으로 한 음양오행설이다. 한의학의 자연관과 인체의 생리 · 병리에 대한 원리, 진단 · 치료 · 약물 등에 대한 이론은 모두가 이 음양오행으로 설명된다.

현대의 한방(chinese medicine)은 예전의 침술에 의존하는 방식이 주를 이루고 있으나, 발전된 의학기술과 접목하여 초음파, 전자기기, 레이저 기기 등으로 다방면적으로 발전이 이루어져서 침술 이외에도 여러 가지 방식이 사용되고 있다. 현대기술과 접목된 한방에 대해 이해하기 위해서는 현재 사용되고 있는 장비들의 종류를 알고 이의 특징을 이해하는 것이 중요하다.

48. 항문과

(a) 항문수술 (b) 항문 모형 (c) 항문 내시경

그림 48 • 항문질환의 주요 증상

항문(proctology)에 생기는 병을 치료하는 의학 또는 병원의 그 부서이다. 통증 없이 변에 피가 묻어 나오는 항문출혈의 경우 치질(치핵)인 경우가 많으나, 생명을 위협하는 대장암의 징후일 수도 있으므로 대장항문 전문의의 진찰을 받아보는 것이 좋다(그림 48).

충수염의 경우 증상이나 검사결과가 특징적이지 못한 경우가 많고 감별해야 할 질환 또한 매우 많기 때문에 숙련된 의사의 신속하고 정확한 진단 및 처치가 요구된다. 환자의 대부분이 응급수술을 받음으로서 많은 불편과 함께 신속한 수술을 받지 못하는 경우가 많이 생기기도 한다.

진료 분야로는 치핵, 치열*, 치루** 등 3대 항문질환 외 과민성 장증후군, 대장용종(대장폴립)***, 직장탈출증****, 항문콘딜로마(첨규콘딜로마), 변실금, 항문소양증***** 등의 항문질환이 있다.

49. 핵의학과

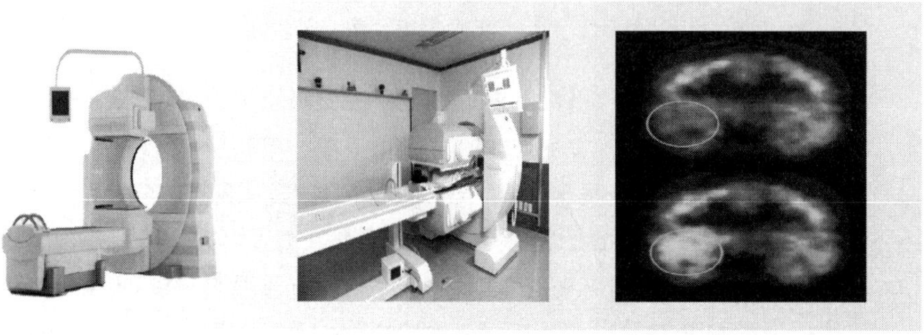

(a) SPECT(단일광자단층촬영장치)

(b) 간질환자의 측두엽 단층촬영 발작 전(위) 발작 후(아래)

그림 49 • 핵의학 촬영

방사성동위원소를 중심으로 하여 가속입자 및 중성자를 포함한 방사선 효과의 임상이용을 하는 의학의 한 부문이다. 핵의학(nuclear medicine)은 방사성동위원소를 이용해 질병을 진단하고 치료하는 분야이다. 방사성동위원소를 체내에 투여한 뒤 방출되는 방사선의 투과력을 검출하는 의료장비를 이용하여 환자의 검사부위 영상을 얻어 질병을 진단할 수 있다. 파괴력이 센 방사선을 방출하는 경우 체내에서 인접한 암세포를 파괴하여 질병을 치료할 수도 있다(그림 49).

최근 의료용 방사성동위원소의 개발 및 그것을 검출하는 장치의 개발이 두드러지게 발달하고, 핵의학 진단학은 의학의 진료부문으로서 확립되어 핵의학은 일반적으로 진단학을 의미하게 되었다. 방사성동위원소가 의학에 사용되기 시작한 것은 1961년경이며, 보급되기 시작한 것은 1965년 이후부터이다. 현재는 내과 · 외과 · 소아과 등 모든 임상과에 이용되고 있으며, 독립된 부문으로 성장하고 있다.

진료방법으로는 혈액 속의 호르몬 · 항원과 같은 미량성분을 방사성 시약(아이오딘 125 125I, 아이오딘 131 131I과 같은 방사성동위원소를 극미량 포함)에 의하여 정량(定量)하는 방법, 환자

---

* 치열(anal fissure) : 항문 입구에서 항문 안쪽 부위가 찢어지는 현상이다.

** 치루(anal fistula) : 항문 주변에서 농양이나 염증, 고름 등이 배출되어 나오는 현상이다.

*** 대장용종(colon polyp) : 대장 점막이 자라 혹이 되어 장 안쪽으로 돌출되는 현상이다.

**** 직장탈출증(rectal prolapse) : 항문조임근을 통해 직장 일부가 탈출된 상태이다.

***** 항문소양증(pruritus ani) : 항문 주변이 가렵거나 화끈거리는 질환이다.

에 미량의 방사성 약물을 투여하고 방사성 약물로부터 방출되는 퍵선을 예민한 측정장치(신티카메라 등)로 밖에서 측정하여 장기의 기능검사와 형태묘사를 행하는 방법이 실용화되고 있다.

핵의학에 의한 검사 · 진단은 일반적으로 환자에게 고통을 주지 않고 위험성도 없으며, 비교적 단시간에 실시할 수 있는 것이 특징이다.

50. 혈액학과

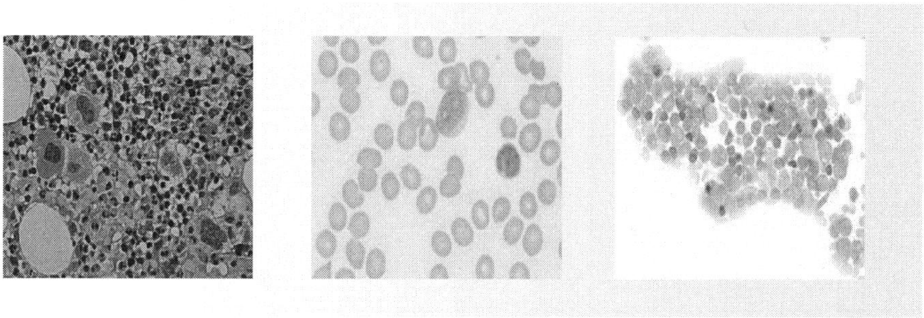

(a) 골수생검　　(b) 말초혈액도말　　(c) 골수천자도말

그림 50 ◦ 말초혈액도말 · 골수천자도말

혈액(hematology) 및 조혈기관과 그에 관련된 여러 가지 생리 · 병리현상에 관한 학문이며 혈액 · 혈구발생 · 형태 · 생리 · 생화학 · 병리에서부터 정상 및 병적 상태에 있어서의 조혈기관(태아의 간, 골수, 비장, 림프절 등)의 상태에 관한 연구를 비롯해 혈구의 발생 · 분화 · 형태 · 기능 및 액체 성분 중 특히 항원-항체반응을 중심으로 한 면역학 · 혈청학 · 지혈 · 혈전에 관한 혈액응고학, 백혈구 내의 염색체 핵형분석 등의 세포유전학으로 다양하게 파생되고 있는 학문이다(그림 50).

혈액질환을 할 수 있는 검사로는 전체 적혈구계수 및 백혈구 감별검사(CBC(Complete Blood Cellcount) & diff count), 망상적혈구(reticulocyte)질환, 응결(coagulation)질환, 골수(bone marrow)증식성질환 검사 등이 있다.

51. 흉부외과학과

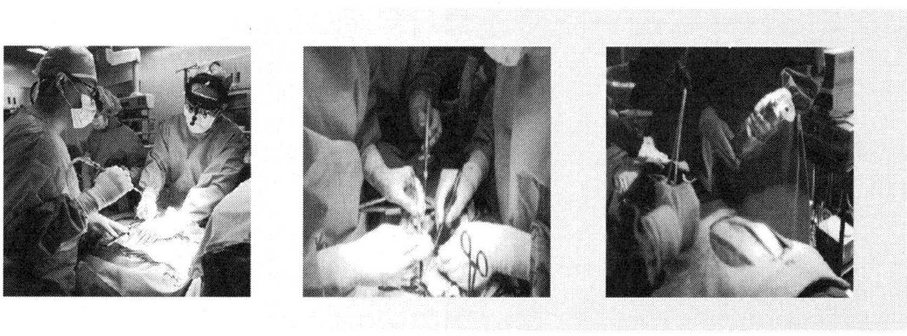

그림 51 ◦ 흉부 수술

인체 중 흉부, 즉 가슴에 위치하는 심장, 폐, 기관, 식도, 대동맥 등 생명유지에 기본이 되는 중요 장기의 질환과 흉벽, 종격동, 횡격막, 늑막 등에서 발생된 질환을 진단하고, 주로 수술적 방법으로 치료하는 전문진료 분과이다(그림 51).

다한증을 비롯한 다양한 혈관질환에 대한 진료도 담당하고 있다. 중요 장기들에 발생되는 질환별로 더욱 전문화된 하위 분과로는 성인심장외과, 일반흉부외과, 소아심장외과로 나뉜다.

성인심장외과는 후천성 판막질환, 관상동맥질환, 대동맥질환, 및 혈관질환 등을 치료하며, 일반흉부외과는 폐암, 식도암, 및 다한증 등 심혈관 이외의 모든 흉부질환을 치료하는 분과이다. 또한 소아심장외과는 선천성 심장질환의 치료를 담당하고 있다.

흉부외과(thoracic surgery) 주요 질환으로는 관상동맥질환, 심장판막질환, 심장종양, 부정맥, 폐질환, 식도질환, 흉벽 기형, 늑골골절, 다한증, 액취증 등이 있다.

Ⅱ. 의학용어

1. 전문의사 업무분야

전문가	Specialist	전문분야	Speciality	업무범위
가정의학 전문의	family practitioner	가정의학	family practice	경증의 내외과적 치료
내과의사 (내과 전문의)	internist	내과의학	internal medicine	약물로 성인 내장질환 진단 및 치료
내분비 전문의	endocrinologist	내분비학	endocrinology	내분비선 질환치료
노인병 전문의	gerontologist	노인병학	gerontology	노인성질환진단 및 치료
류마티스학자 (류마티스 전문의)	rheumatologist	류마티스학	rheumatology	결합조직 장애를 물려 전할 수 있는 관련된 임상문제를 중심으로 처리, 관절과 관련된 질병치료
마취전문의사	anesthesiologist	마취과학	anesthesiology	수술 중 마취관리 및 투약
물리치료사 (재활전문의)	physiatrist	물리치료 및 재활	physical medicine and rehabilitation	신경근골격 부상, 장애로 고통받는 환자의 치료 및 원인파악
방사선학자 (방사선 전문의)	radiologist	방사선과학	radiology	X-ray를 이용한 진단 및 치료
병리학자 (병리전문의)	pathologist	병리학	pathology	진단을 위한 조직검사와 질병연구에 역점을 둔다.
부인과의사 (부인과 전문의)	gynecologist	부인과학	gynecology	여성생식기 및 비뇨기계 치료
비뇨기과 전문의	urologist	비뇨기과학	urology	남녀 비뇨기 및 남성생식기 계통의 치료
산과의사 (산과전문의)	obstetrician	산과학	obstetrics	산욕기 간호 및 임신부와 태아간호, 출생관리
성형외과의사	plastic surgeon	성형외과	plastic surgery	외과적으로 신체구조의 개조 및 복구
소아과의사	pediatrician	소아과학	pediatric	건강하거나 건강하지 않은 어린이 치료
신경학 전문의	neurologist	신경학	neurology	신경계치료
신경외과 전문의 (신경외과의사)	neurosurgeon	신경외과학	neurological surgery (neurosurgery)	신경계 질환의 외과적 치료
신장병 전문의	nephrologist	신장병학	nephrology	신장질환 치료
	cardiologist	심장병학	cardiology	심장 및 혈관질환 치료
심혈관 외과의사	cardiovascular surgeon	심혈관 외과학	cardiovascular surgery	심장 및 혈관질환 외과적 치료
안과의사	ophthalmologist	안과학	ophthalmology	눈의 내외과적 치료
알레르기 전문의사 면역학자	allegist immunologist	알레르기 및 면역학	allergy and immunology	알레르기 및 전염병 치료

전문가	Specialist	전문분야	Speciality	업무범위
예방의학자	preventivo medico	예방의학	preventive medicine	건강유지 및 질병예방에 초점
외과 전문의	sergeon(surgeon)	외과학	surgery	수술적 방법으로 외상이나 질병치료
위장병 전문의	gastroenterologist	위장병학	gastroenterology	소화기계 치료
응급구조 의사	emergency physician	응급의학	emergency medicine	급성질환 및 부상 치료
이비인후과의사	otorhinolaryngologist	이비인후과	otolaryngology	귀, 코, 인두, 후두 치료 및 머리나 목의 구조와 질병발생 시 내외과적 치료
정신병학자	psychiatrist	정신병학	psychiatry	행동장애, 정서적, 정신적 문제예방 및 치료
정형외과 전문의	orthopedist	정형외과학	orthopedics	자세나 운동기관 계통의 변형과 기능장애 치료
종양학자 (종양전문의)	oncologist	종양학	oncology	종양과 암치료
피부과 전문의	dermatologist	피부과학	dermatology	피부질환 진단 및 치료
항문과 의사	proctologist	대장, 항문 외과학	colon and rectal surgery	대장 및 항문질환 외과적 치료
핵의학 전문의	nuclear medicine physician	핵의학	nuclear medicine	방사능물질을 이용한 질병의 진단 및 치료
혈액학자 (혈액전문의)	hematologist	혈액학	hematology	혈액질환의 병인, 진단, 치료, 예후 및 예방에 관한 연구
흉부외과 전문의	thoracic surgeon	흉부외과학	thoracic surgery	수술적 방법으로 흉부 내부(심장과 폐) 질환을 치료
재활의학 전문의	rehabilitation medicine physician	재활의학	rehabilitation medicine	장애를 가진 환자의 심신기능을 다시 활성화시켜주는 치료
영상의학 전문의	radiology medicine physician	영상의학	radiology medicine	의료용 방사선 촬영으로 X-선 판독 또는 기타 장비로 환자의 환부를 촬영
결핵학자 (결핵전문의)	phthisiologist	결핵학	phthisiology	폐의 결핵에 대한 치료와 연구
치과전문의	dentist	구강악안면 외과학	oral and maxillofacial surgeons	치과에서 특히 턱과 하악골 부분의 치료와 시술
	dentist	치과보철과 (치과보철학)	prosthodontics	치아주변 결손조직을 보강하는 치과보철물의 시술
	dentist	치과교정과 (치과교정학)	orthodontics	치아, 치주조직, 악골 및 안면의 구조와 기능, 성장, 발육 등을 연구하여 이들의 이상에 의해 발생하는 부정교합과 턱의 비정상적인 관계의 개선 및 예방을 연구
	dentist	소아치과 (소아치과학)	pediatric dentistry	유아에서 십대 청소년에 이르기까지의 연령을 대상으로 구강건강을 제공
	dentist	치주과 (치주학)	periodontology	치주질환과 치주 건강관리와 치료, 임플란트 주위조직의 관리

전문가	Specialist	전문분야	Speciality	업무범위
치과전문의	dentist	치과보존과 (수술치과학)	operative dentistry	치아 경조직 손상치료, 심미수복재 충전과 근관치료
	dentist	구강내과 (구강의학)	oral medicine	내과적 시술을 통해 입, 턱 등에서 발생하는 질병과 통증 치료
	dentist	구강악악면방사선과	oral and maxillofacial radiology	진단영상을 촬영, 판독하여 치아와 구강악안면 부위에 발생하는 각종 질환을 진단
	dentist	구강병리과	oral and maxillofacial pathology	치과적 질환의 병의 원리를 밝히기 위하여 상태나 질환의 조직구조, 기관의 형태 및 기능의 변화 등을 연구

2. 전문 의료기사 업무분야

전문가	Specialist	업무범위
침술사	acupuncturist	침으로 신체의 특정 부위를 찔러 자극함으로써 신경계에 자극을 주어 치료
마취전문의사 보조	anesthesiologist assistant	마취 건강진단기록, 비침습 및 침입 모니터 구축, 마취 의약품 관리
청각학자, 청력학자	audiologist	청능평가, 보청기와 인공와우의 평가를 통하여 재활 및 훈련
심혈관기사	cardiovascular technologist	심장과 말초혈관질환을 진단 및 치료
세포검사기사	cytotechnologist	폐, 위장관이나 신체로부터 수집된 샘플 검사
치과보조사	dental assistant	치기구 전달 및 살균, 치과의사 보조역할
치위생사	dental hygienist	스케일링, 불소도포 등 구강질병을 예방하고 교육, 진료보조기구의 세척 및 소독
치과검사기사	dental lab technologist	치아의 대체물이나 장치물을 제작, 수리, 가공
초음파진단기사	diagnostic medical sonographer (ultrasound Technician)	인체내부 조직의 영상촬영
투석기사	dialysis technician	투석기계를 이용한 신체내부 폐기물 처분
영양사	dietcian / dietetic technologist (dieticia)	급식관리 및 영양 서비스 제공
심전도기사	electrocardiographic technologist	심전도로 심근세포의 활동전위 측정
뇌전도기사	electroencephalographic technologist	수면연구, 깊은 마취상태 감시, 간질진단 및 정상적인 뇌기능 연구
응급의료기사	emergency medical technician	응급 수송환자를 이송
건강증진치료사 (적성치료사)	fitness therapist	과학적으로 건강상태와 몸에 맞는 운동을 처방
건강정보관리사	health information manager	건강관리를 위해 건강정보 수집
조직학기사	histologic technologist	미세한 구조를 시각화
가정간호 보조원	home health aide	환자의 집에서 지속적인 치료제공

전문가	Specialist	업무범위
안마사	massage therapist	환자의 근육을 두드리거나 주물러서 혈액순환을 원활히 하고 육체피로를 경감
진료보조사	medical assistant	의사와 다른 보건전문가의 작업을 지원하기 위해 행정 및 임상 작업을 수행
의료정보기사	medical coding specialist	질병, 부상, 수술작업 및 기타 절차에 관한 자세한 정보를 얻기 위해 의사와 기타 의료제공자가 제공하는 의료문서를 읽고 검토
진료설명가	medical illustrator	의료 생물학적 및 관련 지식을 보급하기 위한 시각 자료를 해석하고 만듬
검사실기사	medical laboratory technician	의료실험실 또는 임상실험실에서 질병진단, 치료 및 예방
의무기록기사	medical record technician / medical record administrator	진료기록의 점검, 진료기록번호부터 색인카드작성, 정리보관, 대출, 질병분류 번호부여
진료기사 (임상병리사)	medical technologist	의사의 지도하에 세균 및 혈청학적 검사, 혈액학적 검사, 병리학적 검사, 원충 및 기생충학적 검사
진료녹화기사	medical transcriptionist	각종 검사내용을 녹음 및 관리
의무단위 조정자	medical unit coordinator	의료시설의 효율과 성능을 조직하고 유지
음악치료사	music therapist	음악을 통해 심신의 병을 앓고 있는 환자들을 치료, 회복
핵의학기사	nuclear medicine technologist	방사성의약품 준비, 스캔받은 환자에게 투여
직업훈련 간호사	nurse, licensed vocational or practical	투약, 검사기록, 환자급식 및 청결유지
자격간호사, 면허간호사	nurse, registered	환자를 지속적으로 간호
마취간호사	nurse anesthetist	마취의사 감독하에 마취
간호조무사	nurse assistant	간호 및 진료업무를 보조
조산사	nurse midwife	임산부의 정상분만을 돕고 임신부, 산욕부, 신생아의 보건지도
개업간호사	nurse practitioner	환자에게 의약품 처방 및 적절한 치료제공
영양기사	nutrition care technologist	질병예방과 건강증진을 위해 급식관리 및 영양 서비스 수행
직업치료사	occupational therapist	장애인의 사회적응능력의 회복을 갖게 함
직업치료보조사	occupational therapy assistant	직업치료사 보조로서 환자회복에 대해 지원
안과치료기사	ophthalmic medical technician/technologist	안과 진단 및 처방, 시각교정 및 치료
광학기 제작자	optician	안경이나 콘택트렌즈 제작
준의료 종사자, 위생병	paramedic	응급상황과 외상에 대한 선진 치료
관류사	perfusionist	심장수술과 환자의 생리상태를 관리
약제사	pharmacist	약의 생산, 조제, 공급, 관리
약리학자	pharmacologist	약리학 관련 연구
약국보조사	pharmacy technician / assistant	환자들에게 처방 의약품 및 기타 의료기기 분배 및 사용지시

전문가	Specialist	업무범위
방혈사	phlebotomist	살아있는 사람이나 동물의 혈액 샘플을 수집
물리치료사	physical therapist	의사의 진단과 처방에 따라 만성통증 및 신체기능장애 환자에게 물리적인 방법을 적용하여 증상을 완화 회복
물리치료 보조기사	physical therapist assistant	물리적 장애인의 장애치료 및 이동성증진, 물리적 개입과 관련된 건강관리
의사 조수	physician assistant	질병 및 부상예방, 유지, 관리
치과보철사	prosthetist	위턱, 아래턱 보철처리
정신병 치료기사	psychiatric technician	정신과의사의 지시에 따라 환자기록 및 의약품관리
방사선 치료기사	radiation therapy technologist	방사선을 이용하여 암세포 제거
방사선 촬영기사	radiologic technologist / radiographer	진단 및 의료문제 치료를 위한 인체의 이미징 수행
오락요법사, 오락치료사	recreational therapist	레크레이션으로 정신적 질병 치료
재활기사	rehabilitation technologist	장애인들의 재활을 위한 솔루션 개발 및 사회생활용 컴퓨터 보조기술 제공
호흡요법사, 호흡치료사	respiratory therapist	심장, 폐질환 환자진단 및 관리
혈액은행 전문기사	specialist in blood bank technology	수혈 서비스 테스트를 수행 및 감독
언어병리학자	speech pathologist	의사소통 관련 질환평가, 진단, 치료 및 예방
언어치료사	speech therapist	언어장애의 치료, 훈련
외과의사 보조	surgeon assistant	수술 중 해부학 구조의 시각화 보조제공
외과학 기술자	surgical technologist/operation room technician	수술실 멸균 및 장비기능 안전확인
수의사	veterinarian	동물의 수술, 진단, 치료
수의사보조	veterinary assistant	수의사 지시에 따라 동물의 수술, 진단, 치료

3. 의학용어 약어

약 호	라 전 어	뜻	약 호	라 전 어	뜻
āā	equal parts	각각, 똑같이	d.	divorce	분리
abd	abdominal	복부의	D.&.C	dilation curettage	넓히고 긁어내기 자궁소파술
ac.	acid	산	dist.	distillation	증류
a. c. p. c.	ante cibum	식전 식후	diff.	differential diagnosis	각종 검사
ad lib	ad libitum	마음대로	dil.	dilution	희석
alb	albumin	단백	disc.	discontinue	중지, 중단

약 호	라 전 어	뜻	약 호	라 전 어	뜻
alk	alkaline	알칼리성	d.o.	dominant eye	우세안
A m.	ante meridian	오전	D.O.A.	death on arrival	도착 시 사망
amp.	ampoule	앰풀	dr.	dram	드람(dram) 27. 34 그레인[grain] 1grain=0.065[g] ※grain : 가장 오래되고 가장 작은 무게단위 밀 한톨의 무게를 [grain]이라고 함
amt.	amount	분량	DR.	doctor	의사
A.& p	ausculation & percussion	청진과 타진	D.W.	distilled water	증류수
			ECG	electrocardiogram	전기심전도 (심전기묘도)
aq.	aqua	물	EEG	electroencephalogram	전기뇌파전도 (뇌전기묘도)
ax.	axilla	액와, =겨드랑이			
B.	bacillus	간균	AMI	acute myocardial infarction	급성심근경색
BCG. 결핵	Bacillus Calmette-Guerin	칼메트-구에린 간균	E. E. N.T.	eye, ear, nose, throat	눈, 귀, 코, 인후
			EKG.	electrocardiogram	전기심전도
			elix	elixir	방향성흥분제(elixir)
b.id.	bis in die	하루 두 번	1-2-3-EN.	enema 관장	1온스 염(epsom), 2온스 글리세린, 3온스 더운물의 관장
b.i.n. B.L.B.	booth by lovelace bulbulian	하룻밤에 두 번	eos.	eosinoph-ils	에오신호성 (eosinoph-ils)
BM	bowel movement	변통	epith.	epithelium	상피세포
B.m.R.	basal metabolic rate	기초 신진대사율	et.	보통 나열에 쓰인다. 둘 이상일 때는 앞에 콤마를 찍으며 약품나열에 쓰인다.	과(무엇무엇과)
B.P.	blood pressure	혈압	etc.	end so forth	그리고
B.R.P.	bathroom privileges	변소출입 허락	ess.	essential	중요하게, 필수 본태, 특발
B.T.	bleeding time	출혈시간	ext.	extraction	적출, 뽑아냄, 적출법 발치
BUN.	blood urea nitrogen	혈액요소 질소 신장기능을 보는 검사	ext.	extrinsic	외부로부터의 해부(근육신경 등의 외인성의)

약 호	라 전 어	뜻	약 호	라 전 어	뜻
C.	calorie clonus의 약기	캘로리	F.	fahrenheit	화씨
u.	urination	배뇨함 소변보기	F.	female	여성
c.		캘론	fac	fac	만들다
c.	centigrade	섭씨	fl., fld.	fluid	액체
c.		일백	Ft.	ferritin	결정성 단백질
c.	light(라이트)	빛	ft.	foot/feet	한발
c. c	cumulative cum	와, 같이, 밀접하게 관련된, 직격된	F.U.O.	fever of unknown	원인을 모르는 열
ca.	cancer	암	gal.	gallon=4.546	갤런(gallon)
cap.	capsule	교갑(=캡슐)	g.b.	gall bladder	담낭
c.b.c.	complete blood count	완전 혈액검사 전혈구 계산치	GC.	gonorrhea	임균(임질)
c.c.	chief complaint	주로 불편해 하는 것	G.I.	gastroenteric	위장의
c.c., cc.	cubic centimeter	입방 센티미터	gm.	gram	그램(gram)
Ck.	check	조사	gr.	grain	조직 결정상태 1[grain]=0.065[g]
cm.	centimeter	센티미터	Gtt.	gutta	방울(drop)
C.N.S.	central nervous system	중추신경계	g.u.	genito urinary	비뇨기계
C.S.	control system	중앙	G.&W.	glycerin & water	글리세린과 물
C.S.R.	control supply room	중앙보급소	gyn	gynecology	부인과학
C.T.	coated tablet	옷 입힌 정제	h.	hora	시간
D&C	dilatation and curettage	자궁 긁어냄 술	H.	hypodermic injection	피하주사, 피부 밑주사, 피하에 시행하는 주사
C.V.A.	cerebro vascular accident	뇌혈관 외상 (=뇌졸증)	O.U.	oculus uterque	두 눈 다 (both eyes)
Hb., hgb	hemoglobin	헤모글로빈	oz.	ounce	온스(ounce)
HR.	heart rate	심박수	palp.	palpation	촉지
h.s.	hora somni	취침시간	p.c.	post cibum	식후
H.T.	hypodermic injection tablet	피하주사 정(錠)	Ped.	pediatrics	소아과(학)
Htc.	hematocrit	적혈구 용적률	per.	persia(n)	으로(by)

약 호	라 전 어	뜻	약 호	라 전 어	뜻
h.w.b.	hot water bag	더운물 주머니	pH	potential of hydrogen	수소이온 농도
I.M.	intra muscular	근육주사	P.H.	past history	과거 역사
INF.	infusion	주입	P.I.	present illness	현병(질병), 현재 앓고 있는 질병
int.	internally	내부로 내면적으로	P.I.D.	pelvic inflammatory disease	골반염증성 질환
I.V.	intravenous intravenousty	혈관주사 (=정맥주사)	P' l.	pilula	환(pill)
ISS	Injury Severity Score(손상계수)	하나 반	p.m.	post meridiem	오후
kg.	kilogram	킬로그램 (kilogram)	P.M	postmortem	부검
kl.	kiloliter	킬로리터 (kiloliter)	p.o.	phone order	전화 지시(전화로 지시한 것)
K.U.B.	kidney, ureter & bladder	신장, 수뇨관, 방광 단순촬영	L	Liter	리터(Liter)의 약기
Lab.	laboratory	검사실	P.O.	per os	입으로, 경구투약
LAP	laparotomy	개복수술 복벽절제술 (외과)	p/o	postoperative	수술 후
Lft.,L.	left	왼편	preop.	preoperative	준비, 수술 전
liq.	liquor	액체	p.r.n.	por re nata	필요 시마다
L.L.Q.	left lower quadrant	좌측 하부 4분의 1	pt.	pint	파인트(pint) 액량의 단위 단위 : 리터 영 : 약 0.57[*l*] 미 : 약 0.47[*l*]
L.M.P.	last menstrual period	최종 월경기	pulv.	pulvis (L=power)	가루
L.U.Q.	left upper quadrant	좌측 상부 4분의 1	q.	quaque	매
I.&.W.	I'm doimg & well	잘 살아 있음	q.d.	quaque die	매일
M.	Male 정자를 생성하여 아이를 만들 수 있는 성적 능력을 가진 생물	남성	q.h.	quaque hora	매 시간
m.	midday	정오(正午)	q.2h.	quaque 2hora	매 2시간
m	meter	미터(meter)	q.3h	quaque 3hora	매 3시간
m.	muscle	근육	q.4h	quaque 4hora	매 4시간

약 호	라 전 어	뜻	약 호	라 전 어	뜻
m.	misce	섞는다(처방전에서 합하다)	q.i.d.	quaque in die	하루 4번
Adm	admission	입원	M.	million	1천
m.	married	결혼한(기혼)	q.o.d.	every other day	하루 격일
m.,M., min	minim	최소액량 단위 1[dram]의 1/60	q.s.	quantum satis (=as much as shall suffice)	적당한 분량 =적당량
m.et n.	mane et nocye	아침과 저녁		sufficient	충분
mg.	milligram	밀리그램 (milligram)	qt.	quarter	쿼터(quarter), 할당
min.	minute	분(分)	r.	rate	율(rate)
ml.	milliliter	밀리리터 (milliliter)	r.	anus	항문
mm.	millimeter	밀리미터 (millimeter)	R.	rhythm	박자(rhythm)
N.B.M.	no bowel movement	변동없음	rt.	right	오른편(우측)
ER	emergency room	응급실	R.	Roentgen	뢴트겐
neg.	negative	음성(−)	Rx.	recipe	취한다(가진다) 처방, 대응책, 조치
no.	numero	번호	R.B.C.	red blood cell	적혈구
N.P.N.	nonprotein nitrogen (논프로테인 니트로겐)의 약어	비단백 질소	Rh.	rhesus blood factor Rh factor−Rh 인자	레세스 원숭이 (rhesus monkey)
N.P.O.	nothing per os	금식	OR	operating room	수술실
CCU	coronary care unit	관질환 집중치료실	R.L.Q.	right lower quadrant	우측 하부 4분의 1
q.n.	quague nocte 라틴어 : every night	매일 밤	n.r.	ne repetature	다시 거듭하지 말 것
o	os = born	뼈	R.U.Q.	right upper quadrant	우측 상부 4분의 1
OB.	obstetrics	산파	s, s	sine(사인)=without	제외하고
			occ.	occasionally	때때로
o.d.	omne die (옴느디에)	매일	sat.	saturation	포화, 포화도
o.d.	oculus dexter	우측 눈	S.B.E.	subacute bacterial endocarditis	아급성 세균성 심내막
o.h	omil hora =every hour	매 시간	Inflamm	inflammation	염증(의학)
OL.	oil	기름	sed.	sedimentation	침전

약 호	라 전 어	뜻	약 호	라 전 어	뜻
o.m.	omni nane	매일 아침	separ.	separation	분리
o.n.	omni nocte	매일 밤	s.i.d.	semel in die	하루 한 번만
OPD.	out patient department	외래	Sig.	sign	사인하다
O/R	open reduction	개방성 정복	S.O.B.	shortness of breath	숨이 참, 호흡 곤란(=dyspnea)
OS	oral surgery	구강외과	Sol.	solution	용액
O.S	orthopedic surgery	정형외과	solv.	solve	용해
OS	oculus sinister	좌측 눈	S.O.S	si opus sit (시 오푸스 싯)	언제나 필요하면 한 번만
sp.	spirit	정(情)	T.P.R.	temperature pulse respiration	체온 맥박 호흡
spec.	specimen	검사물	T.T	Tablet triturate	알약을 분말로 만들어
sp.fl.	spinal fluid	척수액	T.T	Tuberculin Tested	반응시간
spgr.	specific gravity	비중	tr.tinct.	tinctura	정기
ss.	semis, semissis (=one half)	반(半)	U.	unit	단위
SS	soapsuds	비누용액	ung.	unguentum	고약, 연고
SS.	septic shock	패혈성 쇼크	V.	volt, volume	분량
Stat.	statim	즉시	vag.	vagina	질
Syr	syrup	시럽(syrup)의 약기	V.O.	verbal order	구두 지시 (말로 한 명령)
T.&A.	tonsillectomy &adenoidectomy	편도선제거 "아데노이드" 절제	supp	suppository	좌약
qid	quater in die	하루 4번	w.	white	흰
T.A.T	tetanus anti toxin	파상풍 항독소	w.	widow	미망인(과부 또는 홀아비)
tab.	tabella	정	ICU	intensive care unit	집중치료실, 중환자실
T.b.	tubercle bacillus	결핵균	WBC	white blood cell	백혈구
Tb.	tuberculosis	결핵	w.d.	well developed	발달이 잘됨
t.i.d.	ter in die	하루 3회	w.n.	well nourished	영양이 좋음
T.L.C.	tender loving care	부드러운 사랑으로 보호	wt.W.	weight	중량(체중)
T.T	throbin time	트롬빈 반응시간			

4. 보통 약품 약호

약 호	뜻	약 호	뜻
ACTH	adrenocorticotrophic hormone 부신피질자극 호르몬	N.S.	nerphrotic syndrome 신증후군(콩팥 증후군)
A.S.	atropine sulfate 아트로핀염	N.S.S.	normal salt solution 정상 식염 용액
A.S.A.	acetysalicylic acid(aspirin)	PABA.	para-aminobenzoic acid
A.P.C.	aspirin, phenacetin. caffeine.	PASA	paraminosalicylic acid
D.D.T.	dichloro-dipenyl-trichloroethane	P.S.P.	phenosulfonphthalein
E.T.H.C.	elixir terpin hydrate와 codeine	Scop.	scopolamine
KI	potassium iodide	ZnO.	zinc oxide 산화아연 아연화
M.S.	morphine sulfate 모르핀염		

5. 기타 약호

약 호	뜻	약 호	뜻
a-	제외하고	-conti	100분의 11
ab-	부터	cephalo-	머리
-ad.	향하여	cerebro-	뇌
adeno	선	chole-	담당
adreno-	아드레날 선	chondro-	연골
-agogue	액체분비 증량	-cide	죽이
-gro	동통과 졸도	circum-	주위
ambi-	동통	-cline	침상(상)
ambly-	둘 다 같이	colo-	결장
ambulo-	둔한	colpo-	질
an-	~이 없다	con-	와같이
angio-	제외하고	contra-	대항하여
angio-	혈관	-cutaneous	피부
ante-	전에	cysto-	방광
anti-	대항하여	-cyte	세포
arthro-	관절	de-	에서 제거하다
-bacter	세균	deca-	열(10)
bi-	두 번	deci-	1/10
bili-	다즙	deka-(deca)	10
brady-	서서히	dent-(dents-)	치아
cardio-	심장	demi-	1/2
cata-	파멸	di-	2회

약 호	뜻	약 호	뜻
-cele-	돌출성 종양	dia-	통하여
dip-	거듭	lacri-	눈물
dolor-	동통	laryngo-	후두
dorso-	뒤(잔등)	lateral	한편
dys-	동통	leuko-	흰
e-	에서	linguo-	혀
ecto-	외부	lipo-	지방
ectomy-	제거하다	litho-	돌
-emia	혈액	logy	과학의
encephalo-	뇌	lympho-	임파
endo-	전면	lyso-	용해
enter-	장(腸)	macro-	큰
entero-	소장	mal-	질병, 나쁜
epi-	에 관하여	mania	강력한 발광
erythro-	적색(붉은)	manu-(mani-)	손
eu-	정상	medio-	중간
ex-	밖에	medullo-	좁은
exo-	외부	mel-	어두운
extra	첨부하여, 일방적	meningo-	수막
febri-	고열	meta-	변경
fibro-	종양	-meter	측량
gastro	위	metro-	자궁
Genesis	근본(기원)	micro-	현미경
Genu-	무릎	milli-	1/1000
glosso-	혀(혀)	mono-	단(單)
-gran	사진, 자국	muti-	많이
-graph	기록	my-	닫히다
gravi-	임신	myco-	균에 의하여
gust-	맛	myo-	근육
helio-	태양	myx-	점액
hem-	혈액	naso-	코
hema	혈액	necro-	죽은
hemi-	반	neo-	새로운
hemo-	혈액	nephro-	신장
hepalo-	간장	neur-	신경

약 호	뜻	약 호	뜻
hepar-	간장	nevo-	모반(birth mark)
hetero	다른	noct-	밤
histo-	조직(tissue : 티슈)	non-	아니
homeo-	비슷한	nos.	밤
hydra-	물	oculo-	눈
hydro-	물	-odynia.	고통
hyper-	위에	-oid	같이
hypo-	아래(밑에)	-ol	기름
hystero-	자궁	oleo-	기름
-ic	관하여	oligo-	소수의, 부족한
idio	자신	-ology.	의 지식, 아는 것
ileo	장골	-oma	종양
imfra-	밑에	oophoro-	난소
imtra-	어느 것(which)	ophthalmo-	눈
inter-	사이	-opia	눈
ischo-	결핍	oro-	구강, 말
iso-	같다	-orrhage	출혈
-itis	염증의	-orrhaphy	보선, 수리
juxta-	가까이	orrhea	배출물
kilo-	일천	ortho(오르토)	똑바른
klepto-	정숙	-ose	설탕
lab-	씻어낸다	-osis	병든 상태
labio-	입술	osmo-	냄새
osteo-	골	quin-	다섯(5)
-ostomy	개(切開)	re-	다시
oto-	귀	recto-	직장
-otomy	절개	reni-	신장
pan-	다	retro-	후진성(뒤로)
para-	지나서	rhino-	코
para-	그밖에, 주위	-rrhea	흐붉다
-pathy	같다	rubi-	붉다
-penia	질병	salpingo-	수난관
peri	약간	sclerosis	경화(굳게 되는)
-pexy	주위	-scope	모양(형태)
-phagia	고정	-scopy	검사(조사)

약 호	뜻	약 호	뜻
-phasia	먹다	-section	자른다(쪼갠다)
-phil	말하다	semi-	절반
phlebo-	사랑	septi-	독성(유독한)
-phobia	정맥	sphygmo-	맥박
-phone	공포	spleno-	취장
phono-	소리를 전달하는 기계	-stasis	정치(定置)
photo-	소리	stoma-	입
phreno-	광선	sub-	열등(下位)
phitisio	단면	super-	우월(과다)
physi	소모증	supra-	위에(웃)
-plasty	생태	tachy-	속히(빨리)
-plegia	수선(보선)	tacti	만지다
pleuro-	마비	tensio-	보유(확보)
-pnea	늑막	tetra	넷(4)
pneumo-	호흡	-therapeuitc	치료적
-poiesis	공기	-therapy	치료
poly-	형성	thermo-	열
post-	많은	thrombo-	응결
pre-	뒤에, 후에	torsi-	꼬다(합치다)
presby-	전에	toxi-	독(毒)
old	늙은, 오랜	trans-	건너(옮겨)
primo-	첫째	tri-	셋(3)
primi-	첫째	ultra-	과로(넘어서)
pro-	앞으로	un-	아니(否定)
procto-	항문, 직장	-uni	하나(1)
pseudo-	거짓(가성)	-unia	소변(요)
-prtosis	떨어진(늘어진)	vagi-	이상한
pyelo-	골반	verti-	차례
pyloro-	유문	viru-	독(poison)
pyo-	농(고름)	vita	생명
pyro-	열(불)	vox	음성
quad-	넷(4)	xers-	건조한 것

6. 약물 투여 일반시간

약호	뜻	약호	뜻
a.c.	식사 한 시간 전	q.3.h.	9, 12, 3, 6, 9, 12 등
p.c.	식사 한 시간 후	q.4.h.	8, 12, 4, 8, 12, 4 또는 6, 10, 2, 6, 10
b.i.d.	9AM과 5PM 또는 10AM과 6PM	h.s.	9PM 또는 환자의 보통 취침시간
t.i.d.	9AM, 1PM, 5PM 또는 10AM, 2PM, 6PM	o.d.	오른쪽 눈에 투여 9AM 또는 10AM
		o.s.	왼쪽 눈에 투여
q.i.d.	8AM, 12AM, 4PM, 8PM	o.n.	9PM
q.2.h.	8, 10, 12, 2, 4, 6, 8 등	o.m.	입안으로 투여, 9AM 또는 10AM

7. 화학분자식

화학분자명	화학분자식	화학분자명	화학분자식
이산화탄소	CO_2	과산화수소	H_2O_2
일산화탄소	CO	칼륨(가리)	K
염화수소	HCI	요오드화칼륨	KI
황산마그네슘	$MgSO_4$	과망간산칼륨	$KMnO_4$
수은	Hg	소금(염화나트륨)	NaCl
일산화질소	NO	물	H_2O
산소	O		

명 칭	기호	명 칭	기호
At	ⓐ	남성(male)	♂
Dram	du	온스(ounce)	℥
여성(female)	♀	Recipe, Take	Px
다량(large amount)	++++	회수(times)	x
적당(modcrate amount)	+++	Micron	μ
소량(small amount)	+	Microgram	μg
수(number)	#		

8. 액량 계산

가정기구	약국계량	미터법	가정기구	약국계량	미터법
1방울	1minimum	0.60[ml]	1글라스(유리컵)	εf. Oz	240[ml]
1차시(차스푼)	1f. dram	4[ml]	2글라스(유리컵)	1pint	500[ml]
1간식스푼	2f. drams	8[ml]	4글라스(유리컵)	1quart	1[l]
1테이블스푼	4f. Ts	15[ml]	16글라스(유리컵)	1gallon	4[l]
1차 잔	6f. Oz	108[ml]			

9. 중량 계산

약국계량	미터법	약국계량	미터법
1[grain]	0.60[gm]	1 온스	30[gm]
1[dram]	4[gm]	1 파운드	360[gm]

10. 차트에 기록할 사실(factors to be charted)

용 어	뜻	용 어	뜻
amouncs	분량	large amount	다량
moderate amount	다소	small amount	약간

11. 사용할 용어(suggested terms)

용 어	뜻	용 어	뜻
profuse	다량	excessive	과다량
moderate	다소	scanty	약간
small	조금	slight	약간
position changed	자세 변경해 줌	tolerated well	잘 받아들임
sips of water given	물을 약간 주었음		

12. 외모(appearance)

용 어	뜻	용 어	뜻
seems very sick	심히 고통스러워 보임	acutly ill	매우 아파함
not very sick	별로 아프지 않음	not acutly ill	매우 아프지 않음

13. 몸 또는 사지(body or extemities)

용 어	뜻	용 어	뜻
puffy or swollen	비만 또는 부종	edematous	부종

14. 심박(heart beat)

용 어	뜻	용 어	뜻
arrhythmia	무조률 맥, 부정맥	bradycardia	심박완서, 서맥, 지맥 (보통 매분 60회 이하의 맥박)
tachycardia	심박급속(심계증)		

15. 식욕(appetite)

용 어	뜻	용 어	뜻
eats all food served	준 음식은 다 먹음	appetite good(excellent, etc.)	식욕 좋음
eats very little	아주 소량 먹음	appetite poor	식욕 좋지 못함
eats only small amount	소량만 먹음	appetite fair	식욕 약간 있음
refused lequid diet because nausea	액체식은 구토증으로 인해 거절함	unable to retain liquid diet	액체식은 취한 후 보유하지 못함
dissatisfied with law-salt diet	저염식이를 좋아하지 않음	taking soft diet well	연한 음식을 잘 먹음
anorexia but no nausea	식욕감퇴. 그러나 구토증 없음		

16. 출혈(bleeding)

용 어	뜻	용 어	뜻
spurting of blood	출혈이 솟구침	in spurts	분출됨
very little(베리 리틀)	약간 됨	cozing	스며 나옴
nose bleeding	코피(비점막 출혈)	epistaxis	코피(비점막 출혈)
when bleeding is stopped	출혈 멎음	hemorrhage controlled	출혈 제지됨

17. 상처(wound)

용 어	뜻	용 어	뜻
deep	깊음	superficial	얕음
clean	정함	suppurative	화농성
infected	감염됨	lacerated	찰과됨

18. 호흡(breathing)

용 어	뜻	용 어	뜻
act of breading	숨쉬는 것	respiration	호흡
act of inhaling	들이쉬는 것	inspiration	흡기
act of exhaling	내쉬는 것	expiration	호기
difficult breathing	호흡곤란	dypnea	호흡곤란
short pariods when breathing ceases	호흡이 일시 중단되는 것	apnea	무호흡
inability to breath lying down	누워서는 호흡이 곤란한 것	orthopnea	좌위 호흡
large volumes of air inspired	다량의 공기를 들이쉼	deep breathing	심호흡
small amount of air inspired	소량의 공기를 내보냄	shallow breathing	얕은 호흡
abnormal variarions in rhythm	박자가 불규칙적임	irregular respiration	불규칙 호흡

19. 피부(skin)

용 어	뜻	용 어	뜻
flushed	상기됨	mottled	반점
cyanotic	청색증	discolored	탈색됨
pale	창백	moist	습함
jaundice	황달	dry, hot	건조함, 더움
clammy	끈끈함	warm, cold	따뜻함, 냉함

20. 소독치료(dressings)

용 어	뜻	용 어	뜻
dressing changed	드레싱 교환함	dressing reinforced	드레싱 보강함

21. 구토(emesis)

용 어	뜻	용 어	뜻
blood tinged	혈액 약간 혼합	projectile	돌출적 분무

22. 배설물(drainage)

용 어	뜻	용 어	뜻
purulent	농성	sanguineous	혈액혼합
serous	장액성	mucopurulent	점액과 농성
sero-sanguineous	장액과 혈액성		

23. 얼굴(face)

용 어	뜻	용 어	뜻
pale	창백	flushed	상기
rash	발진	bruised	타박성 상처
edematous	부종 있음	cyanotic	차색등

24. 동통(pain)

용 어	뜻	용 어	뜻
severe	심한	slight	약간
radiating	퍼지는	sudden unset	돌발적 증세
increased by movement	움직이면 더 심함	darting	급격한 동통
gnawing	계속적인 동통	burning	타는 듯한

용 어	뜻	용 어	뜻
shooting	쏘는 듯한	stabbing	찌르는 듯한
collicky	선통	cramping	경련성
persistent	집요한	transient	일과성
constant	계속된	shifting	이동하는
local	국부적	deep	깊은

25. 영양(nourishment)

용 어	뜻	용 어	뜻
sips of cold hotwater	약간의 물(냉, 온)	chipped ice	얼음 깨뜨린 것
gavage	영양, 급식	water, juice	물, 즙

26. 대변(stool)

용 어	뜻	용 어	뜻
soft-formed	묽은	hard-formed	굳은
liquid	액체	tarry	더러워진
clay colored	진흙색	blood tinged	혈액 섞인

27. 소변(urine)

용 어	뜻	용 어	뜻
clear	투명	amber	옥빛
cloudy	혼탁	blood tinged	혈액 섞인

28. 맥박(pulse)

용 어	뜻	용 어	뜻
regular	규칙적	irregular	불규칙적
intermittent	간헐적	rapid	신속한
slow	완서	thready	빈약한
weak strong	약한, 강한	imperceptible, eperceptible	촉지할 수 없는 촉지되는
bounding	뛰는	normal	정상

29. 센세이션(sensation)

용 어	뜻	용 어	뜻
tingling	얼얼한	burning	타는 듯한
stinging	찌르는 듯한	prickling	쑤시는 듯한
itching	가려운		

30. 상태(condition)

용 어	뜻	용 어	뜻
seems some what improved	약간의 차도가 있어 보임	in good spirits. no complaints	기분 좋아 보임. 불편 없음
responding well to veval stimuli	말로 자극하여 반응 잘함	comatose	혼수상태
a good day	하루 잘 지냄	a comfortable	편안한 저녁이었음
a good night	편안한 밤이었음		

31. 오한(chill)

용 어	뜻
complaining of severe(moderate, slight chill)	심한 오한으로 불편해 함
external heatapplied(blanket, H.W.B. etc.)	외부적으로 따뜻하게 지원해야 함
sudden unset of shaking chill	급작스런, 떠는

32. 자세(position)

용 어	뜻	용 어	뜻
position changed	자세 변경함	cotton ring applied to each heel	솜방석을 각 발뒤꿈치에 괴여줌
put in Sim's position	심씨 위로해 줌		

33. 태도(attitude)

용 어	뜻	용 어	뜻
indifferent to surroundings	주위에 대하여 무관심함	apathetic	감각없음. 냉담함
listless, weak	약하고 불안해함	anxious and fearful about	~에 대해 공포감을 가지고 있음
disagreeable and uncooperative	비협조적이고 좋아하지 않음	interested in	~에 관하여 관심을 가지고 있음
cheerful	명랑함	forgetful	건망증 있음
depressed and moody	저기압이고 무뚝뚝함	suspicious toward(nursing staff, doctors, family, other patients)	의심함(간호사, 의사, 가족 및 기타 환자)
alert	기인함		

34. 내용물(content)

용 어	뜻	용 어	뜻
formed, solid	형상을 이루었음, 굳음	semiformed, semi solid	반 형상상태, 반 고체상태
loose(srools), liquid	묽음(대변), 액체	waterly	물과 같음
frothy	거품이 있음		

35. 기침(cough)

용 어	뜻	용 어	뜻
contineous caugh	계속적인 기침	frequent caugh	자주 기침함
paroxysmal	발작적	tight	힘든
loose	연한	deep	깊은
dry	마른	hacking	잦은 마른 기침
harsh	거친	painful	고통스런
exhaustive	기진맥진한		

■ 참고문헌 ■

1. 《기초전기 전자 공학》, 황락훈, 나승권, 진샘미디어, 2013
2. 《국제 의료관광코디네이터, 보건의료 관광행정》, 나승권, 도서출판 상학당, 2015
3. 《국제 의료관광코디네이터, 의학용어 및 질환의 이해》, 나승권, 도서출판 상학당, 2013
4. 《보장구 의지학》, 권혜정 외 11인 공역, 고문사, 1993
5. 《수술 · 임상 · 검사 의료기기》, 나승권, 도서출판 상학당, 2015
6. 《생리해부학 및 생체물성학》, 나승권, 도서출판 상학당, 2013
7. 《센서공학》, 이덕출· 공용혁 · 김성남 · 나승권 · 장창현 공저, 엔트미디어, 2003
8. 《의공학(Medical Engineering)》, 이경성 · 최민주 공저, 청구문화사
9. 《의공학개론》, 김남균 외 12인 공저, 여문각
10. 《의공학입문(고등학교교과서)》, 나승권, 도서출판 상학당, 2011
11. 《의료전기설비 및 PLC》, 나승권, 도서출판 상학당, 2013
12. 《의료기기실무(고등학교교과서)》, 나승권, 박정주 도서출판 상학당, 2012
13. 《의료공학이론》, 나승권, 도서출판 상학당, 2011
14. 《의료기초공학》, 나승권, 도서출판 상학당, 2012
15. 《의료기기운용》, 나승권, 도서출판 상학당, 2012
16. 《의료기기 응용회로》, 나승권, 도서출판 상학당, 2007
17. 《의료전기설비(고등학교교과서)》, 나승권, 도서출판 씨마스, 2011
18. 《의료전기회로(병원전기설비)》, 나승권, 도서출판 상학당, 2008
19. 《임상 생리학》, 김대식 외 15인, 고려의학
20. 《의용계측공학》, 의공학 교육연구회 역편, 여문각
21. 《의용전자공학(고등학교교과서)》, 나승권, 도서출판 상학당, 2011
22. 《인체생리학》, 이강이 외 편저, 현문사
23. 《인체해부학》, 김창국 외 2인, 대경북스
24. 《알기쉬운 자동제어》, 김원배 · 나승권 · 문명룡 · 이재규 · 조명현 · 차익수 공저, 동일출판사, 2004
25. 《전기전자공학개론》, 황락훈, 나승권, 진샘미디어, 2012
26. 《전기 · 전자 · 통신공학》, 나승권, 도서출판 상학당, 2013
27. 《자동제어 및 PLC》, 나승권, 도서출판 상학당, 2013
28. 《전자기초실습》, 임승하 · 황호웅 · 나승권 · 이종성 공저, 남두도서, 2014

29. 《전자회로의 이해》, 김평호 · 나승권 · 이동원 · 최성재 공저, 남두도서, 2005
30. 《진찰 · 진단 의료기기》, 나승권, 도서출판 상학당, 2014
31. 《치료의료기기》, 나승권, 도서출판 상학당, 2014
32. 《초음파 영상학》, 강선일 외 16인 공저,
33. 《초급자를 위한 PSPICE 활용》, 황락훈 · 조문택 · 이충식 · 나승권 공저, 동일출판사, 2005
34. 《현대 기초의학 및 의공학》, 나승권, 도서출판 상학당, 2007, 2009
35. 《현대 의공실무》, 나승권, 도서출판 상학당, 2014
36. 《현대 의용기계공학》, 나승권, 도서출판 상학당, 2007, 2009
37. 《현대 의용전자공학》, 나승권, 도서출판 상학당, 2007, 2009
38. 《현대 의료기기》, 나승권, 도서출판 상학당, 2007, 2009
39. 《현대 의료안전 · 법규 및 정보》, 나승권, 도서출판 상학당, 2007, 2009
40. 《DK 인체생리 · 해부도》, 민유정, 대경북스
41. 《PSPICE와 PSIM 시뮬레이션 중심의 전력전자공학》, 서영수 · 황락훈 · 조문택 · 심광영 · 곽동걸 · 채수형 · 나승권 공저, 동일출판사, 2002
42. 《u-Health 및 전자의료기기》, 나승권, 최병철 메디저널, 2011
43. 《KISTI 미리안》, 글로벌동향브리핑
44. 출처 : 사이언스지(ScienceAAAS(Jan. 6, 2012) Vol. 335 no. 6064 pp. 28-32, DOI : 10.1126/science.335.6064.28

찾아보기

▒ 저자약력 ▒

■ **나 승 권**

- 서울 청량초등, 경희중, 한양공업고등학교 전기과 졸업
- 한국폴리텍대학 동부산 캠퍼스 전기, 전자과 2년 수료
- 한국폴리텍대학 인천캠퍼스 전기과 기능장 과정 졸업
- 상지영서대학교 전자과 졸업(전문학사)
- 세명대학교 전기전자학과 졸업(공학사)
- 세명대학교 일반대학원 전기전자학과 졸업(의공학 및 전력전자응용전공 공학석사 · 공학박사)
- 부산위생(한방)병원 전기 및 의공기사 7년 근무
- 한국수자원공사 전기기사 7년 근무
- 의공기사, 의공산업기사, 의료정보관리사, 의료기기 상품기획사, 병원코디네이터(Hospital Coordinator)사, 전기기기기능장, 전기공사기능장, 산업안전기사, 전자산업기사, 전기공사특급기술자, 한국전력기술인특급기술자, 한국전력기술인특급감리사, 한국전력기술인설계사 면허, 전기 · 전자 기술지도사 이외 10개의 자격증과 면허취득
- ISO9001:2008 국제심사원, (사)키캄연구소 한국서비스품질우수기업인증 전문위원 및 평가위원
- 대한의용생체공학회 교육이사, 한국컴퓨터정보학회 이사, 한국모바일학회 학술이사, 대한의공협회 · 한국의료정보교육협회 · 대한전기학회 · 한국산업기술재단 · 대한전력전자학회 · 한국산학기술학회 · 한국항행학회 회원
- (현) 한국폴리텍대학 원주캠퍼스 의용공학과 교수
- (현) 한국산업인력공단 의공(산업)기사, 의료전자기능사 이론, 실기(출제, 검토, 채점)위원
- (현) 식품의약품안전처 의료기기, (재)원주의료기기테크노밸리 의료기기 자문위원
- (현) 원주단지혁신클러스터추진단 기술과제 평가위원
- (현) 강원도 산업경제진흥원 강원지식재산권 서포터즈위원회 위원
- (현) 강원테크노파크 기술개발사업선정(의료기기) 평가위원
- (현) 한국산업단지공단 혁신클러스터 운영위원 평가위원
- (현) 메디칼디바이스저널 기술편집 자문위원
- (현) ㈜메디아나, ㈜씨유메디칼시스템, ㈜리스템, ㈜태연메디칼, ㈜대화기기, ㈜ED, ㈜메디칼써프라이, ㈜엠에스믹스미작현, ㈜바이오프로테크 의료기술 자문위원
- (현) TUV Korea Ltd. TUV Suddeutschland Group(Medical-Health-Service부서) 의료기기 자문 및 외래교수

재활 · 피부미용 · 비만 의료기기

2015년 10월 1일 1판 1쇄 발행

저 자 나 승 권
발행인 남 승 우

발행처 도서출판 상尙 학學 당堂

서울시 동작구 사당로9가길 6(사당동)
TEL : 02) 595-1692~4
FAX : 02) 595-1394
E-mail : namdoo6@unitel.co.kr
신고 : 2-155호 (1968. 11. 29)

정가 32,000원

ISBN 978-89-6587-135-4 93510

〈디자인〉 편집 엄해숙 / 표지 나아기획